高等学校"十二五"规划教材

有机合成路线设计

梁　静　主　编

刘凤华　副主编

化学工业出版社

·北京·

本书重点介绍逆合成分析，共分6章，第1章为绪论，介绍有机合成的发展和热点；第2章介绍逆合成分析的基本概念和常用手段；第3章介绍各类化合物的逆合成分析方法，尽管逆合成分析手段众多，但其他各种手段都是为“切断”做准备，只有切断才能真正简化目标分子，因此第3章分子的切断为全书的重点所在；为了实现定向合成，不可避免地要用到保护基和致活基，因此第4章介绍各类基团的保护基；第5章介绍导向基；前面的章节都是具体的“战术”，第6章则从更高的层面上介绍“战略”——合成策略。

本书适用于有机化学、应用化学或药物化学的本科生或研究生，也可供从事有机合成的科研人员自学参考。

图书在版编目(CIP)数据

有机合成路线设计/梁静主编. —北京：化学工业出版社，2013.11（2025.2重印）
高等学校“十二五”规划教材
ISBN 978-7-122-18677-5

Ⅰ.①有… Ⅱ.①梁… Ⅲ.①有机合成-高等学校-教材 Ⅳ.①O621.3

中国版本图书馆CIP数据核字（2013）第244688号

责任编辑：宋林青　杜进祥　　文字编辑：向　东
责任校对：顾淑云　　装帧设计：史利平

出版发行：化学工业出版社（北京市东城区青年湖南街13号　邮政编码100011）
印　　装：北京科印技术咨询服务有限公司数码印刷分部
787mm×1092mm　1/16　印张16½　字数412千字　2025年2月北京第1版第5次印刷

购书咨询：010-64518888　　售后服务：010-64518899
网　　址：http://www.cip.com.cn
凡购买本书，如有缺损质量问题，本社销售中心负责调换。

定　　价：39.80元　版权所有　违者必究

前　　言

有机合成是有机化学的灵魂，集中体现了有机化学的实用性与创造性。但对于复杂的多步合成，学生仅能理解每步的过程，对于为什么要从这个原料出发经历这些过程合成目标物，很多学生并不清楚，至于根据复杂目标分子的结构来设计合成路线，则会使更多的学生感到束手无策。

为此笔者编写了《有机合成路线设计》讲义，历经数年的教学实践，并广泛听取意见，不断修改形成本书。本书从单官能团化合物讲起，本着由浅入深、循序渐进的原则，既注意与基础有机化学内容的衔接，又注意向现代有机化学反应进行拓展。每类化合物按照**基础**（介绍相关的一些基本有机反应）、**应用**（运用基础有机反应对这类化合物进行逆合成分析，最后介绍一些工业合成实例，或是文献报道的一些天然产物的全合成实例）、**提高**（介绍新反应或新试剂在合成这类化合物中的应用）的顺序介绍，通过大量的实例，阐述了逆合成分析的基本原理和方法以及这些方法的实际应用。基础和应用自成体系，提高的内容较难，可供学有余力的本科生或研究生学习。本书层次清晰、内容丰富，读者在阅读完本书后，可掌握一定的路线设计知识。

衷心感谢本教研室的赵云鹏、倪中海、李保民、赵云老师，他们提出了很多宝贵的建议，感谢张旭东、李仰仰等对本书做了部分的图片编辑，感谢中央高校基本科研业务费专项资金2012QNA19和江苏省重点专业建设经费对本书出版的资助。

由于编者水平有限，书中难免有不妥及疏漏之处，恳请读者批评指正。

编　者

2013年8月

目 录

1 绪 论

有机化学包括天然产物化学、物理有机化学、有机合成化学、金属有机化学、化学生物学和有机新材料化学等。其中，有机合成是最重要的领域之一，是集中体现化学实用性和创造性的领域。

1.1 有机合成的定义

有机合成就是利用有机化学反应从简单的无机物、有机物制备复杂有机物的过程。

有机合成在人类的生产和生活中占有重要的地位，是现代农药、医药、材料等工业的基础。它不仅可以制备出自然界已有的物质，还可以制备自然界没有的且性能更优越、结构更简单的化合物。药物学史上有很多这样的例子，盐酸普鲁卡因就是从剖析天然活性药物可卡因的结构入手，不断简化、优化此结构，直至得到具有优良局麻活性的合成药物的极好例子。

盐酸普鲁卡因是一类酯类局部麻醉药，我们来看一下它的研究发展历史。1532 年，秘鲁人发现咀嚼南美洲古柯树叶可以止痛；1860 年，法国人尼曼从古柯树叶中提取出一种白色的生物碱晶体，命名为可卡因；1884 年，可卡因作为局麻剂正式应用于临床。

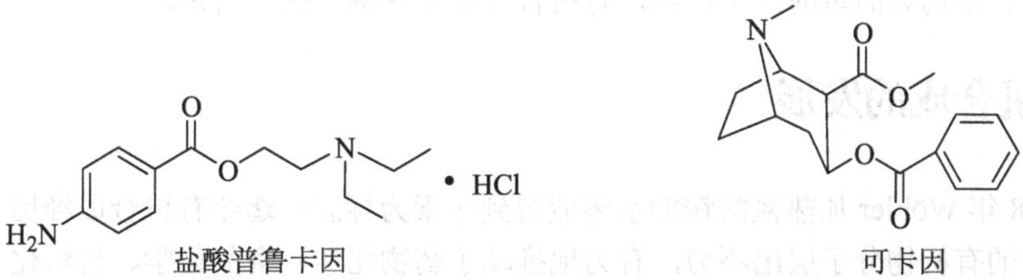

$\cdot$ HCl

盐酸普鲁卡因　　可卡因

可卡因给外科手术病人减轻了痛苦，但是它却具有成瘾性和毒副作用，如致变态反应性和组织刺激性，此外可卡因对水溶液不稳定。因此人们希望在可卡因的基础上，发展出性能更好、毒性更低、结构更简单的合成品。最初采用的策略是将复杂的天然产物结构进行降解找出可卡因中的药效基团。

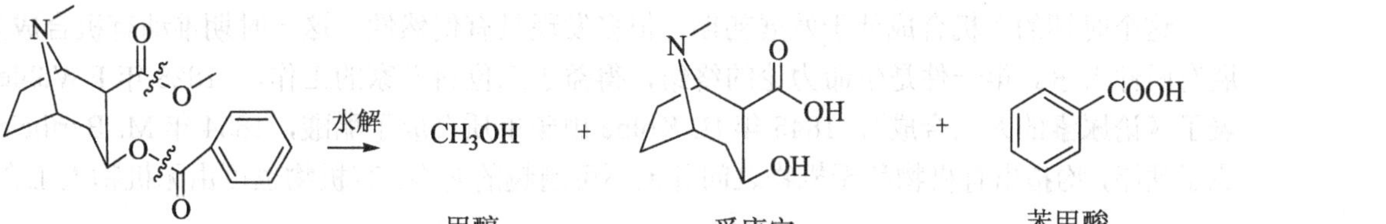

可卡因 $\xrightarrow{\text{水解}}$ CH_3OH + 爱康宁 + 苯甲酸

可卡因　　甲醇　　爱康宁　　苯甲酸

可卡因水解为爱康宁、甲醇、苯甲酸，这三者均无药效。用其他羧酸代替苯甲酸与爱康宁成酯，麻醉作用降低或完全消失，说明苯甲酸酯是重要的具有局麻作用的药效基团。由莨菪酮还原酯化生成的托哌可卡因也具有局麻活性，因此可以认为可卡因中的甲氧羰基并非活性必需基团。

进一步将托哌可卡因的结构简化，将四氢吡咯环去除，并保留苯甲酸酯结构，得到α-优卡因和β-优卡因，两者都具有局麻活性，说明莨菪烷的双环结构并不是必需的。

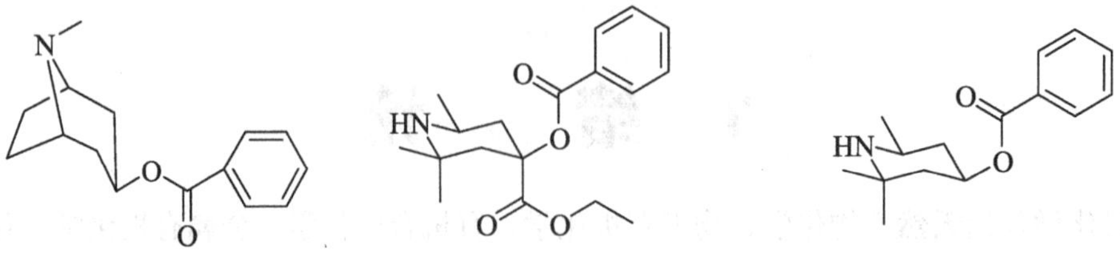

托哌可卡因　α-优卡因　β-优卡因

认识到可卡因中苯甲酸酯的重要性，人们便开始了苯甲酸酯类化合物的研究。1890 年首先证实对氨基苯甲酸乙酯（苯佐卡因）具有局麻活性，考虑到可卡因分子中氨代烷基侧链的存在，人们合成了一系列氨基苯甲酸酰胺酯和氨代烷基酯，终于在 1904 年开发出了普鲁卡因，可卡因中复杂的爱康宁结构只不过相当于氨代烷基侧链的作用。

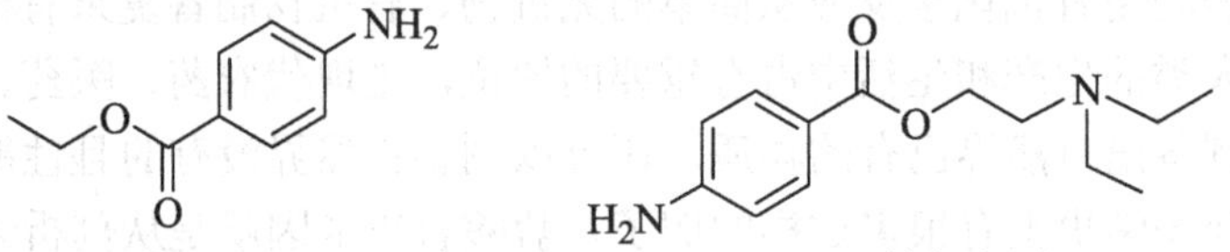

苯佐卡因　普鲁卡因

普鲁卡因同天然产物可卡因相比结构简单，具有良好的局麻效果，毒性低，无成瘾性，迄今仍在临床上广泛使用。

在对天然产物构效关系研究透彻的基础上，从简单的原料出发，可以合成出比天然产物性能更优异、结构更简单的人工产物，有机合成中这种例子比比皆是。

1.2 有机合成的发展

以 1828 年 Wöhler 加热氰酸铵的水溶液得到尿素为标志，迄今有机合成经历了 180 多年的发展，新的有机物分子层出不穷，有力地推动了药物化学、食品化学、材料化学、生物化学等领域的发展。根据美国 CA 记载，现有的有机化合物已经达到 8000 多万个，而且正以爆炸式的速度增长，有机化合物正在影响着人们生活的方方面面。有机合成的发展大致可以分为四个时期。

1.2.1 初始期（19 世纪～20 世纪前半叶）

这个时期的有机合成处于发展初期，很多发现具有偶然性。这一时期推动有机合成的发展有两件大事。第一件是生命力论的终结，得益于三位科学家的工作， 1828 年 F.Wöhler 发表了《论尿素的人工合成》，1845 年 H. Kolbe 由碳单质合成了醋酸，1854 年 M. Berthelot 合成了油脂，均指出有机物和无机物之间并无不可逾越的鸿沟，有机物也可由无机物人工合成。

$$\underset{\text{氰酸铵}}{NH_4CNO} \xrightarrow{\triangle} \underset{\text{尿素}}{H_2N-\overset{O}{\overset{\|}{C}}-NH_2}$$

$$C \xrightarrow{FeS_2} CS_2 \xrightarrow{Cl_2} CCl_4 \xrightarrow{\text{红热管}} CCl_2{=}CCl_2 \xrightarrow{\text{日光, 水}} CCl_3COOH \xrightarrow{\text{电解}} CH_3COOH$$

第二件是有机结构理论的建立，Kekulé 指出有机物中每种原子都有一定的“原子化合力”，后来称为“价”，碳是四价的，氢和氯是一价的，氧是二价的，碳原子既可以和其他原子结合成键，也可以自身结合成键。1861 年 Butlorov 指出分子是由原子按照一定次序结合而成的具有一定式样的“建筑物”，这就是分子的结构，人们既可以根据化学性质来确定分子结构，也可以由化学结构来预测分子性质。为了解释平面结构所不能解释的一些实验事实，J. H. Van't Hoff 和 J. A. Lebel 提出了立体概念，他们把碳原子用正四面体来表示，碳位于正四面体的中心，四个价键指向正四面体的四个顶点，因此研究分子还要进一步研究分子的空间几何形状，开辟了立体化学的领域；Kekulé 还在前人实验事实的基础上指出苯环是一对互变的环己三烯结构。

这个时期的有机合成反应多数套用无机反应，例如一些简单的置换、缩合或偶联，使小分子转变成较大的分子。

1856 年对于有机合成是非常有意义的一年。18 岁的青年学生 Perkin 作为 Hoffman 的助手，在英国伦敦皇家化学学院学习，他试图按照无机反应的方法，用铬酸氧化从煤焦油中提取的烯丙基对甲苯胺合成抗疟疾药物奎宁：

$$2C_{10}H_{13}N \xrightarrow{K_2Cr_2O_7} C_{20}H_{24}N_2O_2 + H_2O$$

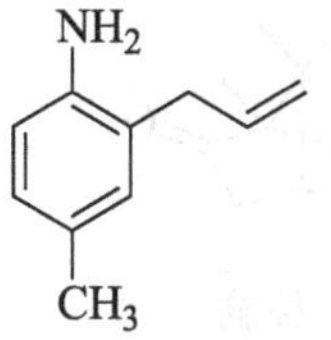

烯丙基对甲苯胺 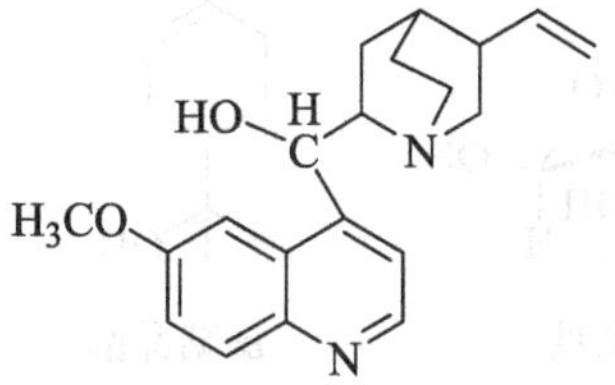　　　　奎宁

当时对奎宁的结构一无所知，Perkin 并不知道这两者的结构存在很大的差异，仅凭简单的氧化反应不能完成结构的转化。Perkin 当然不会制得奎宁（奎宁的全合成于 88 年后即 1944 年由 Woodward 完成，而奎宁的立体选择性合成则在 2001 年由 Stork 小组完成），但是他却意外地得到了色泽能与天然染料茜红和靛蓝媲美的苯胺紫，尽管产率只有 5%，但是从下脚料煤焦油中居然能够制得昂贵的染料，这为煤化学工业的发展奠定了良好的基础。

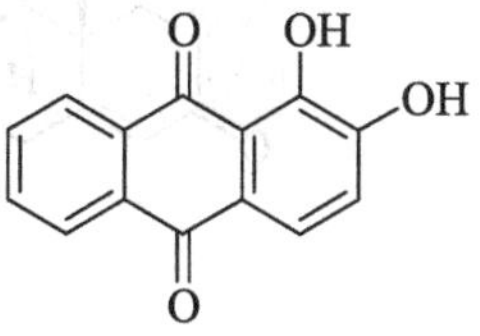

茜红 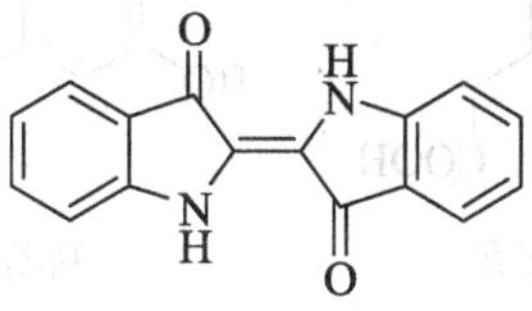　　　　靛蓝

1856 年另一个重要的发现是 Williams 用氢氧化钾处理不纯的 *N*-乙基喹啉盐，合成了第一个菁染料，菁染料对不同可见光具有分别感色能力，可以用作照相软片的增感剂。

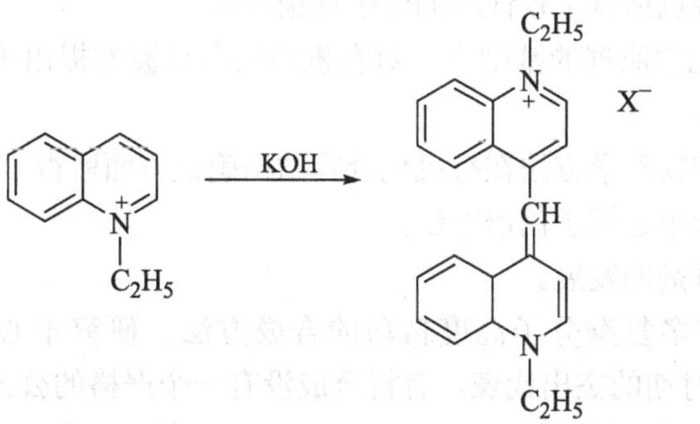

菁染料

在尿素合成之后，19 世纪最重要的全合成是 E. Fisher 完成的(+)-葡萄糖合成。这一全合成的重要性不仅在于目标分子中官能团的复杂性，而且在于合成中的立体化学控制。因此，就目标分子而言,这一带有五个手性中心的含氧环状化合物的合成代表 19 世纪末有机合成的最高水平，E. Fischer 因此成为继 J. H. van't Hoff 后第二位获得诺贝尔化学奖(1902 年)的化学家。

在早期的有机合成中，人们只能通过简单的类比法来进行有机合成，简单的有机物可以通过几步反应合成出来，需要多步合成的复杂化合物就无法制备了。

到了 20 世纪上半叶，由于现代有机结构理论的初步确立和大批有机反应的发现，人们逐步摸索到一些有机反应的规律，大部分的人名反应就是这个时期发现的，有机合成工作开始了确确实实缓慢的进步，这个时期最有名的合成实例有氯高铁血红素、颠茄酮、樟脑和马萘雌甾酮，研究主要在英国和德国科学家之间进行。

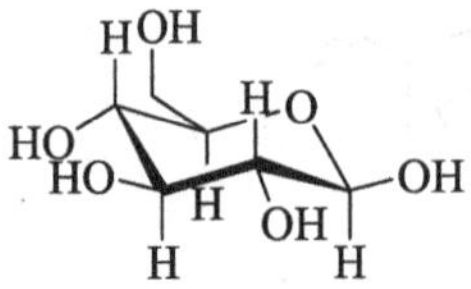

D-(+)-葡萄糖 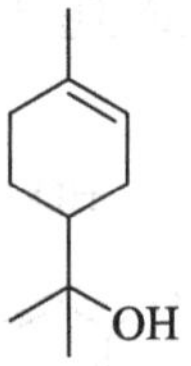　　α-萜品醇 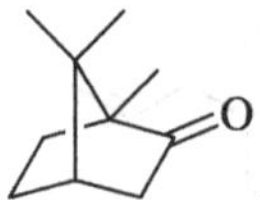　　樟脑 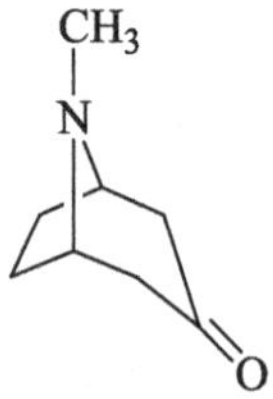　　托品酮

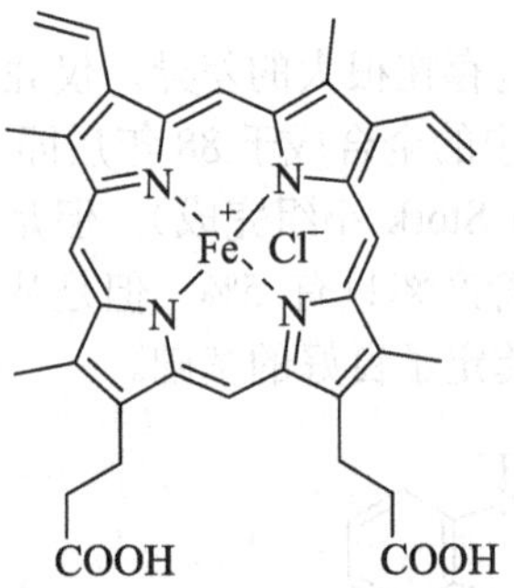

氯高铁血红素 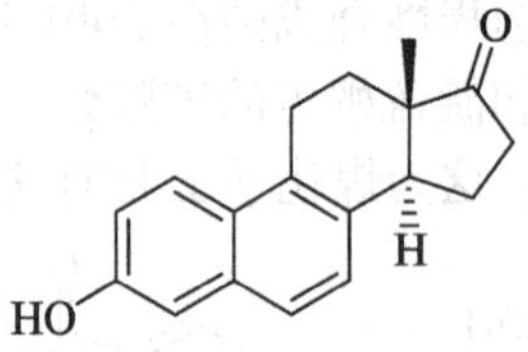　　马萘雌甾酮 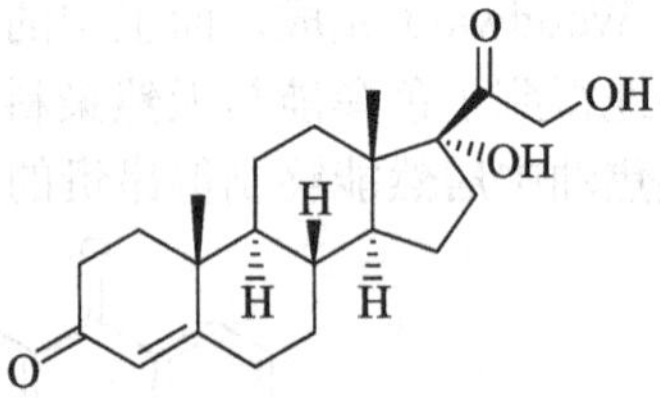　　可的松

1.2.2 艺术期（20 世纪 40～60 年代）

第二次世界大战之后，有机合成达到了较高水平，主要是受到了下列 5 个方面的促进。

① 基本有机反应机理有了较详尽的电子理论解释；

② 在研究立体化学原理的基础上，对有机结构和过渡态提出了构象分析，反应与构象之间存在一定的关系；

③ 应用光谱学和物理学方法在有机化合物结构确证方面取得了较大的进展；

④ 在分离与分析中运用了色谱方法；

⑤ 选择性化学试剂的发展。

本时期出现了许多复杂分子高度精巧的合成方法。研究重心由欧洲转向北美，R.B. Woodward 成为这个时期的杰出代表。有机合成没有一个严格的公式可以遵循，它和个人的经验、技巧、熟练程度很有关系。正如 R.B.Woodward 所说“有机合成中有激动、有探险，也有挑战，也可包含伟大的艺术，仅这些已足以令人赞叹。”有机合成进入艺术期。

Robert Burns Woodward(April 10, 1917—July 8, 1979)，毕业于 MIT(1936，BS；1937，Doctor)，首次完成了许多复杂天然产物的全合成，如：奎宁（1944 年），胆固醇，可的松（1951 年），马钱子碱（1954 年），麦角酸，利血平（1958 年），叶绿素（1960 年），四环素（1962 年），头孢菌素 C（1965 年），前列腺素 $F_{2\alpha}$（1973 年），维生素 B_{12}（1973 年），并提出了 Woodward-Hoffmann 规则，获得 1965 年诺贝尔化学奖。

这个时期其他的成就包括：20 世纪 50 年代初，二茂铁的发现和π夹心结构的阐明；Ziegler-Natta 催化剂催化烯烃温和条件下聚合；硼氢化反应和 Wittig 反应等；Woodward-Hoffman 规则；有机分析分离的新方法；重要的金属有机试剂相继出现如锂试剂、铜试剂、Wittig 试剂、硼烷试剂、硅烷试剂等。这些成果促进了有机合成的飞快发展，也显著促进了整个有机化学的快速发展。

我国化学家在这个时期也对有机合成做出了重要贡献。黄鸣龙反应早已蜚声中外；牛胰岛素的全合成，砷叶立德试剂的研究和应用，也得到了世界性的承认。

1.2.3 科学和艺术融合期（20 世纪 60～90 年代）

在完成了大量天然产物分子全合成之后，合成化学家也有了总结其中规律的可能，20 世纪 60 年代以后，有机合成设计、有机合成策略便提了出来，其中最著名也是后来影响最大的是美国哈佛大学 E.J.Corey 提出的逆合成分析的思想。Corey 从合成的目标分子出发，根据其结构特征和合成反应的知识进行逻辑分析，并利用经验和推理艺术，最终设计出巧妙的合成路线，使合成工作从一向被认为是“合成的艺术”发展为“可以计划的系统工程”。自此，复杂分子的合成不仅是合成大师的艺术杰作，更是科学和艺术的结晶，是想象力、逻辑推理以及实验技术的综合产物。20 世纪 70～80 年代，Corey 将此思想身体力行，完成了许多重要天然产物的全合成。

Elias James Corey（July 12, 1928—），毕业于 MIT（1948，BS；1951，Doctor)，是当代最伟大的化学家之一，发展了多种高选择性的有机合成试剂，如：PCC、PDC 可选择性地将醇氧化成醛；TBDMS、TIPs 和 MEM 可有效实现对醇羟基的保护；含硼杂环可有效催化不对称 D-A 反应及酮的不对称还原。Corey 还致力于合成方法学的研究，发展了 Corey-Itsuno reduction、Corey-Fuchs reaction、Corey-Kim oxidation、Corey -Winter olefin synthesis、Corey-House-Posner-Whitesides reaction、Johnson-Corey- Chaykovsky reaction、Corey-Seebach reaction；从 1950 年起 Corey 所领导的小组完成了至少 265 种化合物的合成，包括多种复杂化合物的全合成，其中较著名的有 Prostaglandins、Longifolene、Ginkgolides A 和 B、Lactacystin、Miroestrol、Ecteinascidin 743 和 Salinosporamide A 的全合成；因逆合成分析思想的提出获得 1990 年诺贝尔化学奖。

这一时期对有机合成作出巨大贡献的科学家还包括 G. Stork、A. Eschenmoser、Sir D. H. 、R. Barton、W. S. Johnson、 S. Danishefsky、 D. A. Evans、Y. Kishi 和 K.C. Nicolaou 等。

有机合成在此时期的重大发展还在于控制合成反应的选择性，包括分子中不同官能团的**化学选择性**、不同部位上的**区域选择性**，以及更精细的**立体选择性**，这些在 20 世纪 80～90 年代成为有机合成高选择性的热点，有机合成化学家可以合成出复杂的具有特定立体结构的化合物。

例如海葵毒素的合成：1971 年，美国的 Scheuer 从腔肠动物沙海葵中提取出比河豚毒素还要毒 10 倍的岩沙海葵毒素，1982 年发表了该化合物的立体结构，同时日本的平田发表了更为精确的立体结构，此化合物具有 127 个碳原子、64 个手性碳、7 个双键，有可能产生 2^{71} 个立体异构体，其合成的难度可想而知。1989 年哈佛大学的 Kishi 小组成功合成海葵毒素，此合成被称为有机合成中的珠穆朗玛峰。但这绝不是有机合成中的最高峰，有机合成还会继续发展，迎接更大的辉煌。这一时期还合成了许多重要的药物分子，如紫杉醇、卡里奇霉素、埃坡霉素、万古霉素等。

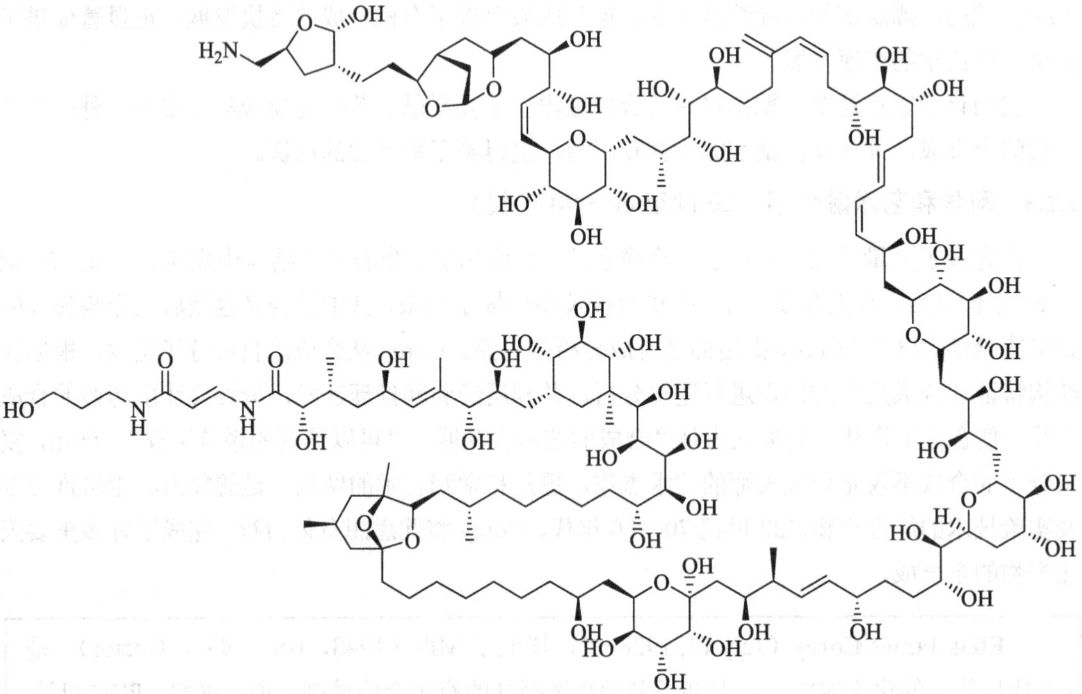

岩沙海葵毒素

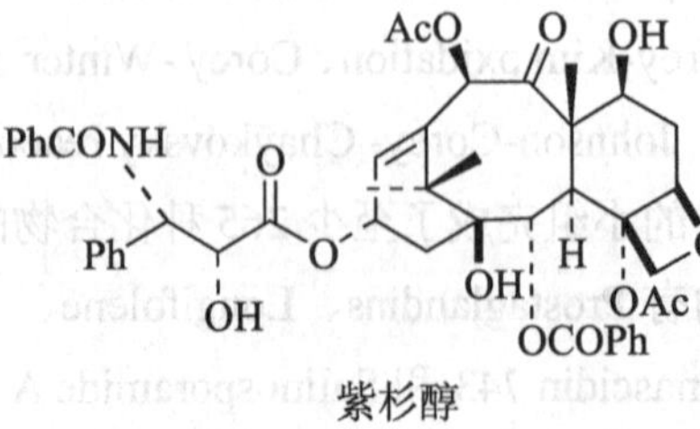

紫杉醇

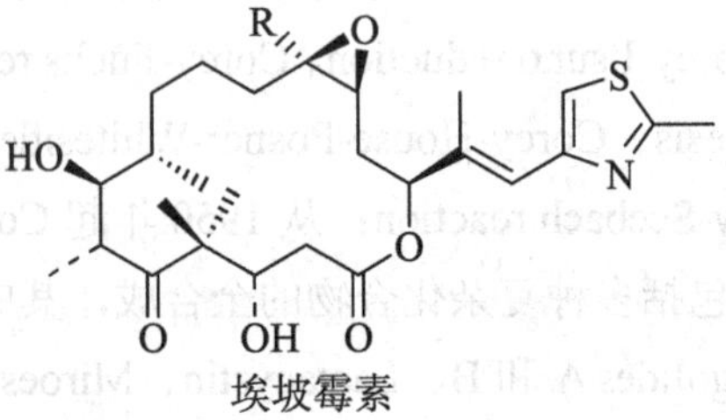

埃坡霉素

这一时期，我国合成工作者也做出了重要贡献。如 20 世纪 80 年代周维善小组关于青蒿素的合成堪称中国天然产物全合成的代表作。90 年代，一些具有不同复杂程度的天然产物相继被合成，例如黄皮酰胺、石杉碱甲、青蒿素及其类似物、油菜甾醇内酯、番荔枝内酯及其简化物的合成等，都取得了不俗的成绩。在金属有机化学方面，我国也出了一批出色成果，例如陆熙炎院士的两价钯催化的贫电子叁键与双键的γ-丁内酯合成等，表明我国金属有机化学的研究已进入世界先进行列。

1.2.4 发展期

有机合成将何去何从？今后将如何发展？

许多有机化学家都认为未来有机合成的发展一是与生命科学相结合，二是与材料科学相结合。与生命科学相结合有几层含义：一是选择生命科学中的重要物质为合成对象；二是将生物学方法用于有机合成；三是二者结合产生一些全新的领域如化学生物学，尝试用小分子来调控生命机体的功能。Scheiber 对免疫抑制剂 FK506、FK506 与 FKBP 的结合域 506BD 及双分子 FK1012 的合成，就是一个极其成功的例子。

在材料科学的发展中，如有机-无机功能材料的合成、分子器件的合成、人工晶体的合成等，很多新材料本身都是合成的新物种。近年来一些奇特的套环分子的合成，由 C_{60} 出发多种衍生物的合成，显示了有机合成在材料科学中前途无量。如：含能材料是一类重要的战略性材料，它们或在军事上、工业上用作炸药，或在航空航天上用作火箭推进剂。八硝基立方烷就是一种先进的高密度高能材料，它的合成于 2000 年完成，爆炸后体积膨胀 1150 倍，每摩尔释放能量 3.47MJ（830kcal）。

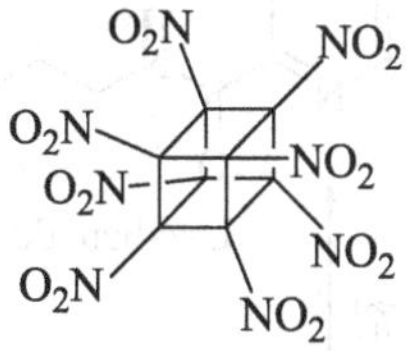

$$C_8(NO_2)_8 \longrightarrow 8CO_2 + 4N_2$$

八硝基立方烷

未来有机合成主要面临两个问题：一是合成什么？有机合成将摆脱以往的盲目求“新”求“奇”合成，而是合成预期具有特殊功能的分子或是具有重大理论意义的化合物，来满足人们日益增长的生产生活需要；二是怎样合成？这对合成的选择性、高效性、绿色性提出了更高的要求，合成化学家必须在合成化学中进行合理的反应设计，设计高效率高选择性的反应过程，尽量避免使用有毒和危险的试剂和溶剂，争取实现废物零排放，最大限度地降低对环境的消极影响。

1.3 有机合成的热点领域

1.3.1 绿色合成

“绿色合成”的目标要求任何化学活动，包括使用的化学原料、采用的反应过程以及最终的产品，对人类的健康和环境都是友好的，反应过程是高效的原子经济性的，最终达到“废物零排放”。这对化学提出了极大的挑战。

什么是原子经济性？为了衡量合成的效率，1991 年美国著名有机化学家 Trost 提出原子经济性概念，并将它与选择性一起归结为合成效率的两个方面。Trost 认为高效的有机合成应最大限度地利用原料分子的每一个原子，使之结合到目标分子中（如完全的加成反应），达到零排放。原子经济性可以用原子利用度衡量。

例如：用传统的氯醇法合成环氧乙烷，其原子利用率只有 25%，而采用乙烯催化环氧化方法仅需一步反应，原子利用率达到100%，产率99%。

$$H_2C{=}CH_2 \xrightarrow[2.\ Ca(OH)_2]{1.\ Cl_2} H_2C\overset{O}{—}CH_2 + CaCl_2 + H_2O$$

$$2\ H_2C{=}CH_2 \xrightarrow[\text{催化剂}]{O_2} 2\ H_2C\overset{O}{—}CH_2$$

Noyori 发展了一种把环己烯直接用双氧水氧化成己二酸的方法，只生成己二酸与水。这是一个不用有机溶剂和不含卤素的绿色过程。

$$\text{环己烯} + H_2O_2 \xrightarrow[[CH_3(n\text{-}C_8H_{17})_3N]HSO_4]{Na_2WO_4} \text{COOH/COOH（己二酸）} + H_2O$$

Hoffmann-La Roche 公司开发的抗帕金森药物 Lazabemide 则显示了催化羰基化反应的威力。第一条合成路线采用传统的多步骤合成，从2-甲基-5-乙基吡啶出发，历经8步合成，总产率只有8%；而用钯催化羰基化反应，从2,5-二氯吡啶出发，仅用一步就合成了 Lazabemide，其原子利用率达100%，且可达到3000t 的生产规模。

2-甲基-5-乙基吡啶 $\xrightarrow[\text{总产率8\%}]{\text{8步}}$ Lazabemide（Cl，N，H，N，$NH_2\cdot HCl$，O）

2,5-二氯吡啶（Cl，N，Cl） + CO + $NH_2(CH_2)_2NH_2$ $\xrightarrow[65\%]{\text{Pd催化剂}}$ Lazabemide

绿色化学的研究成果对解决环境问题是有根本意义的，对于环境和化工生产的可持续发展也有着重要的意义。环境经济性正成为技术创新的主要推动力之一，有效性、经济性、环境影响和速度是其中的关键，当然还有艺术性、创新性与想象力。

1.3.2 不对称合成

“手性”（chirality）是指化合物或者化合物中某些基团的构型可以排列成**互为镜像但不能重叠**的两种形式，好比人的左手和右手的关系。像这样互为镜像但不能重叠的一对化合物互称为对映体。

“手性”是自然界的一种属性。在生命的产生、演变进化这样漫长的过程中，自然界造就了许多手性分子，如构成蛋白质的氨基酸都是L-氨基酸，多糖和核酸的单糖都是D-糖，基本构成单元具有手性，它们所形成的高聚物——蛋白质、多糖等也具有手性，因此生物体是一个手性环境，会对对映异构体产生“手性识别”。

“手性识别”对人类的健康非常重要，这可以通过手性药物的情况来说明：以前，人工合成的手性药物绝大部分是两种对映异构体各占一半的消旋药，在体内起作用的也许仅是其中的一个对映体，而另一个对映体少有或者没有药理活性甚至可能有强毒副作用。原因是两种对映体在人体内的生理活性、代谢过程、代谢速率以及毒副作用等有差异。

例如治疗哮喘病的沙丁胺醇，一个对映体的药理活性要比另一对映体大80倍。1999年美国食品与药物管理局（FDA）批准了新药“左旋沙丁胺醇”（商品名为 Xoperex）上市，该药在治疗和预防哮喘病人的支气管痉挛方面，具有疗效好、副反应小和服药量更少的优点。又如，L-多巴是治疗帕金森症的药物，作为“前药”摄入体内，再由体内的酶将多巴转化为具有药理作用的多巴胺。由于人体内的酶只能将左旋 L-多巴转化，因此，服用消旋药物，右旋多巴不被酶所转化，日积月累在人体内沉积下来，势必对病人造成危害。而发生在 20 世纪 50～60 年代欧洲的“反应停”悲剧（Thalidomide）更是药学史上的沉痛教训。Thalidomide 的两种对映体都有镇静作用，还可缓解妊娠妇女的晨吐反应，无数孕妇服用了消旋药物，随后产下了数千例畸胎。原因是 *S*-(–)- Thalidomide 的二酰亚胺进行酶促水解，生成邻苯二甲酰亚胺基戊二酸，后者可渗入胎盘，干扰胎儿的谷氨酸类物质转变为叶酸的生化反应，从而干扰胎儿发育，造成畸胎。而 *R*-(+)-异构体不与代谢水解的酶结合，不会产生相同的代谢产物。

酶

S- Thalidomide

鉴于手性药物的这些特性，近年来许多国家的药政部门对手性药物的开发、专利申请及注册做出了相应的规定：对于有手性的药物倾向于发展单一对映体的产品，对申请新的消旋体药，则要求将两个对映体的详细生理活性、毒性数据分别提供，不得视为相同物质。因此药物公司不得不寻求合成单一手性对映体的有效方法，这种合成方法就是手性合成，或者称为不对称合成。另外手性在香料、食品添加剂、农药等方面的需求也越来越多，手性液晶材料、手性高分子材料具有独特的理化性能，成为特殊的器件材料。这些需求极大地推动了不对称合成技术的发展。

手性物质的获得，除了来自天然以外，人工合成是另一种途径。外消旋体拆分、化学计量的不对称反应和不对称催化反应是以化学手段获得光学活性物质的三种手段，其中不对称催化反应是最有效的方法，一个高效率的催化剂分子可以产生上百万个光学活性产物分子，达到甚至超过了酶催化的水平。因此，开发高效率（high efficiency）、高选择性（high selectivity）、高产出率（high productivity）的手性催化剂已成为发展手性技术的核心问题。

1.3.3 氟化学

由于含氟化合物独特的物理及化学性质，有机氟化学越来越广泛地应用在染料、感光材料、航天技术以及农药和医药等方面。例如 20 世纪 50 年代末，以 5-氟尿嘧啶为代表的高生理活性的核酸拮抗剂的合成是含氟杂环化合物发展史上的里程碑，它为含氟杂环化合物的合成及应用研究奠定了坚实的基础。又如，近年来含氟喹诺酮类抗菌剂销售额占国际抗生素市场销售额的 1/5，这主要是因为在农药、医药中含氟化合物与不含氟化合物相比具有用量少、药效高、稳定性好、良好的脂溶性、易于被生物体吸收等特点。含氟抗病毒药物、抗生素、中枢神经系统治疗药物、抗肿瘤药物等如雨后春笋般地涌现，例如氧氟沙星、氟西汀、环丙沙星、安确治等已成为常见的药物。

含氟材料和含氟功能材料的研究也是氟化学研究的一个重要领域。如全氟离子磺酸膜应用在纯碱工业，消除了过去汞法生产引起的严重环境污染，这一新技术引起了纯碱工业一次革命性的发展。四氟乙烯与三氧化硫生成全氟磺内酯导致了全氟磺酸树脂的工业化，人们将该磺酸树脂膜应用于燃料电池的隔膜，用氢气或甲醇为燃料产生能源，这项技术成果将推动能源工业的一场革命。另一方面，含氟高分子在光纤通信方面也得到了应用。

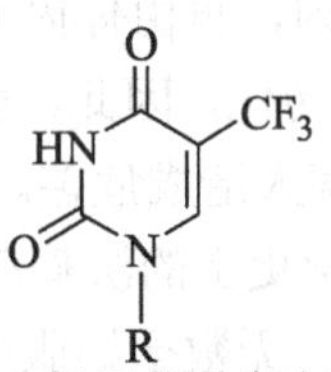

5-三氟甲基尿嘧啶类
（抗肿瘤药物）

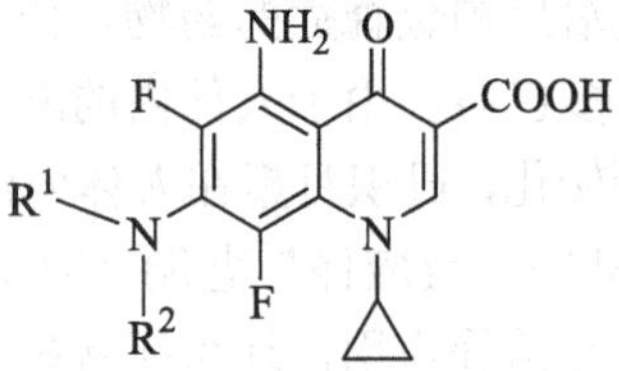

喹诺酮类化合物
（广谱抗菌药物）

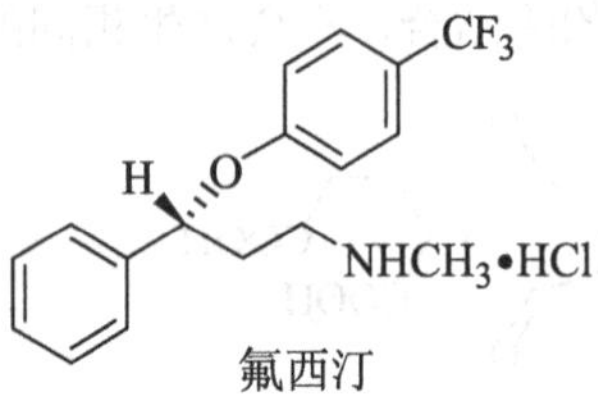

氟西汀
（抗抑郁药物）

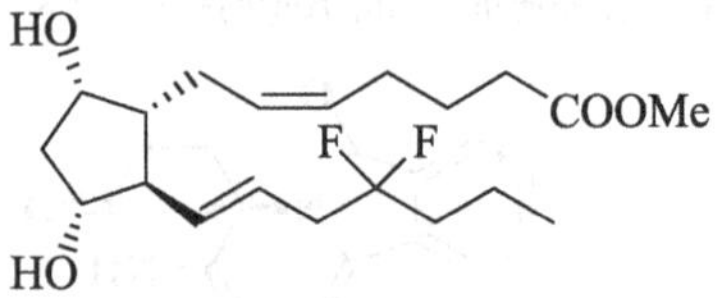

1,6-二氟PGF2α
(抗生育活性)

由于含氟或全氟的流体如全氟烷烃、全氟烷基醚、全氟烷基胺等具有良好的化学稳定性、热稳定性、极性小、密度大以及水溶性差和有机溶剂相溶性差等特点，近年来，化学家发展了氟两相体系的反应和可重复使用的三氟甲磺酸稀土路易斯酸催化剂以及含氟的离子液体反应，为合成有机化学品提供了清洁技术。

1.3.4　金属有机化学导向的有机合成

20 世纪 70 年代，一些金属促进的、特别是过渡金属催化的合成反应不断被发现，如 Kumada 反应、Heck 反应、Stille 反应、Suzuki 反应、Tsuji-Trost 反应等，使有机合成进入了一个全新的境界。

由于这一背景，20 世纪 80 年代初，国际上新兴了一门学科，即导向有机合成的金属有机化学（Organometallic Chemistry Directed Towards Organic Synthesis，OMCOS）。金属有机化学的反应可归纳为若干基元反应。人们可以从基元反应的规律出发，设计出具有化学选择性、区域选择性和立体选择性的新反应，实现反应的高选择性和原子经济性。

例如 Noyori 等在超临界二氧化碳中，用氢气和二氧化碳合成了甲酸，被认为是最理想的反应之一。

$$\text{sc } CO_2 + H_2 \xrightarrow[Et_3N]{RuH_2(PMe_3)_4} HCOOH$$

Murai 等也用钌催化剂实现了芳烃和烯烃的直接加成，这是一个典型的原子经济性反应。

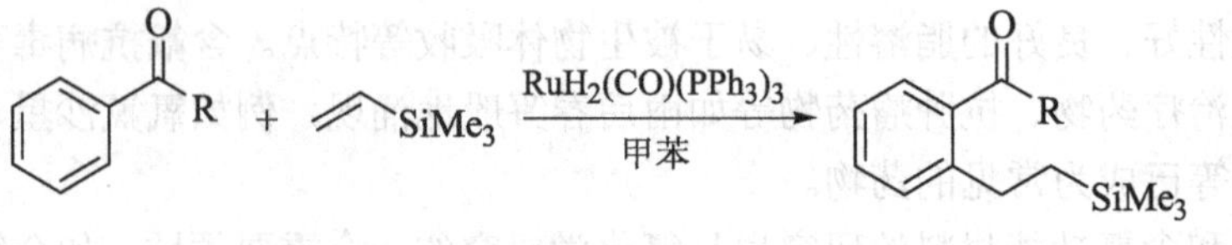

$$\text{PhCOR} + \text{CH}_2\text{=CHSiMe}_3 \xrightarrow[\text{甲苯}]{RuH_2(CO)(PPh_3)_3} \text{2-(Me}_3\text{SiCH}_2\text{CH}_2\text{)C}_6\text{H}_4\text{COR}$$

OMCOS 一般包含三个步骤：碳-金属键的形成；碳-金属键的反应；碳-金属键的猝灭。当第一个金属键形成后，如果通过碳-金属键的反应，又形成一个新的金属键，这个新的金属键又能发生反应，如此继续下去，就形成串联反应。串联反应可避免分离中间体，几个原料经一步即可生成较为复杂的产物，例如：

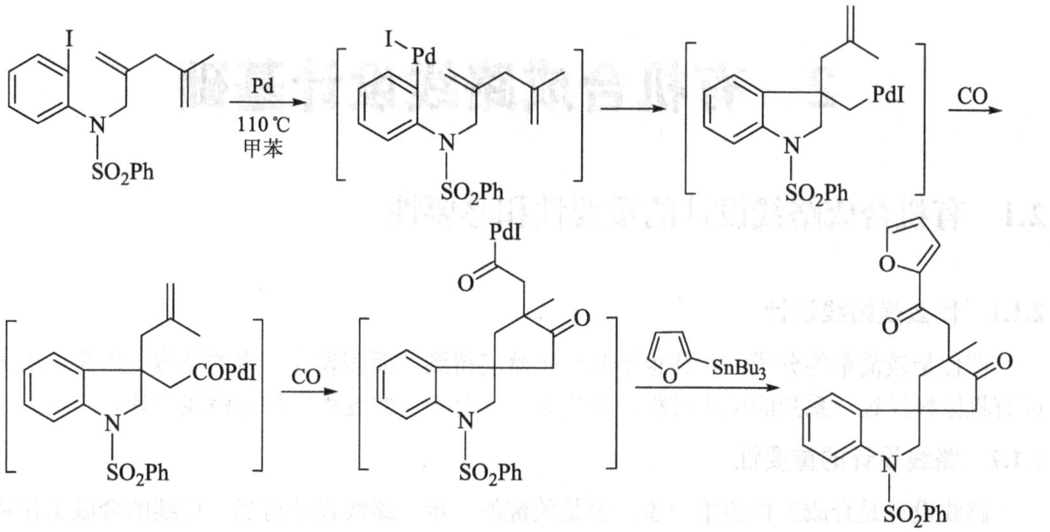

Pd, 110℃, 甲苯; CO; CO; SnBu$_3$

在这个反应中，从3个分子和催化剂，一步生成5个碳-碳键、3个新的环。

OMCOS主要是创造新的方法断裂或形成化学键，它对于化工、医药、环境、材料等科学均有贡献。

正像20世纪初有机合成化学曾给人类带来绚丽多彩的生活一样，它在人类对21世纪的挑战中，也一定会发挥巨大的作用。一个充分利用资源、对环境友好、造福于人类的有机合成化学正在成长，继续推动人类文明和社会进步。

2 有机合成路线设计基础

2.1 有机合成路线设计的重要性和必要性

2.1.1 什么是路线设计

即使是较简单的分子，往往也不是一步就能得到，而需设计一定的路线，使简单的无机或有机原料经过一系列的反应过程，转化为目标分子，此过程即称为路线设计。

2.1.2 路线设计的重要性

路线设计是合成工作的第一步，也是关键的一步。路线设计得当，后续的合成工作将事半功倍，路线设计不合理，后续工作难免走弯路，甚至会完全得不到目标化合物。

路线设计是一门科学，有规律可循，路线设计又是一门艺术，因人而异、千变万化。路线设计不同于数学运算，并无固定的答案，只要能合成出目标分子都为正确，但是正确的路线之间有优劣之分，“技巧高的几笔就画出了漂亮的图案”。

下面举颠茄酮的合成实例：Willstatter（1915 年诺贝尔化学奖的获得者）在 1896 年推出了一条颠茄酮合成路线，此路线以环庚酮为原料，总共经历了 21 步，尽管路线中每一步的收率均很高，但由于步骤太多，这条路线总收率只有 0.75%。

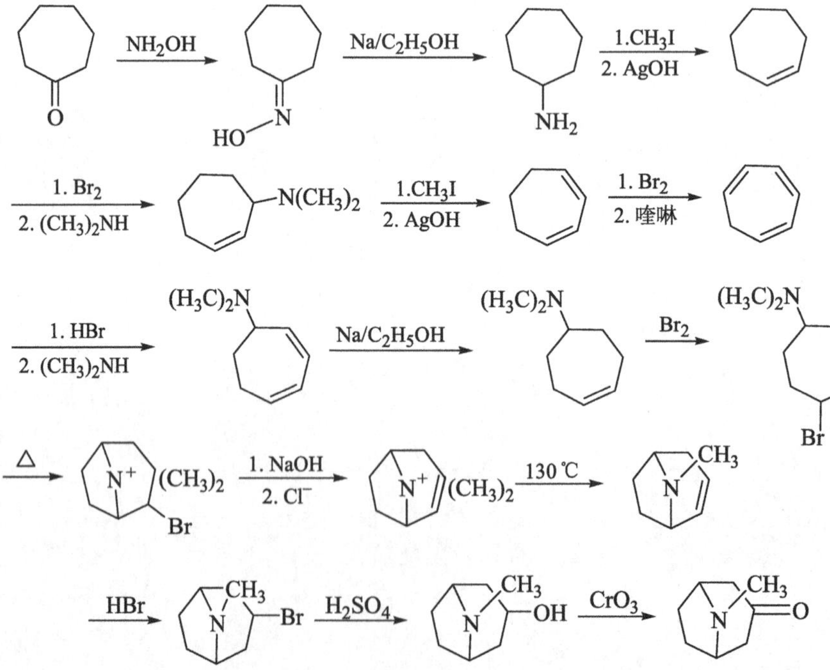

21 年后，Robinson（1947 年获诺贝尔奖）于 1917 年推出另一条颠茄酮合成路线，仅用 3 步，总收率达 90%。

$$\text{OHC-CH}_2\text{CH}_2\text{-CHO} + H_2N\text{—}CH_3 + {}^{-}OOC\text{-}CH_2\text{-}CO\text{-}CH_2\text{-}COO^{-} \xrightarrow[\text{Mannich reaction}]{\text{缓冲剂 pH=5},\ -2H_2O} \text{(NCH}_3\text{, COO}^{-}\text{, COO}^{-}\text{, =O)} \xrightarrow{H^+} \text{(NCH}_3\text{, COOH, COOH, =O)} \xrightarrow[-CO_2]{\triangle} \text{(NCH}_3\text{, =O)}\ (90\%)$$

由于受当时基础理论及实验技术的限制，Willstatter 的路线繁琐冗长，但在 19 世纪末 20 世纪初能通过多步有机合成得到结构这样复杂的天然产物非常不容易，颠茄酮的合成堪称当时有机合成的典范，即使今天看来，这条路线也有颇多值得借鉴之处。但不可否认，Robinson 的方法与之相比较，路线简捷高效，更胜一筹，而且 Robinson 的合成策略非常类似于托烷骨架的生源合成，开辟了仿生合成领域。

2.1.3 设计工具

在路线设计中，不但需要运用有机化学的知识和技巧，还需要做创造性的思考，逻辑推理和直觉判断都是必不可少的。“工欲善其事，必先利其器”，掌握好设计工具尤为重要。掌握的反应越多，对反应的理解越透彻，设计时就会更灵活。设计工具主要指合成反应，因为许多反应并不是“放之四海皆为准”，因此我们不但要了解反应的机理和产物的特点，而且还要了解反应的应用范围和适用限度。例如丙二酸二乙酯合成法往往采用丙二酸二乙酯的钠盐与卤代烃反应制备取代乙酸，反应的本质是卤代烃的亲核取代反应，常常会有人写出下列反应：

$$CH_2(COOEt)_2 + PhBr \xrightarrow{NaOEt} PhCH(COOEt)_2 \xrightarrow[\triangle]{1.\ NaOH \quad 2.\ H_3O^+} PhCH_2COOH$$

但是经过仔细思考可以知道，乙烯型卤代烃和卤代苯中的卤原子和双键或苯环存在 p-π 共轭，碳卤键具有部分双键的性质，卤原子极难离去，在此条件下反应很难发生。

随着合成方法和技术的发展，原有反应的适用范围会不断扩大，新的反应会不断创造出来。我们不但要善于整理归纳原有的知识，还要注意不断汲取新知识，使我们的设计工具不断更新，才能设计出更简单高效的路线。

譬如颠茄酮的合成，Robinson 认识到颠茄酮具有β-氨基酮的结构，使用 Mannich 反应获得成功。Mannich 反应于 1912 年发表，Robinson 能及时运用 Mannich 反应自有他的过人之处，而 Willstatter 由于自身所处时代的局限性，不具备此条件。由此可见学习新反应对于设计合成路线的重要意义。

2.2 逆合成分析

化学家经过大量的合成实践，已经对合成策略有了比较系统的认识。有机合成设计已经从简单的类比发展为系统的逻辑推理。历史上最早提出切断法这一概念的是 Robert Robinson，1917 年他报道了颠茄酮的合成方法，在这篇著名的文献中，他根据颠茄酮的结构，提出了“假想分解”的概念（用虚线表示切断的位置）：

NMe ⟹ CHO, CHO + $MeNH_2$ + O=

在此之后，一直没人再提起切断法这一概念，直到 20 世纪 60 年代， E.J.Corey 在前人通过逻辑推理构建复杂结构的基础上，吸取了计算机程序设计的思想，对许多合成反应进行系统的归纳整理，提出了逆合成分析的思想（即切断法），并且身体力行，运用逆合成分析的思想完成了多个复杂天然产物的全合成，包括Prostaglandins、Longifolene、Ginkgolides A 和 B 等。

所谓逆合成分析，与正向合成过程刚好相反，它从目标分子的结构开始，设想目标分子是由前体通过某种反应转化而成，将目标分子分割成若干结构更简单的前体，将推出的前体再次作为目标分子，运用切断等手段将其逐步简化，不断重复此过程，直至推出简单易得的起始原料。逆合成分析使得路线设计有章可循、有法可依，虽经历多步仍可有条不紊地进行。

正向合成：　原料 ⟶ 中间体1 ⟶ 中间体2 ⟶ 　⟶ 目标分子

逆合成分析：目标分子 ⟹ 前体1 ⟹ 前体2 ⟹ 　⟹ 原料

对于一个确定的目标分子，由于结构中存在多个官能团，以不同的方式、不同的顺序切断化学键，将得到不同的前体，而以这些前体作为新的目标分子，继续推导可以得到新的前体，经逐级推导后就会推出各种前体所对应的原料，这样构成了所谓的“合成树”。

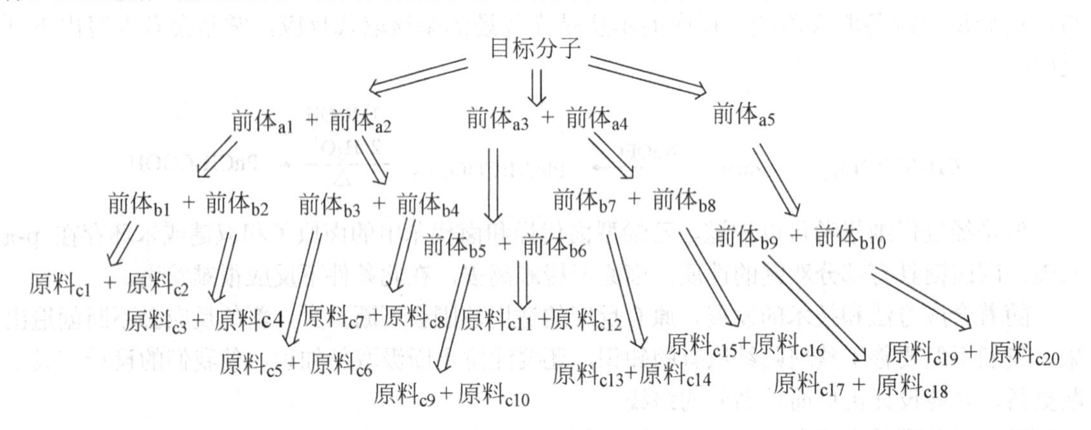

以此为基础设计程序及建立相关的有机合成反应库，可以进行计算机辅助有机合成设计。该程序后来被命名为 LHASA，现在已很少使用，但逆合成分析法（切断法）被化学家广为接受，一直沿用至今。

下面介绍一些逆合成分析的基本知识，包括逆合成分析中常用的术语以及分析手段。

2.2.1　切断

切断（disconnection，简写为 discon）是逆合成分析中最常用也是最重要的手段，唯有切断才能真正将目标分子的结构简化，其他的手段往往都是为更好的切断做准备。

我们以例子来说明切断时涉及的一些基本概念。

目标分子：即要合成的目标化合物，用 TM（target molecule）表示，上例中 *E*-2-甲基-3-己烯即为 TM。

$$n\text{-}C_2H_5\text{CH=CH}i\text{-}C_3H_7 \xrightarrow{FGI} n\text{-}C_2H_5\text{-}\!\!\wr\!\!\text{-C}\equiv\text{C-}\!\!\wr\!\!\text{-}C_3H_7\text{-}i \xrightarrow{discon} {}^{-}\text{C}\equiv\text{C}^{-} + n\text{-}C_2H_5^{+} + i\text{-}C_3H_7^{+}$$

目标分子 (target molecule, TM)

合成子：切断后的带电荷碎片 (synthon)

NaC≡CNa　n-C_2H_5Br　i-C_3H_7Br

合成等价物 (equivalent)

原料：用 SM（starting material）表示，上例中乙炔钠（甚至是乙炔）、溴乙烷和溴代异丙烷即为原料；

合成子：英文名 synthon，指 C—C 键或 C—X 键切断后，得到的假想的带电碎片（也可以是自由基或中性分子），合成子分为离子型合成子[包括 a(acceptor) 亲电性合成子, d(donor) 亲核性合成子]、自由基合成子 r(radical)和周环反应所需的中性分子合成子 e（electron）。

合成子是一个抽象化的概念，不同于实际的分子、离子和自由基，它可能是反应中的实际中间体，也可能并不存在。

合成等价物：equivalent，相当于合成子作用的试剂，合成子往往由于自身不太稳定不能直接使用，直接使用的是起到合成子作用的化学试剂。例如上例中乙基正离子是合成子，它的合成等价物是溴乙烷。

离子型合成子

有机化合物的结构式一般如下：

$$\begin{array}{c} X^0 \\ | \\ \text{—}C^1\text{—}C^2\text{—}C^3\text{—}C^4\text{—}C^5\text{—} \\ | \\ FG \end{array}$$

FG 表示官能团，X^0 表示 Mg、Li 等金属原子或者卤素、硫、氧等杂原子。

按照所带电荷的性质（带正电荷为 a 合成子，带负电荷为 d 合成子）与所带电荷部位及官能团的相对位置，可将合成子分类。

a^0、d^0 合成子：烃基合成子（以单键与金属、卤素、硫、氧等杂原子相连的烃基）

a^1、d^1 合成子：C^1 为反应中心

a^2、d^2 合成子：C^2 为反应中心

a^3、d^3 合成子：C^3 为反应中心

a^4、d^4 合成子：C^4 为反应中心

a^5、d^5 合成子：C^5 为反应中心

以羰基化合物为例，羰基碳是电正性的，具有 a^1 合成子的性质；邻位α-H 具有酸性，在碱的作用下可离去，形成烯醇负离子，所以α-C 具有 d^2 合成子性质；α,β-不饱和羰基化合物的β-碳是电正性的，因此具有 a^3 合成子性质，依此类推。羰基化合物的奇数碳原子都是 a 合成子，偶数碳原子都是 d 合成子。

$$\begin{array}{c} \text{O} \\ \| \\ \text{—}C^1\text{—}C^2\text{—}C^3\text{—}C^4\text{—}C^5\text{—} \\ a^1\quad d^2\quad a^3\quad d^4\quad a^5 \end{array}$$

这些都属于“正常极性”的合成子，有时在逆合成分析时需要极性相反的合成子，例如需要 d^1 合成子、a^2 合成子，改变了合成子原有的自然极性，这个过程称为“极性翻转”(umpolung)。

逆合成分析中的切断遵循以下几条原则。

(1) 合理的机理——“能合才能切”

理论上在任何部位都可以将目标分子切断成带电的碎片（或自由基或中性分子），但切记切断只是纸面上的分析过程，实际进行的是两种前体键的连接，因此切断必须以反应为基础，“成键处”才是合理的切断处。

例如：**TM 1** 的结构特征是β-羟基醛，可由羟醛缩合反应形成，一分子醛的烯醇负离子进攻另一分子的醛羰基，成键处在α-C 和β-C 之间，因此合理的切断处为α-C 和β-C 之间。

TM 1

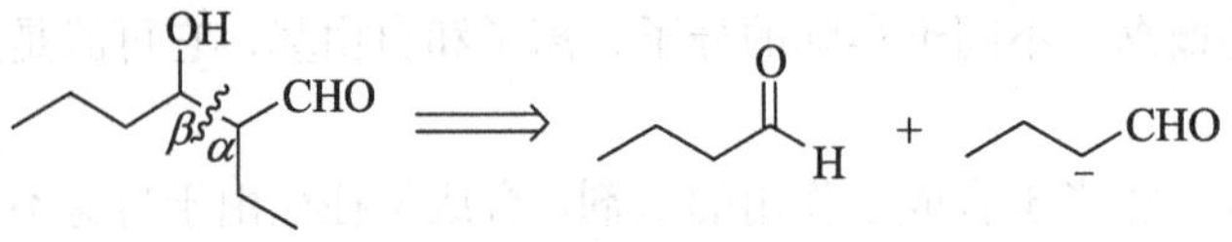

OH CHO β α ⟹ O H + CHO −

TM 2 是一个芳香酮，可由 Friedel-Crafts 酰基化反应合成，键的切断处应当在芳环和侧链间，有 a 和 b 两种切断位置，考虑到取代基的定位效应和 F-C 酰化反应的条件，a 切断推出的两种前体对甲基苯甲醚和对硝基苯甲酰氯，能通过 F-C 酰化反应在正确的位置成键，得到目标分子；而 b 切断推出的前体之一为硝基苯，硝基是强吸电子基，不能发生 F-C 酰化反应，且—NO_2 是间位定位基，即使反应，酰基会上在硝基的间位而不是对位，得不到正确的目标分子，因此 b 切断不合理。

TM 2

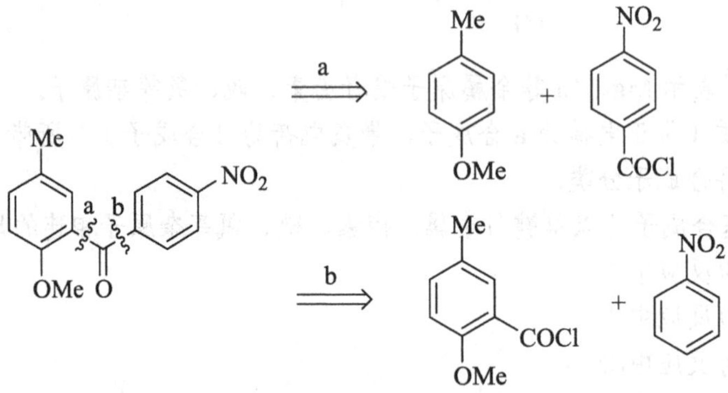

Me a b NO_2 OMe O

a ⟹ Me OMe + NO_2 COCl

b ⟹ Me COCl OMe + NO_2

(2) 当切断有多种方式时，优先选择前体（原料）廉价易得或便于合成的切断方式

TM 3 可以按 Wittig 反应切断烯键，有两种极性方式可选择，b 方式推出的前体 3-环己烯基甲醛容易通过 Diels-Alder 反应合成，因此优先选择 b 切断。

TM 3

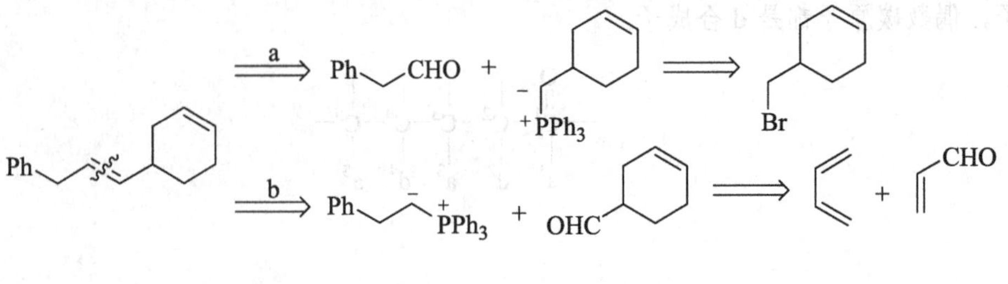

Ph

a ⟹ Ph CHO + − $^+PPh_3$ ⟹ Br

b ⟹ Ph − $\overset{+}{P}Ph_3$ + OHC ⟹ + CHO

以下物质可以直接作原料：

- 5个碳原子以下的单官能团化合物
- 环己烷、环己烯、环己酮
- 简单的一取代苯
- 偶数碳原子的羧酸及其甲酯、乙酯
- 6个碳原子以下的直链二羧酸及其甲酯、乙酯

（3）最大程度的简化

合成时，我们希望由简单易得的起始原料，经历尽可能**少且高效**的步骤，快速合成目标分子，同样，逆合成分析时我们也希望能通过尽可能少的分析步骤将目标分子化繁为简，实现最大程度的简化，可遵循以下原则。

① 在接近分子的中央处进行切断。将目标分子切成合理的、差不多大小的两半；

TM 4

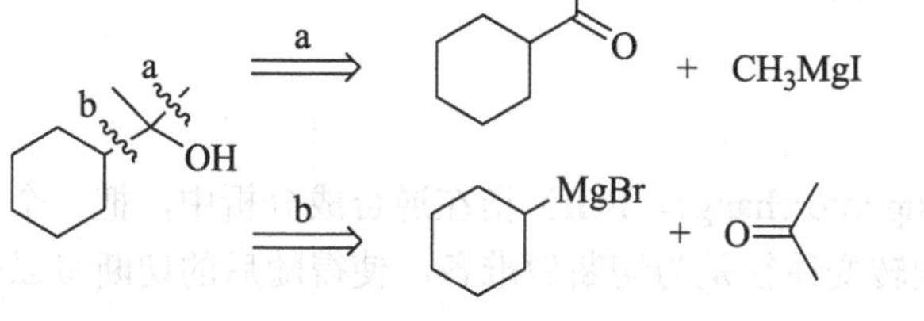

a ⟹ 环己基甲基酮 + CH_3MgI

b ⟹ 环己基MgBr + 丙酮

OH

TM 4 中a、b两种方式的切断均以合理的反应为基础，但a方式每次只切下一个一碳片段的效率太低，b方式可以更快速地简化目标分子。

② 在支化点上进行切断（**TM 5**），这样有可能得到直链碎片（简化结构），而这些直链碎片有可能是易得的化合物。

TM 5

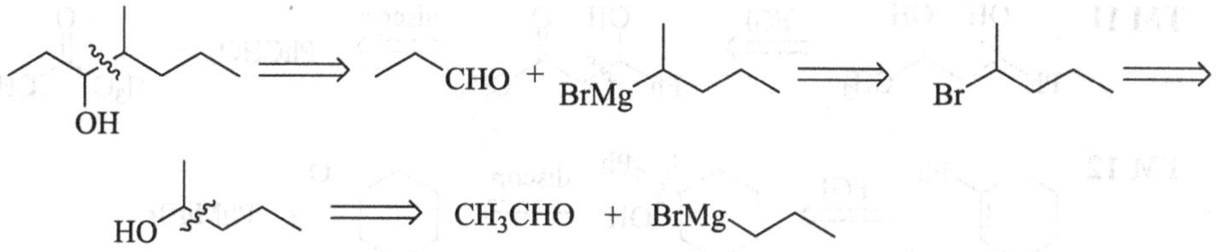

OH ⟹ CHO + BrMg ⟹ Br ⟹

HO ⟹ CH_3CHO + BrMg

③ 有环有链（**TM 6**）时，一般选择在环链相接处切断。这样保持了环的完整性，可直接以环状化合物为原料。

TM 6

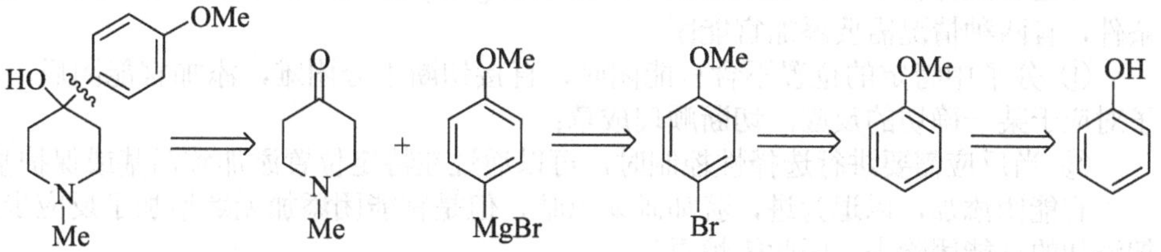

OMe, HO, N, Me ⟹ O, N, Me + OMe, MgBr ⟹ OMe, Br ⟹ OMe ⟹ OH

④ 尽量利用目标分子的对称性。利用目标分子的对称性，可以同时进行2个或2个以上键的切断，这是简化合成步骤的一种方法，同时也可以将原料的种类降低。

TM 7

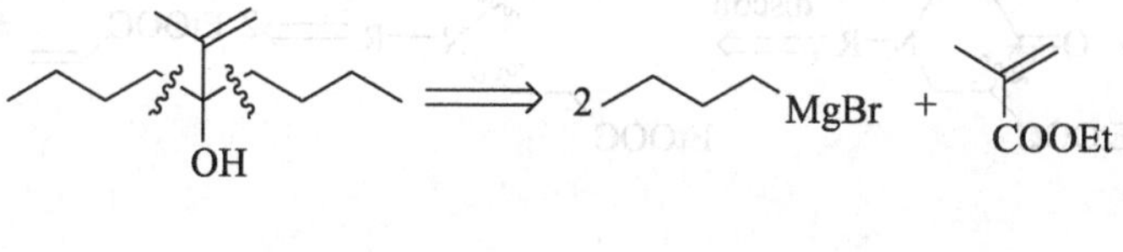

OH ⟹ 2 MgBr + COOEt

TM 8

Ph Ph Ph Ph O ⟹ Ph Ph Ph Ph OH OH ⟹ EtOOC COOEt + 4 PhMgBr

TM 7 和 **TM 8** 均可利用格氏试剂与酯类化合物的反应，一次形成 2 个键。

（4）高产率步骤

TM 9

Ph b a OH

$\xrightarrow{a}$ $PhCH_2MgBr$ + CH_2O

$\xrightarrow{b}$ PhMgBr + (环氧乙烷)

当目标分子有多种切断方式均为合理时，我们尽可能选择高产率的切断方式来设计合成路线。**TM 9** 有 a 和 b 两种切断方式，按照 a 方式合成的产率为 40%左右，b 方式产率约为 70%左右，因此选择 b 方式。

并非所有情况下都要用到这些准则，有些情况下这些准则是相互抵触的，重要的是学会判断，利用已有的有机反应知识，摒弃不合理或者反应条件苛刻的路线，在实验中尝试好的路线。

2.2.2 官能团转变

官能团转变（functional group interchange，FGI）指在逆合成分析中，把一个官能团转变成另一个官能团的操作，官能团转变往往是为切断做准备，使得随后的切断可以确切地对应于某个反应，例如 TM 10～TM 12。

TM 10

OAc $\xrightarrow{FGI}$ OH $\xrightarrow{discon}$ CHO + BrMg

TM 11

OH OH Ph CH_3 $\xrightarrow{FGI}$ OH O Ph CH_3 $\xrightarrow{discon}$ PhCHO + O H_3C CH_3

TM 12

Ph $\xrightarrow{FGI}$ Ph OH $\xrightarrow{discon}$ O + PhMgBr

2.2.3 官能团添加

在逆合成分析中，官能团添加（functional group addition，FGA）也是为合理的切断创造条件，有两种情况需要添加官能团。

① 分子中特定的位置不含官能团时，直接切断十分困难，添加官能团后，可使目标分子对应于某一确切的反应，切断顺理成章；

② 当反应需要进行选择性控制时，可以通过在特定位置添加致活基或保护基实现。

官能团添加，以退为进，犹如画龙点睛，但是官能团添加无疑增加了反应步骤，最终要把添加的官能团除去，因此需慎重。

TM 13

O= N—R $\xrightarrow{FGA}$ O= N—R EtOOC $\xrightarrow{discon}$ EtOOC N—R EtOOC ⟹ 2 EtOOC + RNH_2

TM 13 是一个对称酮，在羰基的α-C 处添加酯基，得到β-酮酯，看似将对称结构破坏，实际按酯缩合反应切断后，又恢复对称结构，继续按照逆 Michael 加成方式同时切断两个键，得到简单的丙烯酸乙酯和取代伯胺。

TM 14

discon
+ 2 CH_3MgI
OH
COOEt
FGA
COOEt
COOEt

TM 14 是个桥环烃，没有官能团，逆合成分析看似无从下手。在环侧链的支点处添加羟基，推出前体为酯，注意到酯基连接到六元环上，在酯键对面添加双键，逆 Diels-Alder 反应切断顺理成章。

TM 15

a O discon HO O FGA HO O discon O
b OMe OMe OMe O + OMe O O

TM 15 是取代的萘满酮结构，—OMe 是邻对位定位基，因此可以推断应当先形成 b 键，a 键是由分子内反应关环形成。合成时最后形成的键逆合成分析时应首先被切断，所以首先在 a 键处按逆 F-C 反应切断，中间体添加羰基后，第二次逆 F-C 反应切断推出简单的原料苯甲醚和丁二酸酐。

TM 16 FGA O discon + O

FGA O discon O discon O
O O O + O O

可以一次添加一个官能团，也可以一次添加多个官能团，官能团的添加方式也有多种。**TM 16** 在合适的位置添加官能团后，可以分别按照逆 Diels-Alder 反应和逆 Robinson 缩合切断。

2.2.4 重接

重接（reconnection，简写为 recon）指键的连接，往往对应于合成中的开环反应。它与切断是两个截然不同的分析过程，但目的相同，都是导向易于合成的前体。

对 **TM 17** 进行逆合成分析时，我们不是进行切断，而是用重接的方法以双键将两个羰基碳原子连接，推出易合成的前体 1-苯基环戊烯。

TM 17

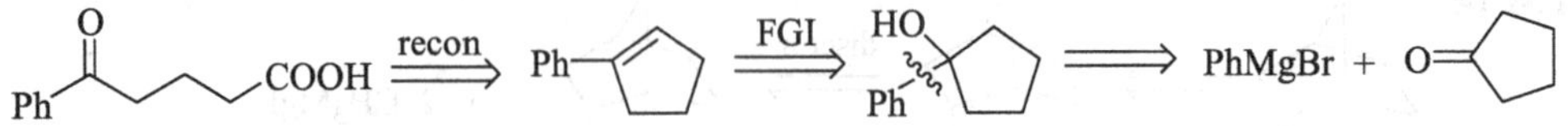

Ph(C=O)CH₂CH₂CH₂COOH ⟹(recon) Ph-环戊烯 ⟹(FGI) 1-苯基环戊醇 ⟹ PhMgBr + 环戊酮

重接法也是进行立体化学控制和化学选择性控制的一种手段。立体化学控制是有机合成中的重要问题。通过[2+2]，[2+3]，[2+4]等环加成反应，往往可以有效成键并进行区域和立体化学控制。因此对链状化合物的逆合成分析经常采用重接策略形成特征环状化合物以达到成键和选择性控制的目的。

TM 18

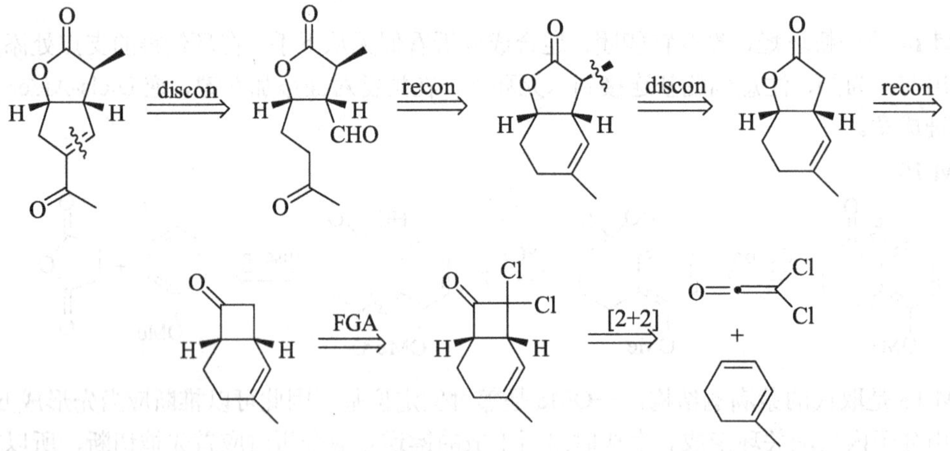

discon ⟹ recon ⟹ discon ⟹ recon ⟹ FGA ⟹ [2+2] ⟹ $Cl_2C=C=O$ + 甲基环己二烯

TM 18 是一个天然产物，两个五元环以顺式连接。逆合成分析两次用到重接，第一次重接为了获得易于合成的六元环前体，第二次对应于逆 Baeyer-Villiger 氧化的重接是为了形成四元环，四元环不但可以通过[2+2]环加成得到，还可以控制两环之间的顺式结构。

以上对逆合成分析的原则和技巧做了基本介绍，我们已经清楚要结合目标分子的结构特点进行合理的分析，即使是同一化合物，分析的方法也有多种。下面将化合物按照官能团分类来进一步深入学习每类化合物的逆合成分析方法。

3 分子的切断

3.1 一官能团化合物的切断

这一章主要学习针对具体目标分子的逆合成分析方法，本章将先从简单的一官能团化合物讲起，逐步过渡到复杂的二官能团化合物(更多的官能团分析时也只涉及两两之间的关系)。尽管分析手段有很多，但实际上其他各种手段都是为合理的**切断**做准备，唯有切断，才能真正将目标分子的结构一步步简化为原料。

有机化合物中含有众多的 C—C 键和 C—X 键，切断哪个键？如何切断？切断的顺序如何？对于含有不同官能团的化合物有不同的方法，但必须牢记这个原则：**“能合才能切”**，能以确切反应连接的位置才是切断的位置，在此基础上，尽量利用合成子的天然极性。

3.1.1 醇的切断

ROH $\xrightarrow{HX}$ RX

ROH $\xrightarrow{[O]}$ RCHO 或 酮

ROH $\xrightarrow{[O]}$ RCOOH

ROH $\xrightarrow{R'COCl}$ R'COOR

ROH $\xrightarrow{-H_2O}$ 烯烃

ROH $\xrightarrow{H^+}$ ROR

醇的切断非常重要，因为醇是一种非常重要的中间体，可以转化为卤代烃、烯烃、醚、醛酮、羧酸、酯等，所以上述化合物都可经过 FGI 又回到醇的切断上。

A. 基础：醇的合成

格氏试剂与醛酮的加成可制备醇，例如格氏试剂与甲醛加成可制备伯醇，与普通醛的加成可制备仲醇，与酮的加成可制备叔醇。

$$HCHO + RMgX \longrightarrow RCH_2OMgX \xrightarrow{H_3O^+} RCH_2OH$$

$$R^1CHO + RMgX \longrightarrow R^1CH(R)OMgX \xrightarrow{H_3O^+} R^1CH(R)OH$$

$$R^1COR^2 + RMgX \longrightarrow R^1C(R)(R^2)OMgX \xrightarrow{H_3O^+} R^1C(R)(R^2)OH$$

警惕格氏反应的副反应

枝状格氏试剂(尤其是β位有分支)与醛酮反应时，有可能会引起醛酮的还原：

BrMg–C(CH$_3$)$_3$ $\xrightarrow{RCHO}$ [Br–Mg…O=CHR 环状过渡态，H 转移] ⟶ Br–Mg–O–CH(H)–R $\xrightarrow{H_3O^+}$ HO–CH(H)–R + (CH$_3$)$_2$C=CH$_2$

例如：非常不活泼的二苯酮与叔丁基氯化镁反应，大部分得到加成产物，而与异丁基格氏试剂反应，仅得到还原产物。

Ph–CH(OH)–Ph (91%产率) ⟵ ClMg–CH$_2$CH(CH$_3$)$_2$ + Ph–C(=O)–Ph + BrMg–C(CH$_3$)$_3$ ⟶ Ph$_2$C(OH)–C(CH$_3$)$_3$ (63%产率)

格氏试剂与酯类化合物也可以加成。与甲酸酯加成可以生成结构对称的仲醇，与酯反应可以生成结构对称的叔醇，与碳酸酯可生成含有三个相同烃基的叔醇。

H–C(=O)–OR′ + RMgX ⟶ H–C(OMgX)(R)–OR′ ⟶ H–C(=O)–R + RMgX ⟶ H–C(OMgX)(R)–R $\xrightarrow{H_3O^+}$ H–C(OH)(R)–R

R^1–C(=O)–OR′ + RMgX ⟶ R^1–C(OMgX)(R)–OR′ ⟶ R^1–C(=O)–R + RMgX ⟶ R^1–C(OMgX)(R)–R $\xrightarrow{H_3O^+}$ R^1–C(OH)(R)–R

R′O–C(=O)–OR′ + RMgX ⟶ R–C(=O)–OR′ + RMgX ⟶ R–C(=O)–R + RMgX ⟶ R–C(OMgX)(R)–R $\xrightarrow{H_3O^+}$ R–C(OH)(R)–R

格氏试剂若进攻环氧化合物可以一次性引入 2 个碳原子，生成取代乙醇。

RMgX + 环氧乙烷 ⟶ R–CH$_2$CH$_2$–OMgX $\xrightarrow{H_3O^+}$ R–CH$_2$CH$_2$–OH

B. 应用

格氏试剂对羰基化合物亲核加成可以制备醇，因此可以将简单醇切断成一个**羰基化合物**和一个**负离子**。合成反应中往往用弯箭头来描述反应机理中涉及的成键与断键，逆合成分析中，同样可用弯箭头来表示成键与断键。

所有简单醇均可在—OH 所连的碳原子键上切断（TM 1)，切断若能导向稳定的带电碎片（合成子），此种切断最有利！

R$_2$C(X)–O–H $\Longrightarrow$ R$_2$C=O + X$^-$

TM 1

Me$_2$C(OH)(CN) $\Longrightarrow$ (CH$_3$)$_2$C=$\overset{+}{O}$H + CN$^-$

氰根负离子是个稳定的负离子。

合成： $Me_2C{=}O \xrightarrow[H^+]{NaCN} Me_2C(OH)CN$

TM 2 Ph(Me)C(OH)C≡CH ⟹ Ph(Me)C=O + $^-$C≡CH

乙炔负离子是最稳定的负离子，因此 **TM 2** 在羟基碳与叁键碳之间切断。

合成： $CH{\equiv}CH \xrightarrow{Na,NH_3(l)} CH{\equiv}C^- \xrightarrow{Ph-CO-Me}$ Ph(Me)C(OH)C≡CH

更通常的情况是没有一个取代基能给出稳定的负离子，这时可切断的位置有多处，切下的负离子可以用**格氏试剂（或烷基锂）**作为它的合成等价物。**TM 3** 有两种切断方式，我们选择从环链相接处、从接近目标分子的中部切断，最大限度地简化目标分子：

TM 3

a：C—O—H ⟹ 环己基负离子 + 丙酮

b：C—O—H ⟹ 环己基甲基酮 + Me^-

a 方式更好。

合成： 环己基MgBr + 丙酮 $\xrightarrow[2.\ H_3O^+]{1.\ THF}$ 2-环己基-2-丙醇（OH）

若目标分子是含有两个相同基团的叔醇（如 **TM 4**），一次切断两个相同的基团，逆推回酯和 2mol 格氏试剂。

TM 4 Ph—C(OH)(Et)—Et ⟹ PhCOR（C=O） + 2 EtMgBr

合成： PhCOR（C=O） + 2 EtMgBr $\xrightarrow[2.\ H_3O^+]{1.\ THF}$ Ph—C(OH)(Et)—Et

如何切断 **TM 5** 呢？切掉两个苯基后，逆推回环己烯基甲酸酯，因吸电子的酯基在烯键的对面，我们可以按逆 Diels-Alder 反应进一步切断：

TM 5

环己烯基—C(OH)(Ph)— ⟹ 环己烯基—COR（C=O） + 2PhMgBr

⇓

丁二烯 + $CH_2{=}CH$—COOR (D-A反应)

如果连接羟基的碳上有一个基团是H，可用另一种切断，即

$$R_2CH-OH \Longrightarrow R_2C{=}O + H^- \quad NaBH_4/LiAlH_4$$

实际上涉及H^-的切断都只是氧化-还原反应，并不改变分子的碳架，不是真正的切断，只是FGI（如**TM 6**）。

TM 6

$$\text{3-环己烯基}-CH_2OH \xRightarrow{FGI} \text{3-环己烯基}-CHO \Longrightarrow \text{丁二烯} + CH_2{=}CH-CHO$$

$$\text{3-环己烯基}-CH_2OH \xRightarrow{FGI} \text{3-环己烯基}-COOEt \Longrightarrow \text{丁二烯} + CH_2{=}CH-COOEt$$

合成：

$$\text{丁二烯} + CH_2{=}CH-CHO \longrightarrow \text{3-环己烯基}-CHO \xrightarrow{NaBH_4} \text{3-环己烯基}-CH_2OH$$

$$\text{丁二烯} + CH_2{=}CH-COOEt \longrightarrow \text{3-环己烯基}-COOEt \xrightarrow{LiAlH_4} \text{3-环己烯基}-CH_2OH$$

分子中不含有—OH，但含有**卤素、羰基、羧基、酯基和醚键**等都可经FGI转变成醇，再进行切断，如**TM 7**。

TM 7

$$PhCH_2CH_2CH(OAc)CH_2CH_2Ph \xRightarrow{FGI} PhCH_2CH_2CH(OH)CH_2CH_2Ph \Longrightarrow HCOOEt + PhCH_2CH_2MgBr$$

$$\Longrightarrow PhMgBr + \text{环氧乙烷}$$

合成：

$$PhMgBr + \text{环氧乙烷} \xrightarrow[\text{3. } PBr_3]{\text{1. 干醚; 2. } H_3O^+} PhCH_2CH_2Br + HCOOEt \xrightarrow[\text{2. } H_3O^+]{\text{1. Mg, 醚}} PhCH_2CH_2CH(OH)CH_2CH_2Ph$$

$$\xrightarrow{(CH_3CO)_2O} PhCH_2CH_2CH(OAc)CH_2CH_2Ph$$

TM 8

$$(CH_3)_2C{=}CHCH_2Br$$

分析：TM 8 这个烯丙型溴代物是萜烯类化合物合成中的一个重要的中间体，可以经过FGI转换为醇，但是有**两种可能的烯丙醇 8B 和 8C 作为前体**，用HBr处理时，这两种烯丙醇都会生成正离子**8A**，Br^- 对**8A**从位阻更小的一端进攻，生成**TM 8**。

$$\underset{\textbf{TM 8}}{(CH_3)_2C{=}CHCH_2Br} \Longrightarrow \underset{\textbf{8A}}{[(CH_3)_2C{\cdots}CH{\cdots}CH_2]^+} \Longrightarrow \underset{\textbf{8B}}{(CH_3)_2C{=}CHCH_2OH} \text{ 或 } \underset{\textbf{8C}}{(CH_3)_2C(OH)CH{=}CH_2}$$

这两种烯丙醇哪个更容易合成？**8C**！

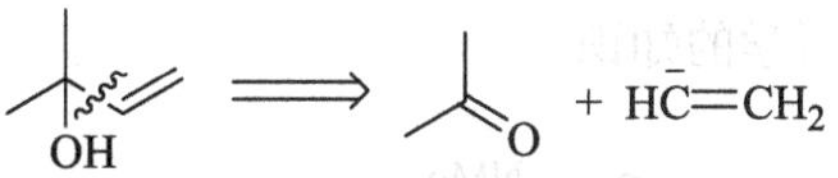

OH ⟹ O + H$\bar{C}$═CH_2

合成子$^-$CH═CH$_2$既可以是乙烯基格氏试剂，也可以是乙炔负离子。

合成： HC≡CH $\xrightarrow{Na,NH_3(l)}$ (O) → OH C≡CH $\xrightarrow[Lindlar]{H_2}$ OH $\xrightarrow{HBr}$ Br

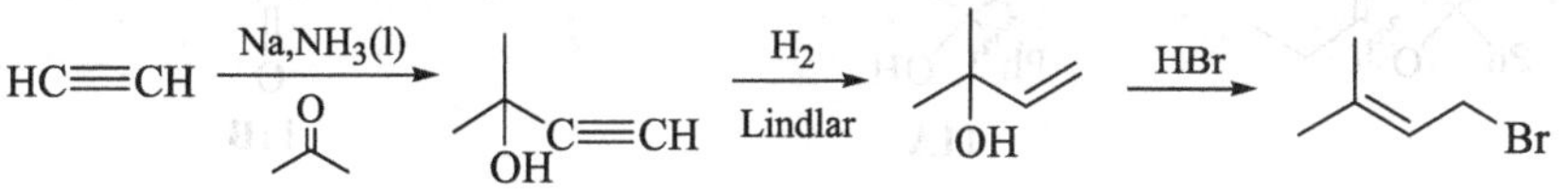

TM 9 O O

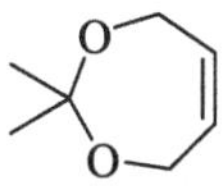

分析：TM 9 是 Corey 合成美登木素的中间体，去掉缩酮基团后，暴露出二醇结构，继续按照醇的方式切断：

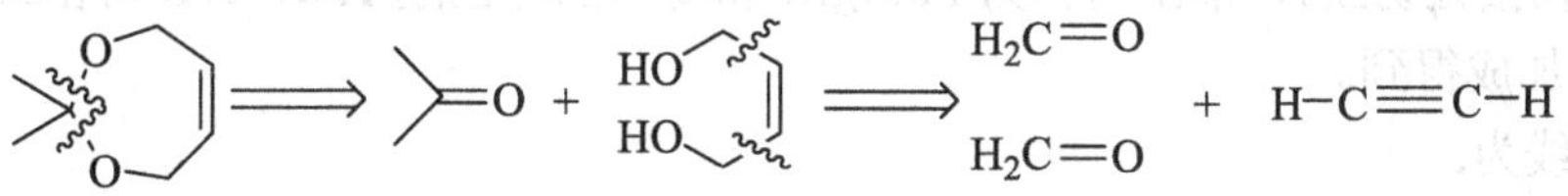

O O ⟹ O + HO HO ⟹ $H_2C{=}O$ $H_2C{=}O$ + H−C≡C−H

合成： H−C≡C−H $\xrightarrow[2.\ 碱，CH_2O]{1.\ 碱，CH_2O}$ HO HO $\xrightarrow{H_2, Lindlar}$ HO HO $\xrightarrow[H^+]{O}$ O O

TM 10 Cl Ph O NMe_2

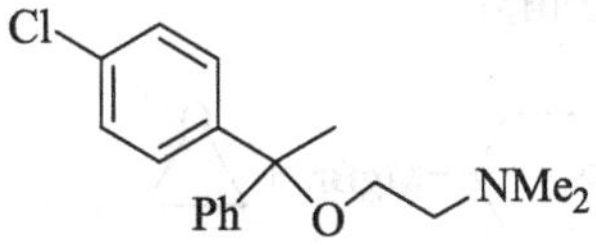

分析：TM 10 是个抗组胺药，切断醚键后，得到两个醇分子，**10A** 可由格氏反应制备，**10B** 则是二甲胺和环氧化物的加成物：

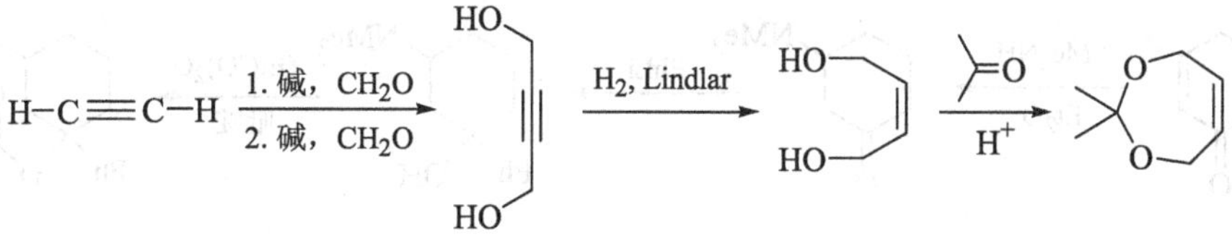

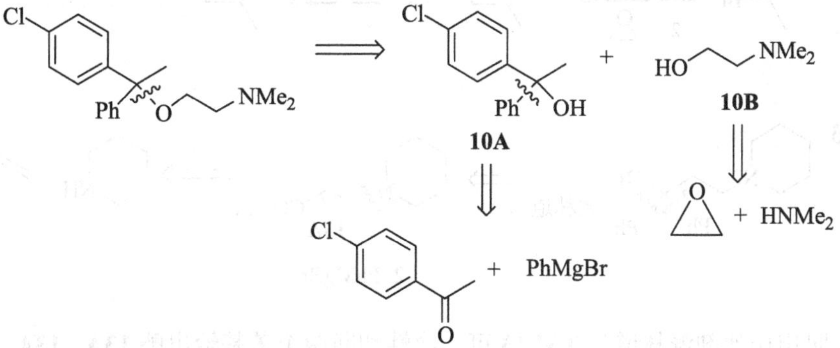

Cl Ph O NMe_2 ⟹ Cl Ph OH **10A** + HO NMe_2 **10B**

10A ⟹ Cl O + PhMgBr

10B ⟹ O + $HNMe_2$

TM 10 的合成采用威廉姆逊合成法，即

Cl + CH_3CCl (O) $\xrightarrow{AlCl_3}$ Cl O $\xrightarrow{PhMgBr}$ Cl Ph OH $\xrightarrow{NaH}$ **TM 10**

Me_2NH + O → HO NMe_2 $\xrightarrow{SOCl_2}$ Cl NMe_2

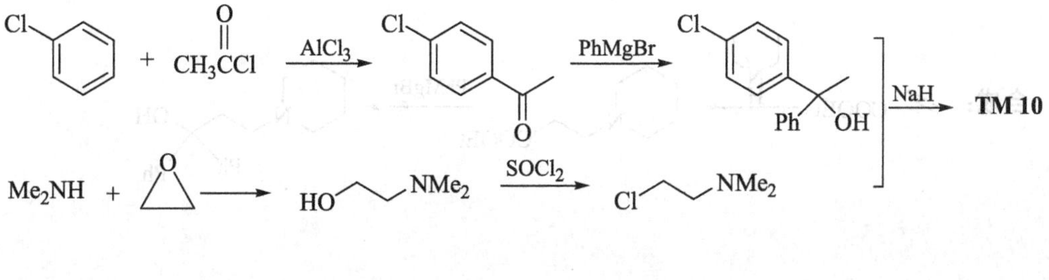

下面继续举例巩固前面所学的知识。

TM 11

$\Longrightarrow$ **11A** $\Longrightarrow$ PhMgBr + **11B**

$\Longrightarrow$ **11C** + $HNMe_2$

分析：**TM 11** 是个酯，切断酯键逆推回醇 **11A**，切断 **11A** 中苯基和环己烷之间的碳-碳键（在环链相接处切断），推出前体为 PhMgBr 和简单的环己酮 **11B**，**11B** 可由二甲胺对环己烯酮 **11C** 的加成得到。

合成路线为：

$\xrightarrow[Et_2O]{Me_2NH}$ $\xrightarrow{PhLi}$ $\xrightarrow[吡啶]{(EtCO)_2O}$

酸可由伯醇氧化制得，因此 **TM 12** 可经 FGI 逆推回醇：

TM 12 COOH $\xrightarrow{FGI}$ CH_2OH $\Longrightarrow$ MgBr + 环氧乙烷

合成：Br $\xrightarrow[2.\ 环氧乙烷]{1.Mg,Et_2O}$ CH_2OH $\xrightarrow{Ag_2O}$ COOH

TM 13

派林道尔 $\Longrightarrow$ **13A** + 2 PhMgBr $\Longrightarrow$ NH + COOEt

分析：肌肉松弛剂派林道尔 **TM 13** 可一次性切断两个苯基给出酯 **13A**，**13A** 很容易由哌啶和丙烯酸酯的 Michael 加成制得。

合成：COOEt $\xrightarrow{哌啶}$ COOEt $\xrightarrow{PhMgBr}$ OH

TM 14

TM 14 $\overset{FGI}{\Longrightarrow}$ 14A $\Longrightarrow$ 14B (O_2N-C₆H₄-CH_2MgCl) + 丙酮

14B $\Longrightarrow$ 14C (O_2N-C₆H₄-CH_2Cl) $\Longrightarrow$ $PhCH_2Cl$

分析：**TM 14** 是个卤代烃，可经 FGI 转变成醇 **14A**，将 **14A** 切断成一个苄基格氏试剂 **14B** 和丙酮，**14C** 中芳环上有氯甲基和硝基两种取代基，氯甲基是邻对位定位基，而硝基是间位定位基，考虑两者是对位关系，因此氯甲基是定位基，先引入，再引入硝基。

合成时先建立基本骨架，最后引入硝基：

苯 + HCHO + HCl $\xrightarrow{ZnCl_2}$ $PhCH_2Cl$ $\xrightarrow[2.\ 丙酮]{1.Mg,Et_2O}$ $PhCH_2C(CH_3)_2OH$ $\xrightarrow[吡啶]{SOCl_2}$ $PhCH_2C(CH_3)_2Cl$ $\xrightarrow[Ac_2O]{HNO_3}$ **TM 14**

TM 15

$CH_3COCH_2C(OH)Ph_2$ $\Longrightarrow$ CH_3COCH_2COOEt + 2PhMgBr

分析：**TM 15** 中含有叔醇结构，按醇的切断方式一次切掉两个相同的苯基，前体为乙酰乙酸乙酯和 PhMgBr，此反应能进行么，为什么？

酮羰基比酯羰基活泼，因此，实际反应时格氏试剂优先进攻乙酰乙酸乙酯的酮羰基，若要格氏试剂进攻酯羰基，且酮羰基不反应，应先将酮羰基保护。合成中为了控制反应朝着希望的方向进行，经常需要把暂时不参与反应又比较活泼的基团保护起来，反应完成后再将保护基除去；有时还需要在希望发生反应的部位引入致活基，提高反应部位的活泼性，使它优先反应。保护和致活都属于合成中的控制问题，具体参见“4　保护基”和“5　导向基”。

引入保护基和致活基都会使反应步骤增加，反应路线延长，最终产率降低，因此属于不得已而为之的策略。

合成：

CH_3COCH_2COOEt $\xrightarrow[无水H^+]{HOCH_2CH_2OH}$ 缩酮-CH_2COOEt $\xrightarrow{2PhMgBr}$ 缩酮-$CH_2C(OH)Ph_2$ $\xrightarrow{H_3O^+}$ $CH_3COCH_2C(OH)Ph_2$

C. **提高**

硫叶立德的反应

硫与氧同族，具有相似的电子构型，但硫的半径比氧大，价电子离核较远，极化度较大，易于提供电子对与缺电子的碳原子成键，即硫的亲核性比氧强；硫的 d 轨道能参与相邻碳原子上负电荷的分散，易形成α-碳负离子和硫叶立德。

简单的硫醚形成的叶立德与羰基化合物反应会形成环氧化合物：

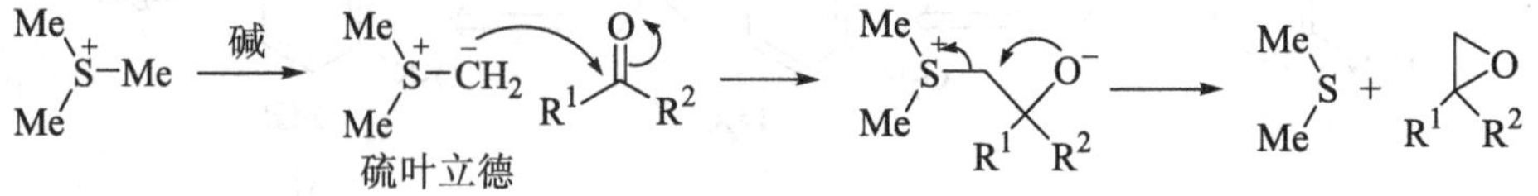

硫叶立德

亚砜可以转化为氧化硫叶立德，它比硫叶立德更稳定，与醛酮反应，也可形成环氧化合物。

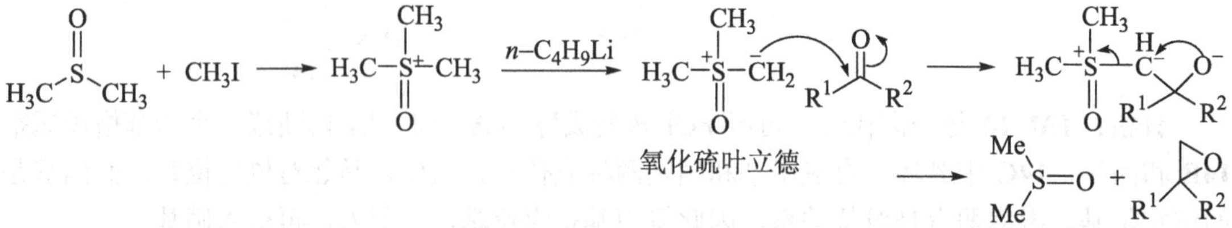

氧化硫叶立德

醇可由格氏试剂和环氧化合物反应制备，而环氧化物不仅可由烯烃氧化而来，还可由醛酮和相应的硫叶立德反应而来，有时这条切断对应的路线更易实现。

抗菌药物氟康唑的合成

TM 16 是抗菌药物氟康唑，具有广谱、高效的抗真菌活性，尤其是对深部感染抑制较强，并能透过血脑屏障，在治疗曲霉菌、全身性念珠菌以及脑膜炎隐球菌感染方面应用广泛。它的结构中含有对称结构的叔醇，考虑到 1,2,4-三氮唑的易得性，不必在羟基碳原子所连的键上切断，而是在三氮唑环与侧链间切断，对应的反应为三氮唑对环氧化合物 **16A** 的亲核进攻。

TM 16

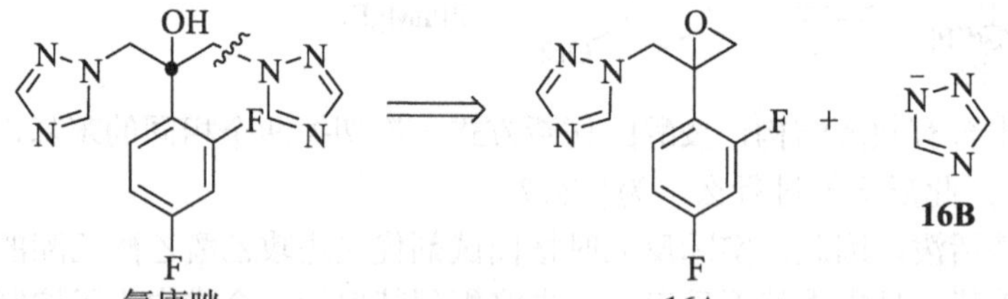

氟康唑　**16A**　**16B**

16A 既可由酮 **16C** 和硫叶立德反应而来，也可由烯烃 **16D** 经过氧酸氧化而来。相比之下，芳香酮 **16C** 更易合成。

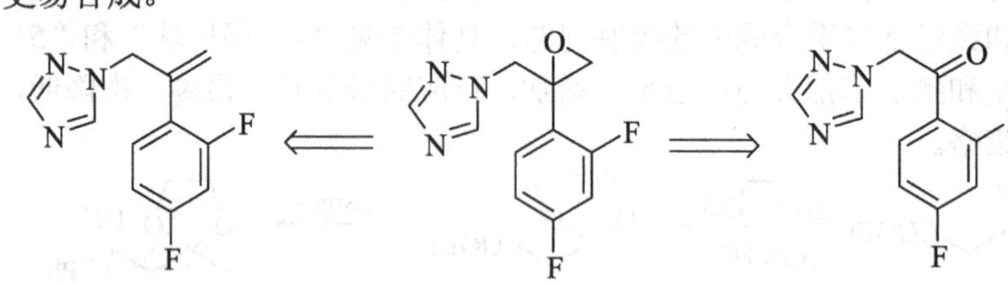

16D　**16A**　**16C**

将 **16C** 继续切断为三氮唑 **16B** 和α-卤代芳香酮 **16E**，在 **16E** 芳环和侧链间切断，得到间二氟苯 **16F** 和氯乙酰氯 **16G**（F-C 酰化反应）

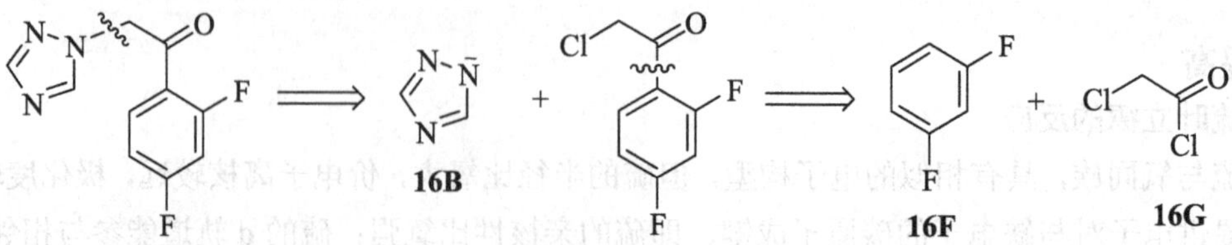

16C　**16B**　**16E**　**16F**　**16G**

合成：

$$\ce{3-F-C6H4F \xrightarrow[AlCl_3]{ClCH_2COCl} ClCH_2CO-C6H3F_2 \xrightarrow[K_2CO_3]{1,2,4\text{-三氮唑}} (1,2,4\text{-三氮唑-1-基})CH_2CO-C6H3F_2 \xrightarrow[NaOH]{(CH_3)_2S^+(O)CH_3\ I^-} \text{环氧化合物} \xrightarrow[K_2CO_3]{1,2,4\text{-三氮唑}} \text{氟康唑}}$$

氟康唑

粉唑醇（fungicide flutriafol）的合成

粉唑醇是一种广谱性农作物杀菌剂，可有效地防治麦类作物白粉病、锈病、黑穗病、玉米黑穗病等。粉唑醇的结构类似氟康唑，含有*β*-氨基醇，利用三氮唑负离子与环氧化合物 **17A** 的反应来合成粉唑醇（**TM 17**）。

TM 17

粉唑醇 ⟹ **17A** + 三氮唑负离子

17A 是粉唑醇合成中的关键中间体，既可以由烯烃 **17C** 氧化而来，也可以由甲基硫叶立德与芳基酮 **17B** 反应而来。

17C ⟸ **17A** ⟹ **17B**

下面的合成路线给出了合成环氧化合物 **17A** 的三种方法：由芳基酮 **17B** 和甲基硫叶立德反应；由烯烃 **17C** 经过氧酸氧化；或是烯烃 **17C** 先和次卤酸反应生成*β*-卤代醇，在碱的作用下，*β*-卤代醇形成的氧负离子发生分子内的亲核取代生成环氧化合物 **17A**。**17A** 接受 1,2,4-三氮唑负离子的进攻，生成粉唑醇。

合成：

$$\text{17B} \xrightarrow{Me_2S^+CH_2^-} \text{17A} \xrightarrow{\text{三氮唑负离子}} \text{粉唑醇}$$

$$\text{17C} \xrightarrow{RCO_3H} \text{17A}$$

$$\text{17C} \xrightarrow[H_2O]{Br_2} \text{β-卤代醇 (X)} \xrightarrow{\text{碱}} \text{17A}$$

$$\text{C}_6\text{H}_5\text{F} \xrightarrow[AlCl_3]{ClCH_2COCl} \text{ClCH}_2\text{CO-C}_6\text{H}_4\text{F} \xrightarrow{\text{2-F-C}_6\text{H}_4\text{MgI}} \text{β-卤代醇 (X)}$$

3.1.2 烯烃的切断

A. 基础：Wittig 反应

三苯基膦和卤代烃反应生成鏻盐，再用碱处理得到磷叶立德，选用何种强度的碱依赖于鏻盐α-氢的酸性，反应在无水无氧条件下进行。

机理：

$$RCH_2{-}Br + \ddot{P}Ph_3 \longrightarrow RCH_2{-}\overset{+}{P}Ph_3 \xrightarrow{BuLi} R\overset{-}{C}H{-}\overset{+}{P}Ph_3 \longleftrightarrow RCH{=}PPh_3$$

磷叶立德

$R\overset{-}{C}H{-}\overset{+}{P}Ph_3$ 中，若 R 为—COOR、—COC_6H_5、—CN 等吸电子基团，称为稳定的磷叶立德，若 R 基团为苯基时则为半稳定的磷叶立德，若 R 基团是烷烃、环烷烃或 H 等不具稳定作用的基团，则为不稳定的磷叶立德。磷叶立德也称为 Wittig 试剂，可和醛酮反应成烯，此反应称为 Wittig 反应。

$$R^1R^2C{=}O + R\overset{-}{C}H{-}\overset{+}{P}Ph_3 \longrightarrow [\text{oxaphosphetane}] \longrightarrow R^1R^2C{=}CHR + O{=}PPh_3$$

经典的 Wittig 反应可用于制备烯烃类化合物，反应的优点是路线简短，能够完全控制生成双键的位置，部分控制双键的几何构型。

和醛酮反应时，**稳定的磷叶立德**主要生成 ***E*** 型烯烃，**不稳定的磷叶立德**形成的碳碳双键则主要为 ***Z*** 型。

$$BrCH_2COOC_2H_5 \xrightarrow[2.NaOH]{1.PPh_3} Ph_3P{=}CHCOOC_2H_5 \xrightarrow{PhCHO} PhCH{=}CHCOOC_2H_5\ (E)$$

$$CH_3CH_2CH_2Br \xrightarrow[2.NaNH_2]{1.PPh_3} CH_3CH_2CH{=}PPh_3 \xrightarrow{CH_3CH_2CH_2CHO} CH_3CH_2CH{=}CHCH_2CH_2CH_3\ (Z)$$

制备 Wittig 试剂时，不使用 PPh_3 作为亲核试剂进攻卤代烃，改用较为活泼的亚膦酸酯作为亲核试剂，对应的反应称为 Horner-Wadsworth-Emmons 反应（HWE 反应）。

$$(EtO)_3P: + H_2C(Br)COOR^1 \longrightarrow EtO{-}P(O)(OEt){-}CH_2COOR^1 \underset{}{\overset{B^-}{\rightleftharpoons}} EtO{-}P(O)(OEt){-}\overset{-}{C}HCOOR^1$$

$$(EtO)_2P(O){-}\overset{-}{C}H{-}COOR^1 + O{=}CR^2R^3 \longrightarrow (EtO)_2P(O){-}CH(COOR^1){-}C(R^2)(R^3){-}O^- \longrightarrow [\text{cyclic } (EtO)_2P(O^-){-}CH(COOR^1){-}C(R^2)(R^3){-}O]$$

$$\longrightarrow R^2R^3C{=}CH{-}COOR^1 + EtO{-}P(O)(OEt){-}O^-$$

HWE 反应中的副产物磷酸盐可以用水除去，避免了 Wittig 反应中分离副产物三苯氧磷的不便。磷酸酯叶立德是稳定的叶立德，因此**HWE 反应**中生成的主要产物为 ***E*** **构型**。同时磷酸酯α-碳负离子具有较高的反应性，易与酮反应。

$$\text{EtO-P(=O)(OEt)-CH}_2\text{Ph} \xrightarrow[\text{2.PhCHO}]{\text{1.NaH}} \text{PhCH=CHPh}$$

$$\text{(环己亚基)CH-COOMe} \Longrightarrow \text{环己酮} + \text{(EtO)}_2\text{P(=O)CH}_2\text{COOMe} \Longrightarrow \text{P(OEt)}_3 + \text{BrCH}_2\text{COOMe}$$

B. 应用

如何对烯烃进行切断？可以将烯烃经 FGI 转变为炔烃或醇后再切断，也可以利用 Wittig 反应直接在双键处切断，选择何种方法，视目标分子的结构而定。

方法一：经 FGI 转变为炔烃

炔烃加氢，可以通过控制还原剂将反应停留在生成烯烃的阶段，采用 Lindlar 催化剂，加氢后会生成顺式烯烃，若采用金属钠的液氨溶液，炔烃还原后可制得反式烯烃：

$$R^1-\equiv-R^2 \xrightarrow{H_2,\ \text{Lindlar}} (Z)\text{-}R^1CH=CHR^2$$

$$R^1-\equiv-R^2 \xrightarrow{\text{Na, NH}_3} (E)\text{-}R^1CH=CHR^2$$

若目标分子是具有特定构型的烯烃，可逆推回炔烃：

$$(E)\text{-}R^1CH=CHR^2 \Longrightarrow R^1\text{-}\equiv\text{-}R^2 \Longrightarrow {}^-\equiv^- + {}^+R^1 + {}^+R^2$$

$$\text{Na}-\equiv-\text{Na} \quad R^1X \quad R^2X$$

方法二：经 FGI 转变为醇

醇脱水或卤代烃脱卤化氢可以制备烯烃，因此烯烃可加水逆推回醇的合成。

$$\text{ROH} \xrightarrow{-H_2O} \text{烯烃} \qquad \text{烯烃} \xrightarrow{\text{FGI}} \text{醇}$$

醇脱水，条件为强酸，但强酸的酸根应为弱亲核离子，如 H_2SO_4、H_3PO_4、$KHSO_4$ 和 TsOH 以及酸性较弱的 $POCl_3$ 的吡啶溶液等，否则易发生亲核取代反应。

此种方法的**缺点**：当醇结构中有两种β-H 时，尽管脱水反应符合扎伊采夫规则，仍会生成两种消去产物；酸催化下的醇脱水经历碳正离子历程，可能会有重排产物。

醇脱水生成烯烃，逆合成分析时，双键加水逆推回醇，—OH 加在哪里呢？

TM 18 1-苯基环己烯 $\xRightarrow{a}$ 1-苯基环己醇 (**18A**) $\Longrightarrow$ 环己酮 + PhMgBr

$\xRightarrow{b}$（不可行）2-苯基环己醇 (**18B**) 脱水还会生成 3-苯基环己烯 (**18C**)

TM 18 是个取代的环己烯，双键加水逆推回醇（注意实际的反应是醇脱水）**18A** 或 **18B**，**18A** 脱水后会生成 **TM 18**，而 **18B** 脱水除生成 **TM 18**（主产物）外，还会生成 **18C**（副产物），因此 **18A** 是更为合适的前体。

结论：双键加水，—OH 加在支点碳上，可减少其他脱水产物的形成。

TM 19 a ⟹ **19A**（脱水基本不生成 **19C**）

b ⟹（不可行）**19B**（脱水主要生成 **19D**）

TM 19 逆推回醇 **19A** 或 **19B**，**19A** 脱水主要生成 **TM 19**，基本上不生成双键上取代基少的 **19C**，**19B** 脱水除生成 **TM 19** 外，主要生成共轭烯烃 **19D**。因此—OH 加在支点上的 **19A** 是更合适的前体。其他例如 **TM 20** 和 **TM 21**。

TM 20 FGI ⟹ 2 PhMgBr + $ROC(O)CH_2R^1$

合成：ROOC—CH_2—R $\xrightarrow{PhMgBr}$ $Ph_2C(OH)CH_2R$ $\xrightarrow{POCl_3,\ 吡啶}$ $Ph_2C{=}CHR$

TM 21 FGI ⟹ ⟹ 环丁酮 + 乙烯基负离子

合成：Br—CH=CH_2 $\xrightarrow{1.Mg,\ Et_2O;\ 2.\ 环丁酮}$ 1-乙烯基环丁醇 $\xrightarrow{I_2,\ \triangle}$ 1-乙烯基环丁烯

TM 22 ⟹ **22A**

22A $\xrightarrow{-H_2O}$ **TM 22** + **22B**

分析：**TM 22** 情况特殊，即使将——OH 加在支点上推出的前体——醇 **22A** 实际脱水时仍会得到两种烯烃 **TM 22** 和 **22B**，且两种烯烃比例接近，因此用醇脱水的方法制备 **TM 22** 无价值。

如何制备双键位置确定的烯烃？

用 Wittig 反应！Wittig 反应能完全控制双键的位置，部分控制双键的几何构型。

方法三：用 Wittig 反应直接切断双键

① 烯烃的制备　我们来看看如何用 Wittig 反应合成 **TM 22**？

分析：将 **TM 22** 在烯键处直接切断，一端为醛或酮，另一端为磷叶立德。有 a、b 两种切断方式，两种方式都合理。合成时可任选其中一种，这里选择 a 方式。

TM 22

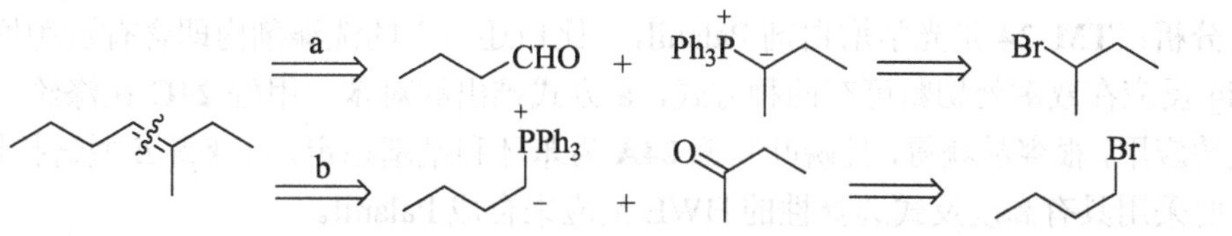

a: $\Rightarrow$ CHO + $Ph_3\overset{+}{P}$ $\Rightarrow$ Br

b: $\Rightarrow$ $\overset{+}{P}Ph_3$ + O $\Rightarrow$ Br

合成：Br $\xrightarrow{PPh_3}$ $Ph_3\overset{+}{P}$ $\xrightarrow[2.\ CHO]{1.\ BuLi}$

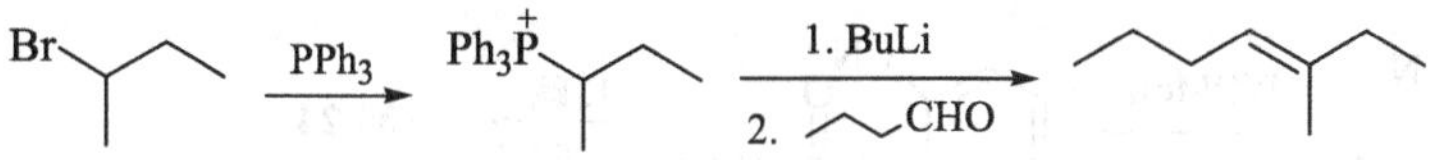

TM 23

Ph

a: $\Rightarrow$ $PhCH_2CH{=}O$ + $Ph_3\overset{+}{P}$

b: $\Rightarrow$ $PhCH_2\overset{-}{C}H\overset{+}{P}Ph_3$ + OHC $\Rightarrow$ + CHO

$\Downarrow$

$PhCH_2CH_2Br$

$\Downarrow$

$PhCH_2CH_2OH \Rightarrow PhMgBr$ + O

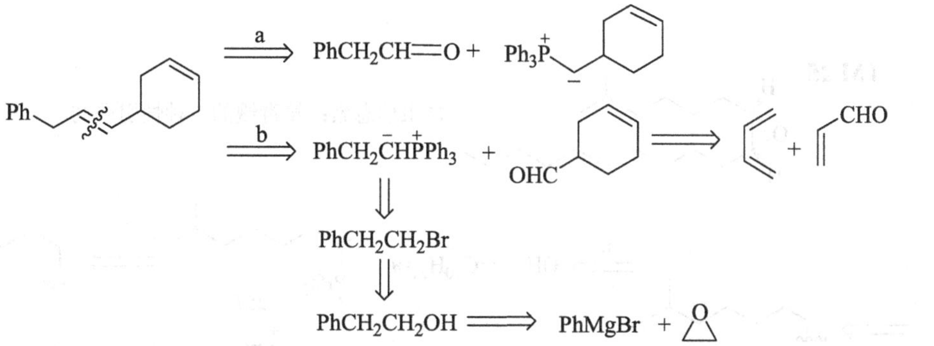

分析：TM 23 中有两个烯键，六元环内烯键可能通过 D-A 反应形成，链中烯键可能通过 Wittig 反应形成（醇脱水产生的双键位置不确定）。

首先选择切断更靠近分子中央的环外双键， 按 Wittig 反应切断有 a 和 b 两种极性方式，b 方式推出的两种前体更易合成。注意到环外双键的构型为 *E* 构型，因此可以采用 HWE 反应合成 **TM 23**。

合成：

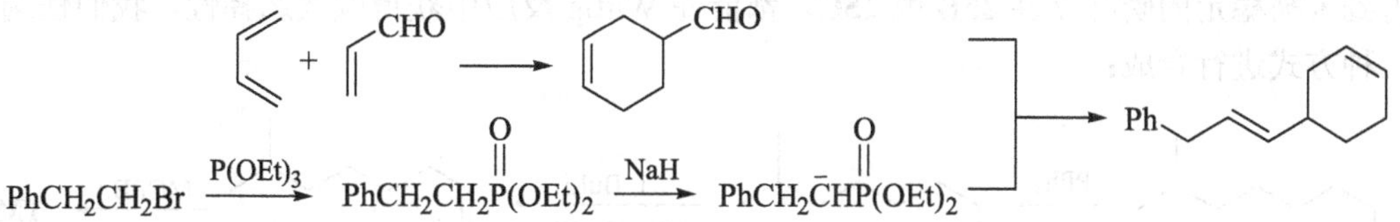

+ CHO $\longrightarrow$ CHO

$PhCH_2CH_2Br \xrightarrow{P(OEt)_3} PhCH_2CH_2\overset{O}{\overset{\|}{P}}(OEt)_2 \xrightarrow{NaH} PhCH_2\overset{-}{C}H\overset{O}{\overset{\|}{P}}(OEt)_2$ $\longrightarrow$ Ph

TM 24

CN

NC

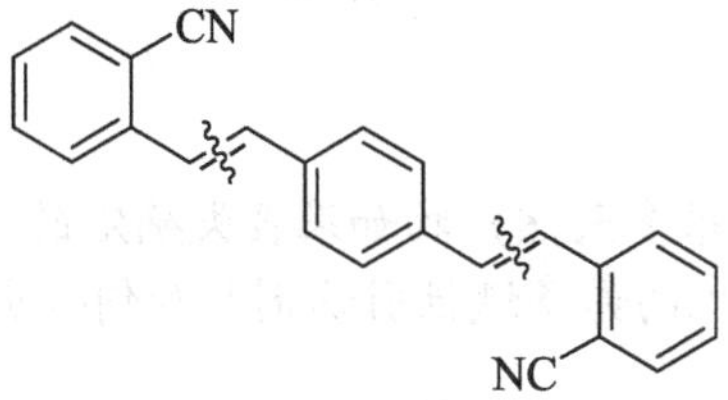

光学增白剂—— Palanil

a: $\Rightarrow$ CHO CHO **24C** + CN $\overset{+}{P}Ph_3$ **24A** $\Rightarrow$ CN Cl **24D**

b: $\Rightarrow$ CN CHO + $\overset{+}{P}Ph_3$ $Ph_3\overset{+}{P}$ **24B** $\Rightarrow$ CH_2Br CH_2Br

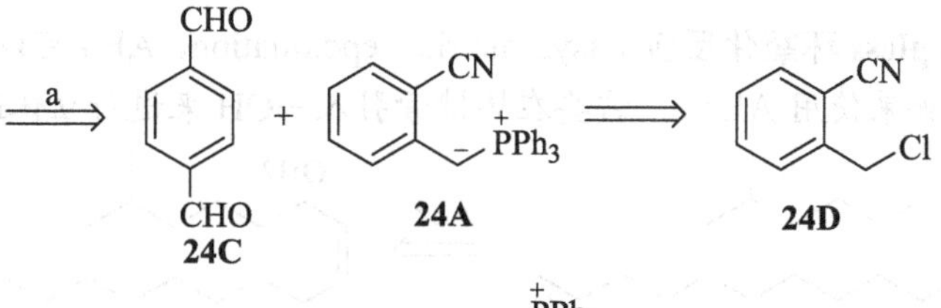

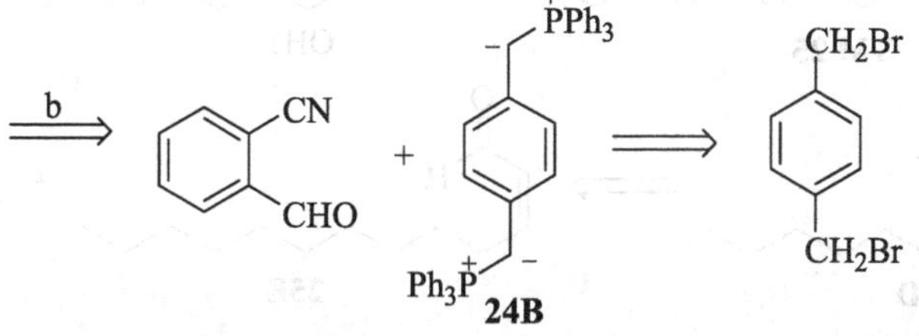

分析：**TM 24** 是光学增白剂 Palanil，“比白还白”的洗涤剂内即含有这种增白剂，采用 Wittig 反应在双键处切断可有两种方式，a 方式推出的对苯二甲醛 **24C** 在涤纶的制造中有很广泛的应用，很容易获得，且磷叶立德 **24A** 为苯环和氰基稳定，可获得 *E* 型选择性的 **TM 24**，合成时采用具有高度反式选择性的 HWE 反应来合成 Palanil。

合成：CN, Cl $\xrightarrow{P(OMe)_3}$ CN, O, P(OMe)$_2$ $\xrightarrow{1.\ 碱\quad 2.\ \mathbf{24C}}$ **TM 24**

TM 25 H, O, H 昆虫信息素：舞毒蛾的一种性引诱剂

$\Longrightarrow$ n-$C_{10}H_{21}$ **25A**

$\overset{a}{\Longrightarrow}$ OHC—$C_{10}H_{21}$-n + PPh$_3$ **25B** $\Longrightarrow$ Br

$\overset{b}{\Longrightarrow}$ OHC + PPh$_3$ n-$C_{10}H_{21}$ **25C** $\Longrightarrow$ Br n-$C_{10}H_{21}$

分析：许多昆虫信息素都是简单烯烃的衍生物，**TM 25** 是舞毒蛾的一种性引诱剂，它可由顺式烯烃 **25A** 经过立体专一性环氧化制得，**25A** 按 Wittig 反应切断有 a、b 两种方式，均得到未被稳定的磷叶立德 **25B** 或 **25C**，都能在 Wittig 反应中获得顺式选择性，我们任选其中一种方式进行合成：

Br $\xrightarrow{PPh_3}$ PPh$_3$ $\xrightarrow{1.\ BuLi\quad 2.\ C_{10}H_{21}CHO}$ n-$C_{10}H_{21}$ $\xrightarrow{MCPBA}$ **TM 25**

光学活性的舞毒蛾性引诱剂的合成

上述方法制得的 **TM 25** 是没有光学活性的。很多天然产物如果丧失确定的立体构型，所具有的生物活性也会消失。如何合成具有天然活性的舞毒蛾性引诱剂？如何合成立体的环氧结构？

烯丙醇的 Sharpless 环氧化反应（asymmetric epoxidation，AE）可以制得特定立体结构的环氧化合物，但如果使用 AE 法，需要在烯键旁引入—OH 来进行立体选择性诱导。

O **TM 25** $\overset{AE?}{\Longrightarrow}$ OH? OH?

OH **25D** $\Longrightarrow$ O H **25E** + −

引入的—OH 可以通过脱水反应除去，而烯丙醇可通过格氏试剂与烯醛的加成引入。

若是在环氧旁添加烯键（可通过 Wittig 反应引入），烯键最终可以被还原除去。用 Wittig 反应切断烯键，得醛 **25E**，可以从醇 **25F** 氧化制得，**25F** 则是 *Z*-烯丙醇 **25G** 通过环氧化制得的。

TM 25

FGA ⟹ **25D**, R=n-$C_{10}H_{21}$ ⟹(Wittig反应) **25E** ⟹(FGI) **25F** ⟹(AE) **25G**

合成时从（*Z*）-烯丙醇 **25G** 出发，首先在–40℃下经 Sharpless 环氧化以 91%*ee* 和 80%的产率得到 **25F**，Sharpless 说“环氧醇 **25F** 的晶态大大简化了它的分离（无需色谱法）”。醇的氧化，Wittig 反应和还原使（+）-环氧十九烷（**TM 25**）合成得以完成，它的确能引诱雌舞毒蛾。

25G →[(–)-DET, $(i\text{-PrO})_4Ti$, t-BuOOH, –4℃] **25F**, 80%产率，91%*ee* →[CrO_3 pyr, CH_2Cl_2] **25E**, 88%产率 →[1. $Ph_3\overset{+}{P}$–$\overset{-}{C}$H…; 2. RhCl, H_2] **TM 25** 环氧十九烷 47%产率

② 共轭二烯烃的制备 Diels-Alder 反应是制备取代环己烯的重要反应，由**共轭二烯**和**烯烃**反应制得，Wittig 反应不仅可以制备烯烃，还可以制备**共轭二烯**。

TM 26

R^1CH=CHCH=CHR^2 ⟹(a) R^1CH=CH$\overset{-}{C}$H$\overset{+}{P}Ph_3$ (**26A**) + R^2CHO ✓

⟹(b) R^1CH=CHCHO + $R_2\overset{-}{C}$H$\overset{+}{P}Ph_3$ (**26B**)

TM 26（R^1和R^2均为简单烷基）为共轭二烯，切断其中一个双键，可有 a 和 b 两种极性方式，a 方式逆推出 **26A** 是一个稳定化的磷叶立德，b 方式推出的 **26B** 是一个未被稳定的磷叶立德，合成时 a 方式倾向于给出反式双键，b 方式给出顺式双键。另一双键的构型不受影响，由起始原料决定。

究竟选择何种方式切断烯键，关键取决于被切断的烯键的构型，若被切断的烯键是 *E* 型，则切断后应产生稳定的磷叶立德；如果是 *Z* 型，则应产生不稳定的磷叶立德。例如 **TM 27** 和 **TM 28** 的合成。

TM 27

⟹ CHO + $\overset{-}{C}$H–CH=CH_2 ($\overset{+}{P}Ph_3$) ⟹ Br

合成： Br →[1.PPh_3; 2. BuLi] $\overset{+}{P}Ph_3$ →[PrCHO]

TM 28

Ar^1CH=CHCH=CHAr^2 ⟹ Ar^1CH=CHCHO + $\overset{-}{C}$HAr^2 ($\overset{+}{P}Ph_3$)

合成：$Ar^2CH_2Cl \xrightarrow[2.\ BuLi]{1.PPh_3}$ $Ar^2CH^-PPh_3^+$ + $Ar^1CH=CHCHO \longrightarrow Ar^1CH=CHCH=CHAr^2$

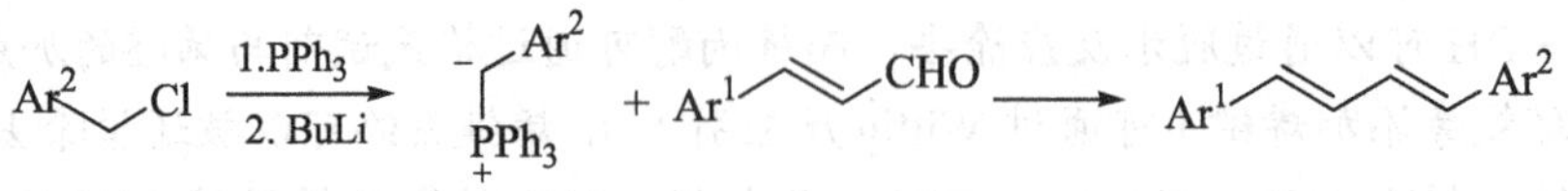

TM 29 是α-毕萨波烯，分子中含有三个全然没有关系的烯烃，这三个烯键分别通过何种方式引入？哪个烯键作为开始的着眼点？

TM 29

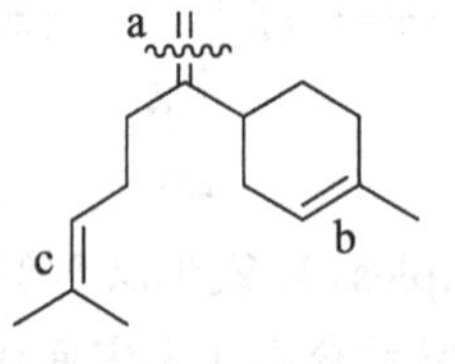

a

c

b

分析：a 键显然可以通过 Wittig 反应引入，b 键处于六元环内，有可能通过 Diels-Alder 反应引入，C 键则可以通过烯丙基溴化物引入。由哪个键开始最好？a 键！将 a 键按照 Wittig 反应切断后，暴露出酮 **29A** 的结构，酮羰基的结构使得原来看似孤立的三个烯键建立了联系。c 键可以通过酮羰基α-位的烯丙基化反应引入（不要忘记在羰基待反应一侧引入致活基，使酮 **29D** 两侧的α-C 活性有区别），而酮羰基也使环己烯 **29D** 具备了按 D-A 反应切断的条件。

TM 29 ⟹ **29A** ⟹ **29B** (Br) + **29C** (EtOOC) ⟹ **29D**

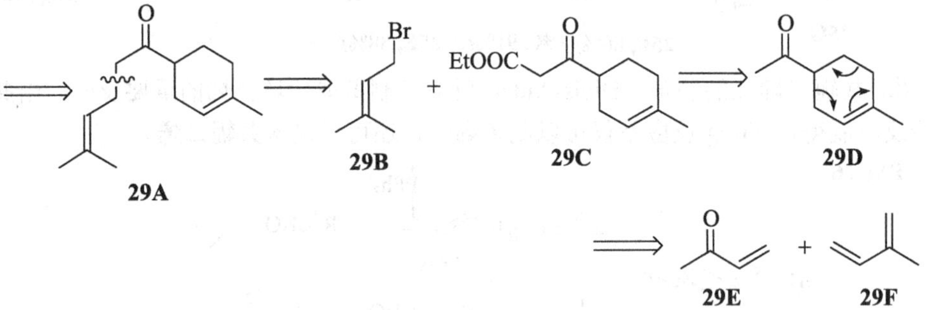

⟹ **29E** + **29F**

合成： 29E + 29F $\xrightarrow{\triangle}$ 29D $\xrightarrow[ClCOOEt]{EtO^-}$ 29C (EtOOC)

$\xrightarrow[Br]{EtO^-}$ (EtOOC) $\xrightarrow[3.Ph_3P=CH_2]{1.OH^-,\ H_2O;\ 2.H^+,\ \triangle}$ TM 29

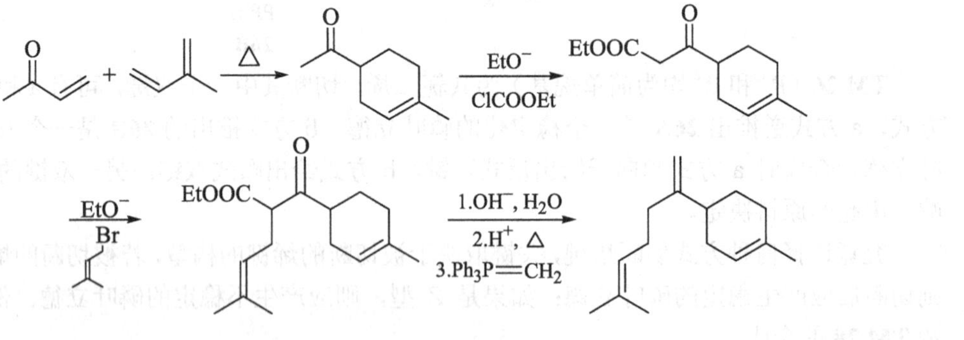

C. **提高**

烯烃的制备

① 烯烃复分解反应（Ring Closing Metathesis, RCM 反应） RCM 反应是目前合成烯烃的最重要的反应之一。它用钌、钼等金属的卡宾配合物为催化剂，促使碳碳双键断裂、重排形成新的烯烃：

$$R^1CH=CH_2 + CH_2=CHR^2 \xrightarrow{Grubbs\ 催化剂\ 1} R^1CH=CHR^2$$

尽管已经有许多复分解反应的催化剂，目前最重要的还是两个 Grubbs 钌卡宾配合物，它们并不是最活泼的，但却比较稳定，便于使用。活性高的 **Grubbs 催化剂 2** 是将 **Grubbs 催化剂 1** 中的一个三环己基膦换成一个咪唑环（**2a**、**2b**、**2c** 代表 **Grubbs 催化剂 2** 的三种不同画法）。

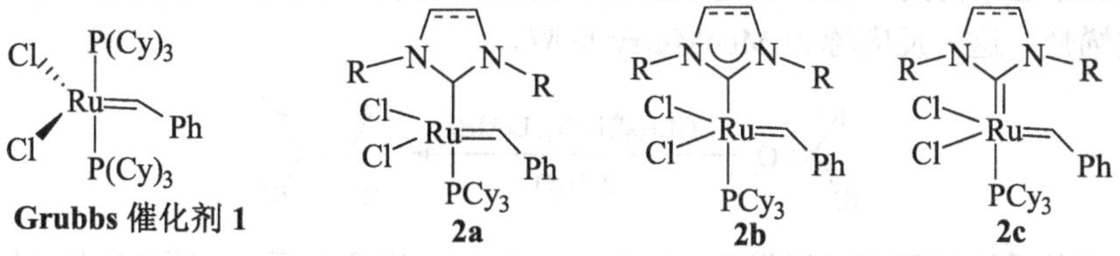

Grubbs 催化剂 1　**2a**　**2b**　**2c**

Grubbs 催化剂 2

一些大环脂环化合物，合成步骤冗长、产率较低，而利用 RCM 反应，合成过程大大简化，且能合成任意大小的环烯烃：

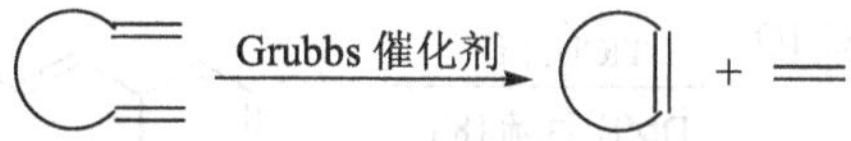

Grubbs 催化剂

反应机理包括连续的[2+2]环加成和开环。反应能顺利进行的驱动力是生成可离去的乙烯气体。

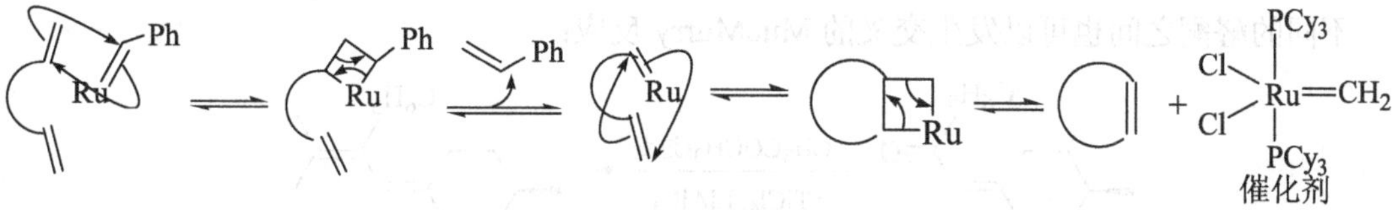

催化剂

在合成 epothilones 时，Nicolaou 用 Grubbs 催化剂在温和的条件下，高产率地将开链的酯关环成为十六环的内酯。另一条比较明显的路径是利用开链的羟基酸进行分子内酯化，但烯烃复分解关环效果更好。

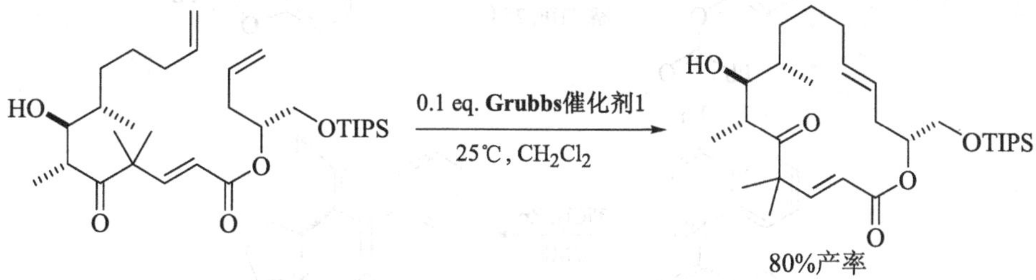

0.1 eq. **Grubbs催化剂1**

25℃, CH_2Cl_2

80%产率

比较简单的八元杂环可以用 **Grubbs 催化剂 2**（R=2,4,6-三甲苯基）以 95%的产率关环得到，这个例子表明三取代的烯烃也可以通过烯烃复分解得到。

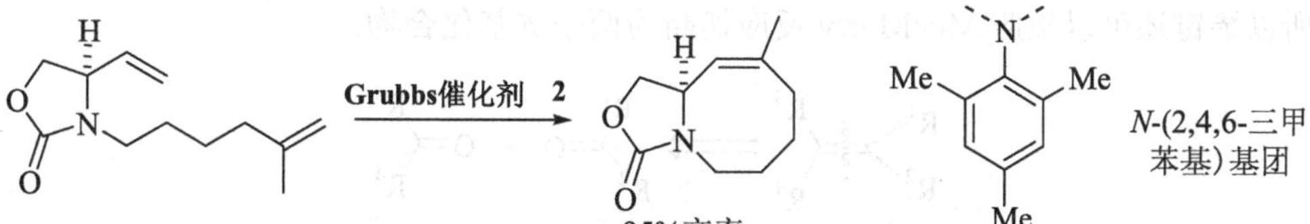

Grubbs催化剂 2

95%产率

N-(2,4,6-三甲苯基)基团

所以烯烃还可根据烯烃复分解反应在烯键切断，逆推出两个烯烃前体：

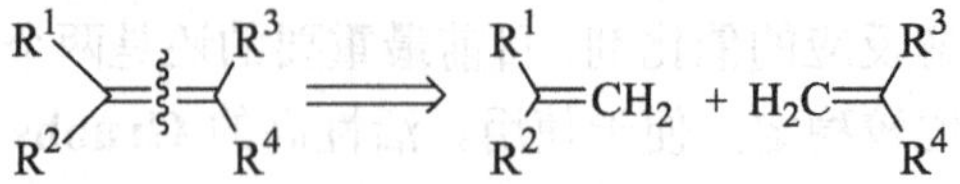

② MucMurry 反应　低价钛（包括零价钛）一般由三氯化钛或四氯化钛经 Li、K、Zn、Zn-Cu、$LiAlH_4$ 还原得到，低价钛使羰基化合物还原偶联，首先产生类似频哪醇的产物，继而消去生成烯烃，这一反应称为 MucMurry 反应。

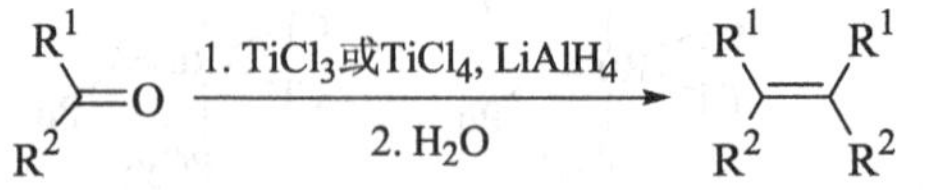

脂肪族或芳香族醛酮都可以发生 MucMurry 反应，当两个反应底物相同时效果较好，用 3-氟苯甲醛反应可以以 95%的高产率和几乎单一（99.92∶0.04，E∶Z）的 E-选择性地得到 1, 2-二苯乙烯。反应中低价钛是通过金属锂还原 Ti（Ⅲ）得到的：

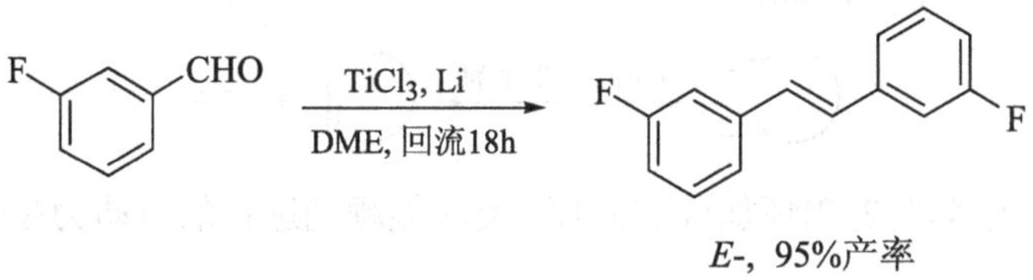

不同的醛酮之间也可以发生交叉的 MucMurry 反应：

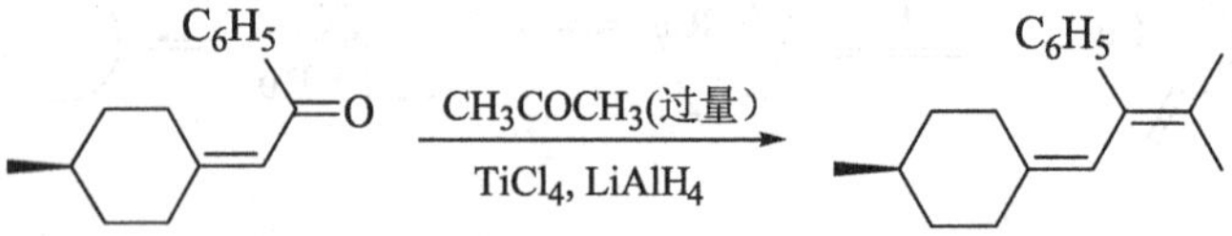

如果分子内含有两个羰基，也可以发生分子内的 MucMurry 反应：

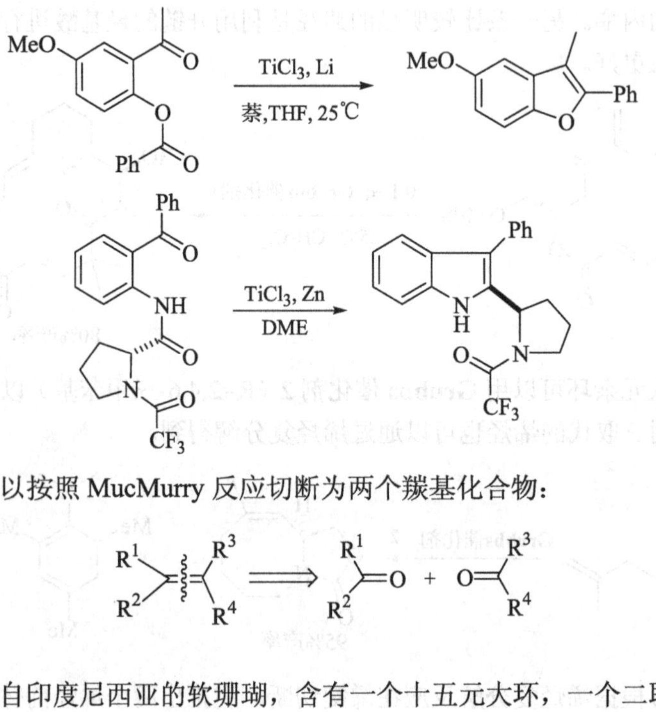

所以烯键还可以按照 MucMurry 反应切断为两个羰基化合物：

Flexibilene 来自印度尼西亚的软珊瑚，含有一个十五元大环，一个二取代的双键和三个三取代的双键，这些双键都为 *E* 构型但不共轭，MucMurry 报道的合成路线如下，最后一步使用 McMurry 反应关环并形成烯键。

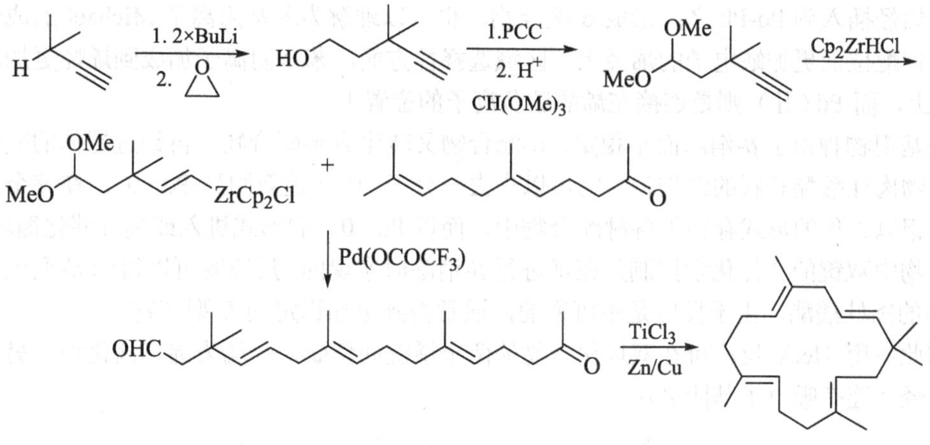

1. 2×BuLi; 2. 环氧乙烷 → HO… ; 1.PCC 2. H^+ $CH(OMe)_3$ → MeO(OMe)… ; Cp_2ZrHCl → … $ZrCp_2Cl$ + … O

$Pd(OCOCF_3)$ → OHC … O ; $TiCl_3$ Zn/Cu →

Flexibilene

共轭二烯体的制备

对于共轭二烯体，前面已经讲述过可以用逆 Wittig 反应在其中一个双键上直接切断，那么能否在两个烯键之间切断？对应什么反应？相应的合成等价物又是什么？

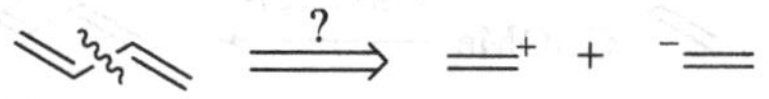

有机钯配合物催化的许多反应如 Heck 反应、Stille 反应、Suzuki 反应、Sonogashira 反应、Negishi 反应等，都可用于烯键-烯键或者烯键-芳环之间的偶联，其中 Heck 反应、Stille 反应、Suzuki 反应已成为构成碳-碳键和构建复杂分子碳架的重要方法。

① Heck 反应　Heck 反应是烯基的芳环化或芳环的烯基化反应。

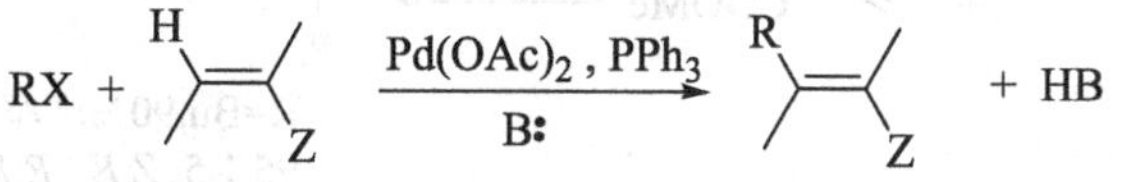

RX + H…Z —$Pd(OAc)_2$, PPh_3 / B:→ R…Z + HB

X = Br, I, OTf

Z = Ph, CN, COOR等吸电子基

R = 芳基，烯基

以碘苯对丙烯酸甲酯的加成为例，来看看 Heck 反应的机理：

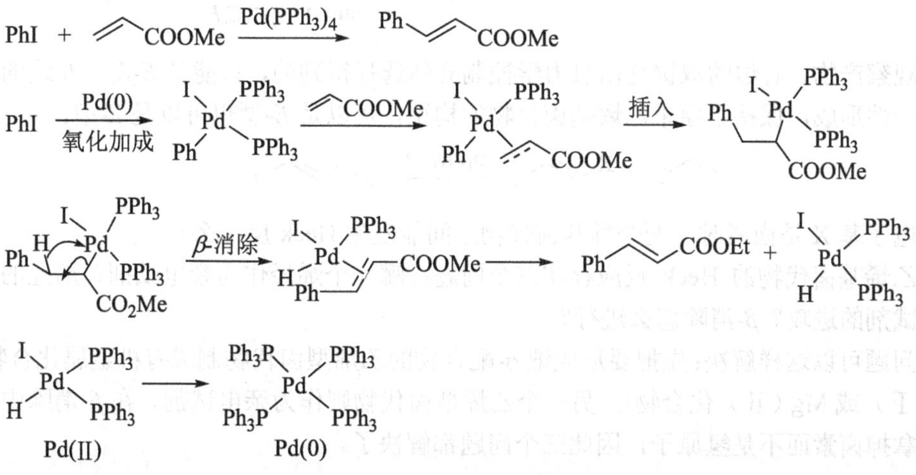

PhI + ⟋COOMe —$Pd(PPh_3)_4$→ Ph⟋COOMe

PhI —Pd(0) / 氧化加成→ $PhPd(I)(PPh_3)_2$ —⟋COOMe→ … —插入→ …COOMe

—β-消除→ … → Ph⟋COOEt + $HPd(I)(PPh_3)_2$

Pd(II) → $Pd(PPh_3)_4$ Pd(0)

第一步是 Pd（0）物种对碘苯氧化加成，钯原子插入到苯环和碘原子中间从零价变到二价；接下来，丙烯酸甲酯取代一个配体，以烯键和钯原子配位形成π-配合物；然后发生插入反应，烯烃插入到 Pd-Ph 之间形成σ-配合物，也可以理解为苯基阴离子 Michael 加成到由于和二价钯配位而更加缺电子的烯烃上。区域选择性方面，苯基阴离子加成到烯烃更加缺电子的β-C 上，而 Pd（Ⅱ）则是连接在烯醇碳负离子的位置上。

烷基钯物种由于β-消除而不稳定，σ-配合物又转化成π-配合物。再经过配体的交换，就得到产物肉桂酸酯和新的钯物种，它可以失去一分子 HI 而重新回到 Pd（0）。在整个反应过程中，钯以二价的形式存在于各种配合物中，而以 Pd（0）的形式进入或离开催化循环。

产物中双键的立体化学控制是在钯进行β-消除时实现的。反应既可以得到 *E*-型也可以得到 *Z*-型的肉桂酸酯，由于反应是不可逆的，通常得到更加稳定的 *E*-型产物。

因此应用 Heck 反应可在双烯化合物的两个烯键间切断，一端为烯基卤化物，另一端为活化烯烃（连有吸电子基团 Z）：

Z ⟹ Z H + Br

由于钯的β-消除，Heck 反应不能用于大部分烷基卤化物（在第一步氧化加成后就可能发生β-消除）。由于烯基卤化物所形成的钯的σ-配合物不能进行β-消除生成炔，它们可以很好地进行反应，从而得到双烯产物。

I + COOMe $\xrightarrow{Pd(OAc)_2}$ COOMe

E-型

如果乙烯基碘化物存在立体构型，将会怎样影响反应？产物烯烃的形成具有立体专一性：*Z*-型的乙烯基碘化物将会得到 *Z*-型的烯烃，而 *E*-型的乙烯基碘化物将会得到 *E*-型的烯烃。

I R + COOMe $\xrightarrow{Pd(OAc)_2}$ COOMe R

R=Bu,90%产率，
95∶5 *Z,E*∶*E,E*

R I + COOMe $\xrightarrow{Pd(OAc)_2}$ R COOMe

R=Bu,96%产率，
99∶1 *E,E*∶*Z,E*

仔细观察产物，右边的双键是由热力学控制立体选择得到的，只能是 *E*-型。左边的双键是立体专一性形成，保持了原来乙烯基卤化物的构型，可以是 *E*-型也可以是 *Z*-型。

I + X R $\xrightarrow{Pd(0)\ ?}$ R

若吸电子基 X 是卤素时，两个烯基卤代物之间能发生 Heck 反应么？

两个乙烯基卤代物的 Heck 反应存在三个问题：哪一个烯烃作为亲电试剂？烯烃的哪一端受亲核试剂的进攻？β-消除怎么进行？

这些问题可以这样解决：先把要形成钯σ-配合物的乙烯型卤代物制成有机金属化合物[通常是 Cu（Ⅰ）或 Mg（Ⅱ）化合物]，另一个乙烯型卤代物则作为亲电试剂。在β-消除中，钯更倾向于拿掉卤素而不是氢原子，因此三个问题都解决了。

TM 30 是个 *E*, *Z*-二烯，*E*-型烯烃在 Heck 反应中立体选择性地形成，*Z*-型烯烃是原来的卤代烯烃构型保留的结果。因此在两个双键间切断，优先考虑使用 ***Z*-30B** 来得到钯 σ-配合物作为亲核试剂，而乙烯基碘 ***E*-30A** 作为亲电试剂。

TM 30

***E*-30A**, 亲电的烯基基团　　***Z*-30B**, 用来作有机镁、有机铜试剂

从 *Z*-1-溴丙烯制得的格氏试剂和 *E*-1-碘-辛烯在 $Pd(PPh_3)_4$ 的催化下，以 87%的产率得到 *E*,*Z*-二烯 **TM 30**。

合成：Br(Z-丙烯基) —Mg, Et_2O→ BrMg(Z-丙烯基) —Hex(E)-CH=CH-I, $Pd(PPh_3)_4$→ ***E*,*Z*-30**, 87%产率

Cephalostatin 类似物的合成

Tietze 使用 Heck 反应合成了 Cephalostatin 类似物。对醛 **31A** 进行 Corey-Fuchs 反应得到烯烃 **31B**，它用钯催化的锡氢化物还原，立体选择性地得到 *Z*-型的烯基溴 **31C**。

31A —Ph_3P, CBr_4, CH_2Cl_2, 0℃→ **31B**, 80%产率 —Bu_3SnH, $Pd(PPh_3)_4$→ **31C**, 98%产率

在有机合成中，我们经常需要使用 ***Z*-型的溴代烯烃**，下面是它的制备通式：

$$RCHO \xrightarrow[CH_2Cl_2]{PPh_3,CBr_4} RCH{=}CBr_2 \xrightarrow[\text{室温，15min}]{Bu_3SnH,4\%(\text{摩尔分数})Pd(PPh_3)_4} RCH{=}CHBr + Bu_3SnBr$$

第一步叫做 Corey-Fuchs 反应，是一个类 Wittig 反应；第二步是在 Pd 催化下的锡氢化反应，相当于原子交换，钯得到氢而锡得到溴（Sn—H 约 310kJ/mol，Sn—Br 约 380kJ/mol）。

机理：$RCH{=}CBr_2 \xrightarrow{\text{氧化加成}} RCH{=}C(Br)PdL_2Br \xrightarrow[\text{金属转移}]{Bu_3SnH} Bu_3SnBr + RCH{=}C(Br)PdL_2H \xrightarrow{\text{偶联}} RCH{=}CHBr$

31C 和光学纯的双环烯烃 **31D** 发生反应，乙烯基溴反应活性要高于芳基溴，得到双键构型保持的产物 **31E**，并且立体选择性地引入两个手性中心。对另一个醛去保护，再重复上面的两步反应，就得到进行下一个 Heck 反应的底物 **31F**。

注意从 **31D** 到 **31E**，**31E** 中的双键发生移动，这是因为 Heck 反应的中间体在进行*β*-消除时，倾向于消去和 Pd 成顺式关系的*β*-H。烯基溴 **31F** 和同样的烯烃 **31D** 再次发生 Heck 反应，以相同的选择性得到 C_2 轴对称的产物 **31G**，**31G** 中的两个芳基溴发生分子内 Heck 反应，再次立体选择性地引入两个手性中心，此需要催化剂 **31H**，以获得较好的产率。

31D → (31C, $Pd(OAc)_2$, PPh_3, Bu_4NOAc) → 31E, 41%产率 → (1. HOAc; 2. Ph_3P, CBr_4; 3. Bu_3SnH, $Pd(PPh_3)_4$) → 31F, 59%产率

31D → (31F, $Pd(OAc)_2$, PPh_3, Bu_4NOAc, K_2CO_3) → 31G, 47%产率 → (31H, Bu_4NOAc) → TM 31, 80%产率

31H, Ar=*o*-Tolyl

这一合成涉及两次钯催化的锡氢化还原反应和四次 Heck 反应。有些步骤产率并不好，但是反应路线简短并且能够通过重复的 Heck 反应实现选择性。

② Stille 反应 Stille 反应（偶联）是有机锡化合物在零价钯催化下的烯基化和芳基化反应，烯基化合物作为亲核试剂。

$$RX + R^1Sn(R^2)_3 \xrightarrow{Pd(PPh_3)_4} R{-}R^1 + (R^2)_3SnX$$

X = Br, I, OTf　　R^1 = 芳基，烯基，烯丙基等

R = 芳基，烯基　　R^2 = 甲基，乙基，正丁基等

Stille 反应的优点是有机锡化合物在空气和湿气中稳定，大多数官能团对反应没有影响，因此不必进行官能团保护，同时产物具有立体专一性。

利用 Stille 偶联对双烯化合物切断给出两分子烯烃衍生物，一个连有锡化物，另一个连有离去基团：

$$R\text{-CH=CH-CH=CH}_2 \Longrightarrow R\text{-CH=CH-SnBu}_3 + X\text{-CH=CH}_2$$

当有机锡中 R^1 和 R^2 不同时，锡上哪一个基团将会转移？对于四甲基锡烷，没有其他选择，甲基将被转移，但是如果有芳基，芳基将优先于烷基迁移。

Bu3SnI + R–CH=CH–Ar ←(Ar-SnBu3, Pd(0)) R–CH=CH–I →(Me4Sn, Pd(0)) R–CH=CH–Me + Me3SnI

当从锡上转移一个基团到钯上的时候，锡会转移一个最好的阴离子到钯上（有机锡化合物可以视为亲核试剂）。炔基最容易转移，其他基团次序如下：

炔基　烯基,芳基　烯丙基,苄基　烷基

R—≡—　R–CH=CH–　R–CH=CH–CH2–　Me,Bu 等

Ar–　Ar–CH2–

最易转移 ←—— 最不易转移

烯丙基噁唑啉既可以通过乙烯基锡试剂偶联得到，也可以通过烯丙基锡试剂偶联得到，相比较烯基化得到更好的产率（烯基比烯丙基更易转移）。

Bu3Sn; 2.5% (摩尔分数)Pd2(dba)3; (Frryl)3P; 98%产率

Bu3Sn; 2.5% (摩尔分数)Pd2(dba)3; (Frryl)3P; 49%产率

双 Stille 偶联还可用于合成对称的化合物，如 β-胡萝卜素可以由对称的双三丁基锡五烯 **32B** 在 $(PhCN)_2PdCl_2$ 的催化下与碘代三烯 **32A** 在两端偶联以高产率得到 *E/Z* 立体化学完全控制的产物 β-胡萝卜素 **TM 32**。

32A + Bu3Sn…SnBu3 **32B** + **32A**

(PhCN)2PdCl2; *i*-Pr2NEt, 25 ℃

TM 32, β-胡萝卜素, 73%产率

天然产物 Pleraplysillin-1 的合成

Pleraplysillin-1（**TM 33**）发现于一种海绵和食用这种海绵的裸腮类动物中，它具有防御功效——裸腮类动物不会马上被肉食性的鱼捕食。Pleraplysillin-1 中有一个双键连接在呋喃衍生化较为困难的 3 位上。利用 Stiller 偶联从两个烯烃中间切断得到烯基锡化合物 **33A** 和烯基三氟甲磺酸酯 **33B**。

TM 33

Pleraplysillin-1 ⟹(Stille) SnBu3 **33A** + TfO **33B**

烯基三氟甲磺酸酯 **33B** 可以通过区域专一性的还原烯酮 **33D** 得到，烯酮 **33D** 显然来自 Robinson 环合反应。

33B ⟹ 33C ⟹(FGA) 33D ⟹(Aldol 反应) 33E ⟹ + CHO–CH_2^-

3 位取代的呋喃难于制备，但是 3-羟甲基呋喃 **33H** 是商业可得的原料。它在 PBr_3 和吡啶的作用下，得到对应的溴化物 **33F**。

33A ⟹ 33F + 33G [33H]

具体合成步骤如下：注意所使用的炔基酮化合物 **33I**，铜化物与锡化物正好相反——较为不稳定的阴离子先转移，因此是烯基锡化物转移，和 **33F** 偶联得到 **33A**，**33A** 和 **33B** 在 Pd 催化下的 Stille 偶联需要加入 LiCl 提高反应的效率。

33I + 33F ⟶ 33A

33D —三仲丁基硼氢化锂→ LiO- —Tf_2NPh→ 33B

33A + **33B** —$Pd(PPh_3)_4$, LiCl→ **TM 33**, Pleraplysillin, 75%产率

③ Suzuki 反应 Suzuki 偶联是有机硼酸或硼酸酯在零价钯催化下的烯基化和芳基化反应。

RX + R′-C=C-B$(OH)_2$ / Ar$B(OH)_2$ —$Pd(OAc)_2$, PPh_3, B:→ R′-C=C-R / Ar—R + HB

X = Br, I, OTf

R = 芳基，烯基

在 Suzuki 偶联中，作为亲核试剂的硼酸可由简单的有机金属化合物制得硼酯，硼酯水解得到硼酸。

R-C₆H₄-Br —1.Li或Mg; 2.$(i\text{-PrO})_3B$→ R-C₆H₄-B(O–Pr–i)₂ —HCl→ R-C₆H₄-B(OH)₂

制备乙烯基硼酸的一个标准方法是用邻苯二酚硼烷和炔烃加成，然后水解对应的硼酯。对于端基炔烃，硼原子上的空轨道亲电进攻端基炔碳。

顺式硼氢化

邻苯二酚硼烷　　烯基硼酸酯　　烯基硼酸

在 Pd(0)和烷氧负离子的存在下，这些硼化物和芳基、烯基卤化物或三氟甲磺酸酯发生 Suzuki 偶联。

催化量 $Pd(PPh_3)_4$，RO^-

烯基硼酸酯

Suzuki 偶联的第一步是烯基或芳基硼衍生物的形成，第二步 Pd(0)氧化加成到参与偶联的另一组分（这里是碘苯）形成 σ-配合物，第三步金属转移中，烷氧负离子是必需的，硼和氧结合成很强的 B—O 键，不再和钯发生交换。

$Pd(PPh_3)_4$ 氧化加成　　RO^-　　$Pd(PPh_3)_2$

在金属转移步骤中，虚箭头仅表示谁和谁结合，不是严格的机理表述。确切的机理中，在金属转移之前，RO^- 就加到硼上。这一过程可以偶联**芳基**和**芳基**，**烯基**和**烯基**或者**芳基**和**烯基**。因为硼试剂的毒性比锡试剂小得多，工业上大多使用 Suzuki 偶联，而且参与偶联的两个组分差别很大（一个是硼试剂，另一个是卤代物），可以确定只能在它们之间发生交叉偶联。

利用 Suzuki 偶联切断二烯之间的键，给出一分子硼酸、一分子卤化物（或三氟甲磺酸酯）：

Milbemycin *β*3 中间体的合成

Milbemycins 属于抗寄生虫制剂家族，Milbemycin *β*3 是其中最简单的一个。在 a 处切断大环内酯键导向的开链的碳骨架中，芳环与二烯共轭，同时还含有一个孤立的烯烃；然后采用 Wittig 反应对孤立的烯键切断（b 处），给出二烯酮 **TM 34** 和磷叶立德。下面我们详细地分析二烯酮 **TM 34**。

a C—O 内酯化　　b Wittig反应

Milbemycin *β*3　　**TM 34**

对于 **TM 34** 这样一个连续共轭体系，Markós 采用 Suzuki 偶联在共轭二烯和芳环之间切断，切断后究竟是把硼试剂安排在二烯一侧，还是在芳基一侧？Markós 把硼酸放在了共轭二烯一侧，他计划通过硼氢化炔烃 **34C** 来得到烯基硼酯 **34B**，注意要将 **34A** 中的酚羟基和羧酸分别保护成甲醚和酯的形式。

COOH OH **TM 34** Suzuki 偶联 X COOH OH **34A** + H $B(OR)_2$ **34B** 硼氢化 **34C**

毫无疑问，**34C** 可通过烯烃和炔烃的偶联反应来合成，也可以将醇 **34D** 脱水制得，这样就导向一个已知的内酯 **34E**。

34C OH HO **34D** OH O O O 已知的内酯 **34E**

合成时将 **34E** 通过 DIBAL 部分还原而后再和炔丙基溴化镁反应得到 **34D**，**34D** 不急于脱水，两个羟基分别用位阻不同的硅试剂保护得到炔 **34F**。

O O 已知的内酯 **34E** 1.DIBAL 2.BrMg OH HO **34D**;85%产率 1.TBDPSiCl Et_3N,DMAP 2.TBDMSiCl Et_3N,DMAP OTBDMS TBDPSO **34F**;70%产率

由于位阻，邻苯二酚硼烷对炔 **34F** 的硼氢化是区域选择性的，产物 *E*-烯基硼酯 **34G** 在钯的催化下和碘苯 **34H** 偶联，偶联后不经分离，直接一步 Jones 氧化得到保护的羟基酮。这样 Milbemycin $\beta 3$ 分子的一半——**TM 34** 的保护形式就由 Suzuki 偶联高立体选择性地合成出来了。

H—B O O **34F** OTBDMS TBDPSO H $B(OR)_2$ **34G**; 100%产率 + I COOMe OMe **34H** 1.$Pd(OAc)_2$ Ph_3P,Tl_2CO_3 2.KF,H_2O CrO_3,H_2SO_4 O TBDPSO COOMe OMe **34I**; 产率68%

Exo-brevicomin的合成

由于钯的β-消除，Heck 反应中不能使用饱和卤代烃和活化的烯烃反应。但在 Suzuki 偶联中，可以使用饱和烷基硼酸和乙烯基卤化物反应，高产率地得到偶联产物。

TM 35 Exo- brevicomin 是西部松树甲虫 *Dendroctonus brevicomis* 的集合信息素。所有关于 **TM 35** 的合成分析，都是从拆开缩酮到二醇 **35A** 开始的。1,2-二醇 **35A** 可以从相同构型的烯烃 ***E*-35B** 用 OsO_4进行 *cis*-双羟化反应得到。

TM 35 (+)-Brevicomin ⟹(1,1-diO 缩醛) **35A** ⟹(1,2-diO 官能化) ***E*-35B**

用 Suzuki 偶联切断 ***E*-35B** 的烯键和邻位碳原子之间的键，得到 *E*-型的烯基溴 **35C**（从 1-丁炔得来）和烷基硼酸 **35D**，**35D** 可从简单的烯烃 **35E** 硼氢化得到。

***E*-35B** ⟹(Suzuki) ***E*-35C**可从炔烃制备 + B(OH)$_2$ **35D** ⟹ **35E** ⟹ Br +

合成的每一步都用到了非常有趣的反应，不饱和酮 **35E** 是通过 d[1] 合成子（甲氧基乙烯基铜）的烯丙基化反应制备的，在剩下的反应中需要把酮保护为缩酮形式 **35G**。

MeO ⟶(1.BuLi) [MeO, Li] ⟶(2.Cu(I) 3. Br) **35F** (OMe) ⟶(HO OH, H+) **35G**

E-丁烯溴 **35C** 由 1-丁炔通过铝氢化和溴化得到。立体专一性的 *cis*-铝氢化得到 ***E*-35H**，然后经过一步构型保持的溴对铝的亲电取代得到产物 ***E*-35C**。

1-丁炔 ⟶(t-Bu$_2$AlH [DIBAL]) ***E*-35H** (Al*i*-Bu$_2$) ⟶(Br$_2$) ***E*-35C**

用位阻较大的 9-BBN 对不饱和酮进行硼氢化得到 **35I**，然后不经分离直接在 Pd(0)的催化下与烯基溴 ***E*-35C** 进行偶联。NaOH 促使烷基基团从硼上转移到钯上，并得产物 ***E*-35 J**。

35G ⟶(9-BBN) R$_2$B- **35I** ⟶(***E*-35C**, Pd(PPh$_3$)$_4$, NaOH) ***E*-35J**; 85%产率

OsO_4 作用下不对称双羟化得到 *syn*-二醇 **35K**，然后在 TsOH 催化下，去保护并关环，完

成了这一短而有趣的立体化学控制的合成。如果从烯丙基溴算起，Exo-Brevicomin **TM 35** 的合成总产率为 65%。

OsO_4 TsOH

***E*-35J** ***syn*-35K** **TM 35**; (+)-Brevicomin

Suzuki 偶联区域专一，偶联的两个部分，一个来自卤化物，另一个来自硼酸，而不是有毒的锡试剂；它可以用在所有的芳基、芳杂基、烯基和其他 Heck 反应和 Stille 偶联用到的基团上；而且它可以应用于含有 β-H 的饱和硼酸并且不发生 β-消除，因此是目前用途最广泛的一类偶联反应。

3.1.3 芳香族化合物的切断

A. 基础：芳烃的反应

亲电取代

芳环富电子，易接受**亲电试剂**的进攻，且芳环的结构非常稳定，因此在反应中倾向保留芳环结构，易取代而不是加成，亲电取代是芳烃的典型反应。

卤代反应： + Br_2 $\xrightarrow{Fe}$ Br

硝化反应： + HNO_3 $\xrightarrow{H_2SO_4}$ NO_2

磺化反应： + H_2SO_4 $\xrightarrow{7\%SO_3}$ SO_3H

F-C烃化： + RCl $\xrightarrow{AlCl_3}$ R

F-C酰化： + RCCl(=O) $\xrightarrow{AlCl_3}$ C(=O)R

除—X、—NO_2、—SO_3H 和烃基或酰基外，芳环可直接引入的基团还包括氯甲基、氯磺酰基等，像—OH、—NH_2、—CN 等只能通过间接方法引入。

亲核取代

芳环上的卤素、磺酸酯由于与 sp^2 杂化碳原子相连，一般不易被其他亲核试剂取代，除非是在强碱条件下（氨基钠等，经历苯炔历程）：

Cl $\xrightarrow{NH_2^-}$ Cl $\longrightarrow$ $\xrightarrow{NH_2^-}$ NH_2 $\xrightarrow{NH_3}$ NH_2

但是当芳环上离去基团的**邻对位**有—NO_2、—CF_3 或—CN 等强吸电子基时，此离去基团（一般为卤素，有时甚至是烷氧基、氰基、硝基等）易被其他**亲核基团**取代，若芳环是缺电子芳环吡啶、嘧啶时也可以发生亲核取代反应。例如：

Cl, NO_2 + NaOH → OH, NO_2

Cl, NO_2, NO_2 + NH_2NH_2 → $NHNH_2$, NO_2, NO_2

Cl, Cl, Cl, OH + HO, Cl, Cl, Cl → Cl, O, Cl, Cl, O, Cl

反应历程为加成-消去机理，加成是反应的决速步骤：

L, N, O, O + Nu: → Nu, L, N, O, O ⟷ Nu, L, ⊖, N, O, O —$-L^-$→ Nu, N, O, O

在饱和碳原子上的亲核取代反应，卤代烃的反应活性顺序是：RI>RBr>RCl>RF，但是在芳环上的亲核取代反应中，氟化合物的反应活性要大得多，这是由于氟的电负性特别强，使加成的活性中间体碳负离子的稳定性增加。例如：

X, NO_2 + CH_3ONa → OCH_3, NO_2

卤原子	F	Cl	Br	I
相对速率	312	1.0	0.74	0.36

例如：除草剂氟乐灵（Trifluralin）有三个吸电子的官能团，两个—NO_2 和一个—CF_3，位于 i-Pr_2N 的邻对位，因此 i-Pr_2N 可通过亲核取代反应引入：

NO_2, i-Pr_2N, O_2N, CF_3 (Trifluralin) ⟹ i-Pr_2NH + NO_2, Cl, O_2N, CF_3 ⟹ Cl, CF_3

Trifluralin

合成：Cl, CF_3 —HNO_3/H_2SO_4→ Cl, NO_2, O_2N, CF_3 —i-Pr_2NH/碱→ i-Pr_2N, NO_2, O_2N, CF_3

S_N1 历程的亲核取代

芳胺经亚硝酸钠和无机酸重氮化可得到芳香族重氮盐，或是用亚硝酸酯重氮化制备：

$$\mathrm{ArNH_2} \xrightarrow[\mathrm{HCl,\ 0\sim5^\circ C}]{\mathrm{NaNO_2}} \mathrm{ArN_2 + Cl^-}$$

$$\mathrm{ArNH_2} + \mathrm{RO{-}N{=}O} \xrightarrow[0\sim5^\circ\mathrm{C}]{\mathrm{NaOEt}} \mathrm{ArN{=}N{-}OH} \xrightarrow{\mathrm{H^+}} \mathrm{ArN_2^+ + H_2O}$$

N_2 是十分良好的离去基团，芳香重氮盐很容易生成芳基碳正离子，然后与溶液中的亲核试剂结合生成取代产物。

$$\mathrm{ArN_2 + X^-} \begin{cases} \xrightarrow{\mathrm{H_2O}} \mathrm{ArOH} \\ \xrightarrow{\mathrm{CuCN}} \mathrm{ArCN} \\ \xrightarrow{\mathrm{CuCl}} \mathrm{ArCl} \\ \xrightarrow{\mathrm{CuBr}} \mathrm{ArBr} \\ \xrightarrow{\mathrm{Cu,NaNO_2}} \mathrm{ArNO_2} \\ \xrightarrow{\mathrm{KI}} \mathrm{ArI} \\ \xrightarrow{\mathrm{H_3PO_2}} \mathrm{ArH} \end{cases}$$

例如：邻甲基苯甲腈中的—CN 不能直接引入，而是通过$—NH_2$ 间接引入，$—NH_2$ 又是由$—NO_2$ 还原而来。

(邻甲基苯甲腈：Me, CN) ⟹ (Me, NH_2) ⟹ (Me, NO_2) ⟹ (Me)

合成：(Me) $\xrightarrow[\mathrm{H_2SO_4}]{\mathrm{HNO_3}}$ (Me, NO_2) $\xrightarrow[\mathrm{Pd,C}]{\mathrm{H_2}}$ (Me, NH_2) $\xrightarrow[\mathrm{2.CuCN}]{\mathrm{1.NaNO_2,HCl}}$ (Me, CN)

芳族化合物的难点

① 取代基的定位顺序　若芳环中有 1 个取代基，第 2 个基团进入的位置由第 1 个基团决定，若芳环上已有 2 个取代基，则第 3 个取代基进入的位置由定位作用最强的基团决定，在对芳环化合物切断时，一定要找准定位基，切断被定位基；

② 若目标分子中，已有的基团定位作用相互矛盾，如两个邻对位定位基互处间位，那么这两个基团并不是由于彼此的定位效应引入，在逆合成分析时往往需要添加定位效应更强的基团（导向基），帮助已有的基团进入正确的位置后除去。

B. 应用

芳香族化合物的切断，一般在芳环和侧链间，仔细考察芳环上的各个取代基，找出“定位基”，切断“被定位基”。

TM 36

TM 36 =a=> 36A + 36B; =b=> 36C + 苯

分析：在芳环和侧链间切断有两种方式，a 方式在**接近分子的中央处**将 **TM 36** 切成活化的芳环 **36A** 和酰卤 **36B**，**36A** 和 **36B** 反应时，酰基进入醚键的对位；b 切断将 **TM 36** 切成仍然比较复杂的卤代酮 **36C** 和苯，a 切断优于 b 切断。

a 切断继续进行：

36A ⟹ HO, HO (邻苯二酚)

36B ⟹ HO(C=O) ⟹ NC ⟹ Cl ⟹ 苯

合成：苯 $\xrightarrow[\text{浓HCl}]{\text{HCHO, ZnCl}_2}$ Cl $\xrightarrow[\text{2.H}_3\text{O}^+]{\text{1.NaCN}}$ HO(C=O) $\xrightarrow{\text{SOCl}_2}$ Cl(C=O) **36A**

HO, HO $\xrightarrow[\text{干燥HCl}]{\text{HCHO}}$ $\xrightarrow[\text{AlCl}_3]{\textbf{36A}}$ **TM 36**

TM 37

TM 37 (Me, OMe, NO_2) =a=> Me, OMe + Cl(C=O), NO_2; =b=> Me, OMe, Cl(C=O) + NO_2

分析：**TM 37** 的 b 切断不合理，因为 NO_2 为间位定位基，且硝基苯电子云密度低，不易发生 F-C 酰基化反应；a 切断合理，—OMe 是比 Me 更强的邻对位定位基，酰基进入—OMe 的邻位。

TM 38

FGA ⟹ ⟹ 苯 + Cl(C=O)

分析：TM 38 为烷基苯，但是不能按照 F-C 烃化反应来制备，因为对应的伯碳正离子会发生重排生成叔碳正离子，最终烃化后生成叔丁基苯。

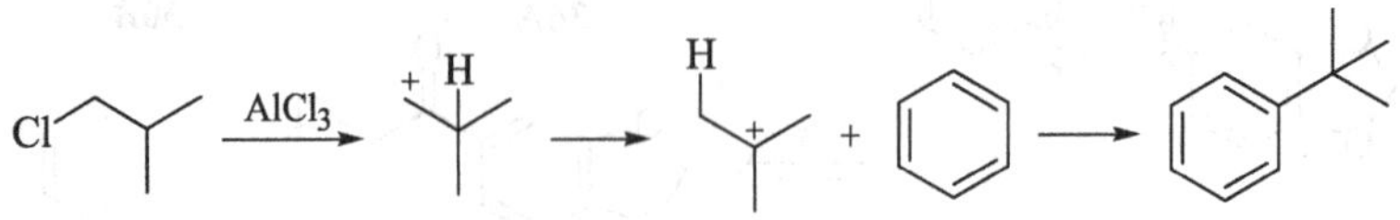

Cl AlCl$_3$ + H H + +

TM 38 添加官能团羰基后，可以通过 F-C 酰化反应来制备，然后将羰基还原：

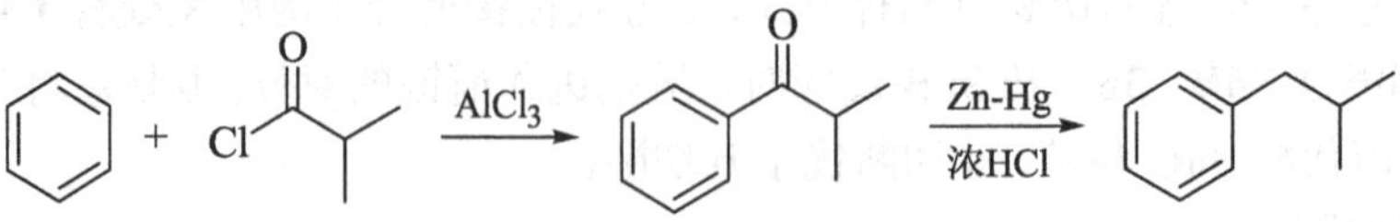

+ Cl O AlCl$_3$ O Zn-Hg 浓HCl

如有选择余地时，可最先切断吸电子基团（在合成中，这个基团最后被引入），因为这种基团有致钝性，它的存在导致难以引入其他基团。

TM 39

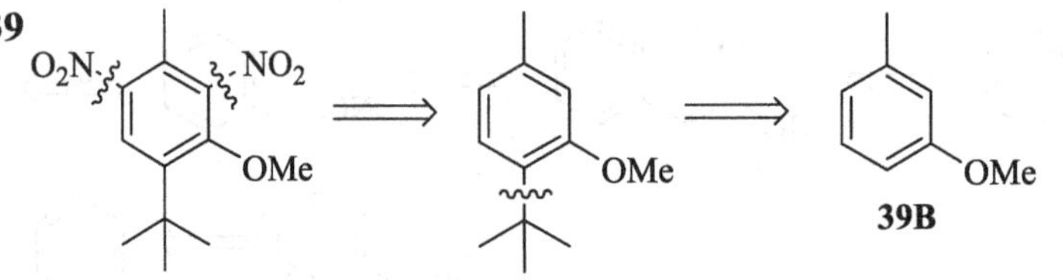

O_2N NO_2 OMe OMe OMe

合成麝香 **39A** **39B**

分析：合成麝香 **TM 39** 能使香料增香和定香，结构中含有两个—NO_2，可首先将其切断，逆推出前体 **39A**，**39A** 中甲基和叔丁基都可通过 F-C 烃化反应引入，但—OMe 是中强的邻对位定位基，甲基位于—OMe 的间位，而叔丁基位于—OMe 的邻位，因此切断叔丁基是合理的，原料为间甲基苯甲醚。合成时发现叔丁基主要进入—OMe 的邻位而不是对位。

合成： OH Me_2SO_4 碱 OMe *t*-BuCl AlCl$_3$ OMe HNO_3 O_2N NO_2 OMe

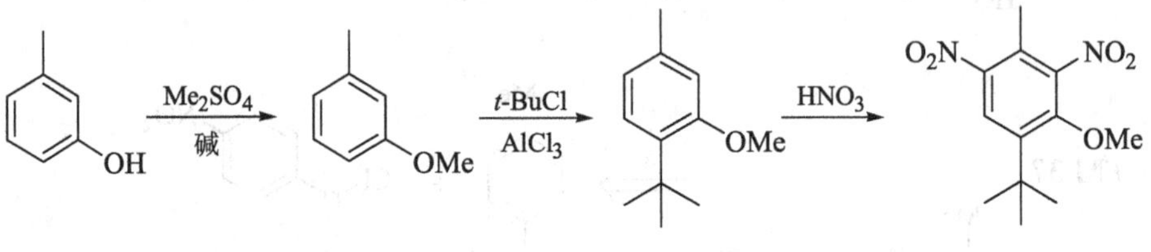

许多基团可以由芳基重氮盐间接引入，芳基重氮盐可由氨基转化而来，在胺的阶段可以引入其他基团，因为氨基是强的致活基。**TM 40** 曾被用来研究液晶行为，—COOH 可由—CN 水解而来，—CN 由—NH_2 重氮化引入，—NH_2 是比苯环更强的邻对位定位基，切断—Cl 可逐步推出原料联苯。

TM 40 COOH Cl FGI CN Cl FGI NH_2 Cl NH_2 FGI NO_2

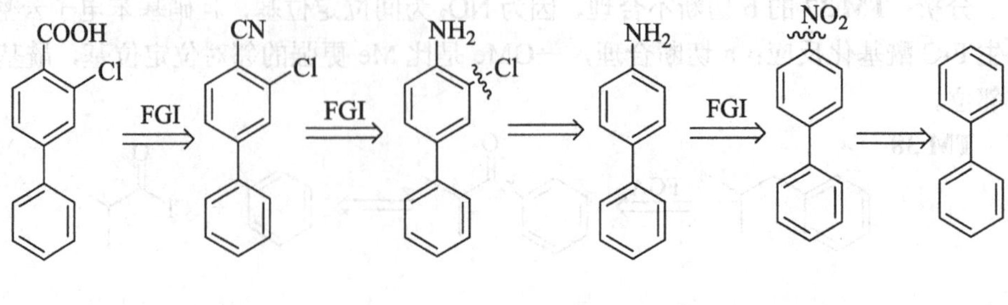

合成时，必须将—NH_2酰化防止过度氯代。

NO_2 $\xrightarrow[H_2SO_4]{HNO_3}$ NHAc $\xrightarrow[2.\ Ac_2O]{1.H_2}$ NH_2 Cl $\xrightarrow[2.\ HCl,H_2O]{1.Cl_2}$ CN Cl $\xrightarrow[2.CuCN]{1.HCl,NaNO_2}$ $\xrightarrow{NaOH}$ **TM 40**

如果芳环上已有的邻对位定位基互处间位，可引入更强的邻对位定位基—NH_2，帮助已有的基团进入正确的位置后，再通过重氮化、还原将其除去（氨基在这里起导向基的作用）。

酸 **TM 41** 是合成丙氧卡因的原料，如何合成 **TM 41**？

TM 41 H_2N OH COOH ⟶ ⟶ H_2N OPr O O NEt_2

丙氧卡因

分析：**TM 41** 中有水杨酸的结构，—NH_2也可由—NO_2还原而来，但直接以水杨酸为原料，—NO_2会进入错误的位置（—OH 的对位）。因此我们推测，目标分子中的—NH_2不是由于水杨酸中—OH 的定位作用引入的，一定还存在另一个基团，它的定位作用比—OH 更强，在它的邻位引入—NO_2后此基团被除去。它是—NH_2！

H_2N OH COOH $\xRightarrow{FGI}$ O_2N OH COOH $\xRightarrow{FGA}$ O_2N OH H_2N COOH $\Longrightarrow$ OH H_2N COOH

$\xRightarrow{FGI}$ OH O_2N COOH $\Longrightarrow$ OH COOH

合成时我们不妨“将错就错”，首先在—OH 的对位引入第一个硝基，然后将硝基还原成强的邻对位定位基—NH_2，再次硝化时，—NH_2是最强的定位基，第二个—NO_2会进入正确的位置。然后将原来的—NH_2重氮化，还原除去，再将第二个—NO_2还原。合成时为避免氧化，注意—NH_2和—OH 的保护。

OR COOH $\xrightarrow[H_2SO_4]{HNO_3}$ OR O_2N COOH $\xrightarrow[2.\ Ac_2O]{1.H_2,Pd\text{-}C}$ OR AcHN COOH $\xrightarrow[2.OH^-,\ H_2O]{1.HNO_3}$

O_2N OR H_2N COOH $\xrightarrow[EtOH]{RONO,H^+}$ O_2N OR COOH $\xrightarrow[Fe,\ 强碱]{还原}$ H_2N OH COOH

氟西汀（Fluoxetine）的合成

氟西汀（Fluoxetine）**TM 42** 又称百忧解，是一个应用广泛的抗抑郁药。

TM 42

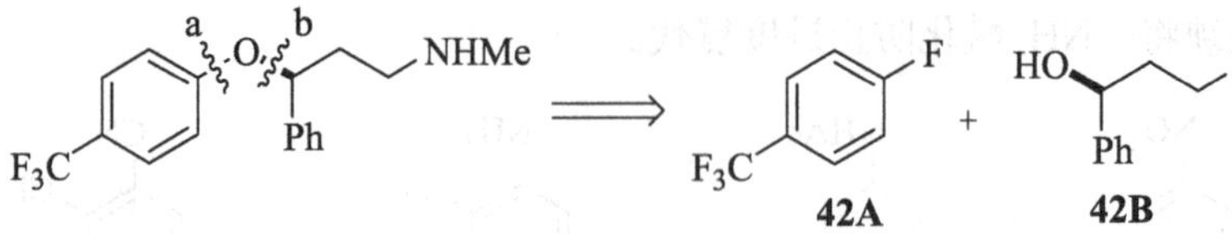

42A 42B

分析：有 a、b 两种切断方式，a 处切断更佳，不但对应芳族亲核取代反应，而且可直接使用有光学活性的醇做亲核试剂，其光学活性不被破坏。

为什么选氟作为离去基团？在饱和卤代烃中，C—F 键非常牢固，氟是最差的离去基团，但是对于芳香族化合物的亲核取代反应来说，尤其是环上只有一个—CF_3 弱活化时，氟的强电负性对此反应有利。

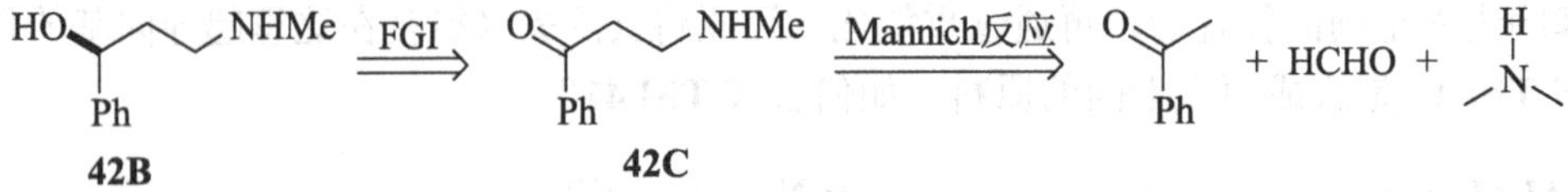

42B FGI 42C Mannich反应 + HCHO +

将 **42B** 中的—OH 转变为羰基，就可以利用 Mannich 反应将 **42C** 拆开为苯乙酮、甲醛和二甲胺（注意因为 Mannich 反应物为仲胺，所以这里用二甲胺作原料，反应后需要裂解掉一个甲基）。

合成：HCHO, $HNMe_2$; $NaBH_4$, 拆分 → 42D; $F\text{-}C_6H_4\text{-}CF_3$, NaH, DMF → 42E; CNBr, $PhCH_3$; KOH, H_2O, $HOCH_2CH_2OH$

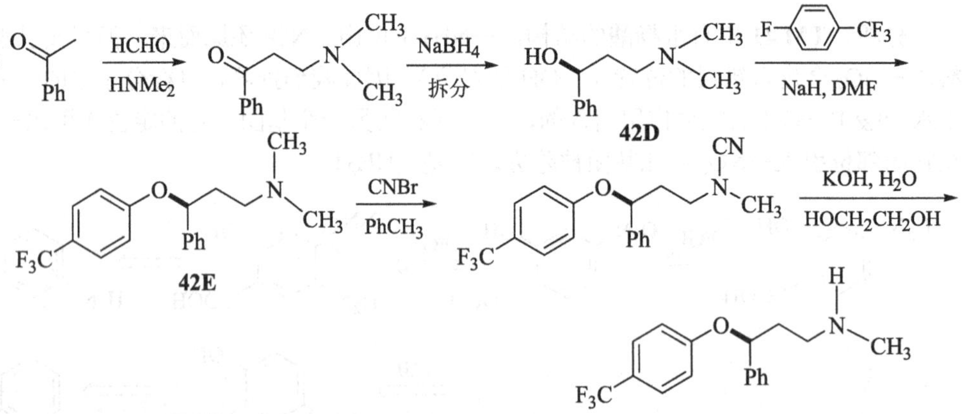

$NaBH_4$ 还原后需要进行拆分，得到 *S*-醇，*R*-醇用 Mitsunobu 反应构型翻转，转变为 *S*-醇，这样充分利用两个对映体。也可以使用手性催化剂进行还原氢化，直接得到 *S*-醇。

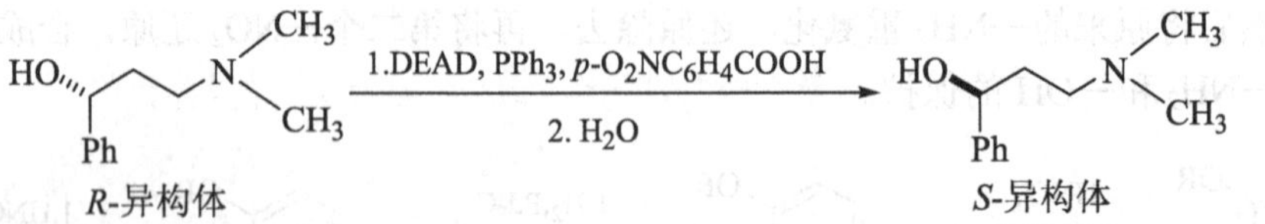

R-异构体 1.DEAD, PPh_3, $p\text{-}O_2NC_6H_4COOH$; 2. H_2O *S*-异构体

42D 中氨基和羟基均为亲核基团，胺的亲核性强于醇羟基，因此必须先用 NaH 处理使醇羟基生成氧负离子，氧负离子的亲核性比胺更强，发生芳环上的亲核取代，得到醚 **42E**，**42E** 用 BrCN 处理后，水解脱羧，脱除一个甲基得到（*S*）-氟西汀。

抗疟疾药 Amopyroquine 的合成

TM 43 是抗疟疾药 Amopyroquine，它含有一个奎宁核，还含有 5 个官能团——三个胺、一个酚羟基和一个芳氯。

分析时我们选择从靠近分子中部的碳-杂键处切断，有 a 和 b 两种方式：

TM 43

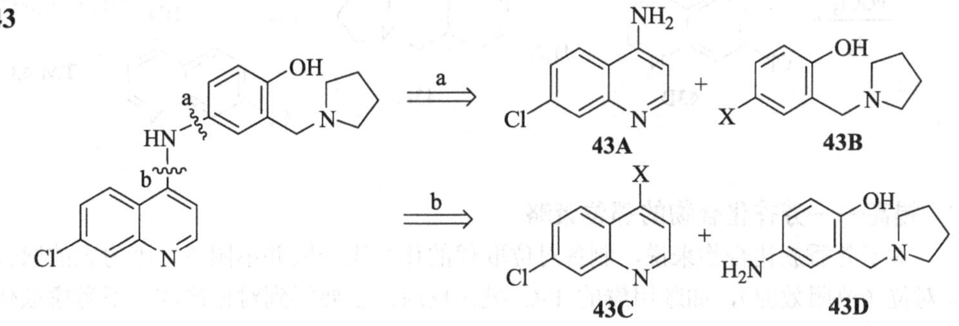

OH HN a b Cl N ⟹(a) NH_2 Cl N **43A** + OH X N **43B**

⟹(b) X Cl N **43C** + OH H_2N N **43D**

a 切断是对非活化的苯环 **43B** 进行亲核取代，难以发生；而 b 切断则是在喹啉 **43C** 的 4 位进行亲核取代，由于环中氮原子的吸电子效应，反应是可行的。但是 **43D** 中亲核基团有三个：氨基、酚羟基、叔氨基，可以发生亲核取代的位置也有两处，反应能否按照我们希望的方向进行？氨基比羟基的亲核性强，亲核性更强的叔氨基的加成由于没有氢可消除，因此它的加成是可逆的。喹啉环的 4 位亲电性更强，反应可以如愿发生。

43C 可视为对氨基苯酚羟基邻位的 H 被胺甲基取代（Mannich 反应），但若以对氨基苯酚为原料，此反应会发生么？**43D** 则可由喹啉的 Skraup 合成法来制备。

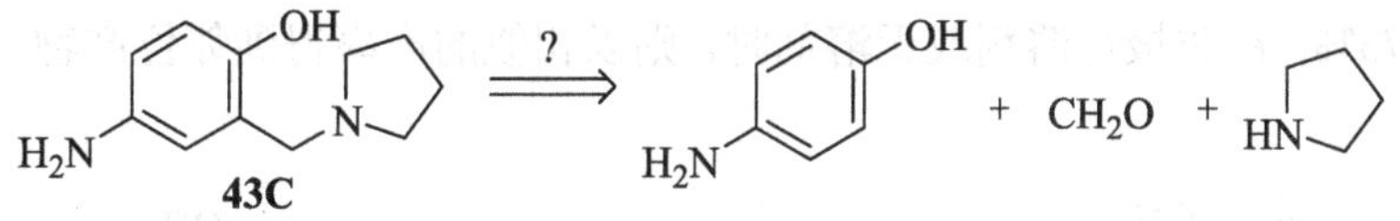

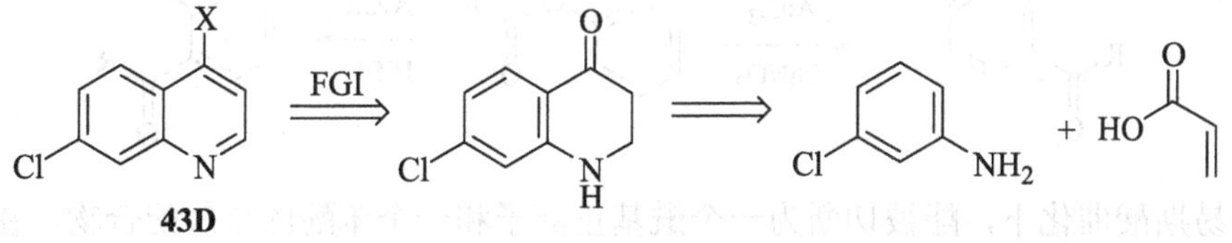

OH H_2N N **43C** ⟹(?) OH H_2N + CH_2O + HN

X Cl N **43D** ⟹(FGI) O Cl N H ⟹ Cl NH_2 + O HO

合成时若以对氨基苯酚为起始原料，氨基较羟基亲核性更强、定位能力更强，发生 Mannich 反应时胺甲基进入氨基的邻位，因此必须将氨基酰化，降低氨基的亲核性，可以在—OH 的邻位发生胺甲基化反应。生成的 **43D** 与 **43C** 发生芳族亲核取代，得到 Amopyroquine。

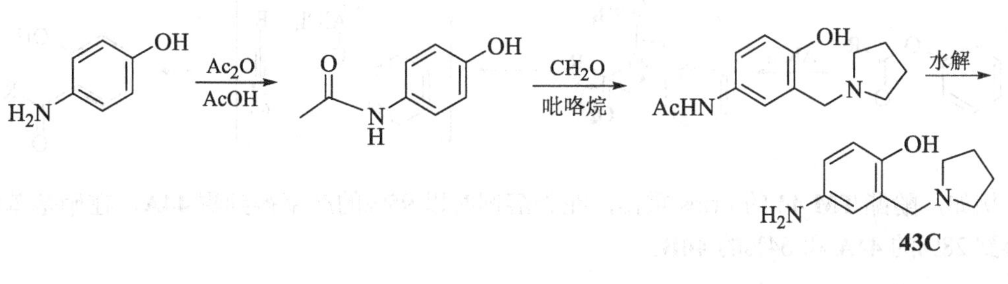

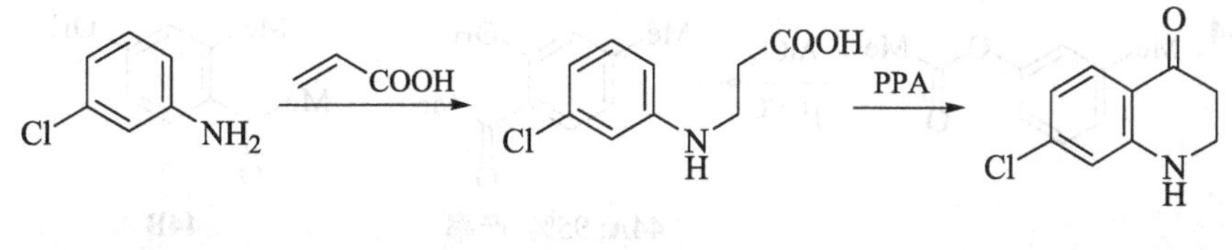

OH H_2N →(Ac_2O / AcOH) O N H OH →(CH_2O / 吡咯烷) OH AcHN N →(水解) OH H_2N N **43C**

Cl NH_2 →(COOH) Cl N H COOH →(PPA) O Cl N H

$\xrightarrow[I_2]{POCl_3}$ 43D + 43C ⟶ TM 43

C. 提高——芳香化合物的邻位策略

对于芳香族化合物来说，制备对位取代的化合物一般并不困难，因为大的取代基可以导向对位（位阻效应），如苯甲醚的 F-C 酰化反应，主要得到对位产物。不考虑取代基的大小和电性以高产率来制备邻位化合物并不是一件容易的事，接下来我们主要讨论这个问题。

$\xrightarrow[AlCl_3]{RCOCl}$

（1）传统方法——Fries 重排和 Claisen 重排

① Fries 重排　如果酰基基团直接和酚相连成酯，进行 Fries 重排，可以通过控制反应条件主要得到邻位或对位产物。在硝基苯这样的极性溶剂中，以较高的产率得到对位产物，如 R=Me 时，产率为 75%；在非极性溶剂或无溶剂时，则以相似的产率得到邻位产物，如 R=Me 时，产率为 70%。

$\xleftarrow[PhNO_2]{AlCl_3}$　$\xrightarrow[165℃]{AlCl_3}$

在路易斯酸催化下，酯被切断为一个酰基正离子和一个苯酚的金属配合物，在非极性溶剂中它们仍然以离子对的形式连在一起，酰基正离子通过静电作用被拉到邻位，因此趋向于得到邻位产物；而在极性溶剂中，该离子对被分成两个独立的离子，表现为正常的 Friedel-Crafts 反应选择性，倾向于得到对位产物。

$\xrightarrow{AlCl_3}$ ⟶ ⟶

例如，酚酯 **TM 44** 的 Fries 重排，在无溶剂时以 95%的产率得到酮 **44A**，在硝基苯中，则得到 28%的 **44A** 和 64%的 **44B**。

TM 44 $\xrightarrow[165℃]{AlCl_3}$ **44A**; 95% 产率 + **44B**

Sydowic 酸的合成：Rao 合成 Sydowic 酸（**TM 45**，来自于 *Aspergillus sydowi* 的倍半萜烯）时，选择首先断开醚键，通过将三个甲基加成到酮酯 **45B** 上来制备三醇 **45A**。**45B** 是一个明显的 Friedel-Crafts 产物，但是如何能得到酰基进入—OH 的邻位而不是对位的产物呢？

TM 45

Sydowic 酸 ⟹(C—O 醚) **45A** ⟹(C—C (Grignard))

45B ⟹(Friedel-Crafts反应) **45C** + **45D**

因为对间甲酚 **45E** 的化学行为了解较多，Rao 以间甲酚 **45E** 为原料，环戊二酸酐 **45D** 为酰化试剂，经 Fries 重排得到了正确位置的异构体 **45F**，加入四当量的甲基格氏试剂（一当量被酚羟基消耗），在酸催化下环化得到中间体 **45H**。必须注意直接氧化会破坏酚，因此将它以酚酯的形式保护起来再氧化得到目标分子 Sydowic 酸。

这个短合成涉及两次区域选择性：**45E** 发生 Fries 重排时酰基进入—CH_3 的对位而不是—OH 和—Me 之间（位阻效应）；**45G** 环化时形成六元环而不是四元或八元环。

45E →(1. **45D**, $AlCl_3$; 2. MeOH, H^+) **45F** →($4\times$ MeMgI) **45G** →(H_2SO_4) **45H** →(1. Ac_2O; 2. $KMnO_4$; 3. NaOH) **TM 45**

② Claisen 重排　另一个较为常用的产生邻位关系的反应是 Claisen 重排。由苯酚和烯丙基卤化物 **46A** 生成的烯丙基醚 **46B** 进行 3,3-σ迁移得到中间体 **46C**，互变异构恢复芳环结构得 **46D**，**46D** 中烯丙基位于—OH 的邻位。

苯酚 + **46A** →(碱) **46B** →([3,3]) **46C** →(H^+) **46D**

烯丙基的重排是区域专一性的，紧邻氧原子的取代基重排后在烯键的远端位置。

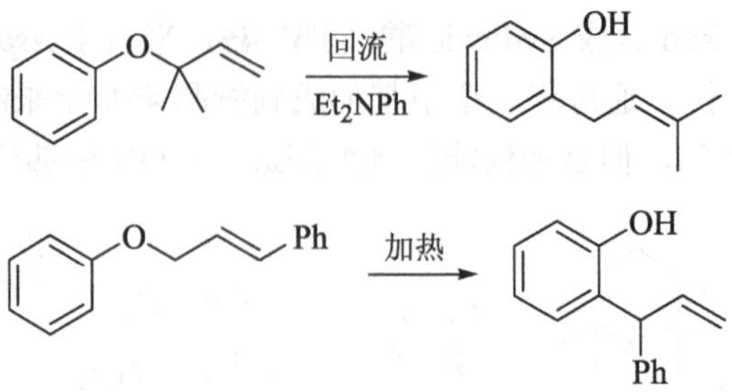

如果有两个不同的邻位，也会有区域选择性问题。萘环上标有双键的位置要比单键短，**TM 47** 进行 Claisen 重排，以 9∶1 的优势迁移得到 **47A**。

TM 47

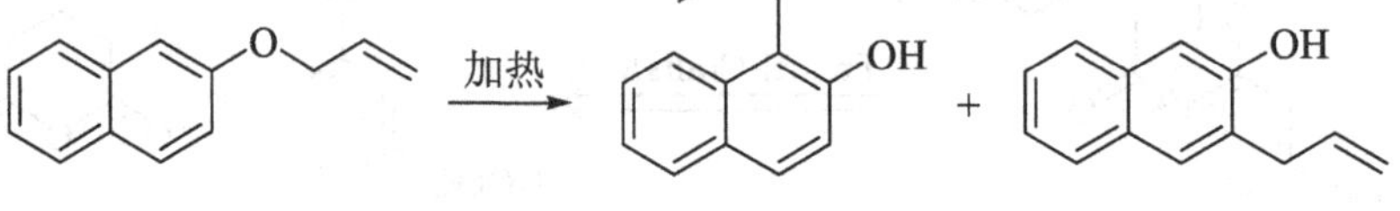

47A 9∶1 **47B**

（2）邻位锂化策略

到目前为止，常见的可以帮助生成芳香化合物的金属是铝（$AlCl_3$），$AlCl_3$ 可以**活化亲电试剂**。现在，我们要着眼于一个以完全不同的方法**活化芳环**的金属——锂。把锂引入芳环取代基的邻位，这一过程本身称为**邻位锂化**或者**导向锂化**，而后在此位置可以引入各种亲电试剂，例如 **TM 48**。

TM 48

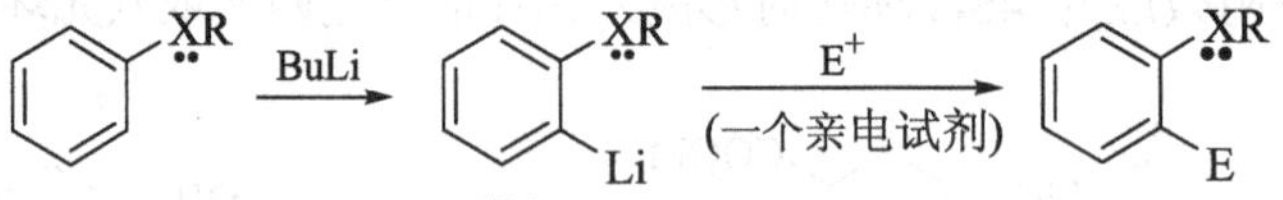

48A **48B**

并不是所有的基团都可以发生邻位锂化，能够发生邻位锂化的基团都应具备两方面的功能：①和锂试剂配位；②增强其邻位氢原子的酸性。

若是不能和锂配位的定位基团，必须能够增强其邻位氢原子的酸性，氟就是这样的一个取代基；如果定位基不能增强邻位氢原子的酸性，那么它必须能够作为电子给体和锂配位。

① 含氧定位基团 苯甲醚是一个简单的，也许是最简单的可以通过邻位锂化来进行官能团化的化合物，—OMe 既能与锂配位，还能增强其邻位氢原子的酸性。

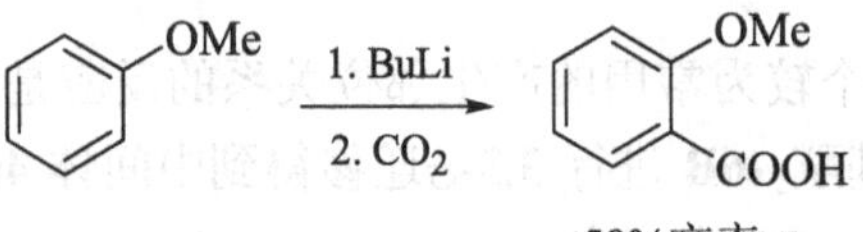

50%产率

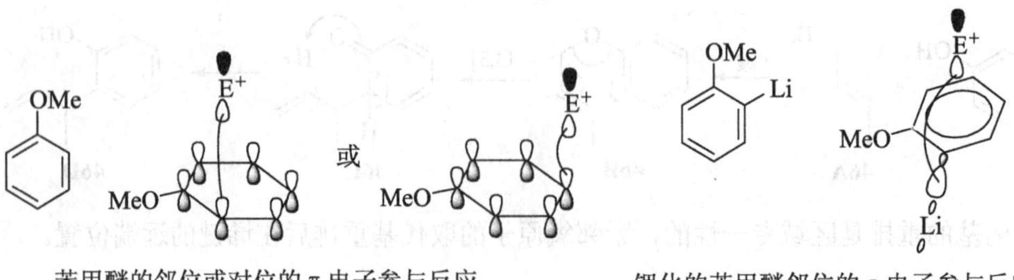

苯甲醚的邻位或对位的 π 电子参与反应

锂化的苯甲醚邻位的 σ 电子参与反应

苯甲醚中的氧能够非常有效地邻位锂化，含氧芳香化合物 **49A** 和 **49B** 在标记的邻位原子上可以被锂化。但是如果氧离环稍微远一点，它就是一个很差的锂化定位基。例如，苄甲醚 **49C** 在 BuLi 作用下并未发生邻位锂化，而是苄位去质子经历 Wittig 重排生成 1-苯基乙醇 **49D**。

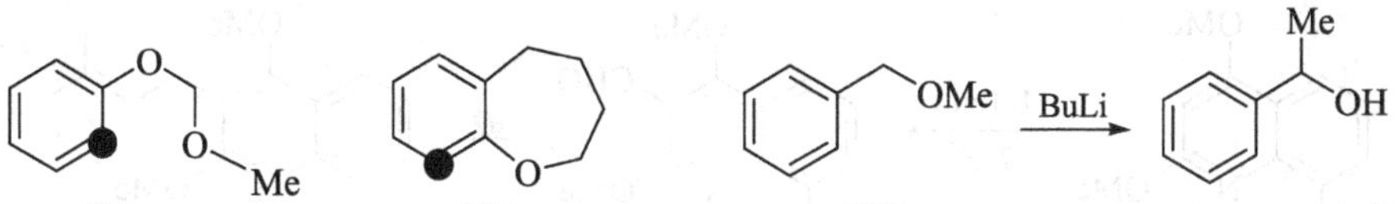

Me OMe BuLi OH

49A **49B** **49C** **49D**; 26%产率

② 含氮定位基团 噁唑啉（**50A**）、酰胺（**50B**）和氨基甲酸酯（**50C**）是应用最广的也是最好的邻位锂化定位基。尽管由于 Wittig 重排，苄醚在邻位锂化中经常失败，但苄胺 **50D** 却是很好的邻位锂化定位基。然而，它的性质与前三者不可比拟。

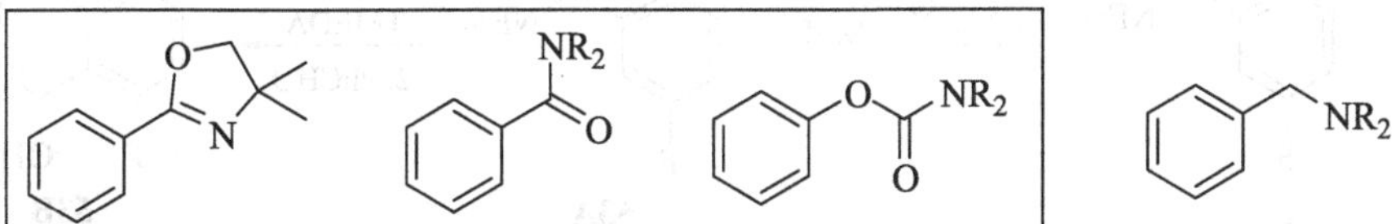

O N NR_2 O O NR_2 O NR_2

50A;噁唑啉 **50B**;酰胺 **50C**;氨基甲酸酯 **50D**

③ 其他定位基团 卤素也可以作为邻位锂化定位基，氟是最好的，使用溴或者碘作为邻位锂化定位基时，特别是使用丁基锂作为锂化试剂时要特别当心，它们更容易进行锂卤交换。砜 **51D** 和磷酸酯 **51E** 也是已知的邻位锂化定位基。

卤素, 砜和磷酸酯

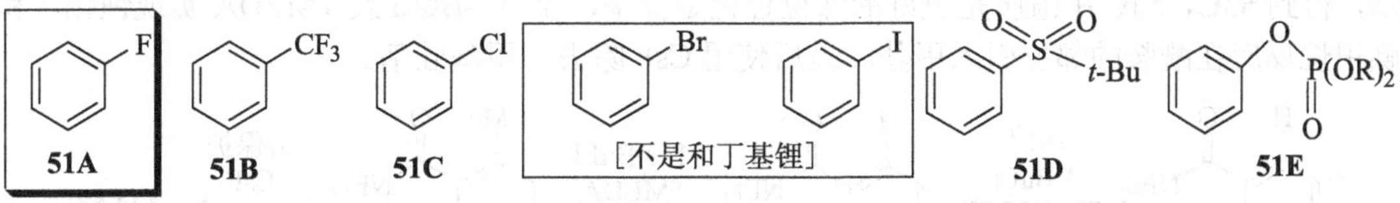

F CF_3 Cl Br I O O S *t*-Bu O $P(OR)_2$ O

51A **51B** **51C** [不是和丁基锂] **51D** **51E**

当同一个环上存在不止一个邻位锂化定位基团会怎样？有两个可能性：要么互相竞争，要么互相促进。三种基本的取代模式（邻、间、对）有如下情况。

X和Y是邻位定位基团

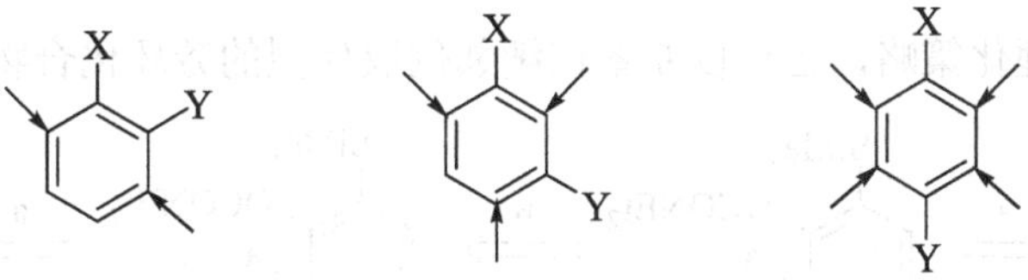

X Y X Y X Y

X和Y邻位 X和Y间位 X和Y对位

一般来说，如果一个邻位锂化定位基比其他的更有效，我们就可预计在该定位基的邻位发生锂化，实际情况可能更加复杂。

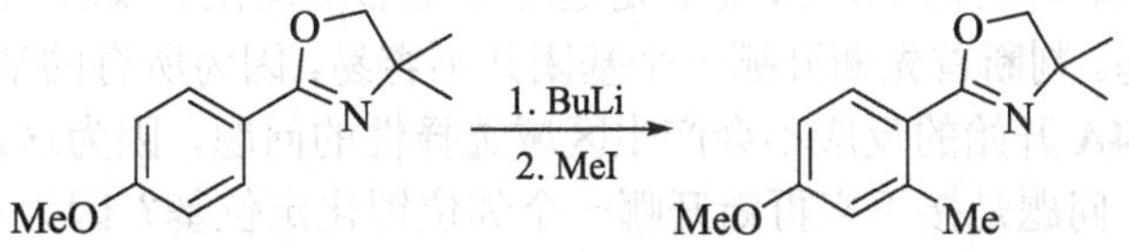

O N MeO 1. BuLi 2. MeI O N MeO Me

类似 **52A** 这样的喹啉环被广泛地应用于生物碱的合成中，**52A** 中很多位置都能被邻位锂化，但是两个—OMe之间的位置是最优先的。当亲电试剂是$Me_2C{=}CHCH_2Br$时，产物是**52C**；而当它是R_2NCHO时，则产生醛**52B**。从**52C**出发用臭氧分解，以及从**52B**出发通过Wittig反应，都能将这两个化合物发展为γ花椒碱。

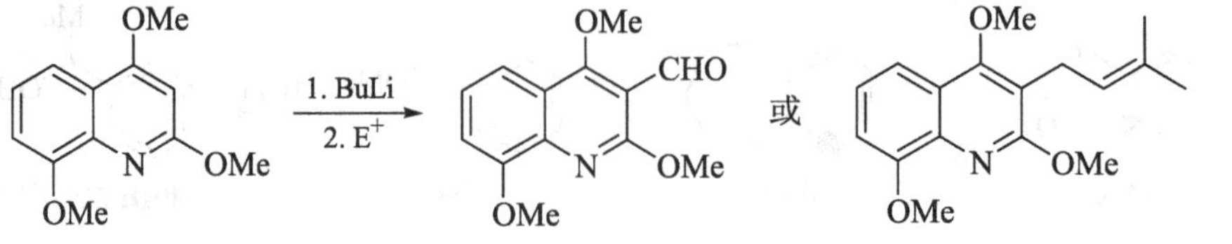

OMe, OMe, N, OMe (**52A**) —— 1. BuLi; 2. E^+ → OMe, CHO, N, OMe, OMe (**52B**) 或 OMe, N, OMe, OMe (**52C**)

TM 53: Me, O, NEt_2, F ⟹ (C—C) MeI + H, O, NEt_2, F (**53A**) —— 1. *s*-BuLi, TMEDA; 2. PhCHO → H, O, NEt_2, Ph, F, OH (**53B**)

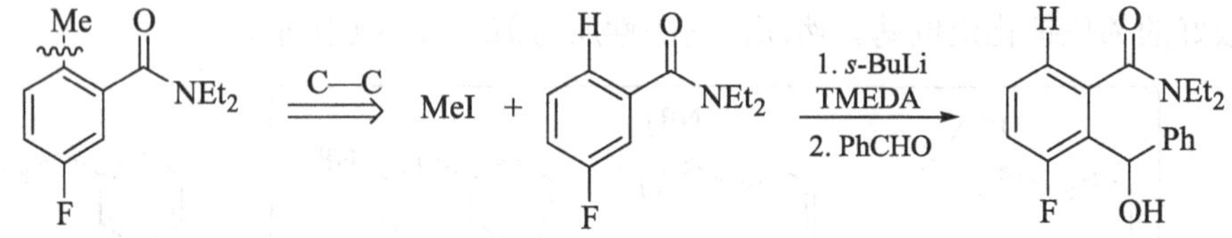

分析：TM 53中含有两个邻位锂化定位基：酰胺和氟，酰胺是更强的定位基，因此可以通过它的邻位锂化引入甲基。然而，因为氟和酰胺都是邻位锂化定位基而且互为间位，因此它们可以相互促进，处于两个取代基之间的位置是最活泼的位置。例如，**53A**和苯甲醛反应会得到**53B**。

合成时可以先用一个占位基来占据两个邻位锂化定位基之间的位置，这里使用三甲基硅基，得到**53C**，**53C**中酰胺是更好的邻位锂化定位基，使用*s*-BuLi及TMEDA实现锂化，和碘甲烷反应在酰胺的邻位引入甲基。最后使用CsF除去三甲基硅基。

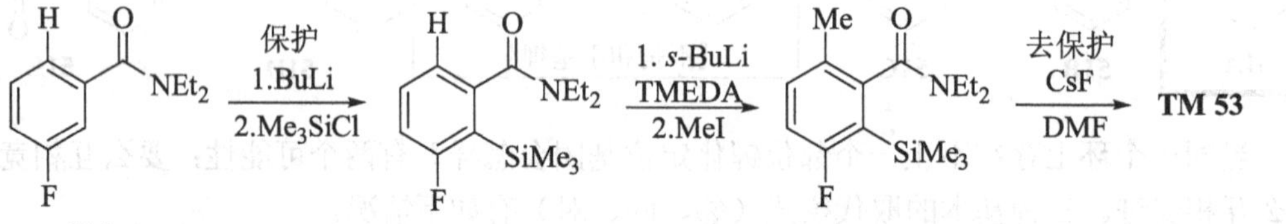

H, O, NEt_2, F (**53A**) —— 保护: 1.BuLi; 2.Me_3SiCl → H, O, NEt_2, $SiMe_3$, F (**53C**) —— 1. *s*-BuLi, TMEDA; 2.MeI → Me, O, NEt_2, $SiMe_3$, F (**53D**) —— 去保护: CsF, DMF → **TM 53**

连续使用邻位锂化策略，还可以制备连续邻位取代型的芳环化合物。

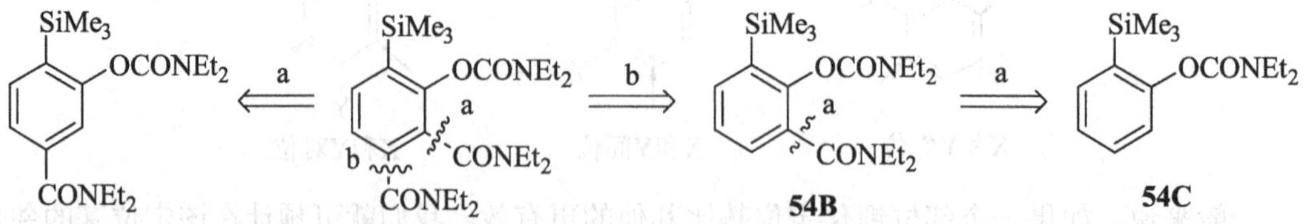

$SiMe_3$, $OCONEt_2$, $CONEt_2$ (**54A**) ⟸(a) $SiMe_3$, $OCONEt_2$, a, b, $CONEt_2$, $CONEt_2$ (**TM 54**) ⟹(b) $SiMe_3$, $OCONEt_2$, a, $CONEt_2$ (**54B**) ⟹(a) $SiMe_3$, $OCONEt_2$ (**54C**)

分析：四取代的苯衍生物**TM 54**显然是通过多重邻位锂化合成的。四个取代基中的三个都是邻位锂化定位基。判断首先断开哪一个基团并不容易，因为所有的基团都和其他的相邻。尝试断开a键，从**54A**开始的反应不会产生区域选择性的问题，因为这是两个邻位锂化定位基相互加强的位置。问题是接下来再断开哪一个邻位锂化定位基？因为没有两个相邻的邻位锂化定位基团，因此不能通过一个来引入另一个。

尝试在三个邻位锂化定位基的末端 b 处断键， 经过两次断键之后只剩下了氨基甲酸酯

54C。硅基也可以通过邻位锂化在逆时针方向引入（封闭了一个位置），因此避免了 **54B** 中酰胺和氨基甲酸酯在接下来的邻位锂化中产生的竞争。

$SiMe_3$, $OCONEt_2$, c；**54C** ⟹(c) $OCONEt_2$ **54D**；$SiMe_3$, $OCONEt_2$, $CONEt_2$ 没有竞争；$OCONEt_2$, $CONEt_2$ 有竞争

使用 *s*-BuLi 和 TMEDA 进行三个锂化反应，三甲基氯硅烷是第一个亲电试剂。接着使用两次二乙基氨基甲酰氯得到目标产物 **TM 54**。

$OCONEt_2$ **54D** →(1. *s*-BuLi, TMEDA; 2. Me_3SiCl) $SiMe_3$, $OCONEt_2$ **54C** →(1. *s*-BuLi, TMEDA; 2. $ClCONEt_2$; 3. *s*-BuLi, TMEDA; 4. $ClCONEt_2$) $SiMe_3$, $OCONEt_2$, $CONEt_2$, $CONEt_2$ **TM 54**

TM 55（MeO, O, NEt_2, O, NEt_2, Me, O）⟹(C—C) MeI + **55A**（MeO, O, NEt_2, NEt_2, O）⟹ **55B**（MeO, O, NEt_2）

分析：**TM 55** 的芳环上四个取代基中的三个都是好的邻位锂化定位基，因为是 1, 2, 3, 4-连续取代型芳环，因此考虑采用连续邻位锂化策略。考察两端的基团，很显然甲基是通过邻位锂化引入，因此首先断开甲基，得到 **55A**，**55A** 中三个取代基均为邻位锂化定位基，氨基甲酸酯——三个邻位定位基中最有效的一个，位于其他两个之间，我们可以利用这一点，切断其邻位的酰胺键得到 **55B**（MeO^+的合成等价物较难得到）。

合成时氨基酸甲酯 **55B** 和 *s*-BuLi 反应接着与 Et_2NCOCl 作用生成新的酰胺 **55A**，**55A** 中酰胺是比甲氧基更强的邻位锂化定位基，因此再次邻位锂化时，在酰胺的邻位引入甲基，得到四取代的芳香化合物 **TM 55**。

合成：OMe, O, NEt_2, O **55B** →(1. *s*-BuLi; 2. $ClCONEt_2$) OMe, $OCONEt_2$, NEt_2, O **55A** →(1. *s*-BuLi; 2. MeI) OMe, $OCONEt_2$, NEt_2, Me, O **TM 55**

（3）一个邻位锂化定位基重排成另一个阴离子的 Fries 反应

碳负离子的Fries重排：

O, NMe_2, O **56A** →(*s*-BuLi, TMEDA) O, NMe_2, O, Li **56B** → OH, NMe_2, O **56C**

氨基甲酸酯（**56A**）用 *s*-BuLi 进行锂化形成中间体 **56B**，进一步反应形成酰胺 **56C**。从邻位锂化的观点看，分子中产生了一个不同的邻位锂化定位基，如果将酚羟基保护，还能继续在环周围锂化。这一反应被用在抗肿瘤化合物 Pancratistatin 所需要的二烯 **TM 57** 的合成。

通过对 **TM 57** 靠近环的双键进行 Wittig 断键得到醛 **57A**。这个醛可以通过邻位锂化与甲醛化试剂作用而引入（因为 **57B** 中的酰胺是一个好的邻位锂化定位基）。

Pancratistatin ⟹ **TM 57** ⟹ **57A** ⟹ **57B**

酰胺是一个好的邻位锂化定位基，但乙缩醛官能团也是。锂化反应的区域选择性（事实上，这里也存在化学选择性问题）依赖于这两个中的哪一个更有效呢？酰胺是邻位定位基的三个最有效的基团之一，因此比乙缩醛更有效。然后利用阴离子的 Fries 重排给出起始原料 **57C**。

被缩醛活化 被酰胺活化 **57B**

57B $\xRightarrow{\text{碳负离子的 Fries重排}}$ **57C**

合成时使用 *s*-BuLi 和 TMEDA 来对 **57C** 进行邻位锂化，锂化发生在氨基甲酸酯的邻位而不是乙缩醛的邻位；接着对锂化中间体加热发生 Fries 重排生成 **57B**，再与 TBDMSCl 和咪唑反应使酚羟基被保护，**57D** 再次发生邻位锂化，酰胺较乙缩醛是更有效的邻位锂化定位基，在它的邻位引入甲酰基。

57C →（1. *s*-BuLi, TMEDA；2. 加热到室温）**57B** →（t-$BuMe_2SiCl$ (TBDMSCl)，咪唑）**57D** →（1. *s*-BuLi, TMEDA；2. DMF）**57E**

醛 **57E** 被烯丙基格氏试剂进攻，醇 **57F** 被转化为甲磺酸酯，DBU 作碱发生消除反应得到二烯 **57G**。保护的硅基很容易被除掉得到 **TM 57**，在剩下的合成中它作为保护基被保留。

57E →（烯丙基溴化镁 BrMg）**57F** →（1. MsCl, Et_3N；2. DBU）**57G**

事实上 **57C** 锂化后，我们既可以升温进行 Fries 重排，得到新的邻羟基苯甲酰胺结构；也可以保持低温以便重排不会发生，引入另一个亲电试剂和锂化合物中间体反应。负离子的 Fries 重排为构建多样化的芳环提供了另一种途径。

3.1.4　简单酮的切断

A. 背景知识

醛酮可由相应的醇氧化制得。常用的氧化剂包括：$KMnO_4$、$Na_2Cr_2O_7$、CrO_3（Sarrett 试剂、Jones 试剂）、Swern 氧化剂（草酰氯、DMSO）等。

$$R^1CH(OH)R^2 \xrightarrow{\text{氧化剂}} R^1COR^2$$

炔烃水合也可以制备醛酮，只有乙炔水合能制备乙醛，其他炔烃水合都得到酮。

$$HC{\equiv}C^- + RX \longrightarrow HC{\equiv}CR \xrightarrow[Hg^{2+}]{H_3O^+} RC(=O)CH_3$$

$TiCl_3$ 或 $TiCl_4$ 的水溶液可将—NO_2 转化为羰基（Nef 反应），所以硝基是“隐蔽”的羰基：

$$R_2CHNO_2 \xrightarrow{TiCl_3, H_2O} R_2C{=}O$$

反应机理可能是先将硝基化合物还原成肟或亚胺，然后水解成羰基化合物：

$$R_2CHNO_2 \xrightarrow{TiCl_3} R_2C{=}N^+(OH){-}O{-}TiCl_2 \longrightarrow R_2C{=}N{-}OH \xrightarrow{TiCl_3} R_2C{=}NH \xrightarrow{H_2O} R_2C{=}O$$

因此可将酮逆推为硝基化合物，然后在—NO_2 的 α-C 处切断：

$$R^1R^2C{=}O \overset{FGI}{\Longrightarrow} R^1R^2CH{-}NO_2 \Longrightarrow R^1{-}\underset{-}{\overset{H}{C}}{-}NO_2 + R^2X$$

$$R^1{-}\underset{-}{C}{=}O$$

B. 基础

TM 58　$PhCH_2CH_2COCH_2CH_3$

对醛酮进行逆合成分析，既可以直接对目标分子**切断**，也可以经 **FGI** 将**羰基**转化成**醇**、**炔烃**或是**硝基化合物**然后再进行切断。

我们首先来看**切断法**。

切断一　在羰基和 α—C 之间切断，切成苯乙基负离子 **58A** 和酰基正离子 **58B**（a 方式），用丙酰氯作为 **58B** 的合成等价物，但是 **58A** 的合成等价物不能用格氏试剂，因为格氏试剂很活泼，可以跟生成的酮 **TM 58** 继续反应，改用不活泼的镉试剂，它只能跟活泼的酰氯反应，不能跟生成的酮反应。

也可以按 b 方式切成酰基负离子 **58D**（违反正常极性，极性反转）和苯乙基正离子 **58C**，**58D** 可由 1,3-二噻烷制备。

Ph⌒⁺ + ⁻C(=O)Et ⇐(b) PhCH₂CH₂⌇C(=O)Et ⇒(a) PhCH₂CH₂⁻ + ⁺C(=O)Et

58C **58D** **TM 58** **58A** **58B**

PhCH₂CH₂X　　2-乙基-1,3-二噻烷（S, S, H）

PhCH₂CH₂MgBr + ClC(=O)Et ×

(PhCH₂CH₂)₂Cd + ClC(=O)Et ✓

回到 a 方式，若 **58A** 的合成等价物用格氏试剂，但 **58B** 的合成等价物不用酰氯，而用氰基化合物，也可制备酮（格氏试剂可和氰基化合物反应，水解后得到酮，此时格氏试剂已被破坏）。

$$\mathrm{RMgX} + \mathrm{R'C{\equiv}N} \longrightarrow \mathrm{R'C(R){=}NMgX} \xrightarrow{H_3O^+} \mathrm{R'{-}C(R){=}O}$$

因此在羰基和α-C 之间切断，还有一种方案：

PhCH₂CH₂⌇C(=O)Et ⟹ PhCH₂CH₂MgBr + NCCH₂CH₃

TM 58

还可以利用格氏试剂与 Weinreb 酰胺的反应来制备酮，首先生成稳定的五元环状螯合物，水解释放出酮，此时格氏试剂已被破坏。

RMgX + R′C(=O)N(Me)OMe →(THF) R′C(R)(O—MgX)N(Me)OMe（五元环螯合物） →(H_3O^+) R′C(=O)R

Weinreb酰胺

因此 **TM 58** 还可以切断为：

PhCH₂CH₂⌇C(=O)Et ⟹ PhCH₂CH₂MgBr + MeON(Me)C(=O)Et

TM 58

有机锂与格氏试剂性质相似，但更活泼，亲核性更强，可以与活性较低的羧酸加成。4 倍的有机锂试剂与羧酸反应是制备酮的有效方法。

$$\mathrm{RLi} + \mathrm{R'{-}C(=O){-}OH} \longrightarrow \mathrm{R'{-}C(=O){-}OLi} \xrightarrow{\mathrm{RLi}} \mathrm{R'{-}C(OLi)(R){-}OLi} \xrightarrow{H_3O^+} \mathrm{R'C(=O)R}$$

因此 **TM 58** 还可以由苯乙基锂和丙酸制备：

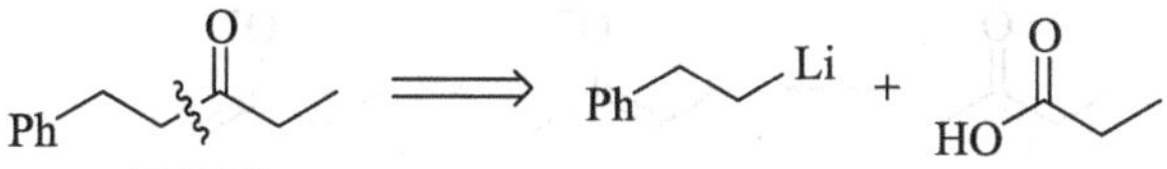

Ph TM 58 ⟹ Ph Li + HO (O)

羧酸的二锂衍生物也可以和酰氯在碳端发生酰基化反应，猝灭后产物能通过常用的方式脱去 CO_2，使得这个反应成为酮的一种合成方法。有支链的羧酸能很好地以这样的顺序进行反应，从而等价于一个二级的碳负离子的酰基化反应：

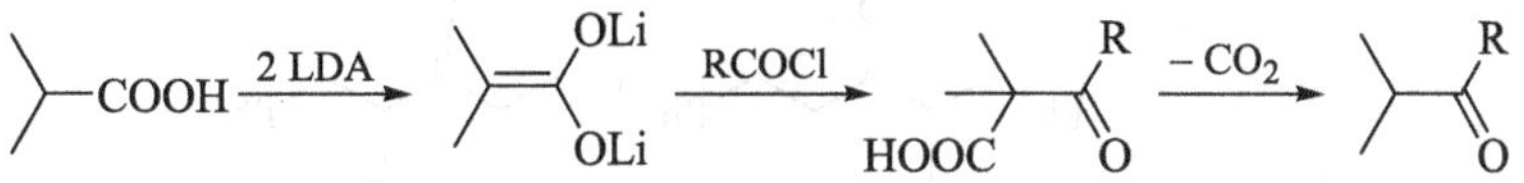

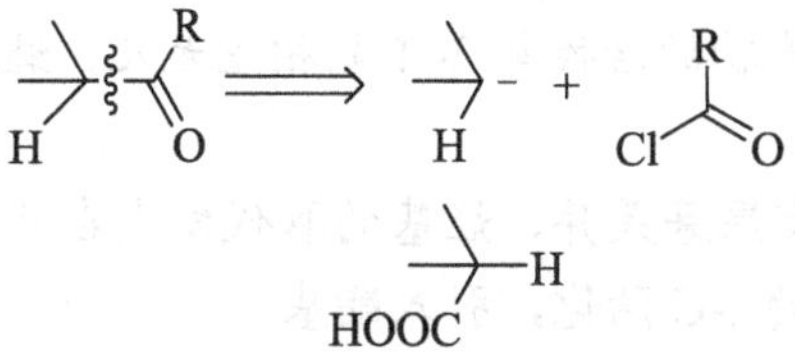

COOH —2 LDA→ OLi OLi —RCOCl→ HOOC R O —$-CO_2$→ R O

H R O ⟹ H ⁻ + Cl R O

HOOC H

切断二 在α-C 和β-C 之间切断，是最常用的切断法，对应的反应是烯醇负离子 **58E** 的苄基化反应，注意烯醇负离子 **58E** 的合成等价物不是简单的 2-丁酮，而是在α-C 上引入酯基作致活基的丙酰乙酸乙酯。

TM 58 Ph O ⟹ $PhCH_2^+$ + O ⁻ ⟷ O^- **58 E**

$PhCH_2Br$ O COOEt

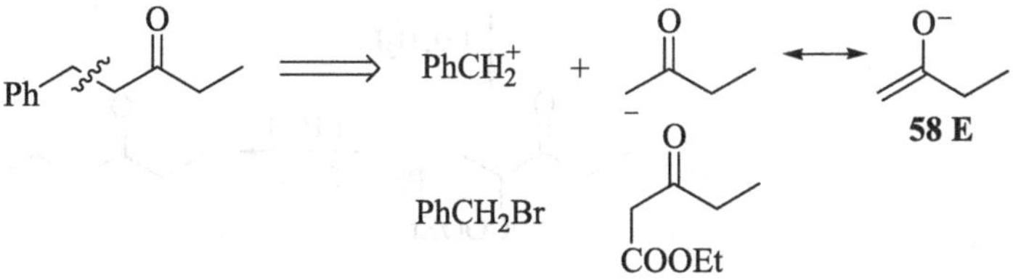

问题：为什么要在酮的α-C 上引入酯基？

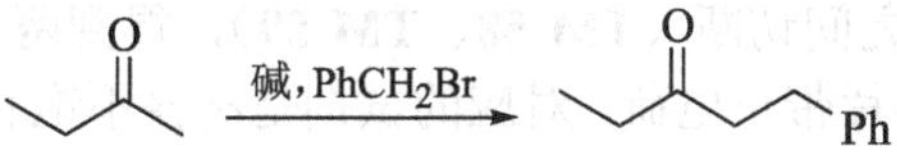

O —碱，$PhCH_2Br$→ O Ph

直接以 2-丁酮为原料，用碱脱质子和苄溴反应，**TM 58** 的产率很低。醛酮α-H 的 pK_a 值在 20 左右，若使用一般的碱 NaOH、EtONa 等（碱性不足以使所有的酮都形成烯醇负离子），会产生酮和烯醇负离子的平衡，反应体系中有尚未反应的酮，烯醇负离子和未反应的酮会生成羟醛缩合的副产物。

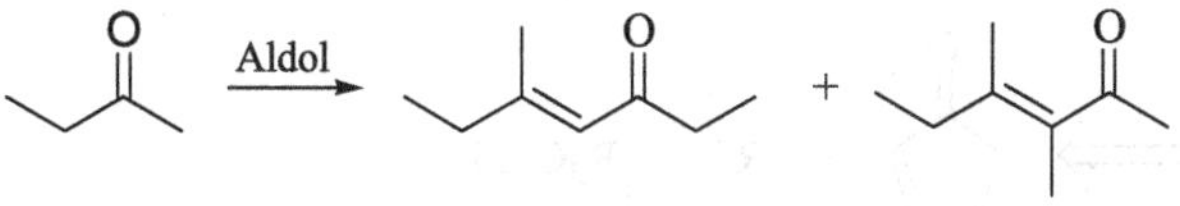

O —Aldol→ O + O

为了避免羟醛缩合反应，需要将酮全部转化为烯醇负离子，必须使用强碱！如 $NaNH_2$、Ph_3CNa 和 BuLi 等，但是这些无机强碱不溶于有机溶剂，所以经常使用有机强碱如 LDA 等。

即使使用有机强碱，将酮全部转变为烯醇负离子，仍然存在许多副反应，如 2-丁酮是个不对称酮，有两种α-H，会生成两种烯醇负离子：

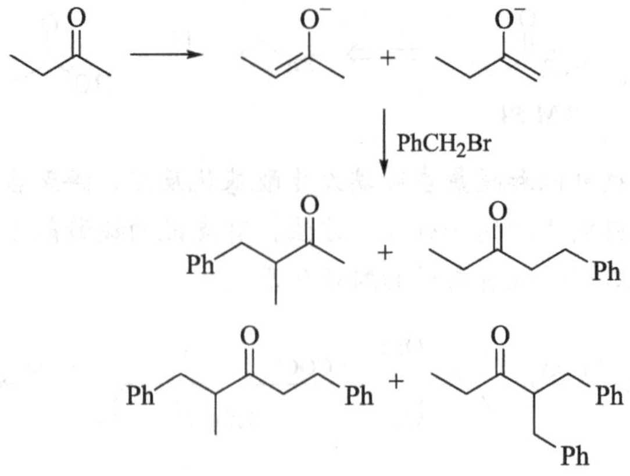

因此产物有两种一取代产物，且一取代产物的活性与2-丁酮相差无几，继续反应会有二取代、多取代产物生成。

为了避免上述副反应，使两种α-H活性有显著差异，烃基的取代发生在确定的位置且停留在一取代的阶段，需要对羰基待反应一侧的α-C **活化**，引入酯基。

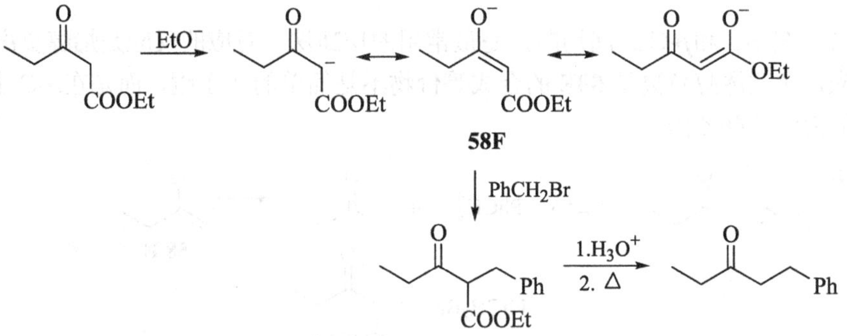

58F

在这里，酯基起到致活基的作用，它能够加强某一部位的反应活性，反应完成后通过水解脱羧即可将酯基除去。

切断三 在β-C和γ-C之间切断（**TM 58**、**TM 59**），得到两种离子碎片，考虑到羰基的影响，我们使含有羰基的碎片带正电荷，对应的试剂是α,β-不饱和酮，另一个碎片带负电荷，反应为铜锂试剂对α,β-不饱和酮的共轭加成。

TM 58

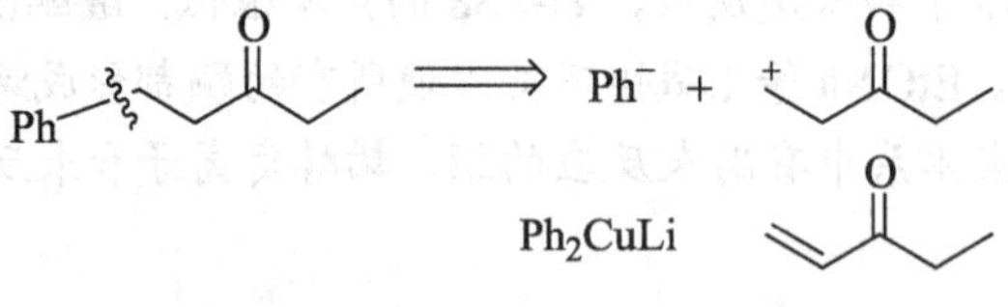

Ph$^-$ + $^+$

Ph_2CuLi

TM 59

+ R^- R_2CuLi

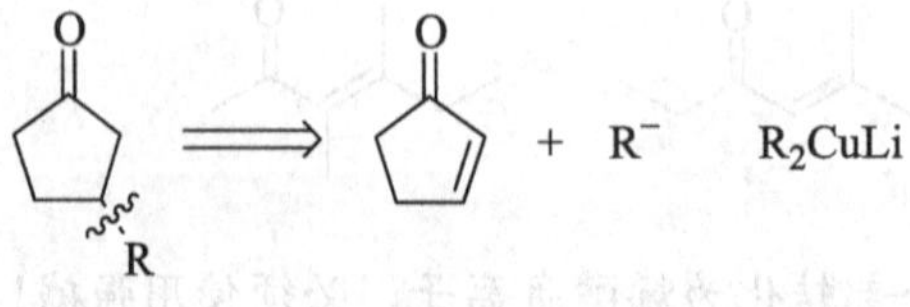

醇氧化、炔烃水合、硝基水解都可以制备酮，都可以作为合成酮的前体，接下来我们利用官能团转化法（FGI）对酮 **TM 58** 进行逆合成分析。

方法一：转化为醇

将羰基转化为—OH后，可在连有—OH的碳原子两侧进行切断（参见3.1.1 醇的切断），逆推出相应的格氏试剂和羰基化合物。

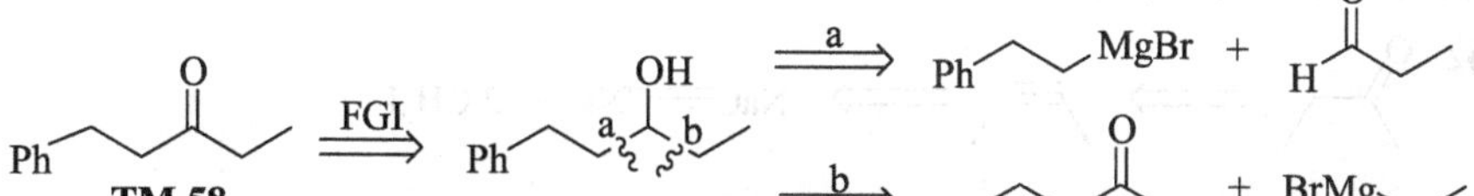

方法二：转化为炔类化合物

由 **TM 58** 可逆推出两种炔烃前体 **58G** 和 **58H**，这两种炔烃水合，都会生成 **TM 58** 和另一种酮（**58G** 生成 **58I** 和 **TM 58**，**58H** 生成 **58J** 和 **TM 58**），因此 **TM 58 不适合用炔烃水合的方法来制备**。

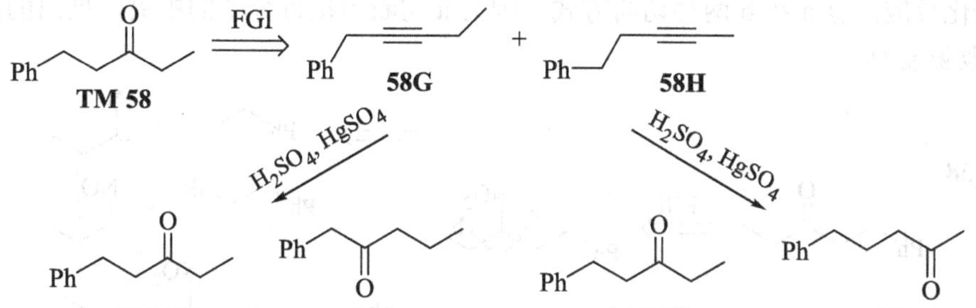

什么样的酮适合用炔烃水合的方法来制备？

端基炔水合生成**甲基酮**，因此若目标分子是甲基酮，可以逆推前体为端基炔烃。

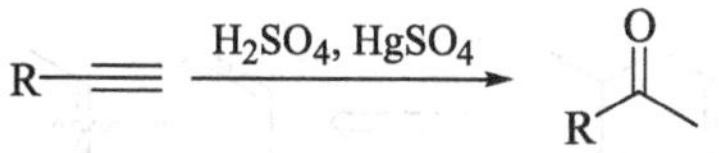

$$R-C\equiv CH \xrightarrow{H_2SO_4,\ HgSO_4} RCOCH_3$$

麝香石竹香料 **TM 60** 可按照此方法制备：

TM 60

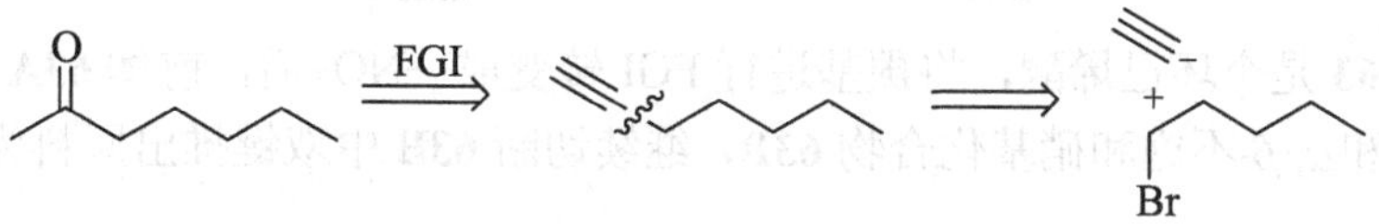

合成：$H-C\equiv C-H \xrightarrow[2.n\text{-}C_5H_{11}Br]{1.NaNH_2,\ NH_3}$ $\xrightarrow[H_3O^+]{Hg^{2+}}$

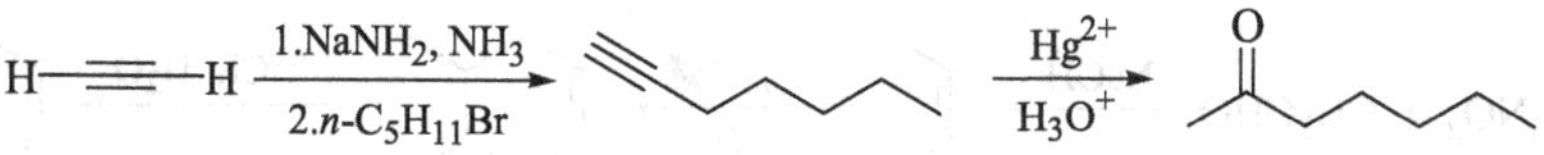

TM 61

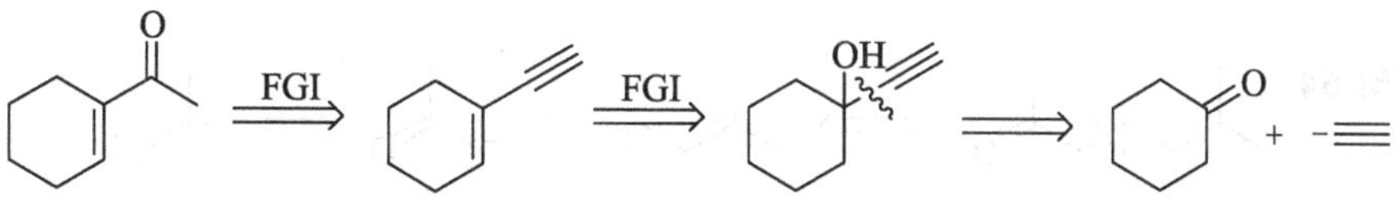

61A **61B**

分析：TM 61 是个甲基酮，经 FGI 逆推前体为端基炔 **61A**，在 **61A** 的双键上加水且—OH 加在支化点上推出前体为炔醇 **61B**，切掉炔基，原料为环己酮。合成时炔基水合和环上脱水同步发生。

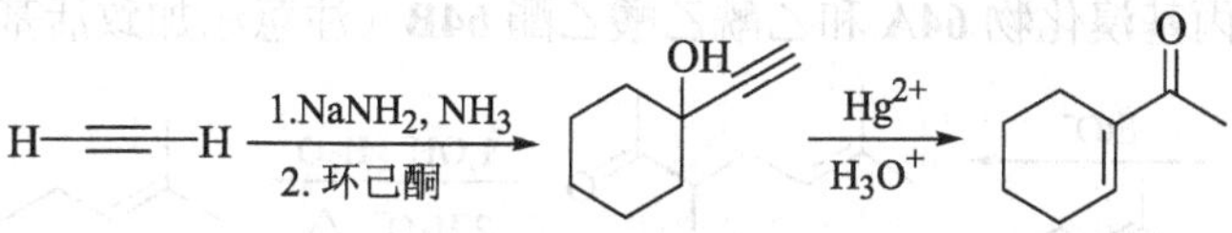

$H-C\equiv C-H \xrightarrow[2.\text{环己酮}]{1.NaNH_2,\ NH_3}$ $\xrightarrow[H_3O^+]{Hg^{2+}}$

若利用FGI可将**酮转化为对称的炔烃**，也无须担心水合时副产物的问题（只有1种产物），并且可以利用对称结构将合成简化，如 **TM 62** 的合成：

TM 62

$\Rightarrow$ $\Rightarrow$ NaC≡CNa + 2 CH_3I

合成：H—≡—H $\xrightarrow[2.\ 2\ CH_3I]{1.\ 2NaNH_2}$ $\xrightarrow[H_3O^+]{Hg^{2+}}$

方法三：转化为硝基化合物

将羰基经FGI转变为—NO_2，因为—NO_2是强吸电子基，因此α-H酸性很强，易在α-C处发生烃化反应，有a和b两种切断方式，因为a切断更接近分子的中央，推出的前体更易合成，a切断更佳。

TM 58

Ph $\xrightarrow{FGI}$ Ph (NO_2, a, b)

$\xrightarrow{a}$ Ph$^+$ + $^-$(NO_2)

Ph—Br + NO_2

$\xrightarrow{b}$ Ph(NO_2)$^-$ + $^+$

Ph(NO_2) + $BrCH_2CH_3$

TM 63

O $\xrightarrow{FGI}$ NO_2 $\Rightarrow$ + NO_2 $\Rightarrow$ CH_3NO_2 + CH_3CHO

63A **63B**

分析：TM 63 是个环己烯酮，将羰基进行FGI转变成—NO_2后，前体 **63A** 可按D-A反应逆推出丁二烯和α,β-不饱和硝基化合物 **63B**，继续切断 **63B** 中双键推出原料为硝基甲烷和乙醛。

合成：CH_3NO_2 + CH_3CHO $\xrightarrow{NaOH}$ NO_2 $\xrightarrow[\Delta]{丁二烯}$ NO_2 $\xrightarrow{TiCl_3,\ H_2O}$ O

TM 64

O $\Rightarrow$ $^+$ + $^-$ O $\longleftrightarrow$ O^-

Br + O, COOEt

64A **64B**

分析： 在羰基的α-C和β-C之间切断，得到烯丙基正离子和烯醇负离子（都很稳定），合成等价物分别为烯丙基溴化物 **64A** 和乙酰乙酸乙酯 **64B**（注意添加致活基）。

合成：O, COOEt $\xrightarrow[Br]{EtO^-}$ O, COOEt $\xrightarrow[2\ H_3O^+,\ \Delta]{1,OH^-,\ H_2O}$ O

TM 65 FGI **65A**

$+ \ ^{+}H_2C—C≡C^{-} + Me^{+}$

$BrH_2C—C≡CH$ MeI

COOEt

分析：**TM 65** 中含有顺式烯烃结构可由炔烃 **65A** 加氢制备，在 **65A** 羰基的α-C 和β-C 之间切断，炔丙基溴（类似烯丙基溴）是易得的活泼试剂。合成时注意**活化和保护**，直接以乙酰乙酸乙酯作为原料，在碱的作用下，首先发生活泼亚甲基的烃化（炔丙基化反应），然后脱去酯基，注意在制备炔基负离子之前，需先将酮羰基保护起来（酮羰基α-H 的 pK_a 值为 20，炔氢的 pK_a 值为 25），在炔基上引入甲基后去保护，最后炔基在 Lindlar 催化剂的作用下顺式加氢：

COOMe; 1. EtO^{-} 2. CH_2Br; COOMe; NaCl DMSO; HO OH 无水H^{+}

O O; $NaNH_2$ MeI; O O; HCl H_2O; H_2 Lindlar

C. 提高：硝基烷烃的更多应用

TM 58

Ph; b; Ph; **58C**; **58D**

在对 **TM 58** 进行分析时，在羰基和α-C 之间切断（b 方式），还可以得到苯乙基正离子 **58C** 和丙酰负离子 **58D**，**58D** 对应许多缩醛类 d^1 试剂，将会在 1,2-二官能团的切断中具体讲述这类试剂。

用硝基很容易解决这个问题，因为它本身具有足够的稳定负离子的能力（大概相当于两个羰基），使用弱碱如叔胺等，硝基烷烃就能形成 **66A**，**66A** 能与许多亲电试剂反应，如烷基卤化物、醛酮、α,β-不饱和羰基化合物，得到 **66B**、**66D** 或 **66E**、**66G**，最后经 Nef 反应将硝基转化为羰基，如 **66B** 转化为 **66C**，**66G** 转化为 **66H**。

R^1 H H; R_3N; $:NR_3$; R^1 R^2 X; **66A**; NO_2 R^1 R^2; $TiCl_3$; **66B**; R^1 R^2; **66C**

R^1 NO_2; R^2CHO 碱; R^1 NO_2 R^2 OH; **66D**; R^1 NO_2 R^2; **66E**

$R^1CH_2NO_2$ + 66F $\xrightarrow{碱}$ 66G $\xrightarrow{TiCl_3}$ 66H

硝基烷烃的烷基化还解决了如何制备 **TM 67** 类型的芳香酮的难题，难题的原因在于 Friedel-Crafts 反应对这种取代模式不起作用。硝基烷烃与苄基卤代物 **67A** 的烷基化反应很顺利，产物 **67B** 可以氧化成酮（另一种转化为羰基的方式）**TM 67**。

67A + $EtNO_2$ $\xrightarrow{碱}$ 67B $\xrightarrow[2.\ mCPBA]{1.\ DBU,\ Me_3SiCl}$ TM 67

硝基烷烃可以与醛甚至是潜在的醛反应，如二氢吡喃 **68A**，得到 **68B**，水解后得到 1,2-取代的酮 **TM 68**。在更多条件下，由醛得到硝基烯烃 **66E**，作为 a^2 试剂是非常有用的。

68A + $EtNO_2$ $\xrightarrow{碱}$ 68B $\longrightarrow$ 68C $\xrightarrow[2.\ HCl;\ H_2O]{1.\ Me_2NH}$ TM 68

用催化剂量的碱，硝基烷烃还能很好地发生 Michael 加成反应，因为首先形成的烯醇化物比硝基烷烃的碱性更强。二酮、酮-醛和酮-酸都可以由这个路线得到，使用铝催化剂的 Michael 加成反应可以使两步反应合为一步，氧化后得到酮 **TM 69**。

69A + 69B $\xrightarrow{Al_2O_3}$ 69C $\xrightarrow[K_2CO_3]{H_2O_2}$ TM 69; 90%产率

巫婆醇（Strigol）关键中间体的合成

TM 70 是合成巫婆醇（Strigol）的关键中间体，对 **TM 70** 羟醛缩合断键表明需要合成二酮 **70A**，接着在环链之间进行一个策略性的断键，得到 d^1 合成子 **70B** 和环戊烯酮 **70C**。

Strigol $\Longrightarrow$ (COOR, OH) $\Longrightarrow$ TM 70

TM 70 $\xRightarrow{Aldol反应}$ 70A $\xRightarrow{策略断键}$ 70B; d^1试剂 + 70C; 天然 a^3试剂

尽管氧化价态不对，硝基酮 **70D** 仍然是 **70B** 理想的合成等价物，Michael 加成时不需要保护另一侧的羰基，**70E** 在酸催化下发生分子内的羟醛缩合形成 **70F**，在 $TiCl_3$ 作用下，硝基转化为酮 **70G**（**TM 70** 的羰基形式）。

O, NO_2 **70D** —**70C**, 碱→ O, O, NO_2 **70E** —H^+→ O, NO_2 **70F** —$TiCl_3$, H_2O→ O, O **70G**

单保护二酮的合成

硝基还可以使二酮中的一个酮羰基被隐藏起来。

TM 71 可以作为关键中间体来合成一系列的天然产物。利用 Wittig 反应断开双键，**TM 71** 可由 **71A** 和二酮酯 **71B** 合成，在 **71B** 的环链之间断键，是一个 d^1 试剂 **71C** 对不饱和酮酯 **71D** 的加成。

TM 71 (MeOOC, O, MeS, H) ⟹ MeS, $\oplus PPh_3$ **71A** + MeOOC, O, O **71B** ⟹ O, $\ominus$, Me **71C** + MeOOC, O **71D**

尝试各种试剂表明，酮酯 **71D** 倾向于聚合，除非它以保护的缩醛 **71F** 的形式存在。若采用缩醛作为 d^1 合成子 **71C** 的等价物，如 **71E**，得到的结果比较差，解决办法是使用硝基乙烷作为 **71C** 的合成等价物，和 **71F** 反应得到 **71G**，每个酮以不同的形式隐藏起来。用 $TiCl_3$ 处理将硝基转化为酮，**71H** 用酸处理释放出另一个羰基，得到的二酮酯 **71B** 和 **71A** 反应以极好的产率得到单一（*trans*-）异构体 **TM 71**。

O, MeS, Me, SMe **71E**

MeOOC, O, O **71F** —$EtNO_2$, 碱→ MeOOC, O, O, O_2N **71G** —$TiCl_3$→ MeOOC, O, O, O **71H**

—CF_3COOH, H_2O→ MeOOC, O, O **71B** —**71A**→ MeOOC, O, MeS, H **TM 71**, 97%产率

从 **72A** 至 **TM 72** 经历了 Michael 加成、保护、Michael 加成，得到的 **TM 72** 中有三个酮：一个未保护的、一个以缩醛形式保护的及一个用硝基隐藏的。在稀酸中缩醛可以被除去但硝基不会水解，用 H_2O_2 和 K_2CO_3 处理，硝基能转化为酮但不会影响缩醛。

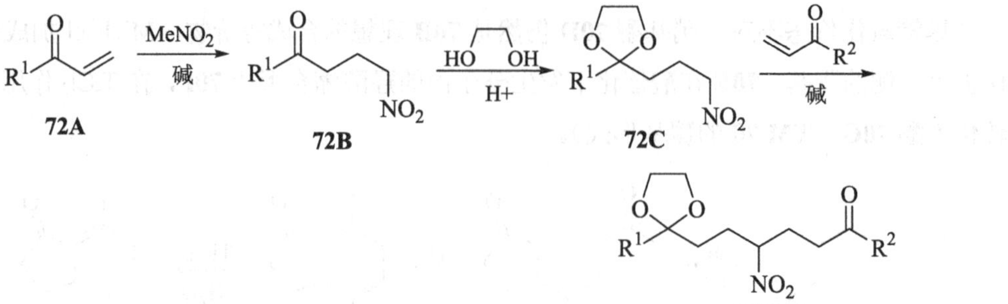

72A →($MeNO_2$, 碱) 72B →(HO⌒OH, H+) 72C →(CH2=CHCOR², 碱) TM 72

TM 73 可以制备前列腺素，从 **73A** 至 **TM 73** 经历 Michael 加成、还原、保护、氧化等步骤，在 Michael 加成后 **73B** 中的两个取代基是明显的 *trans*-结构，因此体积大的还原剂 LiBH(*s*-Bu)$_3$ 从位阻较小的一面接近酮羰基，最后，臭氧氧化硝基成醛，用 Me_2S 进行还原是必要的。

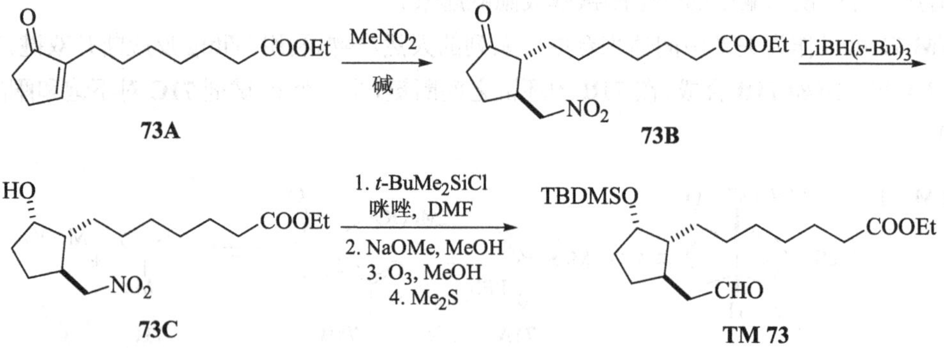

73A →($MeNO_2$, 碱) 73B →(LiBH(*s*-Bu)$_3$) 73C →(1. *t*-$BuMe_2SiCl$, 咪唑, DMF; 2. NaOMe, MeOH; 3. O_3, MeOH; 4. Me_2S) TM 73

3.1.5 简单羧酸的切断

A. 基础

由羧酸可以制备各种羧酸衍生物：

羧酸 ⟶ 羧酸衍生物 RCOCl, RCOOCOR′, RCOOR′, $RCONH_2$,

因此羧酸衍生物也可经由 FGI 逆推回羧酸。

羧酸的制备方法很多，伯醇、醛、烯烃、炔烃以及酮氧化都可以制备羧酸，羧酸也可以采用水解法来制备，—CN 水解可得到—COOH。制备羧酸的主要方法有以下几种。

（1）格氏试剂与 CO_2 加成制备羧酸

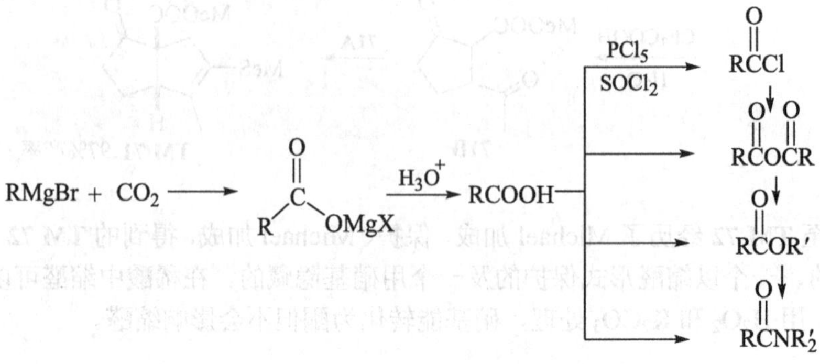

$RMgBr + CO_2 \longrightarrow RCOOMgX \xrightarrow{H_3O^+} RCOOH$ → (PCl_5, $SOCl_2$) RCOCl；RCOOCR；RCOOR′；$RCONR'_2$

（2）丙二酸酯法制备羧酸

$$H_2C(COOEt)_2 \xrightarrow[2.\ R^1Br]{1.\ NaOEt} R^1-CH(COOEt)_2 \xrightarrow[2.\ R^2Br]{1.\ NaOEt} R^1R^2C(COOEt)_2 \xrightarrow[\triangle]{1.\ NaOH\quad 2.\ H_3O^+} R^1R^2CH\ COOH$$

丙二酸酯法制备取代乙酸时需要经过水解、酸化、脱羧除去一个酯基，另一个酯基以—COOH形式存在。实际上当酯基的β-位有吸电子基（如—C═O、—COOEt、—CN、—SO_2磺酰基等），可经Krapcho反应由Cl^-脱去一个酯基：

$$RCOCH(R')COOCH_3 \xrightarrow[150℃]{NaCl,\ DMSO} RCOCH_2R' + CO_2 + CH_3Cl$$

$$\left[RCOCH(R')COOCH_3\ \ Cl^-\right] \xrightarrow{-CH_3Cl} \left[RCOCH(R')COO^-\right] \xrightarrow{-CO_2} \left[RC(O^-){=}CHR'\right] \longrightarrow RCOCH_2R'$$

取代的丙二酸酯脱掉一个酯基，另一个仍以—COOEt的形式存在。

（3）Arndt-Eistert重排制备多一个碳原子的羧酸

$$RCOCl + CH_2N_2 \longrightarrow RCOCH{=}\overset{+}{N}{=}\overset{-}{N} \longleftrightarrow RCO\overset{-}{C}H-\overset{+}{N}{\equiv}N \xrightarrow{-N_2} RCO\ddot{C}H$$

$$\longrightarrow R-HC{=}C{=}O \begin{cases} \xrightarrow{H_2O} R-CH_2-COOH \\ \xrightarrow{R'OH} R-CH_2-COOR' \\ \xrightarrow{R'NH_2} R-CH_2-CONHR' \end{cases}$$

当一个官能团对目标分子的合成没有帮助，但是缩短碳链后有所帮助时（例如稳定邻位的正离子或负离子），这种方法比较有用。具体应用请参见“3.3 利用合成中的重排反应”。

B. 应用

首先用切断法对羧酸进行逆合成分析。

切断一 在—COOH和α-C之间切断，合成子的选择方式有a、b两种，可以使用同一种卤代烃作为反应的原料：

$$\underset{RCH_2Br}{R-CH_2^+} + \underset{CN^-}{^-COOH} \overset{b}{\Longleftarrow} R-CH_2 \wr COOH \overset{a}{\Longrightarrow} \underset{RCH_2MgBr \ \Downarrow\ RCH_2Br}{R-CH_2^-} + \underset{CO_2}{^+COOH}$$

切断二 在α-C和β-C之间切断，对应的反应为丙二酸酯活泼亚甲基的烃化反应。

$$R\text{-}CH_2\text{—}COOH \Longrightarrow R^+ + {}^-CH_2COOH$$
$$RBr \qquad CH_2(COOEt)_2$$

$$R\text{-}\underset{R'}{CH}COOH \Longrightarrow CH_2(COOEt)_2 + RX + R'X$$

切断三 切掉—COOH和β-C之间的一个亚甲基，对应的反应为Arndt-Eistert重排。

$$R\text{-}CH_2\text{-}COOH \xRightarrow{\text{rearra}} RCOCl + CH_2N_2$$
$$RCOOH$$

TM 74

$$\Longrightarrow \text{哌啶(NH)} + \underset{\textbf{74A}}{HOOC\text{-}CH(CH_2CH_3)CH_2CH_2CH_3} \xRightarrow{b} CH_2(COOEt)_2 + CH_3CH_2Br,\ CH_3CH_2CH_2Br$$

$$\textbf{74A} \overset{a}{\Longrightarrow} \underset{\textbf{74B}}{Br\text{-}CH(CH_2CH_3)CH_2CH_2CH_3} \Longrightarrow \underset{\textbf{74C}}{HO\text{-}CH(CH_2CH_3)CH_2CH_2CH_3} \Longrightarrow CH_3CH_2CHO + CH_3CH_2CH_2MgBr$$

TM 74是个酰胺，可在氨基和酰基之间切断，前体为哌啶和羧酸**74A**，**74A**是个有支链的羧酸，可以通过格氏试剂对CO_2的加成制备（a路线），也可以通过丙二酸酯法来制备（b路线），a路线对应的合成为：

$$CH_3CH_2CH_2Br \xrightarrow[2.\ CH_3CH_2CHO]{1.\ Mg,\ Et_2O} HO\text{-}CH(CH_2CH_3)CH_2CH_2CH_3 \xrightarrow[3.\ CO_2]{1.\ PBr_3;\ 2.\ Mg,\ Et_2O} HOOC\text{-}CH(CH_2CH_3)CH_2CH_2CH_3 \xrightarrow[2.\ \text{哌啶}]{1.\ SOCl_2} \textbf{TM 74}$$

TM 75

$$(CH_3CH_2)(CH_3)CH\text{-}CH_2COOH \Longrightarrow (CH_3CH_2)(CH_3)CH\text{-}Br + H_2\bar{C}\text{—}COOH \Longrightarrow CH_2(COOEt)_2$$

TM 75是简单的羧酸，在—COOH的α-C和β-C之间切断，可按丙二酸酯合成法方便地合成：

$$CH_2(COOEt)_2 \xrightarrow[2.\ CH_3CH_2CH(CH_3)Br]{1,EtO^-,\ EtOH} (CH_3CH_2)(CH_3)CH\text{-}CH(COOEt)_2 \xrightarrow[2.H^+,160℃]{1.KOH,H_2O} (CH_3CH_2)(CH_3)CH\text{-}CH_2COOH$$

TM 76

$$C_{18}H_{37}\text{-}\underset{C_2H_5}{CH}\text{-}COOH \Longrightarrow \begin{matrix} C_{18}H_{37}X \\ C_2H_5X \end{matrix} + CH_2(COOR)_2$$

TM 76 也可以切掉两个α-C 上的烃基，按照丙二酸酯合成法来制备：

$$CH_2(COOEt)_2 \xrightarrow[2.EtI]{1.EtO^-,EtOH} EtCH(COOEt)_2 \xrightarrow[2.C_{18}H_{37}I]{1.t\text{-}BuO^-} (C_{18}H_{37})(Et)C(COOEt)_2 \xrightarrow[2.H^+,\ \triangle]{1.KOH,H_2O} (C_{18}H_{37})(C_2H_5)CHCOOH$$

TM 77

$CH_2(COOEt)_2$ + 77A（Br）$\xrightarrow{FGI}$ 77B（OH）$\xrightarrow{FGI}$ 77C（COOEt） ⇒ 丁二烯 + 丙烯酸乙酯（COOEt）

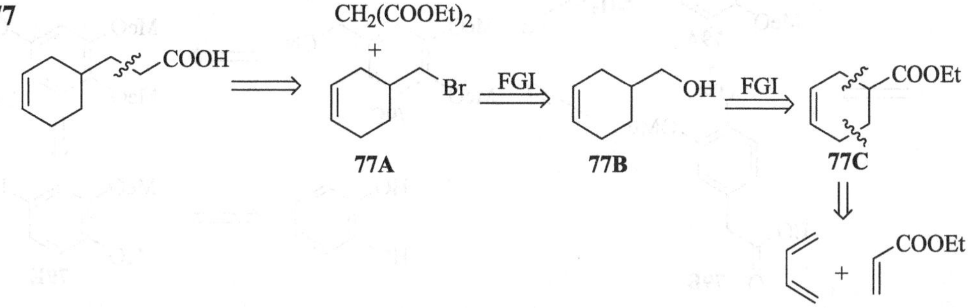

在 **TM 77** 的α-C 和β-C 之间切断，推出丙二酸酯和溴代物 **77A**，**77A** 经两次 FGI 推出前体 **77C**，**77C** 很明显可由丁二烯和丙烯酸酯经 Diels-Alder 反应制备。

合成：

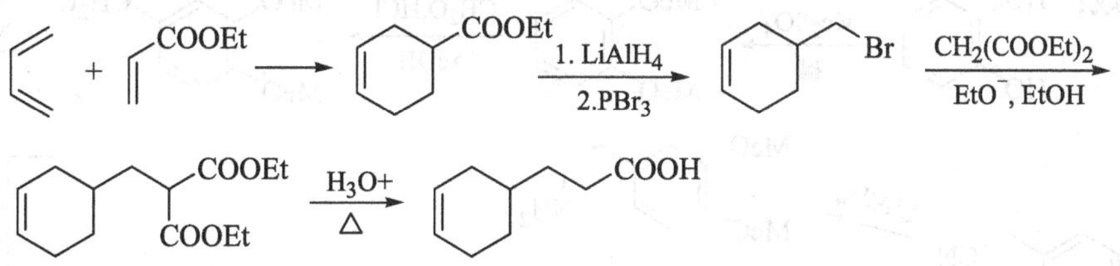

$$\text{丁二烯} + CH_2{=}CHCOOEt \longrightarrow \text{环己烯基-COOEt} \xrightarrow[2.PBr_3]{1.\ LiAlH_4} \text{环己烯基-}CH_2Br \xrightarrow[EtO^-,\ EtOH]{CH_2(COOEt)_2}$$

$$\text{环己烯基-}CH_2CH(COOEt)_2 \xrightarrow[\triangle]{H_3O+} \text{环己烯基-}CH_2CH_2COOH$$

TM 78

MeO, OMe 取代苯-$CH_2CH(CH_2OH)_2$（OH, OH）$\xrightarrow{FGI}$ ArCH$_2$CH(COOEt)$_2$（MeO, OMe, COOEt, COOEt）⇒ $CH_2(COOEt)_2$ + ArCH$_2$Br（MeO, OMe, Br）

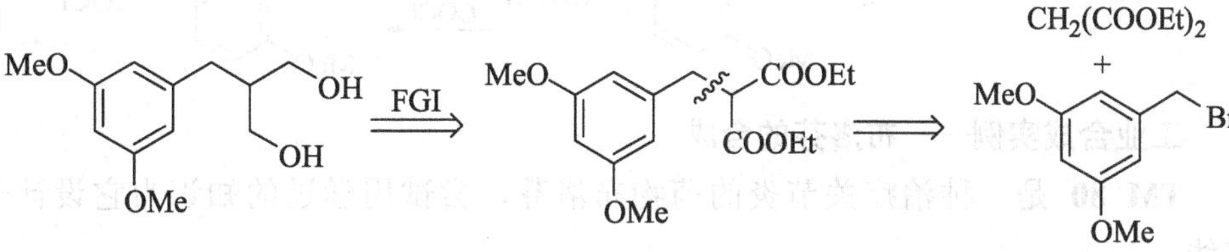

TM 78 是合成四环素类抗生素时所需的中间体，1,3-二醇结构可由丙二酸酯的还原得到，接下来的切断位点十分明显，合成为：

$$CH_2(COOEt)_2 \xrightarrow[2.ArCH_2Br]{1.EtO^-,\ EtOH} ArCH_2CH(COOEt)_2 \xrightarrow{LiAlH_4} ArCH_2CH(CH_2OH)_2$$

（Ar = 3,5-二甲氧基苯基：MeO, OMe）

TM 79

（结构：MeO, MeO, HN, O, OMe, OMe）

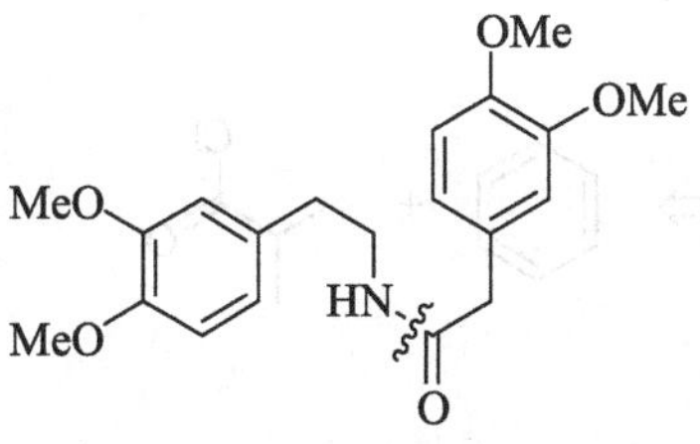

TM 79 是生物碱合成中的重要中间体，用 $POCl_3$ 处理时会生成罂粟碱，四个醚键位于分子的边缘，显然不是核心官能团，关键官能团应是处于分子中部的酰胺键，拆开酰胺键，胺 **79A** 和羧酸 **79B** 都可以由同一个腈 **79C** 制备，继续往前推，合成可由易得的儿茶酚（邻苯二酚）开始：

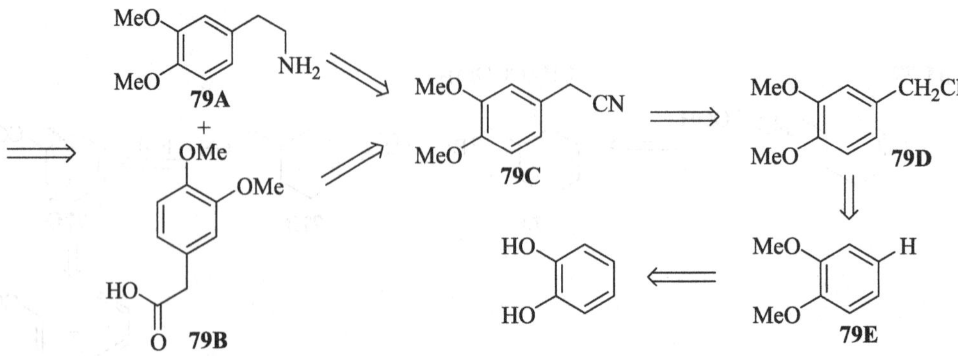

MeO, MeO, NH_2, 79A, +, OMe, OMe, HO, O, 79B, MeO, MeO, CN, 79C, MeO, MeO, CH_2Cl, 79D, MeO, MeO, H, 79E, HO, HO

合成时先将酚羟基保护，然后通过氯甲基化反应、亲核取代得到 **79C**，一部分 **79C** 还原为胺，一部分 **79C** 水解得到羧酸，羧酸用草酰氯转变为对应的酰氯，两部分合起来得到 **TM 79**。

合成： HO, HO —Me_2SO_4 / 碱→ MeO, MeO —CH_2O,HCl / AcOH→ MeO, MeO, CH_2Cl —NaCN→

MeO, MeO, CN —$LiAlH_4$→ MeO, MeO, NH_2; —H_3O^+→ MeO, MeO, COOH —COCl / COCl→ MeO, MeO, COCl → **TM 79**

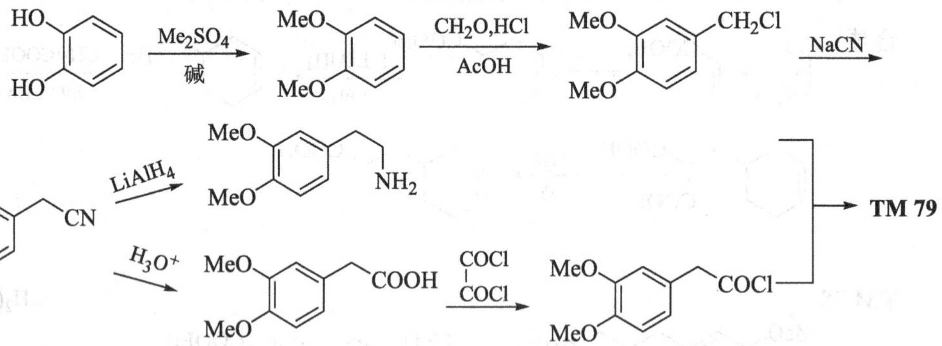

工业合成实例——布洛芬的合成

TM 80 是一种治疗关节炎的药物布洛芬，尝试用学过的知识为它设计一条合理的路线。

TM 80 COOH, 布洛芬 ⟹ Br —FGI⟹ OH —FGI⟹ O ⟹

—FGA⟹ O ⟹ + Cl, O

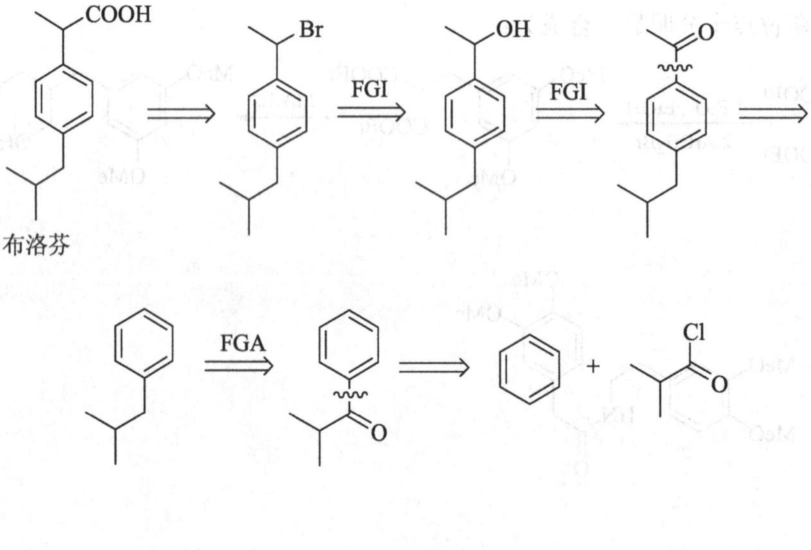

分析：芳环上通过F-C反应引入烷基或酰基十分经典，但是注意F-C烷基化反应的缺点（易重排易多取代），因此异丁基的引入是通过F-C酰基化而不是烷基化。

合成：

$AlCl_3$
Cl
O
O
Zn-Hg, HCl
Ac_2O
O
1. $NaBH_4$
2. PBr_3

Br
1. Mg, Et_2O
2. CO_2
COOH

下面是工业上生产布洛芬的方法，和我们设计的路线比较一下有何不同。

布洛芬早期工业生产采用的是**Boots工艺**，直接以异丁基苯作为原料，F-C酰基化反应引入乙酰基，而后通过Darzens反应引入醛基，醛基氧化（或先肟化后水解）得到布洛芬。这条路线与我们设计的路线相比，回避了格氏反应，因为格氏反应需无水、无氧条件下操作，条件要求比较苛刻，工业上操作不便。

Ac_2O
$AlCl_3$
O
$ClCH_2COOC_2H_5$
CHO

NH_2OH, HCl
CH ═ NOH
水解
$Na_2Cr_2O_7$
COOH Boots工艺

Boots工艺存在原料利用率低、耗能大、生产成本高、污染较严重的缺点，因此美国Hoechst-Celanese公司与Boots公司联合开发了**BHC工艺**（获得1997年度美国“总统绿色化学挑战奖”的变更合成路线奖），这条路线的关键是采用了Monsanto反应，以$PdCl_2(PPh_3)_2$为催化剂，利用羰基的插入反应来引入羧基。BHC工艺实现了原子经济性，原料利用率高且无需使用大量溶剂，对环境造成的污染小。

Ac_2O
$AlCl_3$
O
H_2
OH
$PdCl_2(PPh_3)_2$
CO

COOH

BHC工艺

Monsanto 反应是由甲醇合成乙酸的催化循环反应。

机理： $CH_3OH + HI \longrightarrow CH_3I + H_2O$

CH_3I + $RhI_2(CO)_2$（催化剂）⟶ $CH_3RhI_3(CO)_2$ —羰基插入→ $Rh(I_3)(Sol)(COCH_3)(CO)$ —CO→ $Rh(I_3)(CO)_2(COCH_3)$ —还原消除→ $RhI_2(CO)_2$（催化剂）+ CH_3COI

$$CH_3COI + H_2O \longrightarrow CH_3COOH + HI$$

总反应： $CH_3OH + CO \longrightarrow CH_3COOH$

BHC 工艺后，人们又发展了很多新反应用于布洛芬的生产。例如，利用 $Rh(CO)_2Cl_2$ 为催化剂的**加氢甲酰化**反应来合成布洛芬的 **Alper 工艺**，在 50℃、3.5 MPa ($CO:H_2$ 为 1:2) 的条件下反应 3h，转化率达 100%，异构醛选择性高达 100%，反应路线进一步缩短。

4-异丁基苯乙烯 + CO —H_2→ 2-(4-异丁基苯基)丙醛（CHO）—[O]→ 布洛芬（COOH）

4-异丁基苯乙烯 + CO —ROH→ 2-(4-异丁基苯基)丙酸酯（COOR）—$[H_2O]$→ 布洛芬（COOH）

Alper 工艺

加氢甲酰化反应是由烯烃、氢气、CO 直接反应生成醛的一类反应。

$$CH_3CH_2CH{=}CH_2 + H_2 + CO \xrightarrow{\text{催化剂}} CH_3CH_2CH_2CH_2CHO$$

机理：

$HCo(CO)_4$（催化剂）—(−CO)→ $HCo(CO)_3$ —$CH_3CH_2CH{=}CH_2$→ $HCo(CO)_3(CH_2{=}CHCH_2CH_3)$ —插入（H迁移），CO→ $(CO)_4CoCH_2CH_2CH_2CH_3$ —羰基插入，CO→ $(CO)_4CoCOCH_2CH_2CH_2CH_3$ —H_2→ $HCo(CO)_4$（催化剂）+ $CH_3CH_2CH_2CH_2CHO$

C. **提高：碘内酯化反应**

β,γ-不饱和酸或*γ,δ*-不饱和酸溶解在 $NaHCO_3$ 溶液中，加入 I_2/KI 溶液得到碘代内酯。

81A

I₂,NaHCO₃ / KI

81B

81D

反应生成两种碘鎓离子中间体 **81B** 和 **81C**，如果羧基阴离子在平伏键上，那么两种碘鎓离子都不能进行环化，所以羰基阴离子必须翻转到直立键上。**81B** 可以顺利环化生成椅式构象产物 **81D**，1,3-内酯桥在两个直立键上；**81C** 中的羧酸负离子不能进攻同面的碘鎓离子，不能进行环化。由于反应是可逆的，**81C** 又回到了不饱和酸 **81A**，再经 **81B** 转化为 **81D**。

从这个方向进攻得到椅式

从这个方向进攻得到船式

81B

羧酸酯不能从这里进攻

81C

平伏位质子

直立位质子

平伏位质子

81D

81D 中仅有一个 H 与处于直立键的 I 反式共面，在碱的作用下这个质子会发生消除生成 **81E**，环氧化时 **81E** 的内酯桥会阻挡试剂的同面进攻，氧将从环平面下进攻生成环氧化合物 **81F**。如果碱首先打开 **81D** 中的内酯桥，那么会生成 **81G**。

81D —DBU→ 81E —$ArCO_3H$→ 81F

81D —碱 / MeOH→ 81G

Erythronolides 中间体的合成

在 Corey 的 Erythronolide B 的全合成中，化合物 **TM 82** 是一个非常重要的中间体，它在一个六元环上集中了五个手性中心，另一个环则是内酯环。尝试用碘内酯化反应打开这个环，给出 **82A**，**82A** 则是 **82B** 在碱作用下开环脱 HI 的产物，再次用碘内酯化反应拆开 **82B** 中的内酯键，得到对称结构的原料 **82C**。**82C** 中两个烯键完全等同，与哪个烯烃先反应结果相同，双键上甲基的立体化学在卤内酯化反应中确立。

TM 82 ⟹(FGA, 碘内酯化) 82A ⟹(FGI, C-I) 82B ⟹(碘内酯化) 82C

合成时以简单的酚 **82D** 为起始原料，首先烯丙基得到 **82E**，然后硼氢化（**82E** 中有三个烯键，硼氢化反应区域选择性地发生在最富电子的烯烃上），生成的醇不经过分离进一步发生 Jones 氧化得到羧酸 **82C**，接下来进行溴内酯化（烯基酮的烯基反应活性较差，因此选用了活性更高的溴），羧酸因其朝下，只能从环的底面进攻，而溴则必须从环上面进攻。

82D →(NaOMe, 烯丙基溴) 82E →(1.BH_3-THF; 2.H_2O_2,NaOH; 3.CrO_3,H_2SO_4 (Jones)) 82C →(Br_2,KBr, H_2O) 82F;96%产率

82F 在碱性条件下水解，内酯环打开，释放出的氧负离子进攻邻位取代溴，同时构型翻转得到环氧化物 **82A**，立体化学符合预期，游离的羧酸再次在另一边的烯键上发生溴内酯化得到 **82H**，溴原子被三丁基锡烷产生的氢自由基取代，得到 **TM 82**。

82F →(KOH, H_2O,THF) 82G → 82A (98%产率) →(Br_2,KBr, H_2O) 82H;91%产率 →(Bu_3SnH, AIBN) TM 82;93%产率

Vernolepin 中间体的合成

抗癌化合物斑鸠菊苦素（Vernolepin）含有一个碳环和两个内酯环，为了控制立体化学，Danishefsky 进行路线设计时引出了一个双碳环中间体 **TM 83**，**TM 83** 中三个手性中心都是正确的，A 环的双键可以被断开，B 环的双键可以用来引入第三个环。

Vernolepin ⟹ TM 83；双环中间体

在这切断 A环；在这里增加 C环

TM 83；

TM 83 的 B 环有一个双键和一个内酯，它可能来自碘内酯化和消除反应，断键后得到可

能的起始物 **83B**。

FGI 碘化内酯化

TM 83 **83A** **83B**

不饱和羧酸 **83B** 可以通过 Diels-Alder 反应制备，但是对应的双烯体和亲双烯体较难以得到。Danishefsky 发展了一个特殊的双烯体 **83C**，用于在 Diels-Alder 反应中引入烯基酮。亲二烯体 **83D** 中有两个双键，缺电子的烯键更易和 **83C** 发生 Diels-Alder 反应生成 **83E**，**83E** 是一个烯醇硅醚且 *β*-位有离去基团—OMe，水解后得到烯基酮酯 **83F**，**83F** 的酯基进一步水解得到 **83B**。

H^+, H_2O → **83F**; 约60%产率 → OH^-, H_2O → **83B** 100%产率

83C **83D** **83E**

83B 的碘内酯化和消除反应又出现了化学选择性问题，碘选择进攻亲电性更强的双键，生成碘鎓离子 **83G**， 羧酸根离子立体选择性地从底面进攻碘鎓离子的近端，生成 **83A**，**83A** 消去一份子 HI 得到 **TM 83**。

83B —(I_2, KI; $NaHCO_3$, H_2O)→ [**83G**] → **83A**; 88%产率 —(DBU, 24h, 室温)→ **TM 83**; 87%产率

3.1.6 饱和碳氢化合物的切断

对于完全饱和的烃类化合物来说，没有任何官能团，分析时感到无从下手，因此往往需要在目标分子中添加官能团，使得切断时有了“**着眼点**”。

直链烃若是直接通过偶联反应制备往往产率较低，我们可以添加双键，然后按照 Wittig 反应将其切断，实际上是首先利用 Wittig 反应合成烯烃，然后双键加氢得到目标分子。

直链 R^1~~R^2 ⟹ $R^1CH_2^+$ + $^-CH_2R^2$ 偶联反应

⟹(FGA) R^1~=~R^2 Wittig反应

有支链的烷烃既可以在支链处添加双键，通过 Wittig 反应来合成，也可以在支点处添加羟基，通过格氏反应制备醇，然后羟基脱水，加氢，得到相应的烷烃。

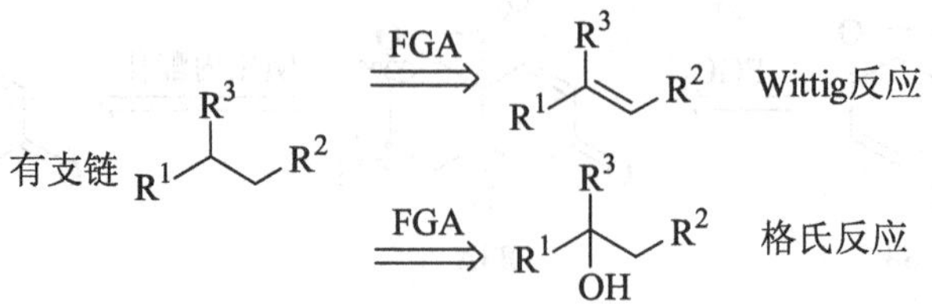
有支链
FGA
Wittig反应
FGA
格氏反应
OH

TM 84

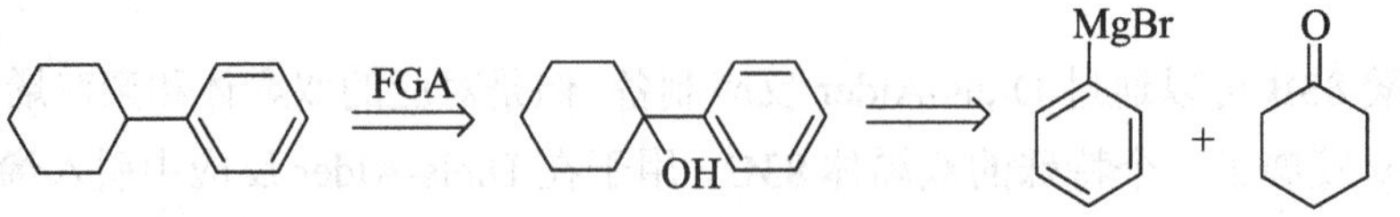
FGA
OH
MgBr
O
+

TM 84 中没有官能团，分析时利用支点，在支点处添加—OH，然后在连有—OH 的碳原子和芳环之间切断，逆推出前体为环己酮和苯基溴化镁。

合成：

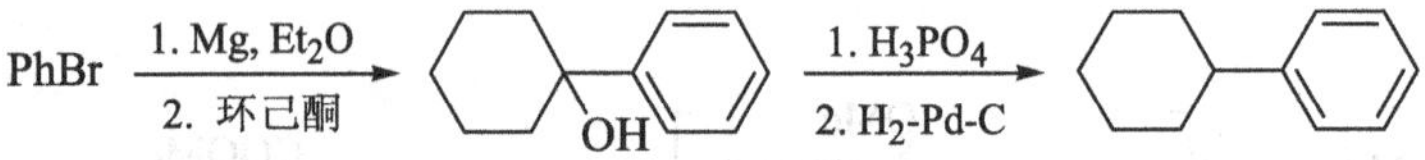
PhBr
1. Mg, Et2O
2. 环己酮
OH
1. H3PO4
2. H2-Pd-C

TM 85

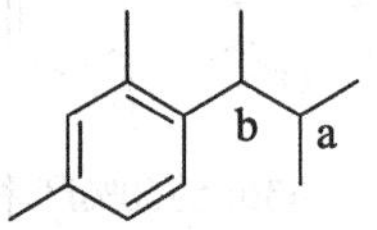
b
a

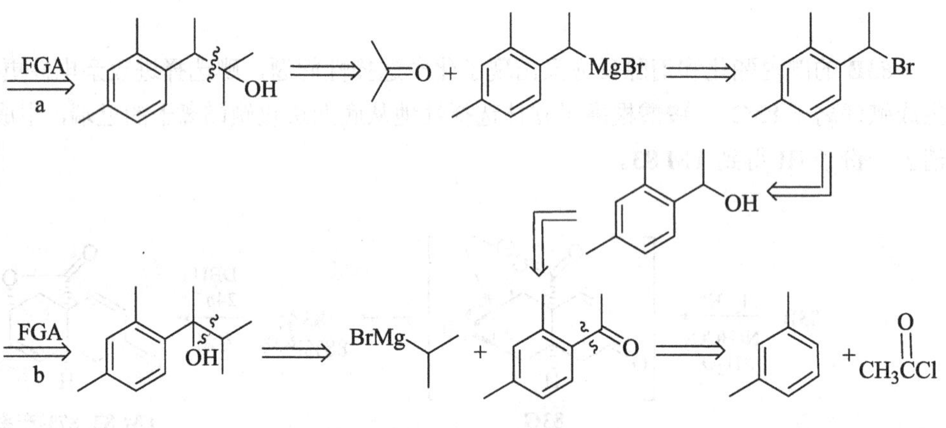
FGA
a
OH
O
+
MgBr
Br
OH
FGA
b
OH
BrMg
+
O
+
O
CH3CCl

分析：TM 85 同 **TM 84**，在支点添加—OH，有两处支点，分别对应两种 FGA 方式，相比较而言，将—OH 加在 b 处（更靠近分子中央）的 FGA 方式对应的合成路线更简短。

合成：

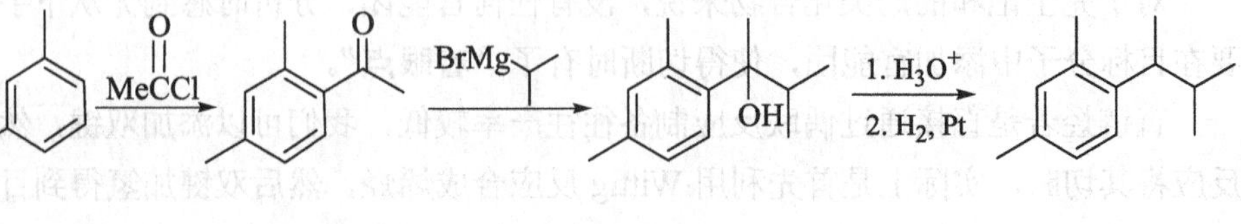
O
MeCCl
O
BrMg
OH
1. H3O+
2. H2, Pt

可以在目标分子中添加官能团，也可以在前体中添加官能团，可以一次只添加一个官能团，也可以一次添加几个官能团。

TM 86

FGA ⟹ ⟹ + H

COOEt + Br Br

分析：**TM 86** 可以视为烃基苯，由于碳正离子的重排反应，**TM 86** 并不能直接通过 F-C 烃基化反应来制备，可以在 **TM 86** 上苯环的α-位添加羰基，通过 F-C 酰基化反应来制备。（请你试试看这条路线）

也可以在 **TM 86** 上一次添加两个官能团：羰基和双键，创造一个 1,3 关系。（我们在下一章节马上就会学到），按 1,3-关系在双键处切断后，得到苯甲醛和甲基环戊基酮，它可由乙酰乙酸乙酯和 1,4-二溴丁烷制备。

合成：

COOEt —NaH, Br(CH$_2$)$_4$Br→ COOEt —H_3O^+, △→ —PhCHO→

—1. Zn-Hg,HCl; 2. H_2,Pd-C→

3.2 二官能团化合物的切断

下面是含有两个官能团化合物的逆合成分析的介绍，最好的切断方法是同时利用两个官能团。对于我们而言，重要的不是官能团的类型，因为它们之间可以通过各种反应相互转化，重要的是官能团间的相互位置（又称为官能团跨度）。

羰基是有机合成中最重要的官能团，由于碳元素电负性弱于氧元素，因此羰基碳带正电荷，是亲电试剂；又由于羰基的吸电子性，致使邻位α-H 具有一定的酸性，在碱的作用下，失去质子形成负离子，这个负离子直接进攻羰基等亲电试剂，就得到 1,3-关系的化合物；若亲电试剂是共轭型亲电试剂，则得到 1,5-关系的化合物。

$R^1COCH_3 \overset{-H^+}{\rightleftharpoons} R^1C(O^-)=CH_2 + R^2COX \rightleftharpoons R^1COCH_2C(O^-)(X)R^2$ （1, 2, 3）

$R^1COCH_3 \overset{-H^+}{\rightleftharpoons} R^1C(O^-)=CH_2 + R^2CH=CHCOX \longrightarrow R^1COCH_2CH(R^2)CH_2COX$ （1, 2, 3, 4, 5）

因为想用合乎自然极性的合成子作为开端，因此首先讨论 1,3-二官能团化合物的切断，然后是1,5-二官能团化合物的切断，1,2-关系和1,4-关系通常需要一个反常极性的合成子，接下来讨论。1,6-二官能团化合物常用的分析手段不是切断，而是重接，放在最后讨论。

3.2.1 1, 3-二官能团化合物的切断

A. 基础

（1）羟醛缩合（Aldol 缩合）

两分子含有α-H的醛在酸或碱的催化下，脱去一分子水，生成β-羟基醛。

$$H_3C-\overset{O}{\overset{\|}{C}}-H \underset{-H_2O}{\overset{OH^-}{\rightleftharpoons}} H_2\overset{-}{C}-\overset{O}{\overset{\|}{C}}-H \longleftrightarrow C_2H=\overset{O^-}{\overset{|}{C}}-H$$

$$H_3C-\overset{O}{\overset{\|}{C}}-H + H_2\overset{-}{C}-\overset{O}{\overset{\|}{C}}-H \rightleftharpoons H_3C-\underset{H}{\overset{O^-}{\overset{|}{C}}}-CH_2\overset{O}{\overset{\|}{C}}H$$

$$H_3C-\underset{H}{\overset{O^-}{\overset{|}{C}}}-CH_2\overset{O}{\overset{\|}{C}}H \underset{-OH^-}{\overset{H_2O}{\rightleftharpoons}} H_3C-\underset{H}{\overset{OH}{\overset{|}{C}}}-CH_2\overset{O}{\overset{\|}{C}}H$$

继续反应，可进一步脱水，生成α, β-不饱和醛。

$$H_3C-\underset{H}{\overset{OH}{\overset{|}{C}}}-CH_2\overset{O}{\overset{\|}{C}}H \xrightarrow{-H_2O} H_2C=\overset{C}{H}-CH_2\overset{O}{\overset{\|}{C}}H$$

注意：新键的形成在羰基的α-C和β-C之间，逆合成分析时这也是通常切断的位置。

（2）Claisen 酯缩合

含有α-H的酯在醇钠的作用下，脱去一分子醇，生成β-酮酸酯的反应称为Claisen酯缩合。

$$H_3C-\overset{O}{\overset{\|}{C}}-OC_2H_5 \underset{-H_2O}{\overset{EtO^-}{\rightleftharpoons}} H_2\overset{-}{C}-\overset{O}{\overset{\|}{C}}-OC_2H_5 \longleftrightarrow H_2C=\overset{O^-}{\overset{|}{C}}-OC_2H_5$$

$$H_3C-\overset{O}{\overset{\|}{C}}-OC_2H_5 + H_2\overset{-}{C}-\overset{O}{\overset{\|}{C}}-OC_2H_5 \rightleftharpoons H_3C-\underset{OC_2H_5}{\overset{O^-}{\overset{|}{C}}}-CH_2\overset{O}{\overset{\|}{C}}OC_2H_5 \rightleftharpoons H_3C-\overset{O}{\overset{\|}{C}}-CH_2\overset{O}{\overset{\|}{C}}OC_2H_5$$

$$H_3C-\overset{O}{\overset{\|}{C}}-CH_2\overset{O}{\overset{\|}{C}}OC_2H_5 \xrightarrow{NaOEt} H_3C-\overset{O}{\overset{\|}{C}}-\underset{Na^+}{\overset{-}{C}H}\overset{O}{\overset{\|}{C}}OC_2H_5 \xrightarrow{H_3O^+} H_3C-\overset{O}{\overset{\|}{C}}-CH_2\overset{O}{\overset{\|}{C}}OC_2H_5$$

醇钠的碱性不足以脱去乙酸乙酯的α-H（乙酸乙酯α-H的pK_a值约为25，乙醇的pK_a值约为15.9），只有少量的乙酸乙酯的烯醇负离子形成，结果只有少量的乙酰乙酸乙酯形成。但是乙酰乙酸乙酯中活泼亚甲基上的H具有足够的酸性，可以和醇钠完全反应生成相应的钠盐（乙酰乙酸乙酯活泼亚甲基的pK_a值约为11，乙醇的pK_a值约为15.9），这个反应将促使平衡不断向右移动，完全形成钠盐，最后酸化得到乙酰乙酸乙酯。所以酯缩合加入的碱量要略多于等当量。

若是只有一个α-H的酯，生成的β-酮酸酯不含活泼H，没有促使平衡向右移动的推动力，酯缩合很难进行，必须使用强碱如三苯甲基钠等才能得到酯缩合产物。

$$H_3C-CH(CH_3)-C(=O)-OC_2H_5 \xrightarrow{Ph_3CNa} H_3C-CH(CH_3)-C(=O)-C(CH_3)_2-C(=O)-OC_2H_5$$

对于β-酮酸酯，新键的形成处在酯基的α-C与β-C之间，这里也是分析时通常的切断之处。

（3）酮酯缩合

对称的酮与酯在碱的作用下可能产生四种缩合产物，但实际得到的往往是酮的烯醇负离子对酯的加成产物β-二酮。

如：丙酮和乙酸乙酯缩合

$$\text{丙酮} + CH_3C(=O)OEt \underset{}{\overset{EtO^-}{\rightleftharpoons}} CH_3C(=O)CH_2C(O^-)(OEt)CH_3 \underset{}{\overset{-EtO^-}{\rightleftharpoons}} CH_3C(=O)CH_2C(=O)CH_3 \underset{}{\overset{EtO^-}{\rightleftharpoons}}$$

$$\left[CH_3C(=O)\overset{-}{C}HC(=O)CH_3 \longleftrightarrow CH_3C(O^-)=CHC(=O)CH_3 \longleftrightarrow CH_3C(=O)CH=C(O^-)CH_3\right] \xrightarrow{H^+} CH_3C(=O)CH_2C(=O)CH_3$$

因为丙酮α-H的酸性比乙酸乙酯α-H的酸性强，因此丙酮首先形成烯醇负离子；形成的烯醇负离子即可进攻丙酮自身的酮羰基（Aldol缩合），也可以进攻乙酸乙酯的酯羰基（酮酯缩合），由于酮酯缩合的产物是酸性较强的β-二酮，在碱性条件下可进一步被去质子化，形成稳定的负离子，使平衡向右移动。其他缩合产物均不存在这一稳定性因素，因此产物以β-二酮为主。

（4）其他缩合反应

实际上，只要分子中含有吸电子基团，它的α-H就具有一定的酸性，在碱的作用下就可以形成负离子，去进攻另一分子的亲电基团，形成新的C—C键，引起缩合反应。

例如，在碱性条件下，含有α-H的硝基烷烃极易失去质子，与醛反应得到β-硝基醇或α,β-不饱和硝基化合物，称为**Henry反应**。

$$R_2CH-NO_2 \overset{OH^-}{\rightleftharpoons} R_2\overset{-}{C}-\overset{+}{N}(=O)O^- \xrightarrow{R'CHO} R'CH(O^-)-CR_2NO_2 \xrightarrow{H^+} R'CH(OH)-CR_2NO_2$$

预制的酯或酰胺的烯醇负离子也可与醛、酮加成，生成β-羟基酯或β-羟基酰胺。

$$CH_3C(=O)OEt \xrightarrow[-78^\circ C]{LDA,\ THF} CH_2=C(OLi)OEt \xrightarrow{CH_2=CHCHO} CH_2=CHCH(OH)CH_2C(=O)OEt$$

酰胺的烯醇铈盐对醛酮的加成收率比烯醇锂盐要高，烯醇铈盐可通过向烯醇锂盐加入无水$CeCl_3$生成。

$CH_3CONMe_2 \xrightarrow[-78℃]{LDA,\ THF} CH_2{=}C(OLi)NMe_2 \xrightarrow{CeCl_3} CH_2{=}C(OCeCl_2)NMe_2 \xrightarrow[-78℃]{环己酮}$ 1-羟基环己基-CH_2CONMe_2

若使用α-溴乙酸乙酯与锌制得的烯醇负离子与醛酮反应，也可以制得β-羟基酯，这是经典的 **Reformatsky** 反应。

$PhCHO + BrCH(CH_3)COOC_2H_5 + Zn \xrightarrow{无水乙醚} \xrightarrow{H_2O} PhCH(OH)CH(CH_3)COOC_2H_5$

在弱碱作用下，醛酮和含有活泼亚甲基的化合物发生的失水反应称为 **Knoevenagel** 反应：

$(CH_3)_2CHCH_2CHO + CH_2(COOEt)_2 \xrightarrow{哌啶} (CH_3)_2CHCH_2CH{=}C(COOEt)_2 + H_2O$

$CH_3CH_2(CH_3)C{=}O + H_2C(CN)COOC_2H_5 \xrightarrow[HOAc]{哌啶} CH_3CH_2(CH_3)C{=}C(CN)COOC_2H_5$

在碱性条件下，芳香醛与酸酐反应生成β-芳基-α,β-不饱和酸的反应称为 **Perkin 反应**：

$ArCHO + RCH_2COOCOCH_2R \xrightarrow{RCH_2COO^-} ArCH{=}C(R)COOH + RCH_2COOH$

其他的缩合还包括酮-腈缩合，腈-腈缩合等。

B. 应用

（1）β-羟基醛/酮（α,β-不饱和羰基化合物）

TM 87 $CH_3CH_2CH_2CH(OH)CH(C_2H_5)CHO \Longrightarrow CH_3CH_2CH_2CHO$ (**87A**) + $^-CH(C_2H_5)CHO$ (**87B**)

分析：把 **TM 87** 视为醇，利用醛基来指导切断，得到丁醛 **87A** 和负离子 **87B**，**87B** 恰好是 **87A** 的烯醇负离子，对应的反应是丁醛的羟醛缩合。

合成：

$CH_3CH_2CH_2CHO \xrightarrow{碱} CH_3CH_2\bar{C}HCHO \xrightarrow{CH_3CH_2CH_2CHO} CH_3CH_2CH_2CH(OH)CH(C_2H_5)CHO$

TM 88

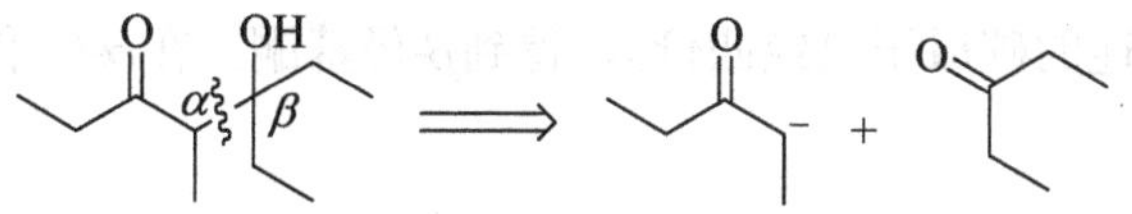

分析：**TM 88** 与 **TM 87** 在酮羰基的α-C 和β-C 之间切断，得到两个相同的化合物 2-戊酮，对应的反应是 2-戊酮的 Aldol 反应。

合成：

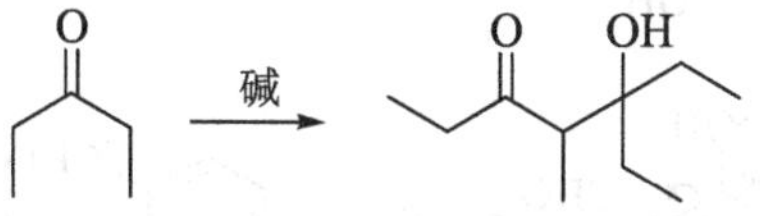

TM 89

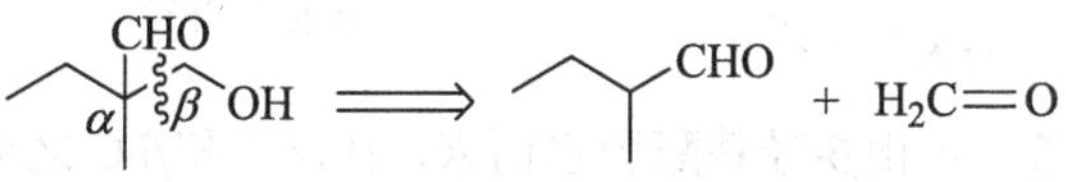

$\Longrightarrow$ CHO + $H_2C=O$

分析：**TM 89** 的结构特征仍为β-羟基醛，在α-C 和β-C 之间切断，对应的原料为甲醛和α-甲基丁醛。

合成：CH_2O + CHO $\xrightarrow{弱碱}$ CHO OH

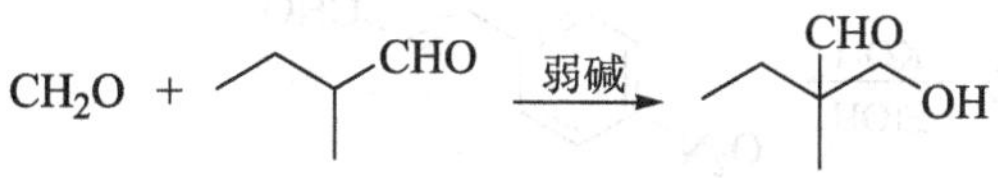

问题：为什么α-甲基丁醛不是发生自缩合而是和甲醛发生交叉缩合？

只有α-甲基丁醛有α-H，可以生成烯醇负离子，而甲醛的羰基活泼，更易接受烯醇负离子的进攻，因此生成交叉缩合的产物。

TM 90

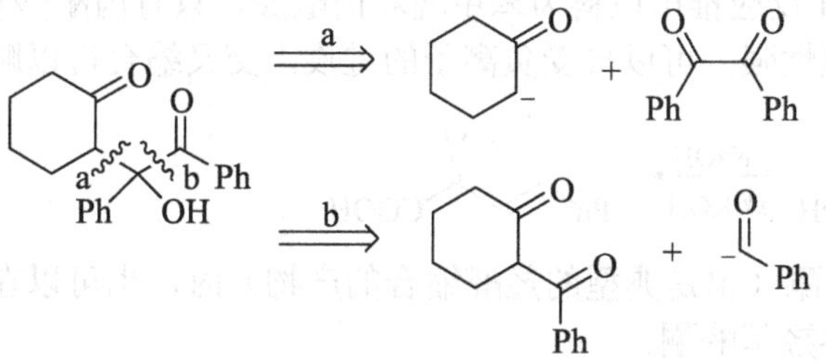

分析：**TM 90** 有两种切断方式，较简单的是 a 方式，在环链相接处切断，给出两个更为简单易得的原料环己酮和α-二酮，只有环己酮有α-H，能生成烯醇负离子，而α-二酮较环己酮的亲电性更强，交叉缩合能顺利发生。

合成：

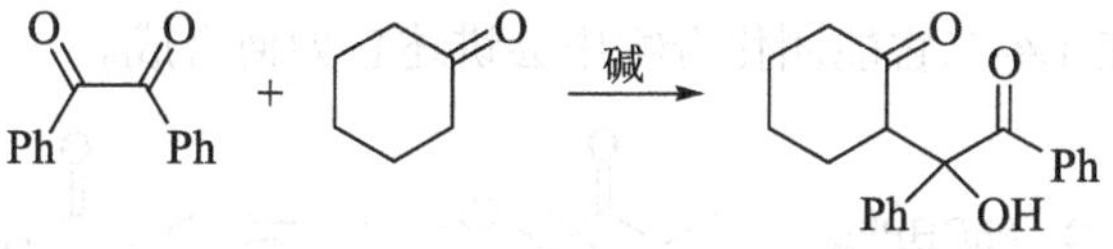

TM 91

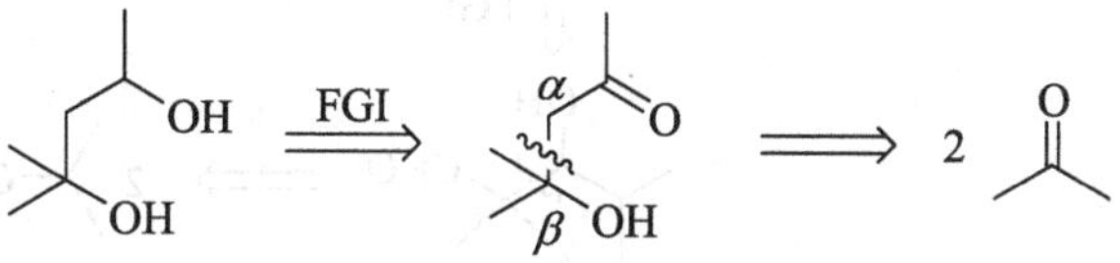

分析：**TM 91** 是个 1,3-二醇，可通过 FGI 将其中一个—OH 转换为羰基（只有一个羟基

可以进行 FGI，另一个—OH 所连的碳原子已经四价），得到β-羟基酮，在α-C 和β-C 之间切断，原料为两个丙酮分子。

合成：

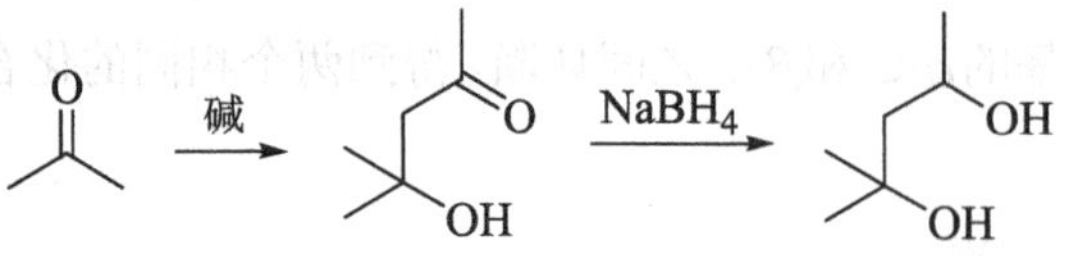

TM 92

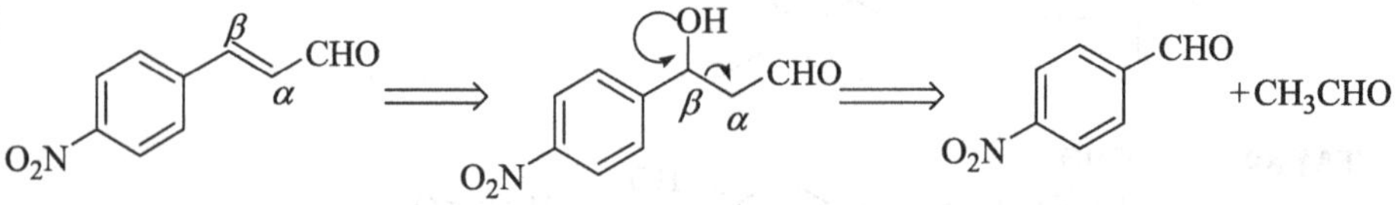

分析：TM 92 是个α,β-不饱和醛，可由β-羟基醛脱水而来，在α-C 和β-C 之间切断，原料为乙醛和对硝基苯乙醛，只有乙醛能形成烯醇负离子，但是两种醛的亲电性差不多，因此为了补偿乙醛的自身缩合，需加入过量的乙醛。

合成：

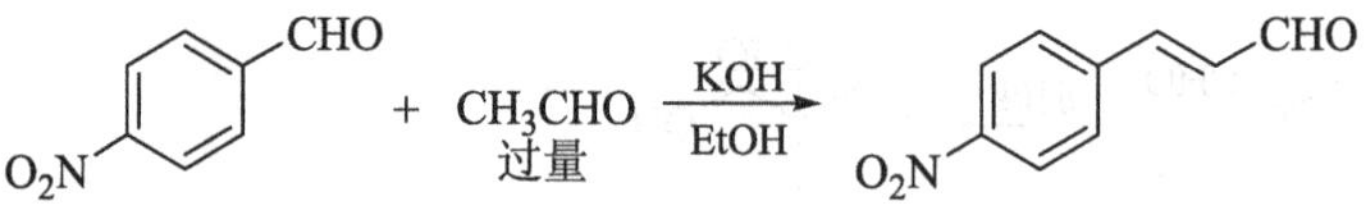

TM 93

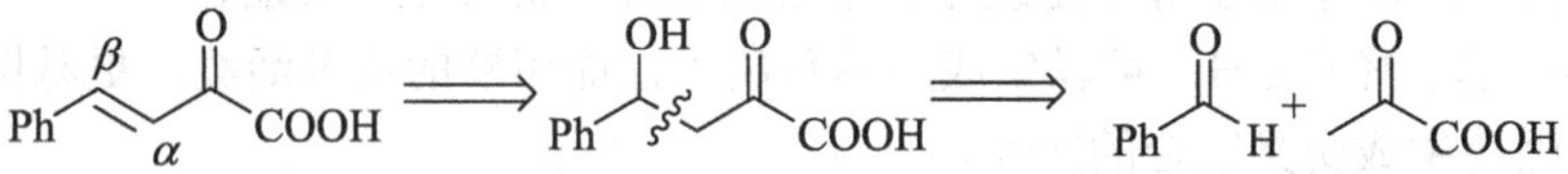

分析：TM 93 可按逆 Aldol 反应推出原料为苯甲醛和丙酮酸，只有丙酮酸有α-H，可以生成烯醇负离子，而苯甲醛亲电性强，可以接受负离子的进攻，交叉缩合可以顺利进行。

合成：

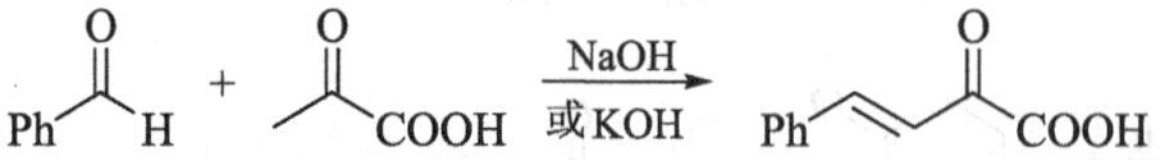

当目标分子是α,β-不饱和醛酮（也是典型的羟醛缩合的产物）时，也可以在不饱和键上直接切断，不需经 FGI 逆推回β-羟基醛酮。

TM 94

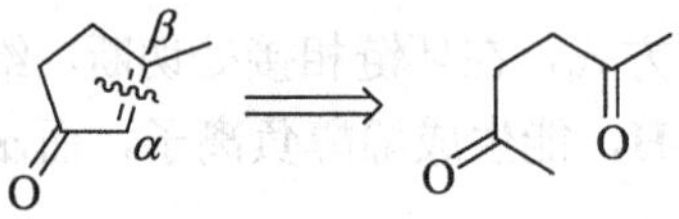

TM 94 是个环状的α,β-不饱和酮，不要惧怕环状结构，按照逆 Aldol 反应直接在α,β-不饱和键处切断，原料为 1,4-二酮，在 1,4-二官能团化合物中会讲述它如何合成。

TM 95

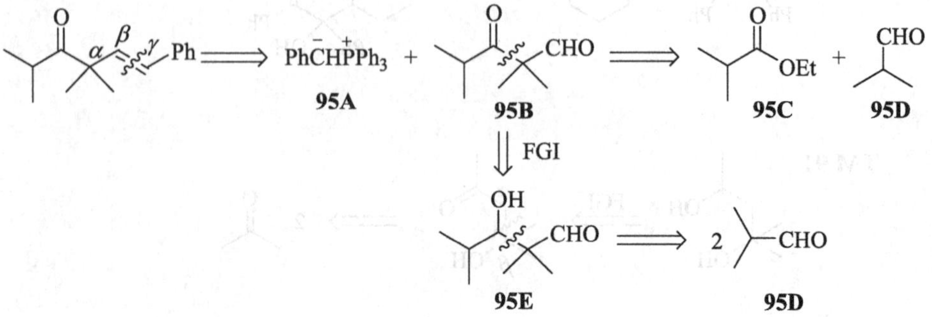

分析：**TM 95** 是个β,γ-不饱和酮，不能按照逆 Aldol 反应来分析，直接在双键处按照逆 Wittig 反应切断，因为此双键为 *E*-型，因此将 **TM 95** 切成一个稳定的磷叶立德 **95A** 和酮醛 **95B**，直接在 **95B** 中醛基的α-C 和β-C 之间切断，得到酯 **95C** 和醛 **95D**，观察到 **95C** 和 **95D** 具有相同的碳架结构，因此可将 **95B** 通过 FGI 转变为β-羟基醛 **95E**，进一步按照逆 Aldol 反应在醛基的α-C 和β-C 之间切断，显示原料为 2 个α-甲基丙醛 **95D**。

合成：

CHO —碱→ OH, CHO —PCC→ O, CHO —$Ph\bar{C}H\overset{+}{P}Ph_3$→ O, Ph

95B 中的醛基比酮羰基更活泼，更容易和磷叶立德反应，得到 *E*-型烯烃 **TM 95**。

（2）β-二羰基化合物（β-酮酸酯和β-二酮）

TM 96

Ph, b, a, Ph, COOEt, O —a⟹ Ph, Ph, O + EtOCOEt (O)

—b⟹ Ph, OEt, O + Ph, COOEt

分析：**TM 96** 是个β-酮酸酯结构，可以选择在 a 键或 b 键处切断，b 处切断推出两种原料为同一分子，利用了目标分子隐含的对称性，路线更简化，对应的合成为 Claisen 酯缩合。

合成：

$PhCH_2COOEt$ —EtO^- / EtOH→ Ph, Ph, COOEt, O

TM 97 O, COOEt ⟹ COOEt, COOEt

分析：**TM 97** 是个环状β-酮酸酯结构，在酯键α-C 和羰基 C 原子之间切断，推出原料为己二酸酯，对应的合成为分子内的酯缩合——Dickmann 缩合。

合成：

EtOOC, COOEt —EONa→ O, COOEt

引申：β-酮酸酯结构经水解脱羧后，可制得对称的酮，因此目标分子如果是对称的酮，逆合成分析时可先经 FGA 在α-C 上添加 COOEt，转变成β-酮酸酯，再进一步切断：

R, R, O —FGA⟹ R, COOEt, R, O ⟹ 2 R, OEt, O

TM 98 $PhCH_2-CH(COOEt)_2 \Longrightarrow PhCH_2Br + {}^-CH(COOEt)_2$

TM 99 $Ph-CH(COOEt)_2 \overset{a}{\not\Longrightarrow} Ph^+ + {}^-CH(COOEt)_2$

PhBr

$\overset{b}{\Longrightarrow}$ $PhCH_2COOEt$ + ClCOOEt

分析：TM 98 和 **TM 99** 结构很相似，都是β-二酯结构，但是 **TM 98** 可用丙二酸二乙酯的烃基化反应合成，**TM 99** 不可以（a 方式），因为对应的原料溴苯中 Br 与苯环存在 p-π共轭，C—Br 键具有部分双键的性质，一般情况下难以断裂，**TM 99** 可以通过 b 方式来合成。

合成：

$PhCH_2COOEt$ + ClCOOEt $\xrightarrow{NaOEt}$ $PhCH(COOEt)_2$

若目标分子是β-二酮，可以切断两个酰基之间的键，得到一个酰基正离子和烯醇负离子，酰基正离子对应的试剂是 RCOX，X 为离去基团（OEt、Cl 等），烯醇负离子由羰基化合物失去质子形成。

$CH_3COCH_2COCH_3 \Longrightarrow CH_3C^+{=}O + {}^-CH_2COCH_3$

X = OEt,Cl　RCOX　CH_3COCH_3

TM 100 $PhCO-CH_2COPh$（β, α）$\Longrightarrow$ PhCOOEt + $PhCOCH_3$

分析：TM 100 是对称的β-二酮结构，切断两个羰基之间的任一键，推出原料为苯甲酸乙酯和苯乙酮，合成反应为酮酯缩合。

合成：

$PhCOCH_3 \xrightarrow[PhCOOEt]{EtO^-} PhCOCH_2COPh$

只有苯乙酮有α-H，在碱的作用下能够形成烯醇负离子，酯羰基接受烯醇负离子的进攻，酮酯缩合顺利进行。

问题：为什么不发生酯缩合或是酮自身的 Aldol 反应呢？

此例中，只有苯乙酮有α-H，能够形成烯醇负离子，若此烯醇负离子进攻另一分子的苯乙酮的羰基，则发生 Aldol 反应；若进攻苯甲酸酯的羰基，则发生酮酯缩合。由于酮酯缩合生成的β-二酮含有活泼亚甲基（pK_a 约为 9），在该条件下可以被去质子化，形成稳定的负离子，使平衡向右移动。因此主要发生酮酯缩合反应。

TM 101 2-甲酰基-6-甲基环己酮（CHO）$\Longrightarrow$ 2-甲基环己酮 + HCOOEt

101A

分析：**TM 101** 中在环链相接处切掉一个一碳片段推出原料为α-甲基环己酮 **101A** 和甲酸乙酯。但是当不对称酮 **101A** 和甲酸乙酯反应时，甲酰基会上在羰基少取代的一侧生成 **TM 101** 还是会上在多取代的一侧生成 **101B**？

101A + HCOEt —碱→ **TM 101** + **101B**

生成 **TM 101**！因为 **TM 101** 中还有一个活泼氢，在碱性介质中可以生成稳定的离域的烯醇负离子，使平衡大大移动，而 **101B** 中没有这样的活泼氢。

TM 101 —碱→

TM 102

TM 102 ⟹ **TM 101** + Br

分析：**TM 102** 可由 **TM 101** 和烯丙基溴合成。

合成：

TM 101 + Br —碱→ **TM 102**

TM 102 在碱的作用下，还可以水解除去—CHO，脱羰机理为：

TM 102

—OH^-, H_2O→ ⟶ **TM 103** + $HCOO^-$

TM 103

—FGA⟹ **TM 102** ⟹ **TM 101** + Br

对于 **TM 103** 来说，添加甲酰基相当于添加致活基，活化羰基右侧的α-H，对应的烯醇负离子更易形成。致活基最终必须除去（易引入易除去），常用于致活作用添加的一碳片段有CHO和COOEt，对应的试剂为：HC(O)OEt，ClC(O)OEt，EtOC(O)OEt。

TM 104

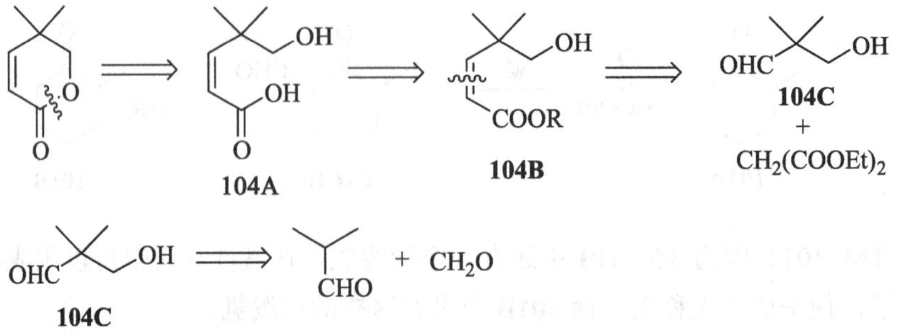

104A 104B 104C + $CH_2(COOEt)_2$

104C ⟹ (CH₃)₂CHCHO + CH_2O

分析：TM 104 是个α,β-不饱和内酯，可作为亲二烯体参与D-A反应，构成复杂度更大的分子。首先打开 **TM 104** 的内酯键，经FGI推出前体 **104B**，逆Knoevenagel反应切断 **104B** 的双键，得到丙二酸酯和 **104C** ，**104C** 可由α-甲基丙醛和甲醛交叉羟醛缩合得到。

合成：

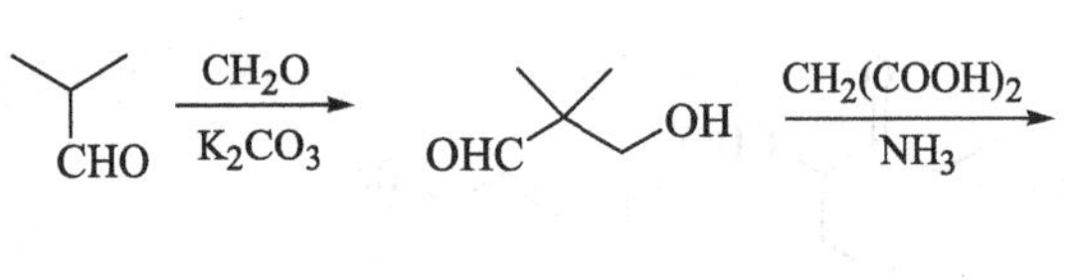

CH_2O, K_2CO_3；$CH_2(COOH)_2$, NH_3

合成过程则简单得多，第二步中使用丙二酸，首先发生Perkin反应，然后环化和脱羧反应同时发生。

TM 105

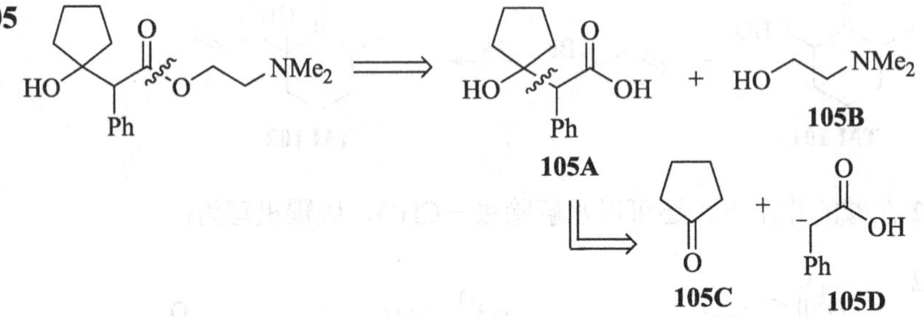

105A + 105B

105C + 105D

分析：TM 105 是个扩瞳剂，在酯键处切断成酸 **105A** 和氨基乙醇 **105B**，**105A** 是个β-羟基酸，按照醇来处理在环链相接处断开，推出前体为环戊酮 **105C** 和负离子 **105D**，利用Reformatsky反应来合成 **105A** 是个好办法。

合成：

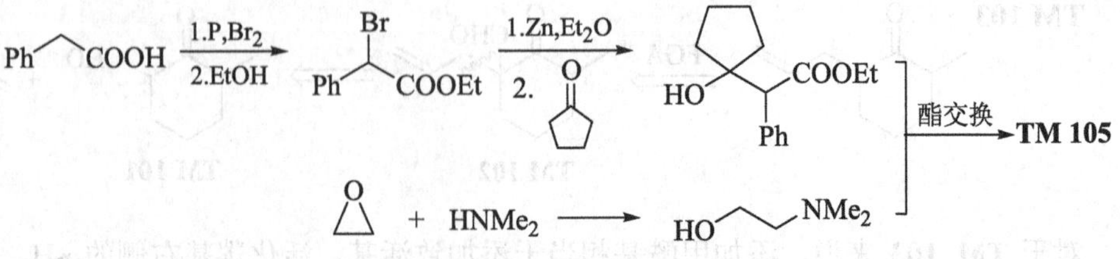

Ph-CH₂COOH —1.P,Br_2; 2.EtOH→ PhCH(Br)COOEt —1.Zn,Et_2O; 2. 环戊酮→ 酯交换 → **TM 105**

环氧乙烷 + $HNMe_2$ → $HOCH_2CH_2NMe_2$

TM 106

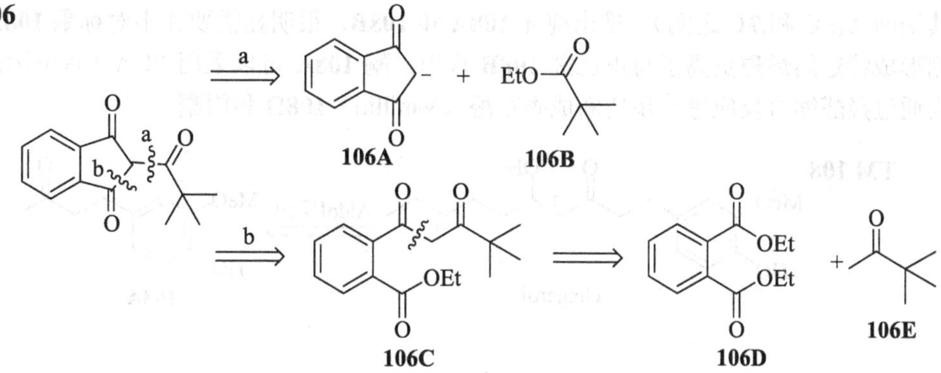

106A 106B 106C 106D 106E

分析：贝浮尔 **TM 106** 是种杀鼠剂，结构中含有三个羰基，互为1,3-关系，有两种切断方式，相比较b方式推出的前体容易由 **106D** 和 **106E** 制备，关环反应很容易进行。

合成：

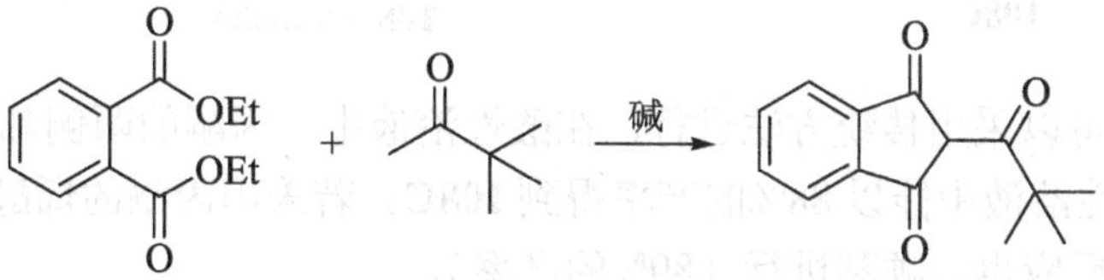

碱

106E 酮羰基旁是个季碳原子，我们会在重排一节看到它是如何制备的。

TM 107

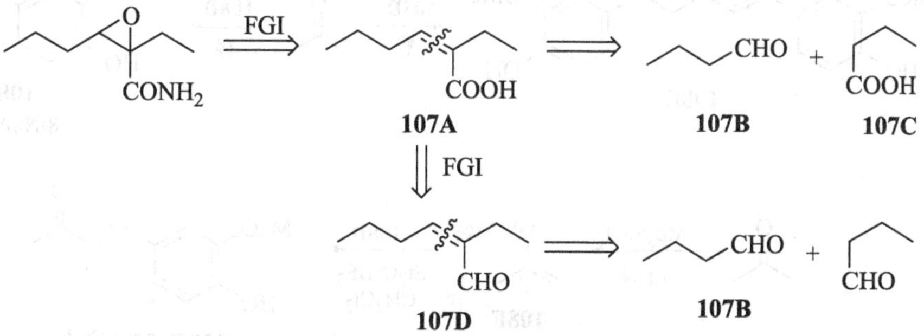

FGI CHO COOH $CONH_2$ COOH

107A 107B 107C

FGI CHO CHO

107D 107B

分析：奥森米特 **TM 107** 是种轻度镇静剂，分子中含有酰胺和环氧官能团。酰胺可由羧酸制备，很明显，这里不是分析的关键位置，环氧才是关键官能团，环氧可由烯烃 **107A** 氧化而来，**107A** 直接在双键处切断，推出两个起始原料丁醛 **107B** 和丁酸 **107C**，我们注意到这两种原料几乎具有相同的骨架，可以充分利用这点，把 **107A** 经 FGI 转变成α,β-不饱和醛 **107D**，再切断双键推出原料为两分子丁醛。

合成表明，最好在环氧化之前先引入酰胺基。

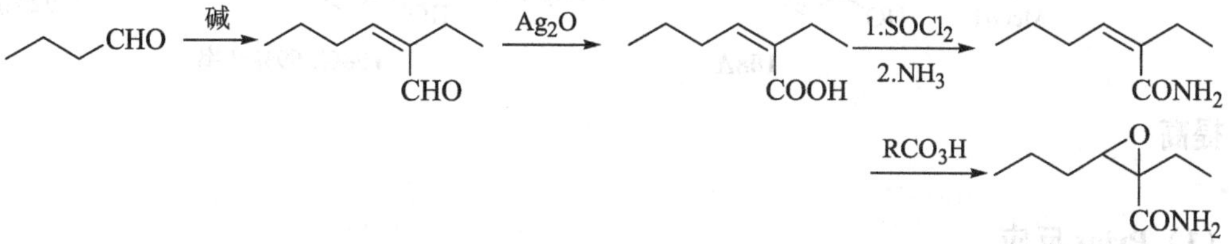

CHO 碱 CHO Ag_2O COOH 1.$SOCl_2$ 2.NH_3 $CONH_2$ RCO_3H $CONH_2$

天然产物——姜酮醇（Gingerol）的合成

姜酮醇是生姜中辛辣气味的组成物质，结构中含有β-羟基酮结构，按照羟醛缩合反应将其切断（α-C 和β-C 之间），推出前体 **108A** 和 **108B**，很明显需要在不对称酮 **108A** 少取代一侧形成特定的烯醇负离子与正己醛 **108B** 作用。酮 **108A** 可以采用 FGA（官能团添加）的策略通过羟醛缩合反应进一步切断成香草醛（Vanillin）**108D** 和丙酮。

TM 108 MeO HO O OH Gingerol ⟹ Aldol反应 MeO HO O **108A** + O H Bu **108B**

108A ⟹ FGA MeO HO O **108C** ⟹ Aldol反应 MeO HO CHO **108D** Vanillin + O

第一个羟醛缩合反应可以采用传统方法进行，在酸性溶液中，丙酮的两侧都可以发生缩合反应得到 **108E**，而在碱性溶液中能以 88%的产率得到 **108C**。若采用丙酮的烯醇硅醚 **108F**，在路易斯酸 BF_3 的作用下反应也能顺利进行（89%的产率）。

MeO HO O OMe OH **108E** ← **108D** 酸 O → **108D** 碱 MeO HO O **108C** 88%产率

O → Me_3SiCl / Et_3N → $OSiMe_3$ **108F** → **108D** / Et_2O-BF_3 / CH_2Cl_2 → MeO HO O **108C**, 89% 产率

采用 Raney Ni 催化还原除去 **108C** 的双键，然后是区域选择性的羟醛缩合反应——现在烯醇硅醚是必需的，分离出烯醇硅醚 **108G**，以 $TiCl_4$ 作为路易斯酸催化反应得到 Gingerol（**TM 108**）的产率为 92%。

合成：

108C → H_2 / Raney Ni / MeOH → MeO HO O **108A** → 1. LDA / 2. Me_3SiCl → MeO HO $OSiMe_3$ **108G**, 69%产率 → **108B** / $TiCl_4$ → **TM 108** 92%产率

C. 提高

（1）Prins 反应

前面讲述了β-羟基醛（酮）、β-二羰基化合物的合成，对于 1,3-二醇，自然可以通过上述化合物的还原来制备，除此之外，有没有新的合成方法用于制备 1,3-二醇？

Prins 反应是醛（酮）与烯烃、炔烃在酸催化下的缩合反应，可以生成烯丙醇、1,3-二醇等化合物，有时可以给出其他方法难以得到的化合物。

Prins 反应的机理涉及甲醛（或其他醛）在酸性溶液中质子化，对烯烃进行亲电加成（Markovnikov 加成），得到较稳定的碳正离子，它是 Prins 反应的关键中间体，若反应体系中有水，可以生成1,3-二醇。

$O{=}CH_2 \rightleftharpoons HO^+{=}CH_2$ + R-CH=CH$_2$ ⟶ [HO-CH$_2$CH$_2$-C$^+$H-R] $\xrightarrow{H_2O}$ HO-CH$_2$CH$_2$-CH(OH)-R

关键中间体

烯烃若是和两分子的醛（酮）反应，会得到缩醛（酮）。例如苯乙烯和两分子甲醛反应，在固相酸性树脂的催化下，以100%的产率得到缩醛。

Ph-CH=CH$_2$（苯乙烯）$\xrightarrow[H+]{CH_2O}$ Ph-C$^+$H-CH$_2$CH$_2$OH $\xrightarrow{H_2O}$ Ph-CH(OH)-CH$_2$CH$_2$OH $\xrightarrow{CH_2O}$ 4-苯基-1,3-二氧六环

可以对比羟醛缩合反应和 Prins 反应制备1,3-二醇的方法，Prins 反应更简捷高效：

PhCOCH$_3$ + $H_2C{=}O$ ⟸(Aldol反应) PhCOCH$_2$CH$_2$OH ⟸(FGI) PhCH(OH)CH$_2$CH$_2$OH ⟹(Prins反应) PhCH=CH$_2$ + CH$_2$O + H$_2$O

脂肪族烯烃同样可以发生 Prins 反应，如丙烯与甲醛还有 HCl 反应以较高产率得到4-氯-四氢吡喃。

CH$_3$CH=CH$_2$ $\xrightarrow[HCl]{CH_2O}$ 4-氯-四氢吡喃 ⟹(FGI) HOCH$_2$CH$_2$-CHCl-CH$_2$CH$_2$OH ⟹(Prins反应) 丙烯 + CH$_2$O + CH$_2$O

机理：质子化的甲醛对丙烯亲电加成，首先得到碳正离子，在无水条件下，消除质子重新得到烯烃，加入第二分子的甲醛，得到新的碳正离子，与 HCl 提供氯离子结合脱水即得到4-氯-四氢吡喃。

CH$_3$CH=CH$_2$ $\xrightarrow[HCl]{CH_2O}$ HOCH$_2$CH$_2$C$^+$HCH$_3$ $\xrightarrow{-H^+}$ HOCH$_2$CH$_2$CH=CH$_2$ $\xrightarrow{CH_2O}$ HOCH$_2$CH$_2$C$^+$HCH$_2$CH$_2$OH $\xrightarrow{Cl^-}$ 4-氯-四氢吡喃

4-氯-四氢吡喃可以转化为格氏试剂或者应用在 Friedel-Crafts 烷基化反应中，然后打开醚环得到双亲电的二溴化物，氨重新关环可以合成4-苯基哌啶——它是许多药物分子的结构单元。这一反应非常有用，可以从简单的原料构筑复杂的分子。

4-氯-四氢吡喃 $\xrightarrow[AlCl_3]{苯}$ 4-苯基四氢吡喃（91%产率） $\xrightarrow{48\%HBr}$ BrCH$_2$CH$_2$CH(Ph)CH$_2$CH$_2$Br（64%产率） $\xrightarrow[i\text{-}PrOH]{NH_3}$ 4-苯基哌啶（87%产率）

在这一反应中，4-氯-四氢吡喃相当于一个**1,3,5-三碳正离子合成子**。

问题：碳正离子**109A**失去一个质子得到端烯**109B**，为什么不能失掉另一端的质子得到更稳定的烯烃**109C**呢？人们用协同机理来解释**109B**的生成，丙烯和甲醛首先发生周环反应，它看起来像一个环加成，涉及一个质子的转移。事实上，它是一个羰基（也称为oxo-ene）的ene反应，就像Diels-Alder环加成，只不过C—H键代替了双烯中的一个双键，而C═O双键作为亲双烯体。

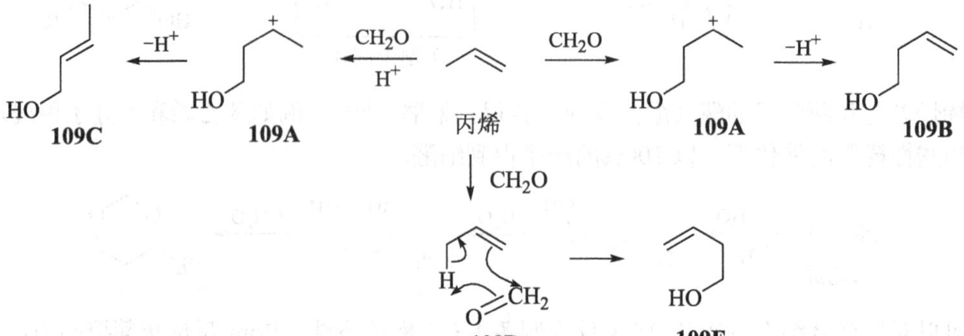

109C 109A 109A 109B 109D 109E

质子酸和路易斯酸都可以加速该反应。例如在BF_3催化下，甲醛加成到萜烯Limonene **110A**上，以较好的产率得到单加成产物**110C**。这是一个路易斯酸催化的环外双键的羰基ene反应。反应的化学选择性和区域选择性都很好，环内双键不干扰反应。

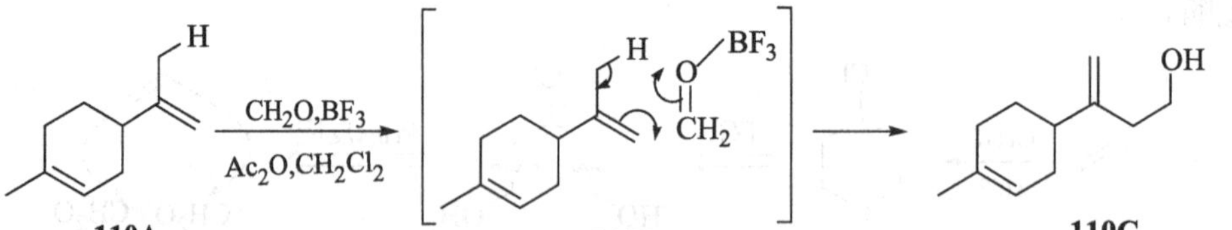

110A 110B 110C

（2）脂肪族的Friedel-Crafts反应

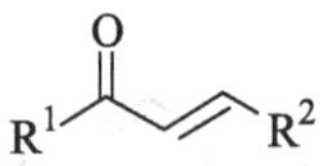

α, β-不饱和酮除了按羟醛缩合反应直接在双键处切断之外，还有其他切断方法么？在羰基和双键之间切断可以么？对应什么反应？**脂肪族的Friedel-Crafts酰化反应！**

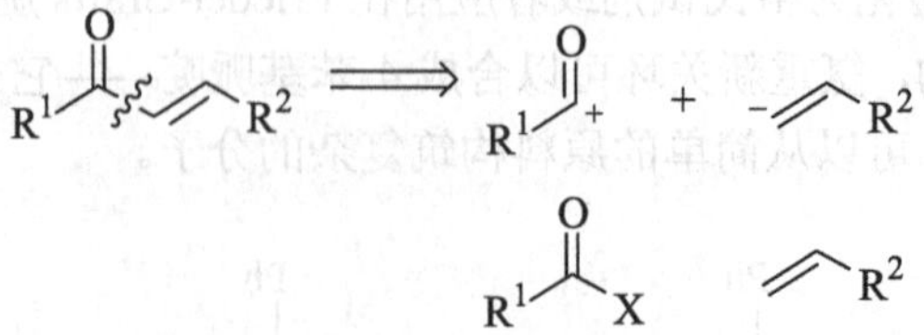

一般的Friedel-Crafts酰化反应，是酰氯在路易斯酸作用下得到酰基正离子，接着对芳基化合物亲电加成，再失去一个质子得到芳基酮。

Ö Cl AlCl₃ → AlCl₃ → R–C≡O⁺ + 苯 → R(C=O)–C₆H₆⁺(H) → R(C=O)Ph

烯烃如果有足够的反应活性，可以给出同样的一系列中间体，但它并不急于失去质子，因为这不会重新产生芳香性，通常氯负离子对其加成得到 β-氯代酮 **111C**，需要加入碱脱去 HCl 才能得到烯酮 **111D**。

$\oplus$O R → R + → Cl⁻ → R H Cl → 碱 → R

111A **111B** **111C** **111D**

TM 112

O → Friedel-Crafts反应 → + Cl O

112A **112B**

TM 112 采用脂肪族的 Friedel-Crafts 酰化反应在 C＝O 和 C＝C 键间断键，原料为不对称烯烃 **112A** 和酰氯 **112B**，**112A** 是相对富电子的二取代烯烃，是理想的酰基化试剂，会在末端反应（取代基少的位置）。当用 $SnCl_4$ 作路易斯酸时，即可生成 β-氯代酮 **112C**，不需分离在碱的作用下能以 60%的总产率得到烯酮 **112D**。氯化锂看上去碱性不强，但在极性的非质子溶剂中是一个好的碱（DMF 中，Li^+被溶剂化，Cl^- 碱性增强）。

+ Cl O → $SnCl_4$ → O Cl → LiCl, DMF → O

112A **112B** **112C** **112D**

使用相同的方法在 **TM 113** 的双键和羰基之间断开，第一眼看上去几乎没有价值，因为需要在中等大小的化合物 **113A** 上进行分子内的 Friedel-Crafts 酰基化反应。仔细分析后，**113B** 可由酯的烯醇负离子烯丙基化得到，分子内的 Friedel-Crafts 反应具有区域选择性，因为在烯烃的另一端进行环化将得到四元环。

TM 113

O R → Friedel-Crafts反应 → O Cl R → FGI → O OR R → 烯醇负离子的烯丙基化 → ⊖ O OR + X R

113A **113B**

R 基为正戊基时，可以用这种方法由不饱和羧酸 **113C** 制备 **TM 113**，主要通过 **113D** 的分子内 Friedel-Crafts 酰基化反应，生成阳离子 **113E** 后再失去一个质子。

O OH → 1. $SOCl_2$ 2. $AlCl_3$ → O ← O H R ⊕ ← O⊕ R

113C **TM 113** **113E** **113D**

一个更加令人兴奋的合成是将三碳片段（d^3 合成试剂 **114A**）分两次加到对称的二酮 **114B** 上，将生成的四醇 **114C** 氧化得到二酸并同时环化得到双内酯 **114D**，在酸催化下脱水生成 Friedel-Crafts 反应所需的酰基化试剂和双键，生成一排弯曲的环戊烯环 **114E**，**114E** 可以用作合成十二烷的原料。

114A：d^3试剂

1.2×114 A；2. H_3O^+；Cr(Ⅵ)；PPA，MeOH

114B **114C** **114D** **114E**

本例中需要的原料 **114A** 和 **114B** 如何合成？

$Cl_2CHCOOH$；Li，Et_2O

114A

114A 与环戊烯酮的加成只发生在羰基上生成 **114F**，但是转化成**铜试剂**后对烯酮的加成则主要是 Michael 加成，氧化后得到 1,6-二羰基化合物 **114H**，环化形成双环戊酮化合物 **114B**。

114A **114F** CuI **114G**

1. H^+，H_2O；2. $RuO_4/NaIO_4$；3. H^+, MeOH；碱

114H **114B**

（3）**Nazarov 反应**

对于双环烯酮（双键处于两环公共边上）**TM 115** 来说，使用羟醛缩合直接切断双键并不理想，切断烯键后得到的大环二酮往往更难以合成。但如果认识到中间体 **115A** 的对称性以及两个羰基处于 1,6-关系时，它就可以通过重接的策略来合成。在 **115A** 中，两个羰基是等同的，任何一侧烯醇化都会得到 **TM 115**，环化时没有选择性的问题，该环化反应产率为 96%。

TM 115

Aldol 反应　重接 1,6-二碳

115A　115A

FGI 还原

115B

对于双环烯酮 **TM 116** 来说情况更糟糕，使用羟醛缩合直接切断双键，将得到不对称的 1,4-壬二酮 **116A**，大环难以制备且环合时存在区域选择性问题。

Aldol反应

TM 116　**116A**

即便采用刚讲述过的脂肪族的 Friedel-Crafts 反应将羰基和烯键之间的键断开（连接环和侧链的键本身是一个策略键），对酸 **116B** 进行官能团转换（FGI）之后再对其断键，仍然需要一个 d^3 试剂或者高烯醇盐，d^3 试剂难合成致使此方法有一定难度。

Friedel-Crafts反应　FGI 脱水

TM 116　**116B**　**116C**　d^3试剂

双环酮 **TM 117** 遭遇同样的问题，烯键切断后得到二酮 **117A**，它是一个更加难合成的不对称的 1,4-环辛二酮，事实上，**117A** 关环也存在区域选择性问题，如果在 C5 位烯醇化并进攻 C1 位而不是按需要的在 C8 位烯醇化后进攻 C4 位，则关环得到化合物 **117B**。

TM 117

Aldol反应

117A　**117A**　**117B**

如何合成这类双键位于两环公共边的共轭双环烯酮？

在酸或路易斯酸作用下，最简单的交叉共轭二烯基酮 **118A** 可以发生环化，两个亲电原子相互反应得到环戊烯酮 **TM 118**。从离子反应角度考虑它是没有意义的，但作为一个 4n 顺旋电环化反应，它是完全合理的。**118A** 质子化得到戊二烯基阳离子 **118B**，环化得到环戊烯基阳离子 **118C**，**118C** 失去一个质子，烯醇和酮互变异构完成该反应。

H^+　4n顺旋电环化反应　$-H^+$

118A　**118B**　**118C**　**118D**　**TM 118**

对起始原料和产物的考察表明，利用 Nazarov 反应进行逆合成分析时，要断开环上正对着羰基的键，断键后两侧均为烯键。试试看将它用于 **TM 117** 的合成。

TM 117 Nazarov反应 ⟹ **117C** Friedel-Crafts反应 ⟹ **117D** + **117E**

二烯基酮 **117C** 的合成可以使用**脂肪族的 Friedel-Crafts 反应**，原料为环戊烯 **117D** 和不饱和酰氯 **117E**。

合成：

$AlCl_3$；$SnCl_4$；H_2O

117C 79%产率　**117F**　**117G**　从环戊烯出发的总产率为60%

用 $AlCl_3$ 作催化剂时脂肪族的 Friedel-Crafts 反应进行得很好，用另一个路易斯酸 $SnCl_4$ 时，Nazarov 反应也很好。最终产物中双键的位置：在阳离子 **117F** 的一侧没有质子（季碳），因此必须失去另一侧的一个质子，生成双键取代基较多的 **TM 117**。

补充资料：羰基缩合反应的控制

缩合反应是形成碳-碳键的一类很有用的反应，包括 Aldol 反应、Claisen 酯缩合反应、Knoevenagel 反应、Reformatsky 反应等。有机反应之所以复杂是因为有机物中官能团多，可能的反应位点较多，因此可能发生的反应也多。如何控制反应向我们希望的方向进行？使用特殊的试剂？通过改变反应条件控制生成不同的产物？

下面通过例子来看看羰基缩合中的化学选择性和区域选择性，探讨控制羰基缩合的方法。

Ph ⟹ Ph + CH_3CHO

目标分子是α,β-不饱和酮，因此可按逆羟醛缩合反应将目标分子拆成乙醛和1-苯基丙酮，设想它们按下式形成目标分子：

碱；Δ

反应真会按照所设想的这样发生么？

先要搞清楚下面这几个问题：

① 哪个反应物烯醇化？（或者说形成烯醇负离子）

② 若酮是不对称酮，在羰基的哪一侧发生烯醇化？（区域选择性）

③ 谁充当亲电试剂接受烯醇负离子的进攻？

在羰基缩合中，时刻要牢记这三个问题。最易烯醇化的试剂往往也是最亲电的，这就是问题的焦点。实际上，乙醛和1-苯基丙酮在碱中直接混合，极有可能发生的是乙醛的自身缩合。如何能在1-苯基丙酮少取代的一侧形成烯醇负离子（处于羰基和苯基之间的亚甲基上的H较之CH_3上的H可能具有更强的酸性），和乙醛发生交叉羟醛缩合？

首先要使这个位置的H具有最强的酸性，引入COOEt！在碱的作用下活泼亚甲基优先形成相应的烯醇负离子，醛基的亲电性强于酮羰基，因此会发生交叉羟醛缩合，生成目标分子。

COOEt / Ph / O —碱→ COOEt / Ph / O ⟷ COOEt / Ph / O^- + CH_3CHO

→ Ph / O / OH / EtOOC —H_3O^+, △→ Ph / O

思考题：

乙醛和乙酸乙酯能反应生成2-丁烯酸乙酯么？如果不能，如何使其顺利发生？

$$CH_3CHO + CH_3COOEt \xrightarrow{碱} CH_3CH{=}CHCOOEt$$

这里没有区域选择性的问题，三个问题简化成了两个：哪个反应物烯醇化？哪个反应物充当亲电试剂接受烯醇负离子的进攻？

CH_3CHO与CH_3COOEt相比，无论α-H的酸性还是羰基的亲电性，都强。因此实际上得到的产物是乙醛的自缩合产物，我们希望**乙酸乙酯的烯醇负离子进攻乙醛的羰基**，必须首先增强CH_3COOEt中α-H的酸性，在乙酸乙酯的甲基上再引入一个COOEt，以$CH_2(COOEt)_2$来代替CH_3COOEt：

$CH_3CHO + CH_3COOEt$ ⟶ (✗) $CH_3CH{=}CHCOOEt$

$CH_3CHO + CH_3COOEt$ —碱→ $CH_3CH{=}CHCHO$

↑ $CH_2(COOEt)_2$

$$CH_2(COOEt)_2 + HC(=O){-}CH_3 \xrightarrow[R_2NH]{HOAc} (EtOOC)(COOEt)C{=}CHCH_3 \xrightarrow[2.H^+,\ \triangle\ \ 3.EtOH/H^+]{1.OH^-/H_2O} CH_3CH{=}CHCOOEt$$

上述反应实际上又称为**Knoevenagel反应**。

除了添加酯键的方法，还有什么方法来制备2-丁烯酸乙酯？乙酸乙酯负离子的合成等价物还有什么？

Wittig试剂

$$CH_3CHO + (RO)_2P(=O)CH_2COOEt \longrightarrow CH_3CH{=}CHCOOEt$$

有机锌试剂

$$BrCH_2COOEt \xrightarrow{Zn} BrZnCH_2COOEt \xrightarrow{CH_3CHO} CH_3CH(OH)CH_2COOEt \xrightarrow{\Delta} CH_3CH{=}CHCOOEt$$

优点：能与醛酮反应但不与酯反应，对应的反应称之为 **Reformatsky** 反应。

除了上述烯醇负离子的等价物，现代有机化学还往往使用**烯醇锂**、**烯胺**、**烯醇硅醚**等特殊的烯醇等价物来达到区域选择性的控制。

烯醇锂的生成：必须使用有位阻的强碱，它们的碱性更强而亲核性更弱。如：

LDA（二异丙基氨基锂）　LHMDS（六甲基二硅基氨基锂）　LTMP（四甲基哌啶锂）

烯醇锂的制备条件苛刻，往往需要低温（–78℃，干冰/丙酮）严格无水的条件。这样的条件下往往形成动力学控制的产物，区域选择性地在少取代的一侧形成烯醇锂盐。

$$RCH_2COCH_3 \xrightarrow{LDA} RCH_2C(OLi){=}CH_2 \xrightarrow{Me_3SiCl} RCH_2C(OSiMe_3){=}CH_2$$

烯胺的生成：烯醇锂不能解决所有的化学选择性问题，尤其是对醛而言（醛非常容易自缩合，羟醛缩合的速率与去质子化的速率基本相当），烯胺是有效的烯醇等价物，容易制备。

$$RCH_2CHO \overset{H^+}{\rightleftharpoons} RCH_2CH{=}\overset{+}{O}H \;(:NR_2H) \rightleftharpoons RCH_2CH(OH)\overset{+}{N}HR_2 \rightleftharpoons RCH_2CH(\overset{+}{O}H_2)NR_2 \rightleftharpoons RCH{=}CHNR_2$$

烯胺的活性远远弱于烯醇锂，不会过多发生羟醛缩合。烯胺可用于烃化，也可用于 Michael 加成反应。缺点是烯胺的烃化易发生在氮原子上。

如何解决烃化易发生在氮原子上，而不是碳原子上呢？

Stork 等发展了一个**氮杂烯醇化物**的方法来解决这个问题。伯胺（通常是环己胺）与醛缩合成亚胺，然后用 LDA 处理得到锂的衍生物（称为氮杂烯醇化物），它可以可靠地与大部分一级甚至二级的烷基卤化物在碳原子上发生烷基化反应，水解亚胺后得到烷基化的醛。

$$C_6H_{11}NH_2 \xrightarrow{R^1CH_2CHO} R^1CH_2CH{=}NC_6H_{11}\,(\text{亚胺}) \xrightarrow{LDA} R^1CH{=}CHN(Li)C_6H_{11}\,(\text{氮杂烯醇锂}) \xrightarrow{R^2Br} R^1CH(R^2)CH{=}NC_6H_{11}\,(\text{烷基化的亚胺}) \xrightarrow[H_2O]{H^+} R^1CH(R^2)CHO\,(\text{烷基化的醛})$$

不对称酮则会很明显地选择生成低取代的双键：

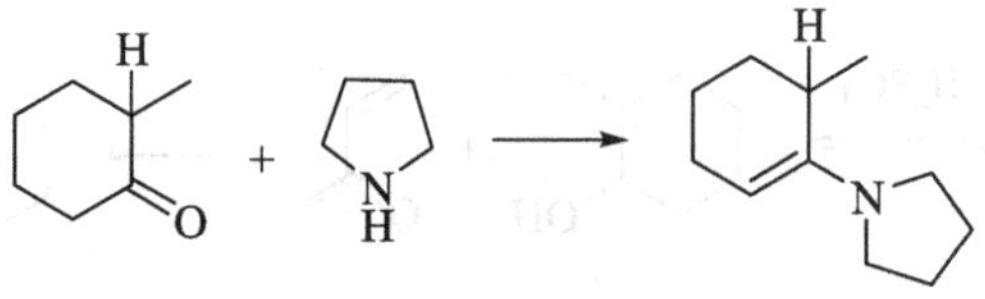

H, O, +, N H, H, N

烯醇硅醚的生成：还没有足够完美的方法能够在多取代的一侧进行烯醇化，最好的方法是**通过热力学控制形成烯醇硅醚**。从α-甲基环己酮出发大概能以 90∶10 的比例在多取代一侧形成烯醇硅醚。烯醇硅醚的活性远远弱于烯醇锂，甚至比烯胺的活性还低，在与亲电试剂反应时，最好是在路易斯酸（$TiCl_4$）的催化下进行。烯醇硅醚和烯醇锂盐可以相互转化。

利用烯醇硅醚或是烯醇锂盐，可以制得不对称酮的两种烃基化产物。

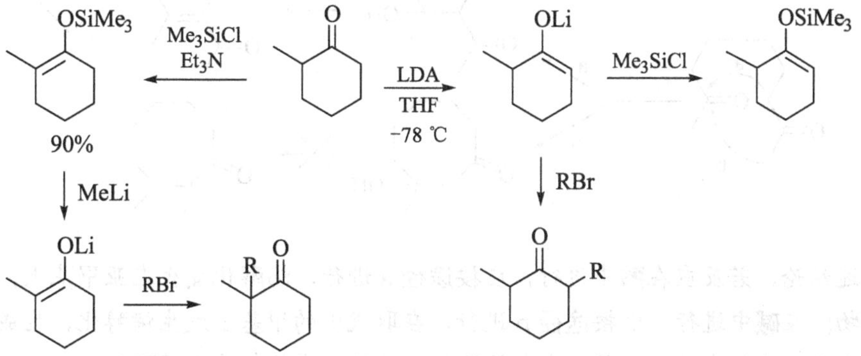

OSiMe$_3$, Me$_3$SiCl, Et$_3$N, O, LDA, THF, −78 ℃, OLi, Me$_3$SiCl, OSiMe$_3$, 90%, MeLi, RBr, OLi, RBr, R, O, O, R

特殊的烯醇等价物使用条件较为苛刻，往往需要在无水、无氧、低温条件下使用。如果能够使用温和的条件控制反应的发生，无论对实验室操作还是工业生产都更为理想。一般用于控制交叉缩合的方法还有**条件控制**、**产物控制**、**除去一个产物迫使平衡移动**等方法。

条件控制：

不对称酮在烯醇化时有区域选择性的问题，可以通过改变条件而达到目的。

以最简单的自缩合为例：

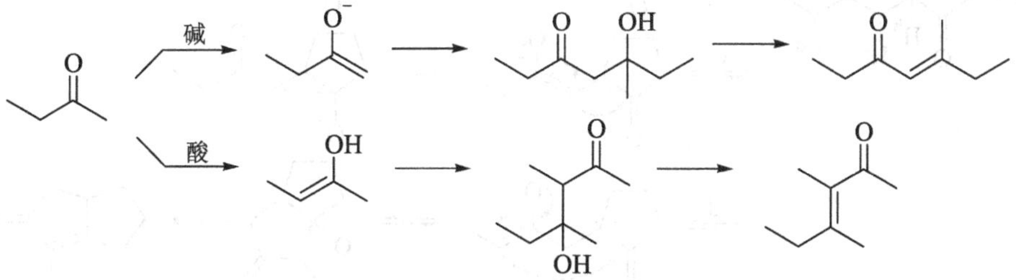

O, 碱, O$^-$, O, OH, O, 酸, OH, O, OH, O

结论 1：在碱中，动力学控制保证较为酸性的通常是取代较少的碳原子上的质子被除去；在酸中，酮-烯醇之间的快速平衡意味着较稳定的通常是取代较多的烯醇生成。

交叉缩合的例子：

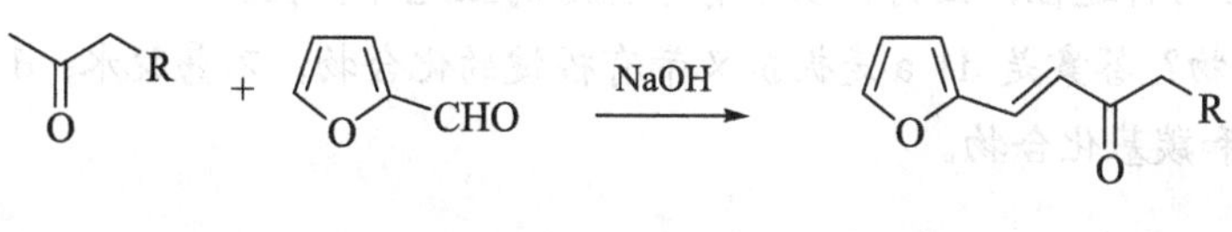

R, O, +, O, CHO, NaOH, O, O, R

在碱中进行的反应保证了动力学控制，在甲基处发生烯醇化。

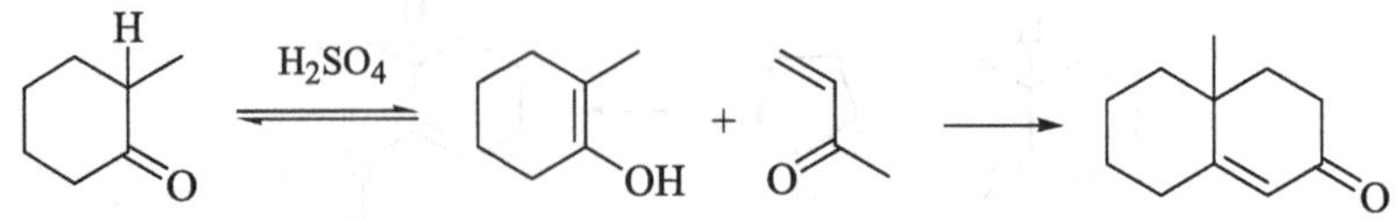

H_2SO_4

在酸中，保证烯醇化发生在取代多的α-碳上。

但是必须记住，**这种差别比较微弱，仅采用催化量的酸或碱，反应结果并不可靠。**

产物控制：

例如，2,8-壬二酮的分子内自缩合。

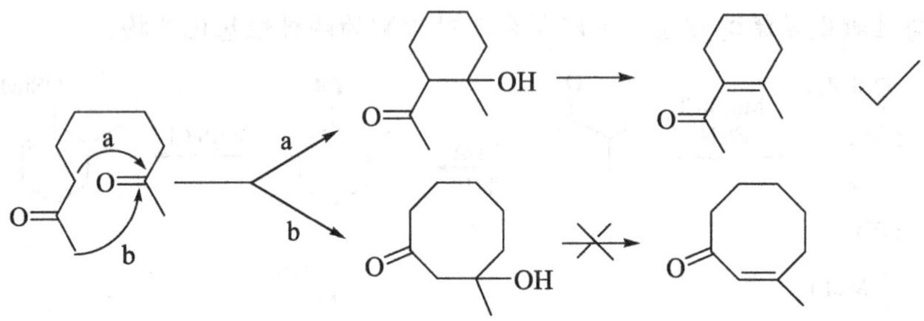

按上述结论，若反应在**酸**中进行，应按**途径 a** 进行，烯醇化发生在亚甲基上，主要生成六元环产物；在**碱**中进行，则按**途径 b** 进行，在取代少的甲基上发生烯醇化，生成八元环产物。但事实上，无论在酸中还是碱中都按途径 a 进行，产物都是**六元环！**

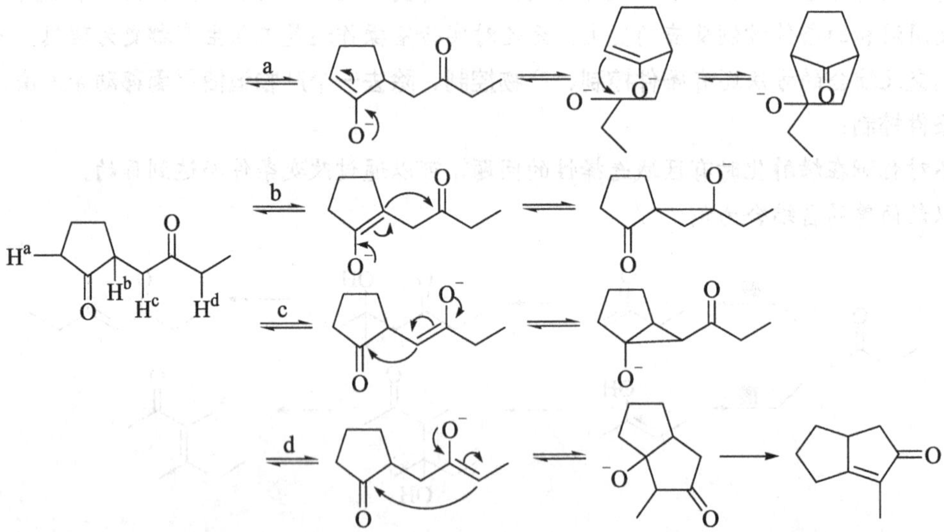

在此例中，共有四种α-H，两种羰基，即使在同一分子中，反应的化学选择性问题和区域选择性问题依然存在，究竟是哪个α-H 离去，形成何种烯醇负离子，进攻哪个羰基？我们很快就排除 b、c 两种途径，因为产物中有不稳定的三元环存在。

哪种为主产物？答案是 d！a 是拥挤又带有桥键的化合物，不易脱水；d 则稳定且容易脱水形成α,β-不饱和羰基化合物。

结论 2：自缩合产物中，成环趋势：6 元环> 5 元环> 7 元环，而且生成的烯酮往往双键上有较多的取代基，以形成稳定的产物为主！

许多缩合反应都是可逆的，如果能够**不可逆地除去一个产物**，也可以推动平衡向右进行，促进对应的缩合反应顺利进行。途径有：

- 脱水→烯酮
- 电离→二羰基负离子
- 脱羧

例如：

PhCHO，碱 ... Ph　而不是　Ph ... H，OH　不能脱水

CH_2O，K_2CO_3，(哌啶) ... COOEt　COOEt　OH　O　O

PhCHO　Ph　O　O　=O　而不是　Ph　OH　O　O　=O　O　不能脱水

R　CHO　H　碱　R　O^-

R　HCOOEt　R　OHC　没有活泼H

NaH，$CO(OEt)_2$　COOEt　没有活泼H　EtOOC　H　O

$$RCHO + CH_2(COOH)_2 \xrightarrow{\triangle} RCH{=}CHCOOH$$ 脱羧

最后强调一点，对于交叉缩合，尽量使用**没有 α-H 的醛酮**，这样可使缩合产物由 4 种降低为 2 种。

R^1COR^2　R^1,R^2 = H, OEt, Cl, Ar, *t*-Bu, COOEt

练习：判断下列反应能否进行，按何种途径进行？

① CH_3CHO + $Ph_2C=O$ —碱→ $Ph_2C=CHCHO$；—碱→ $CH_3CH=CHCHO$

② $Ar^1COCH=CHAr^2$ ⟹ Ar^1COCH_3 + $HCOAr^2$

Ar^1COCH_3 + $HCOAr^2$ → $Ar^1COCH=CHAr^2$

3.2.2 1, 5-二官能团化合物的切断

A. 基础

烯醇负离子直接进攻羰基生成 1,3-二官能团化合物。

烯醇负离子（尤其是活泼亚甲基化合物形成的稳定的烯醇负离子）对α,β-不饱和羰基化合物共轭加成生成 1,5-二羰基化合物，此反应称为 Michael 加成。

机理：

$R^1COCH_2R^2$ + EtO^- ⇌ $R^1C(O^-)=CHR^2$ + $CH_2=CHCOR^3$ ⇌ $R^1COCH(R^2)CH_2CH=C(O^-)R^3$ (EtOH) → $R^1COCH(R^2)CH_2CH_2COR^3$

Michael 加成的亲核试剂也可以是各种杂原子（如氧、氮、硫等）或者各种碳亲核试剂（有机金属化合物、芳环等）。

注意点：

① 1,2-加成（进攻羰基）由静电作用控制，产生的烯丙醇是一个动力学控制的产物，迈克尔加成（1,4-加成）受前线轨道作用控制，产生的饱和羰基化合物是热力学控制产物，较为稳定的 C═O 被保留，而 C═C 被破坏。

② 1,2-加成比 1,4-加成更可逆，因此亲核试剂越稳定，1,2-加成越易可逆，越易起迈克尔加成反应。

③ 从动力学来说，C═O 碳较硬，而β-碳较软。强碱性亲核试剂倾向于直接进攻 C═O，而弱碱性亲核试剂倾向于进攻β-碳，起 1,4-加成反应。

④ 从受体来说，不饱和醛、酰氯倾向于 1,2-加成，而不饱和酮酯则倾向于 1,4-加成。

在 Michael 加成中，乙烯基酮类作为 Michael 加成的受体，它可以通过羟醛缩合反应来制备：

$RCOCH=CH_2$ ⟹ $RCOCH_3$ + HCHO

实际上，由于乙烯基酮很活泼，容易聚合，改用 Mannich 反应合成相应的β-氨基酮：

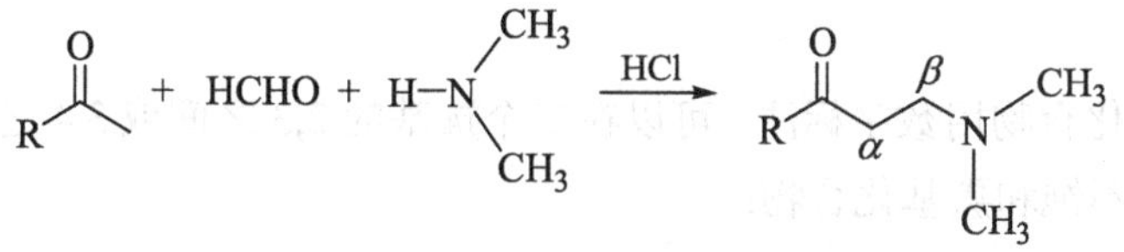

$$\mathrm{RCOCH_3 + HCHO + HN(CH_3)_2 \xrightarrow{HCl} RCOCH_2CH_2N(CH_3)_2}$$

机理：

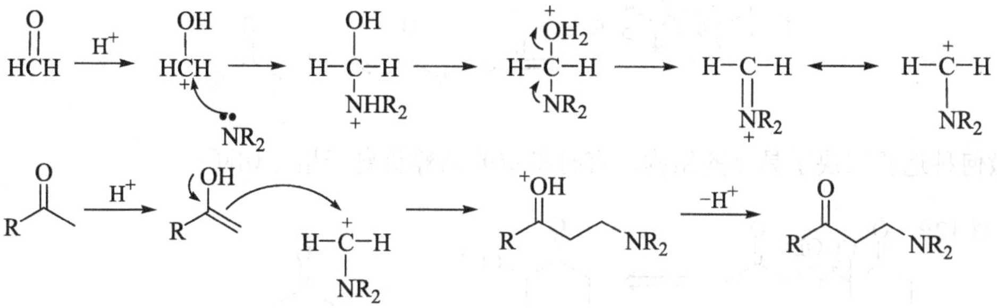

β-氨基酮烃化后，在弱碱的作用下，即可发生霍夫曼消去，原位生成α,β-不饱和羰基化合物，最后一步通常是在 Michael 反应本身的碱性介质中进行，活性的乙烯基酮不需要分离。

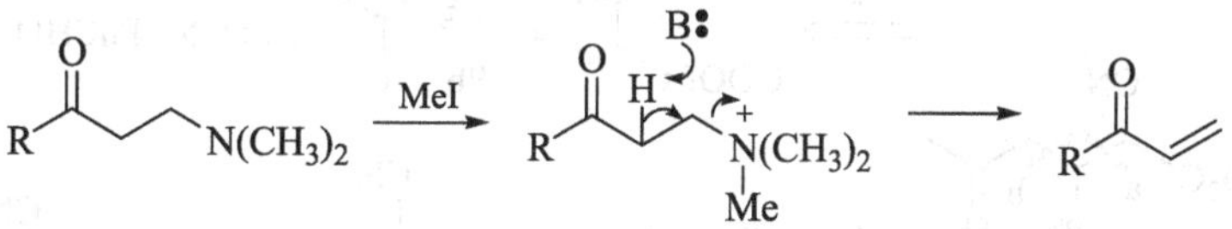

TM 119

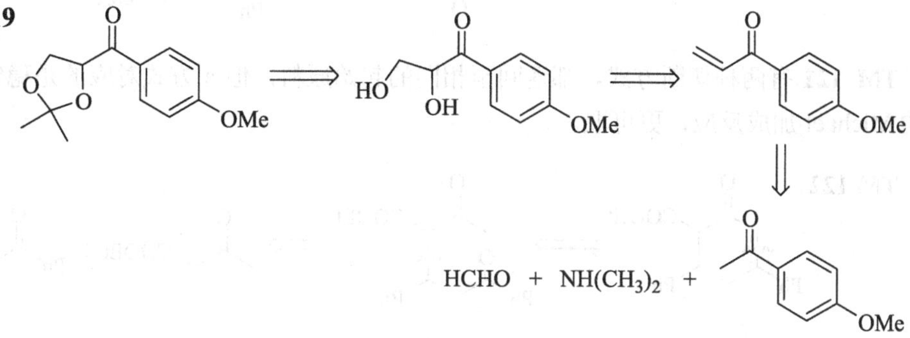

分析：TM 119 含有缩酮结构，去掉缩酮基团，显示出邻二醇的结构，邻二醇可由烯烃氧化而来，对应的烯酮可以通过 Mannich 反应合成β-氨基酮再消除制备。

合成：

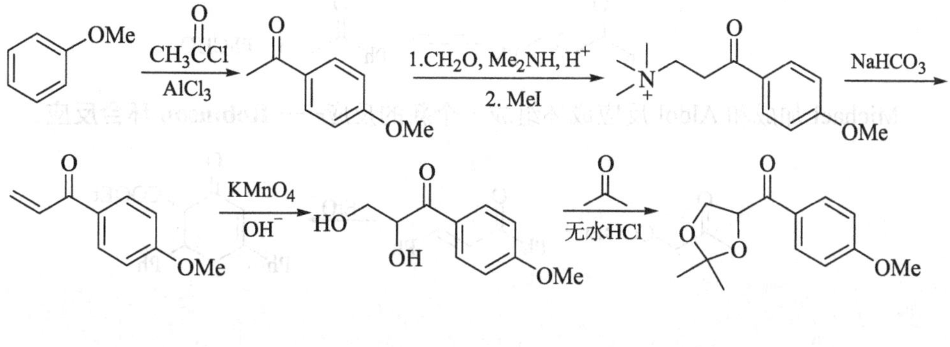

B. 应用

将 1,5-二羰基化合物用数字标注，可以在二个羰基的 2,3 之间或 3,4 之间切断，给出一个烯醇负离子和α,β-不饱和羰基化合物：

O O R 1 2 a 3 b 4 5 R′ $\xRightarrow{a}$ R(C=O)CH$_2^-$ + CH$_2$=CHCOR′
$\xRightarrow{b}$ RCOCH=CH$_2$ + $^-$CH$_2$COR′

做何种选择取决于具体的结构，有时稳定的烯醇负离子指导切断：

TM 120 COOEt $\Longrightarrow$ COOEt + (3-丁烯-2-酮)

TM 120 中除了 1,5-二羰基之外，两个羰基间还有一个酯键，它指导切断的位置，切出一个稳定的烯醇负离子和 3-丁烯-2 酮，这两种原料都极易制备。

TM 121

EtO_2C CN a b Ph O
$\xRightarrow{a}$ CN COOEt$^-$ + Ph O $\Longrightarrow$ PhCHO + O
$\xRightarrow{b}$ $^-$ O + COOEt CN Ph $\Longrightarrow$ CN COOEt + PhCHO

TM 121 有两种切断方式，都返回至相同的起始原料，但 a 方式对应的是稳定烯醇负离子的 Michael 加成反应，更可取。

TM 122 O COOEt Ph Ph $\Longrightarrow$ O COOEt O Ph Ph $\Longrightarrow$ O COOEt + O Ph Ph

分析：将 **TM 122** 看做α,β-不饱和酮（1,3-关系），断开双键，出现一个 1,5-关系，酯基指导切断的位置，推出原料为乙酰乙酸乙酯和一个α,β-不饱和酮，可以继续切断：

O Ph Ph $\Longrightarrow$ O Ph + PhCHO

Michael 加成和 Aldol 反应成环组成一个新的反应——**Robinson 环合反应**。

O COOEt + O Ph Ph $\xrightarrow{EtO^-}$ O COOEt Ph Ph

TM 123

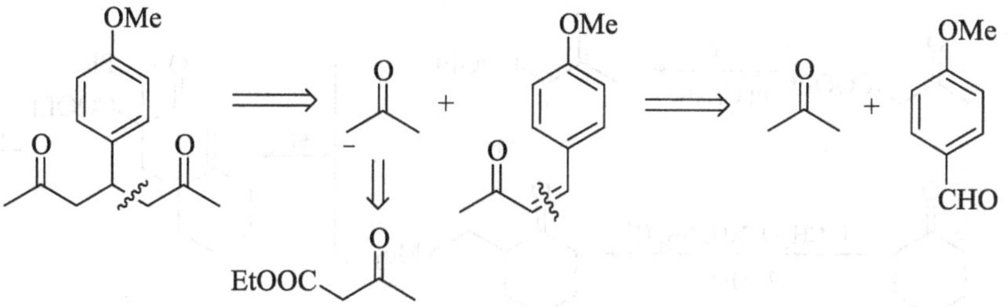

TM 123 是个对称分子，在两个羰基间的支点处切断，得到丙酮负离子和烯酮，烯酮进一步切断为丙酮和对甲氧基苯甲醛。合成时添加致活基，用乙酰乙酸乙酯作为丙酮负离子的合成等价物，保证合成时有良好的产率。

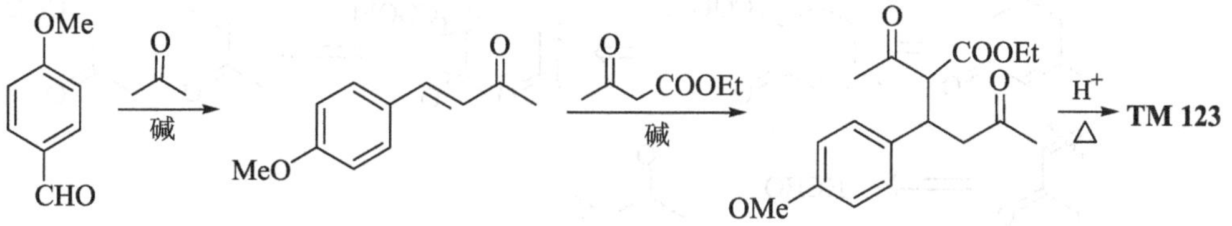

TM 124

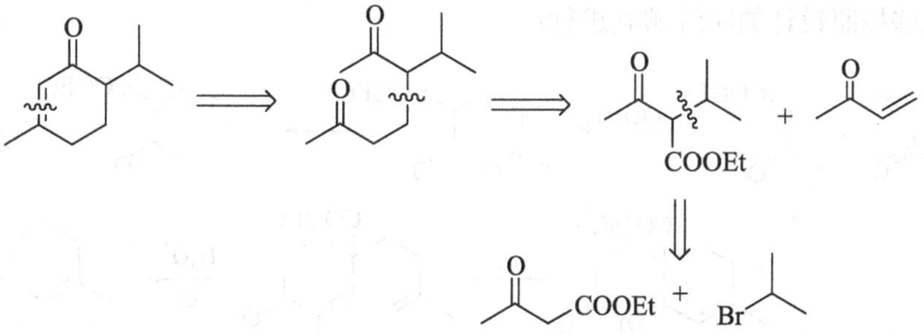

TM 124 是胡椒酮，是薄荷糖的调味香精成分之一，首先切开环状共轭烯酮的不饱和键，推出前体为具有 1,5-关系的二酮，在支点处切断 1,5-关系，引入酯基作活化基指导 Michael 加成反应和异丙基的引入。

合成：

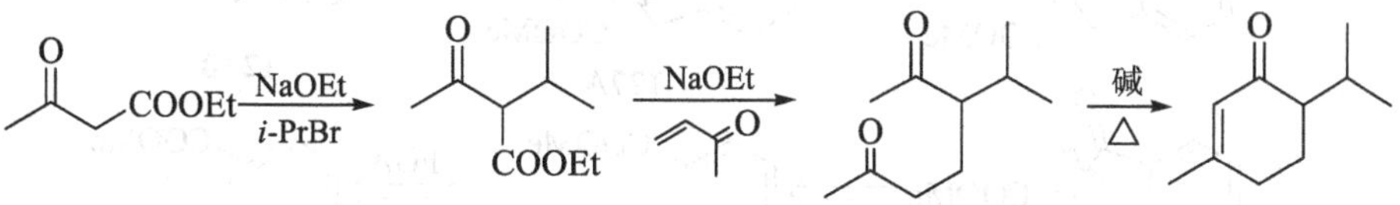

如何制备 **TM 125** 呢？

TM 125

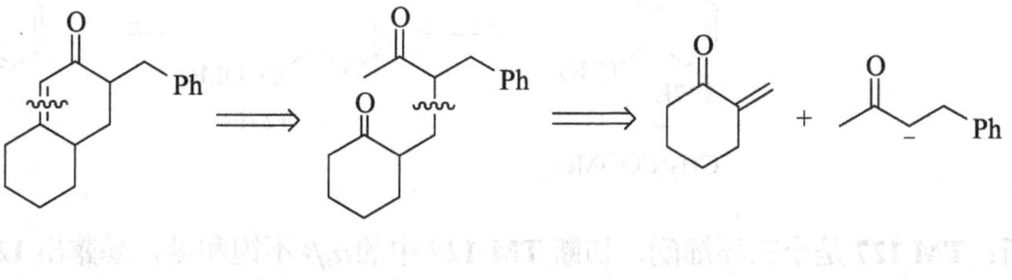

合成：

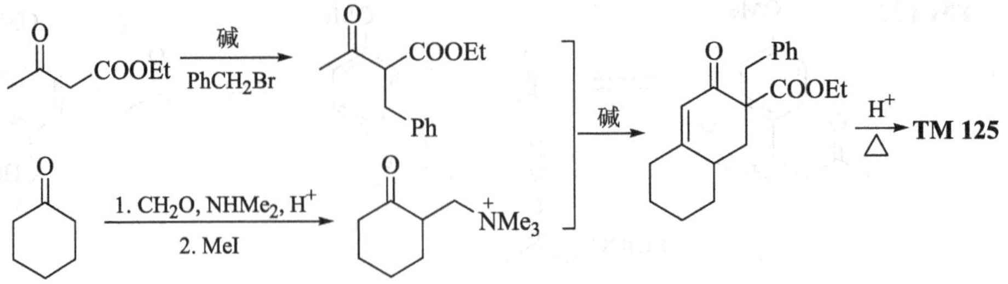

碱
COOEt
PhCH$_2$Br
COOEt
Ph
碱
Ph
COOEt
H$^+$
△
TM 125

1. CH$_2$O, NHMe$_2$, H$^+$
2. MeI
$\overset{+}{N}Me_3$

TM 126

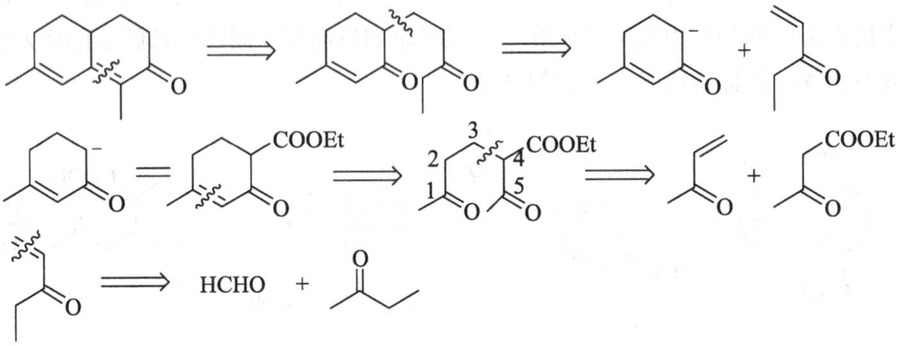

COOEt
COOEt
COOEt
HCHO +

合成能够按照设计的路线顺利进行：

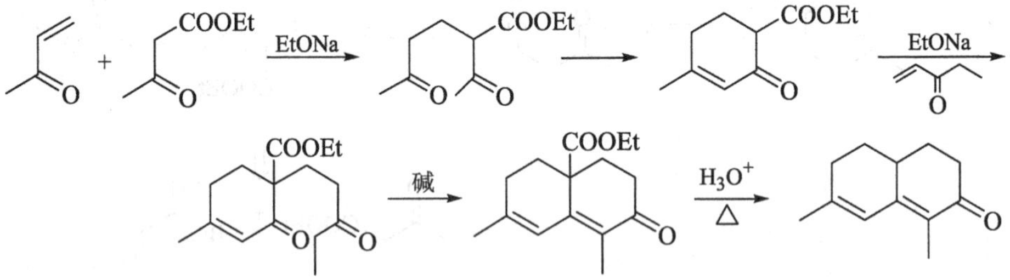

COOEt
EtONa
COOEt
COOEt
EtONa
COOEt
碱
COOEt
H$_3$O$^+$
△

TM 127

COOMe
COOMe
127A
COOMe +
127B
COOMe
127B
COOMe
COOMe
127C
FGA
COOMe
COOMe
127D

COOMe
CHO
127E
+
CH$_2$(COOMe)$_2$
COOMe
COOMe
127F

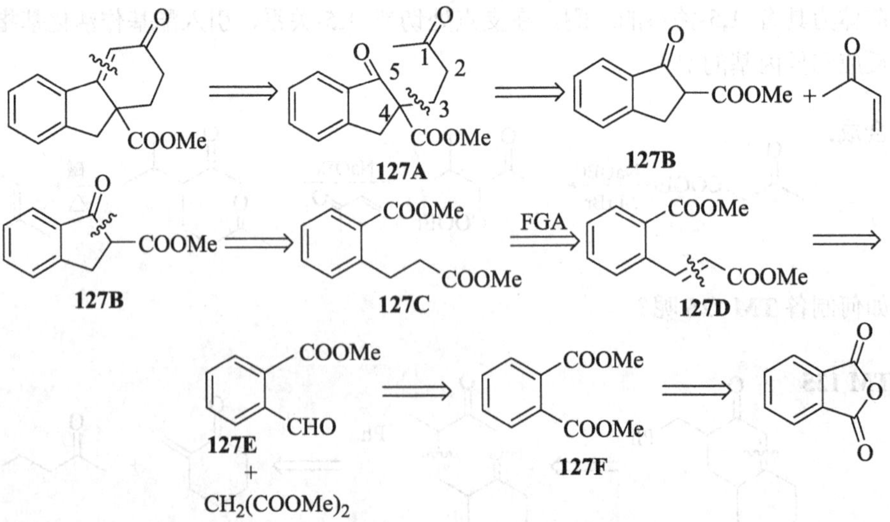

分析：TM 127 是个三环烯酮，切断 **TM 127** 中的α,β-不饱和键，暴露出 **127A** 中的 1,5-

关系，在环链相接处断开，推出前体 **127B** 和烯酮。**127B** 为环状β-酮酸酯，由分子内酯缩合形成，推出二酯 **127C**，在苯环和酯基间添加双键，**127D** 由邻甲酰苯甲酸酯 **127E** 和丙二酸酯的缩合形成，经历两次 FGI，**127E** 的前体为邻苯二甲酸酐。

合成:

MeOH, H^+ → COOMe / COOMe；DIBAH → COOMe / CHO；+ $CH_2(COOMe)_2$

NaOAc / HOAc → COOMe / COOMe；H_2,Pd-C → COOMe / COOMe；NaOEt → O / COOMe

（甲基乙烯基酮）/ NaOEt → O / COOMe

TM 128 是一个类似甾体的结构，仔细观察它的结构，发现 B 环含有共轭烯酮结构，应当是打开这个结构的“着眼点”。

TM 128

OMe；A B C D；O

B 环显然是由 Robinson 环合形成，切断烯键（1,3-关系），然后断开环链之间的键（1,5-关系），得到前体 **128B** 和 **128C**。

TM 128 ⟹ **128A** ⟹ **128B** + **128C**

128B 也是一个共轭烯酮，但并不在烯键处断开（这样会破坏环的结构），而是经 FGI 将烯键转变成醇，—OH 加在支点上，再经 FGI 将甲基酮转变为乙炔基，在环链相接处断开（环链相接处往往是个策略键），得到环己酮和乙炔负离子。

128C 是个芳基酮，显然是通过 F-C 酰化反应形成，注意芳环原有的—OMe 是邻对位定位基，因此—OME 对位的酰基和苯环之间的键首先形成，而间位的键则由于分子内关环形成。所以切断时，应首先断开间位的键，推出原料为苯甲醚和丙烯酰氯 **128H**。

128B $\xrightarrow{FGI}$ **128D** ⟹ **128E** ⟹ **128F** + $HC\equiv C^-$

128C　128G　128H　128I

合成：

双环烯酮 TM 129 是 Robinson 环化产物，与其他烯酮逆分析方法相同，羟醛缩合断键为 1,5-二羰基化合物 **129A**，按照逆 Michael 加成反应在环链相接处断开，得到特定的环己酮的烯醇等价物和烯酮 **129B**。

TM 129　Aldol反应　**129A**　1,5-dicO　**129B**　需要特殊的烯醇化合物

对于烯酮 **129B** 不按照 1,3-关系直接在烯键处切断，因为这涉及 2-丁酮和异丙基醛的羟醛缩合，涉及一些区域选择性的问题。换种方法，按照酮的切断在羰基和α-C 间切断，选择用烷基锂而不是烯基锂作亲核试剂和 **129C** 反应，**129C** 可由异丙基醛和保护了的 **129E** 通过 Wittig 反应来合成。

129A　EtLi + **129C**　Wittig反应　CHO + $Ph_3\overset{+}{P}$ **129D**　$Ph_3\overset{+}{P}$ OR **129E**

合成：使用 Wittig 反应的改进试剂，磷酸酯叶立德 **129F** 和异丙基醛反应得到 65%的 ***E*-129G**，它很容易被水解成酸 **129C**。加入由 EtBr 和金属 Li 制得的 EtLi，就得到 92%的 ***E*-129B**。环己烯酮负离子使用特殊的烯醇等价物——环己烯胺 **129H** 和 **129B** 通过 Robinson 环化反应以很高的产率（83%）得到所需的双环烯酮 **TM 129**。Robinson 环化具有合理的选择性（7∶3，以需要的 *syn*-异构体为主），可能经历 **129I** 这样的过渡态，纽曼构型可以解释同时构建的两个立体中心。

129F 129G 129C 129B

129H TM 129; 83%产率, 7∶3 *syn*∶*anti* 129I

二烯基酮 **TM 130** 的光环化会得到一系列柏木烯和菖蒲烯类的萜类化合物。对于 **TM 130** 来说，虽然它含有 Robinson 环化产物，但是最好的断键方式是断开环链相接处的键（可以称这种键为策略键），由于烯酮一侧羰基的影响，**130B** 带正电荷，因为烯酮是环状的，不能用炔酮 **130C** 作为合成等价物。**130A** 这样的合成子可以尝试一些有机金属试剂。

TM 130 130A 130B 130C

选用什么化合物作为 **130B** 的合成等价物？1,3-二酮 **130D** 可以和烯醇 **130E** 形成平衡混合物。**130E** 可与醇（常用 MeOH 或 *i*-PrOH）反应生成烯醇醚 **130F**，它可以和有机金属试剂（如 RLi 或 RMgBr）反应，进攻发生在羰基上得到 **130G**，酸水解得到烯酮 **130H**。必须指出烯醇醚 **130F** 的醚键可以在 1,3-二酮体系的任何一端随机形成，因此只有对称的二酮才适合该反应。

130D 130E 130F 130G 130H

再回到起始的问题，由于酮 **130I** 很容易制备（参见“3.1.4 简单酮的切断 **TM64**”），因此这条路线适合用由氯化物 **130J** 而来的锂衍生物和异丙基烯基醚 **130F** 反应合成 **TM 130**。

130I 130J M=Li 130F 130K TM 130

C. **提高**

（1）Michael加成反应与其他亲电反应的串联

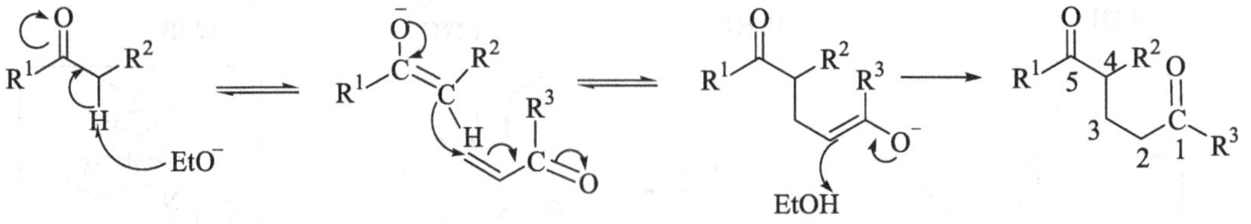

131

Michael 加成反应的中间体——烯醇负离子 **131** 如果能用特殊的试剂捕获，制成烯醇等价物，可用于后续的亲电反应，制备更复杂的化合物。

① 烯醇负离子的捕获　使用什么试剂来捕获烯醇负离子呢？**硅试剂！**

铜锂试剂通常比铜试剂更适用于醛的1,4-加成，生成的烯醇负离子可被三甲基氯硅烷捕获。例如，丙烯醛与丁基铜锂和三甲基氯硅烷反应可以88%的产率生成1,4-加成产物 **132**，甚至β-位阻较大的烯基醛 **133A** 都不能阻止苯基铜锂的1,4-加成，以99%的产率得到 **133B**。

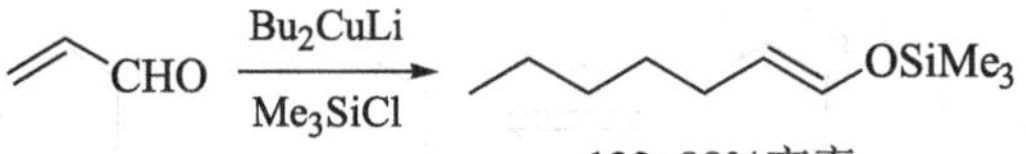

132; 88%产率

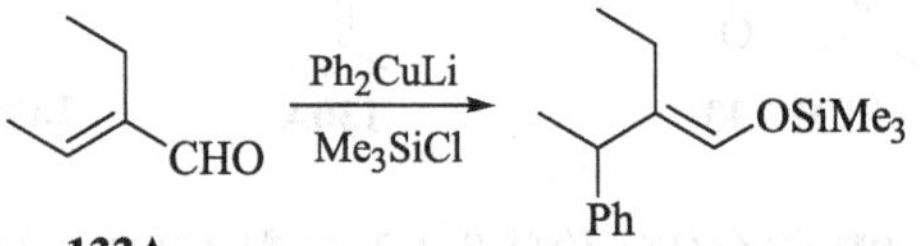

133A　**133B**; 99%产率

如何除去三甲基硅基？烯酮 **134A** 在同样的条件下，可以较高的产率得到 **134B**，**134B** **酸水解**或者**氟离子催化水解**可除去三甲基硅基得到1,4-加成产物 **134C**。

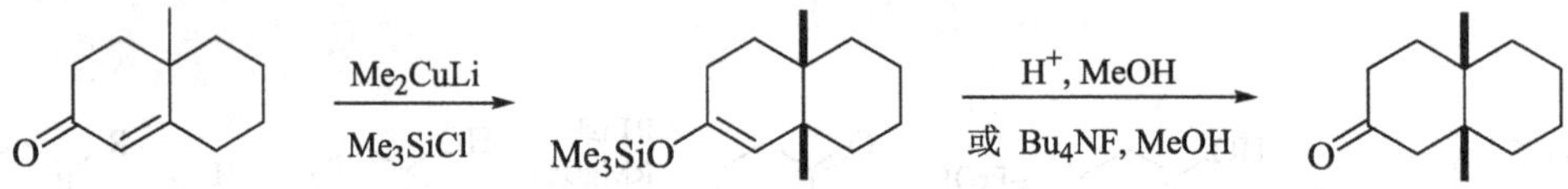

134A　**134B**　**134C**

② Michael 加成之后与亲电试剂的反应　烯醇硅醚固然可以水解得到饱和的醛酮，但是烯醇硅醚本身有较高的活性，可以用于羟醛缩合反应或其他反应。很有意义的是把生成的烯醇硅醚与亲电试剂反应，发展两步连续三组分合成反应，这种方法已成为现代有机合成的基础。

甚至当铜锂试剂与酮反应时，没有必要用三甲基氯硅烷去捕获烯醇化物，生成的烯醇锂盐具有足够的活性与亲电试剂反应（可根据下一步反应的需要选择使用烯醇锂盐或烯醇硅醚）。

a. Michael 加成之后和烃基化反应的串联。例如，丁基铜锂与环己烯酮 **135A** 反应生成烯醇锂盐 **135B**，被碘甲烷捕获生成 *anti*-二取代的酮 **135C**。这个化合物也可以从酮 **135D** 的α-烃化制备，但是会有另一侧的α-烃化的副产物生成。

135A 135B 135C 135D

b．Michael 加成之后和羟醛缩合反应的串联。铜锂试剂 Michael 加成后形成的烯醇锂盐（或烯醇硅醚）还可以进行羟醛缩合反应，使用氯化锌或四氯化钛对羟醛缩合更有利。例如，甲基铜锂对非环状烯酮 **136A** 加成，生成的烯醇锂盐 **136B** 再和苯甲醛缩合，可以 96%的产率得到*β*-羟基酮 **136C**（两个非对映异构体的混合物）。

136A 136B 136C 1:2 *syn* : *anti*

三组分合成的断键方法就是除去羰基 *α*-和 *β*-位的 *trans*-取代基。

酮 **TM 137** 可以断开为烯酮 **137A**、乙烯基铜试剂 **137C** 和亲电的溴乙酸酯 **137B**。碘化亚铜催化的格氏试剂加成，生成的烯醇镁盐串联烷基化反应，以 95%的产率得到化合物 *trans*-**137**。

TM 137 切断互为反式的基团 137A 137B 137C

双环烯酮 **TM 138** 含有*α*,*β*-不饱和酮结构，切断烯键，得到 1,6-二羰基化合物 **138A**，在 **138A** 的环链相接处切断，需要一个 d^3 试剂 **138C** 对环庚烯酮 **138B** 进行 1,4-加成。**138C** 一端为醛基，另一端含有金属-碳键，需要将醛基保护。

TM 138 Aldol反应 1,6-diCO 138A 138B 138C(d^3试剂)

合成时羰基保护的 **138D** 形成的格氏试剂在 CuBr 催化下对环庚烯酮 **138B** 进行 1,4 加成形成 **138E**，去保护和环化可以在酸性条件下一步发生。这个合成说明，串联的 Michael-Aldol 反应，对于分子内的羟醛缩合同样适用。

138D 1.Mg, Et_2O 2.Cu_2Br_2,Me_2S 138B,THF 138E HCl **TM 138**; 70%产率

③ **天然产物——银杏内酯（Ginkgolide）的一个中间体的合成** Corey 合成银杏内酯（Ginkgolide）时需要中间体 **TM 139**，决定用两个烯基衍生物偶联的方法来制备。在两个烯键间切断得 **139A** 和 **139B**。

TM 139 ⟹（Vinyl 烯基偶联）139A + 139B

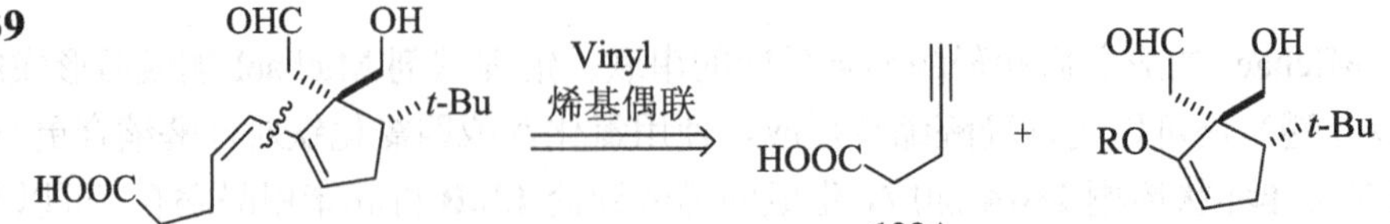

第一个化合物 **139A** 可以用传统的丙二酸酯烷基化再水解脱羧来制备，没有区域或者立体选择性的问题，可以大量制备。

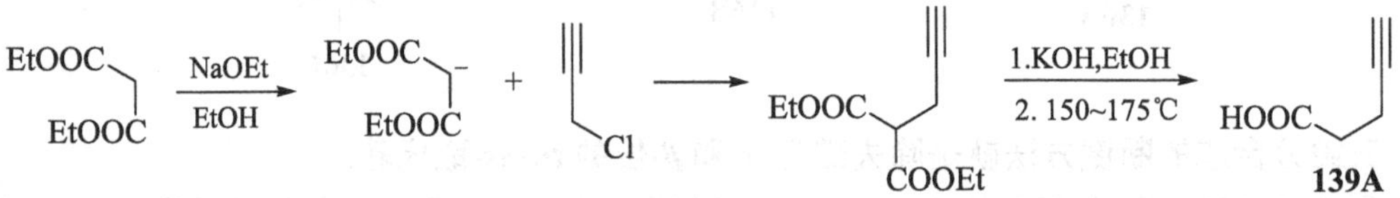

第二个化合物 **139B** 则明显地来自酮 **139C**。**139C** 看起来是酮 **139D** 的烯醇负离子与甲醛的缩合产物，可以采用串联的 Michael-Aldol 反应避免区域选择性问题。**139E** 可以由对称的 **139F** 羟醛缩合环化得到。

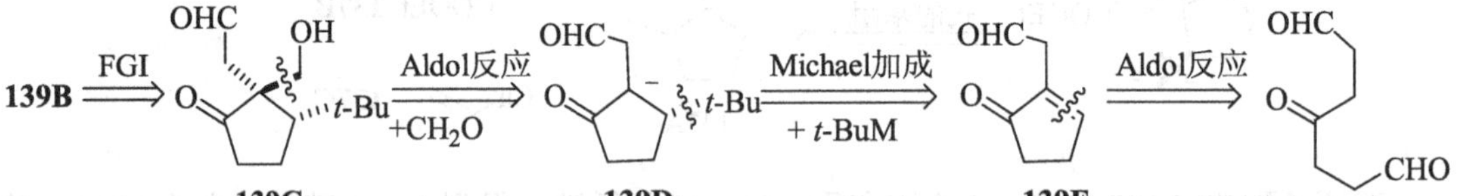

合成时 Corey 没有用酮二醛 **139F** 作反应物，而采用了另外一个烯酮 **139G**（双键很容易移到环内），**139G** 羟醛缩合断键，前体为环戊酮和对称二醛 **139H**，**139H** 太活泼了，Corey 选择了其中一个醛基保护的化合物 **139I** 作为反应物。

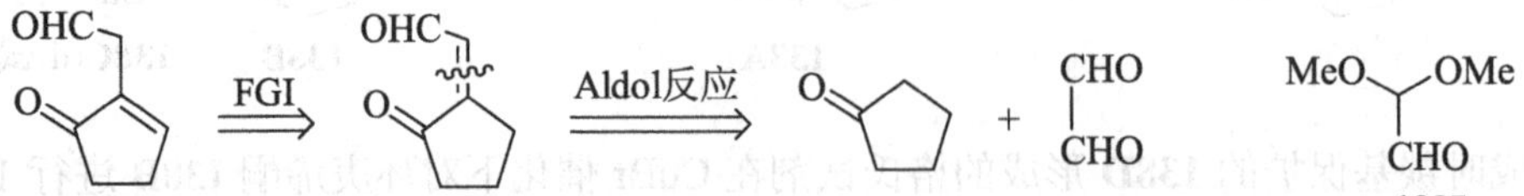

合成：环戊酮的吗啉烯胺 **139J** 和 **139I** 进行羟醛缩合，经过强酸处理得到含有环内双键的烯酮 **139K**（**139E** 的保护形式）。铜锂试剂加成并用硅试剂捕获得到烯醇硅醚 **139M**，该化合物可以在路易斯酸 $TiCl_4$ 的催化下与多聚甲醛反应生成 **139N**（以内缩醛形式保护的 **139C**）。串联的 Michael-Aldol 反应使得叔丁基和羟甲基位于反式。**139P** 是 **139A** 羧基保护的形式，在 Pd 催化下和 **139O** 发生偶联，生成 **139Q**，**139Q** 脱保护、叁键加氢，就得到 **TM 139**。

139J → (1. 139I; 2. 6mol/L HCl) → 139K → (1. t-$Bu_2Cu(CN)Li_2$; 2. Me_3SiCl) → 139M → (1. $(CH_2O)_3$, $TiCl_4$, CH_2Cl_2; 2. MeOH) → 139N → (LDA, $PhNTf_2$) → 139O → (139P, $Pd(PPh_3)_4$, CuI, n-$PrNH_2$, PhH) → 139Q → → TM 139

(2) **Baylis-Hillman 反应**

若目标分子的结构如 **TM 140**，好像在烯酮的 α-位进行羟醛缩合形成。也可以想象成这样：首先将共轭的烯酮 **TM 140** 转变成不共轭的 **140A**，这样就可以断键成醛和扩展的烯醇负离子 **140B**，**140B** 来自环己烯酮 **140C**，这个反应要求 **140C** 的γ-位至少有一个氢。

TM 140 ⟹(FGI) **140A** ⟹(Aldol反应) RCHO + **140B** ⟹ **140C**

如果类似结构中没有γ-氢怎么办？**TM 141** 没有γ-碳原子，因此没有γ-H，不能转化成扩展的烯醇，这样的切断就没有意义了。

TM 141 ⟹(? Aldol反应) **141A** + R^2CHO

Baylis-Hillman 反应可以解决这个问题。把烯酮与醛混合，在催化剂作用下（催化剂通常是叔胺或者是叔膦，不需要是碱性的，它的作用是共轭加成到 **141A** 上），生成烯醇化物 **141B**，**141B** 进行羟醛缩合得到 **141C**，**141C** 转化成一个新的烯醇化物 **141D**，除掉催化剂（ElcB）生成产物 **141E**。

141A ⇌ **141B** → **141C** ⇌ **141D** → **141E**

因此，与 Michael 加成不同，Baylis-Hillman 反应中，共轭烯酮接受叔胺或叔膦的进攻，作为**负离子合成子**进攻醛基，形成 α-位羟醛缩合的产物。

Baylis-Hillman 反应最好的催化剂是 **DABCO 142A** 或者是**羟基奎宁 142B** 和**三环己基膦 142C**。

142A (DABCO)　**142B** (3-羟基-1-氮杂双环[2. 2. 2]辛烷)　**142C** (三环己基膦)

例如，丙烯酸甲酯在 **142B** 或 **142A** 的催化下与可烯醇化的醛反应生成 **143A** 和 **143B**。

143A; 90%产率

143B; 87%产率

Baylis-Hillman 反应在有机溶剂和水的混合溶剂中使用当量的胺可以更高效地进行。例如在温和条件下丙烯酸甲酯与芳香醛和可烯醇化的β-氨基醛高产率地得到 **143C** 和 **143D**。

1 eq. **142A**　1∶1二氧六环-水　1h, 室温

143C 100%产率　**143D** 99%产率

尽管这些反应使用可以烯醇化的醛，但是没有使用可烯醇化的共轭烯酮，所以扩展的烯醇的 α'-位竞争的问题就没有出现。另一种方法是以 γ-溴酯 **144A** 和铟生成的化合物 **144B** 与醛反应，生成非共轭的 **144C** 或共轭的 α'-产物 **144D**。

144A　In(O) THF/H_2O　**144B**　MeCHO　**144C**　DBU　**144D**

作为一种碳碳键的形成方法，Baylis-Hillman 反应由于条件温和，具有原子经济性，生成具有多个反应中心的加成产物，成为有机合成中一个非常有意义及挑战性的领域。随着对 Baylis-Hillman 反应研究的深入，它被用于许多药物分子和天然产物的合成中。

（3）天然产物 Mniopetals 的合成

Mniopetals 是从担子菌类提取出来的天然产物，属于 Drimane 类倍半萜类化合物，现在

被用作逆转录酶抑制剂。由于具有良好的生物活性、较复杂的立体结构特点成为许多研究小组全合成的目标产物。

Jauch 等人合成 Mniopetals 的策略是基于手性丁烯酸内酯的 Baylis-Hillman 反应和分子内的内式 Diels-Alder 反应。

TM 145(Mniopetals) ⟹ 145A —D-A反应⟹ 145B —Baylis-Hillman反应⟹ 145C + 145D

合成:

145C + 145D —PhSeLi, −40~0℃, THF→ 145B —二甲苯, 140°C→ 145A → → TM 145 (Mniopetals)

3.2.3 1, 2-二官能团化合物的切断

A. 基础

1,2-二官能团化合物因其结构不同，因此对应不同的制备方法。

如醛酮加 HCN 水解后可制备**α-羟基酸**。

$$R^1R^2C{=}O + HCN \xrightarrow{\text{碱}} R^1R^2C(OH)CN \xrightarrow{\text{水解}} R^1R^2C(OH)COOH$$

将此方法略加改进，则可以制备**α-氨基酸**。

Strecker 氨基酸合成法:

$$RCHO \xrightarrow{CN^-,\ NH_3} RCH(NH_2){-}CN \xrightarrow{H_3O^+} RCH(NH_2){-}COOH$$

机理：$RCHO \xrightarrow{NH_3} RCH{=}NH \xrightarrow{CN^-} RCH(NH_2){-}CN \xrightarrow{H_3O^+} RCH(NH_2){-}COOH$

邻二醇可由烯烃的双羟化反应制备，也可由环氧化合物的水解开环来制备，**对称结构**的邻二醇还可以通过酮的双分子还原来制备，活泼金属可以是Na、Mg、Al、Al汞齐等。

$$RCOR' \xrightarrow[2.\ H_2O]{1.\ Na,\ 苯} RR'C(OH){-}C(OH)RR'$$

机理：$RR'C{=}O + Na \longrightarrow RR'\dot{C}{-}O^- \xrightarrow{二聚} RR'C(O^-){-}C(O^-)RR' \xrightarrow{H_2O} RR'C(OH){-}C(OH)RR'$

酯的双分子还原则可用来制备α-**羟基酮**，称为偶姻反应：

$$EtOOC(CH_2)_4COOEt \xrightarrow{Na} \text{双自由基阴离子} \longrightarrow \text{1,2-环己二酮} + 2\,EtO^-$$

$$\text{1,2-环己二酮} \xrightarrow{Na} \text{双自由基二阴离子} \longrightarrow \text{烯二醇二负离子} \xrightarrow{H_3O^+} \text{烯二醇} \rightleftharpoons \text{2-羟基环己酮}$$

酯羰基接受电子形成双自由基阴离子，进而形成C—C键（自由基二聚），接着释放出EtO^-，形成α-二酮；反应并未到此结束，α-二酮的羰基继续接受电子，双自由基形成π键，接受质子形成烯二醇，烯二醇互变异构成α-羟基酮。

需要注意的是：反应中释放出的EtO^-会催化分子内的Claisen酯缩合（Dickmann缩合），产物主要是环状β-酮酸酯。

$$EtOOC(CH_2)_4COOEt \xrightarrow{EtO^-} \text{碳负离子} \longrightarrow \text{四面体中间体} \longrightarrow \text{2-乙氧羰基环戊酮}$$

解决方案是加入Me_3SiCl，一则捕获双负离子，二则除去EtO^-，减少副反应。

$$\text{烯二醇二负离子} \xrightarrow{Me_3SiCl} \text{1,2-双(三甲硅氧基)环己烯} \qquad EtO^- + Me_3SiCl \longrightarrow Me_3SiOEt$$

所以能够烯醇化的酯发生偶姻反应时，必须加入Me_3SiCl。

$$RCH_2COOEt \xrightarrow{Na} RCH_2C(O^-){=}C(O^-)CH_2R \xrightarrow{Me_3SiCl} RCH_2C(OSiMe_3){=}C(OSiMe_3)CH_2R \xrightarrow[H_2O]{H^+} RCH_2COCH(OH)CH_2R$$

利用**安息香缩合**也可以制备对称结构的α-**羟基酮**：

$$2ArCHO \xrightarrow{KCN} Ar{-}CH(OH){-}C(=O){-}Ar$$

机理：

$$\mathrm{Ar{-}CHO + CN^- \rightleftharpoons Ar{-}CH(O^-){-}CN \rightleftharpoons Ar{-}C^-(OH){-}CN \xrightleftharpoons{ArCHO} Ar{-}C(OH)(CN){-}CH(O^-){-}Ar \rightleftharpoons Ar{-}C(O^-)(CN){-}CH(OH){-}Ar \rightleftharpoons Ar{-}CO{-}CH(OH){-}Ar}$$

注意：1. 只有芳醛在CN⁻作用下才能发生安息香缩合，脂肪醛在噻唑季铵盐催化下发生缩合（现在使用更多的催化剂为氮杂卡宾）。

2. 芳醛必须没有 α-H 才能发生安息香缩合。

1,2-二羰基化合物则可以通过羰基化合物的 α-氧化或是 α-亚硝化产物互变异构为肟后水解得到：

$$\mathrm{R^1COCH_2R^2 \xrightarrow{SeO_2} R^1COCOR^2}$$

$$\mathrm{R^1COCH_2R^2 \xrightarrow[RONO]{HONO} R^1COCH(NO)R^2 \rightleftharpoons R^1COC(=N{-}OH)R^2 \xrightarrow{H_2O} R^1COCOR^2}$$

不同氧化度的醇、羰基、羧基还可以通过**氧化还原反应实现相互转化**，例如 1,2-二羰基化合物可由 α-羟基酮氧化而来。

B. 应用

（1）α-羟基酸

TM 146

$$\mathrm{PhC(OH)(CH_3)COOH \Longrightarrow PhC(OH)(CH_3){-}COOH \Longrightarrow PhCOCH_3 + {}^-COOH{=}CN^-}$$

把 **TM 146** 视为醇，按照醇的分析方法在连有—OH 的碳原子和羧基之间切断，得到苯乙酮和一个看似不合理的合成子 ⁻COOH，这个看似不合理的合成子实际上是个普通的一碳试剂，可以和酮发生加成反应，它是 ⁻CN。

合成：

$$\mathrm{PhCOCH_3 \xrightarrow[H^+]{CN^-} PhC(OH)(CH_3)CN \xrightarrow[H_2O]{NaOH} PhC(OH)(CH_3)COOH}$$

TM 147

$$\mathrm{(CH_3)_2CHCH_2CH(COOH){-}CH(OH)COOH \Longrightarrow (CH_3)_2CHCH_2CH(COOH)CHO\ (147A) + CN^- \Longrightarrow (CH_3)_2CHCH_2CH^-COOH\ (147B) + HCOOEt}$$

$$\mathrm{\Longrightarrow (CH_3)_2CHCH_2Br\ (147C) + CH_2(COOEt)_2}$$

TM 147 含有α-羟基酸结构，可以从醛**147A**和CN^-来制备，**147A**中有一个1,3-二羰基关系，切掉甲酰基，得到**147B**，**147B**可由丙二酸二乙酯合成法来制备。

合成：$CH_2(COOEt)_2$ →(1.EtO^-; 2. 异丁基溴 Br; 3.NaCl,DMSO) COOEt →(EtO^-, HCOOEt) CHO, COOEt →(1.CN^-; 2.水解) **TM 147**

TM 148 Ph, Ph, OH, OH, OH ⟹ EtOOC, OH, OH **148A** ⟹ OHC, OH **148B**

⟹ CHO **148C** + HCHO

TM 148 中似乎没有α-羟基酸结构，但是有一个连有两个相同的苯基的叔醇结构，一次性将两个苯基切断，给出酯基，**148A**中α-羟基酸结构暴露出来，切掉酯键，前体为β-羟基醛**148B**，可由Aldol反应制备。合成时要用到格氏试剂对酯进行亲核加成，要将不参与反应的两个—OH以缩醛的形式保护起来。

合成：CHO →(CH_2O, K_2CO_3) OHC, OH →(1.CN^-; 2.OH^-/H_2O) HOOC, OH, OH

→(丙酮 O, 无水HCl) HOOC, O, O →(1.EtOH/H^+; 2.PhMgBr; 3. H_3O^+) Ph, Ph, OH, OH, OH

TM 149 O, O, COOH ⟹ HO, COOH, COOH **149A** ⟹ O, COOH **149B** ⟹ CH_2^- COOH **149C** + O **149D**

149C ‖ $CH_2(COOEt)_2$；**149D** ⇓ 2 丙酮 O

TM 149 是个环状内酯结构，切断内酯键，显示出α-羟基酸结构，继续切掉—COOH，**149B**为1,5-二羰基化合物，利用1,5-关系进行分析，在支点处切断，推出原料为丙二酸二乙酯和两分子丙酮羟醛缩合形成的烯酮**149D**。

合成：O →(H^+) O →($CH_2(COOEt)_2$, EtO^-) →(水解脱羧) O, COOH →(CN^-) HO, CN, COOH

→(1.NaOH,H_2O; 2.H^+) O, O, COOH

（2）α-氨基酸

TM 150 是缬氨酸，可以利用 Strecker 氨基酸合成法来制备。

TM 150

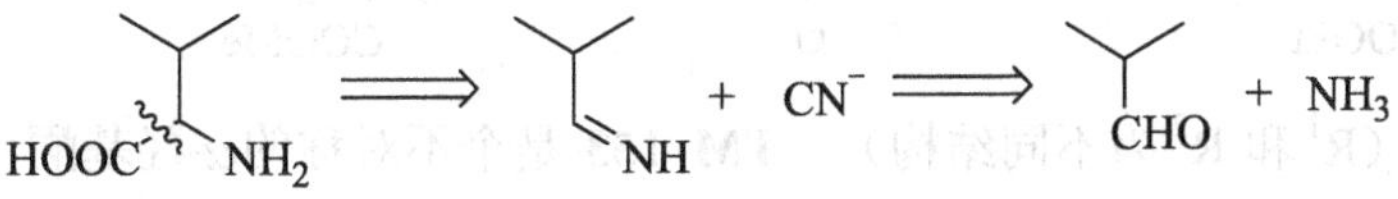

HOOC NH$_2$ ⟹ NH + CN$^-$ ⟹ CHO + NH$_3$

合成：

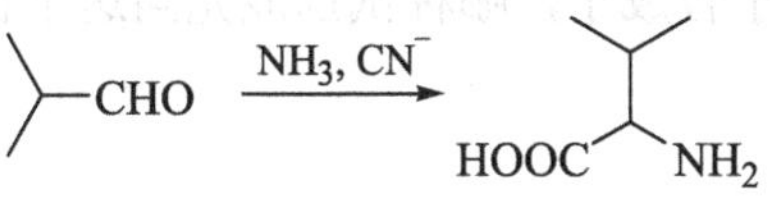

CHO $\xrightarrow{NH_3, CN^-}$ HOOC NH$_2$

（3）α-羟基酮

$$R^1-\overset{OH}{\overset{|}{C}}-\overset{O}{\overset{\|}{C}}-R^2$$

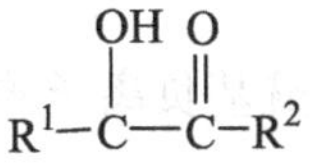

① 对称结构　若 R^1 和 R^2 相同，可采用**安息香缩合**或是**酯的偶姻反应**(acyloin condensation)来制备。

TM 151

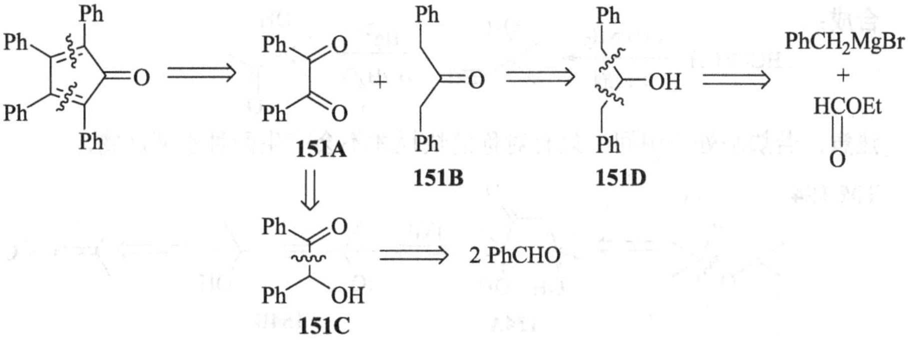

⟹ **151A** + **151B** ⟹ **151D** ⟹ $PhCH_2MgBr$ + HCOEt

151A ⟹ **151C** ⟹ 2 PhCHO

TM 151 中含有两个α,β-不饱和酮结构（1,3 关系），将两个对称双键同时切断，推出前体为对称的α-二酮 **151A** 和对称酮 **151B**，**151A** 经 FGI 转换成α-羟基酮 **151C**，由 2 分子苯甲醛经安息香缩合得到，**151B** 经 FGI 转变成对称仲醇 **151D**，可由格氏试剂和甲酸酯反应得到。

合成：

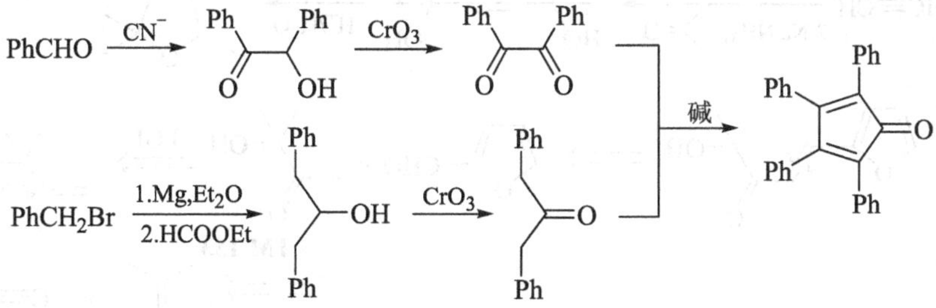

PhCHO $\xrightarrow{CN^-}$ PhCOCH(OH)Ph $\xrightarrow{CrO_3}$ PhCOCOPh

$PhCH_2Br$ $\xrightarrow[2.HCOOEt]{1.Mg,Et_2O}$ $(PhCH_2)_2CHOH$ $\xrightarrow{CrO_3}$ $(PhCH_2)_2C{=}O$

$\xrightarrow{碱}$ 四苯基环戊二烯酮

若是环状的α-羟基酮结构，可以考虑采用**酯的偶姻反应**来制备。

TM 152

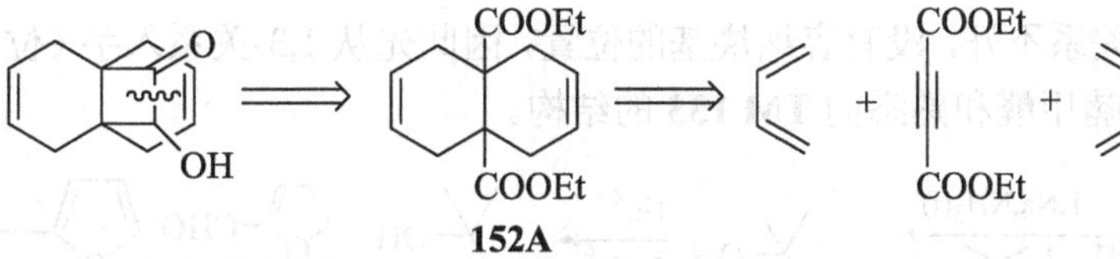

⟹ **152A** (COOEt, COOEt) ⟹ 丁二烯 + EtOOC−C≡C−COOEt + 丁二烯

切断酮醇之间的键，推出二酯结构 **152A**，**152A** 由 Diels-Alder 反应制备。

合成：

丁二烯 + EtOOC—C≡C—COOEt + 丁二烯 ⟶ （双环酸酐） $\xrightarrow[\text{TsOH}]{\text{MeOH}}$ （COOMe / COOMe 二酯） $\xrightarrow[\text{苯}]{\text{Na/K}}$ （O / OH 偶姻产物）

② 非对称结构（R^1和R^2为不同结构） **TM 153** 是个不对称的α-羟基酮，按照醇的方式切断，得到一个“不合逻辑”的乙酰基负离子合成子，哪种试剂能充当这个合成子的合成等价物？乙炔基负离子！

TM 153 ⟹ 丙酮 (>=O) + $^-$C(=O)CH$_3$ = $^-$C≡CH

端基炔烃能水解成甲基酮，所以乙酰基负离子的合成等价物就是乙炔钠。

$$HC\equiv CH \xrightarrow[\text{2. RX}]{\text{1. NaNH}_2} RC\equiv CH \xrightarrow[\text{H}^+/\text{H}_2\text{O}]{\text{Hg}^{2+}} R-\overset{O}{\overset{\|}{C}}-CH_3 \qquad ^-C(=O)CH_3 = NaC\equiv CH$$

合成：

$$HC\equiv CH \xrightarrow[\text{2. 丙酮}]{\text{1.Na,NH}_3} (CH_3)_2C(OH)C\equiv CH \xrightarrow[\text{H}^+/\text{H}_2\text{O}]{\text{Hg}^{2+}} (CH_3)_2C(OH)COCH_3$$

注意：若炔基处于中间，只有对称的炔烃才不会产生两种水解产物。

TM 154 ⟹ **154A**（OH OH） $\overset{\text{FGI}}{\Longrightarrow}$ **154B**（HO … OH） ⟹ >=O + $^-$C≡C$^-$ + O=<

TM 154 是个环醚，由二醇 **154A** 脱水而来，将酮羰基经 FGI 转变成炔基化合物 **154B**（对称结构），**154B** 可由乙炔和丙酮加成得到。

合成：

$$HC\equiv CH \xrightarrow[\text{2.Na,NH}_3,\ >=O]{\text{1.Na,NH}_3,\ >=O} (CH_3)_2C(OH)C\equiv CC(OH)(CH_3)_2 \xrightarrow[\text{H}^+/\text{H}_2\text{O}]{\text{Hg}^{2+}} \text{TM 154}$$

TM 155（—OH） ⟹ 呋喃—CHO + （—OH，=O） $\overset{\text{FGI}}{\Longrightarrow}$ （≡ —OH）

TM 153 ⟹ 丙酮 (=O) + $^-$C≡CH

分析：TM 155 是个多官能团化合物，既有 1,2-关系（α-羟基酮），又有 1,3-关系（α,β-不饱和酮），1,2-关系不好，没有容纳炔基的位置，因此先从 1,3-关系入手（位于分子中央），切断双键，推出呋喃甲醛和熟悉的 **TM 153** 的结构。

合成：

$$HC\equiv CH \xrightarrow[\text{2. 丙酮}]{\text{1.Na,NH}_3\text{(l)}} (CH_3)_2C(OH)C\equiv CH \xrightarrow[\text{H}_3\text{O}^+]{\text{Hg}^{2+}} (CH_3)_2C(OH)COCH_3 \xrightarrow{\text{呋喃—CHO}} \text{TM 155 (—OH, =O)}$$

不对称的α-羟基酮还可以通过α-卤代酮的水解来制备。酮的∂-碳原子原来是亲核性的，但在α-卤代酮中∂-碳原子则是亲电性的，通过卤代反应改变了合成子本来的极性，称为极性翻转（umpolung）。例如：

TM 156

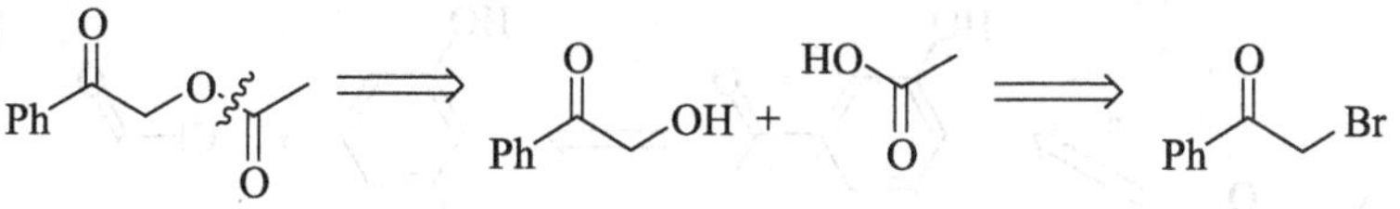

α-卤代酮是个很活泼的亲电试剂，可以和 NaOAc 发生亲核取代：

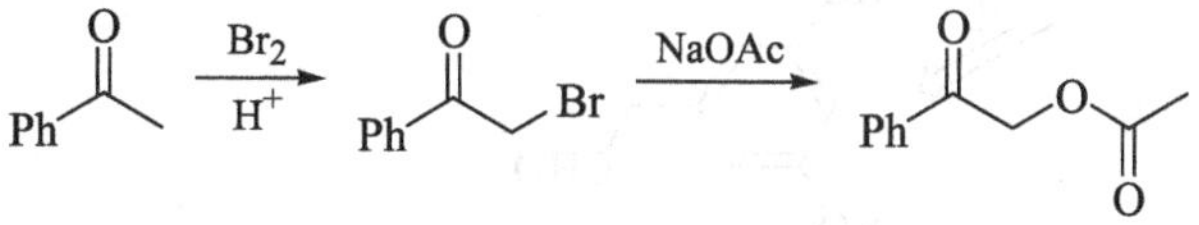

TM 157 是种激素除莠剂，结构中含有醚键，在烷基一侧将醚键切断（为什么？）：

TM 157

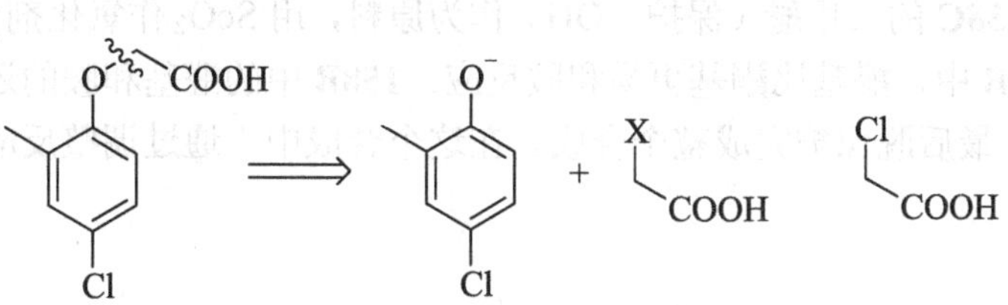

合成时可以采用便宜的氯乙酸：

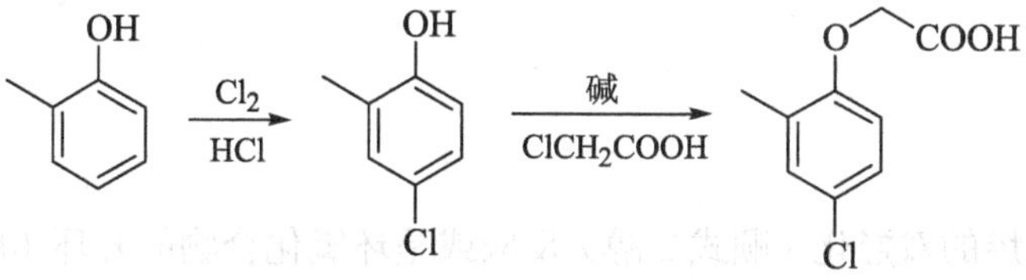

（4）α-二酮

α-二酮可以通过α-羟基酮的氧化来制备，也可以通过酮的α-氧化或α-亚硝化异构为肟后水解得到，若酮有两个α位都可发生氧化反应，则会产生区域异构体。

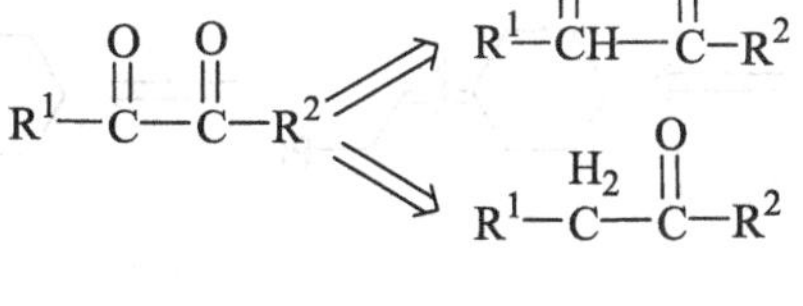

$$R^1-\overset{O}{\overset{\|}{C}}-\overset{O}{\overset{\|}{C}}-R^2 \Rightarrow R^1-\overset{OH}{\overset{|}{CH}}-\overset{O}{\overset{\|}{C}}-R^2$$

$$R^1-\overset{O}{\overset{\|}{C}}-\overset{O}{\overset{\|}{C}}-R^2 \Rightarrow R^1-\overset{H_2}{C}-\overset{O}{\overset{\|}{C}}-R^2$$

TM 158 是治疗支气管扩张的药物默得普诺，由 **158A** 的还原氨化而来，**158A** 由α-二酮 **158B** 的还原制得。想想看，需要保护 **158B** 中的醛基么？

TM 155 ⟹ **158A** $\overset{FGI}{\Longrightarrow}$ **158B**

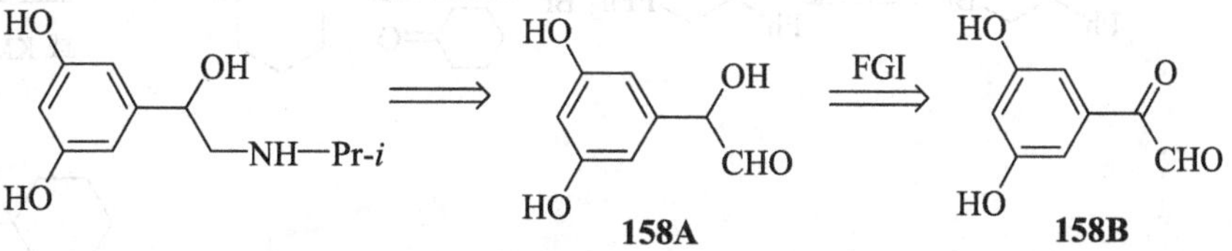

158B 又可由 **158C** 或 **158D** 的α-氧化制得（都只有一个α-H,氧化方向明确），但是 **158C** 更易由间苯二酚的 F-C 酰化反应来制备（注意— OH 是邻对位定位基，乙酰基不会直接上到两个— OH 的间位！运用芳香族化合物的知识，想想看如何合成 **158B**）。

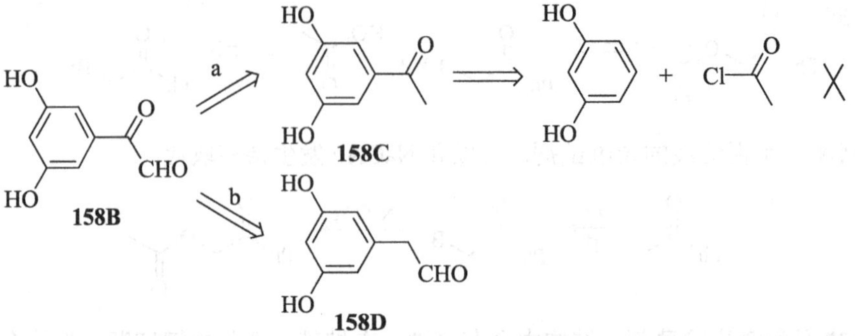

HO HO O HO O a HO + Cl HO CHO HO 158C HO HO 158B b CHO HO 158D

合成时直接使用 **158C** 的二甲醚（保护—OH）作为原料，用 SeO_2 作氧化剂先使羰基的α位氧化，而α-二酮 **158B** 中，醛基比酮基更易和胺反应，**158B** 中的醛基和胺的还原氨化及酮羰基的还原一步完成，最后脱保护完成整个合成。在这个合成中，通过调整反应顺序避免了醛基的保护。

合成： MeO O SeO_2 Ar O CHO H_2N H_2, Ni Ar OH CH_2—NH HBr **TM 158** MeO

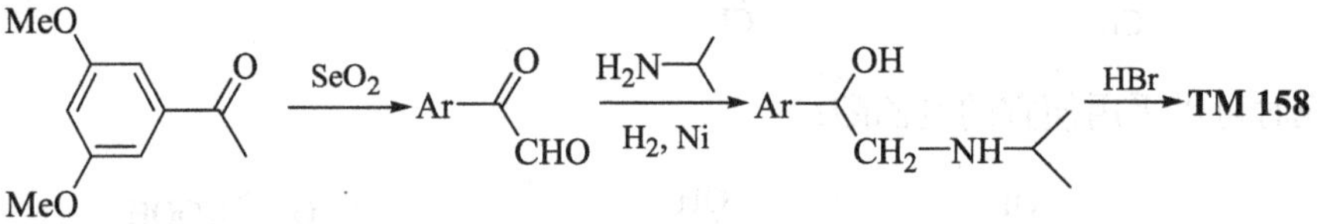

（5）邻二醇

邻二醇可由烯烃的双羟化（顺式二醇）反应或是环氧化合物的开环（反式二醇）来制备。

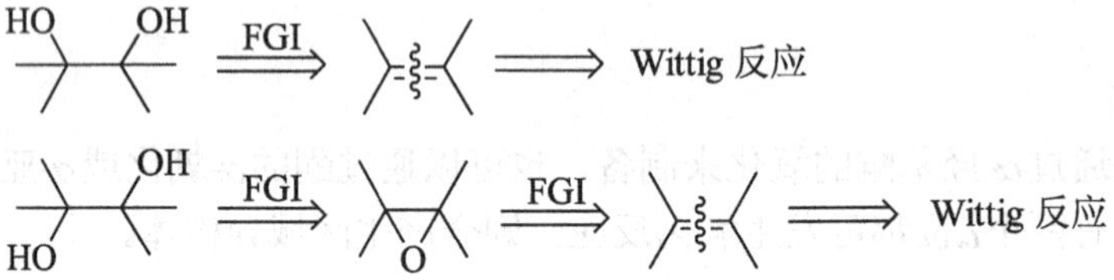

HO OH FGI Wittig 反应

OH FGI O FGI Wittig 反应 HO

TM 159 OH OH Ph Ph O + Ph_3P= Ph Br Ph

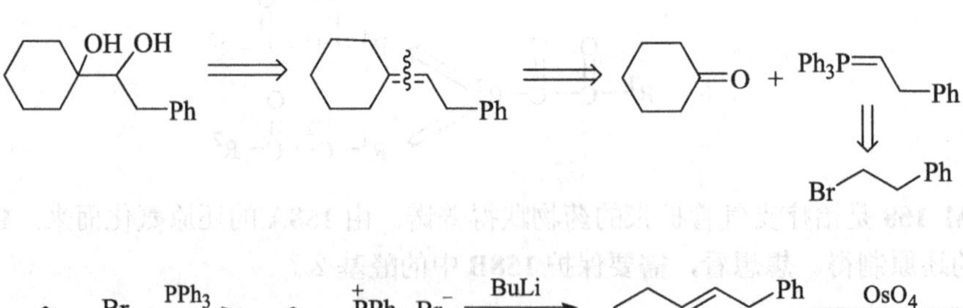

合成： Ph Br PPh_3 Ph $\overset{+}{P}Ph_3$ Br^- BuLi O Ph OsO_4 或 $KMnO_4$/ OH^- OHOH Ph

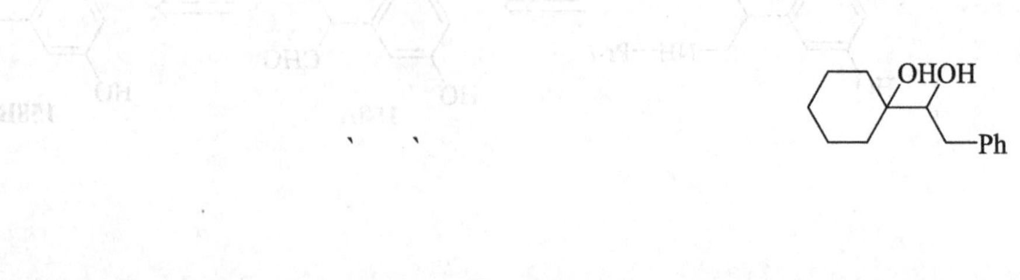

TM 160

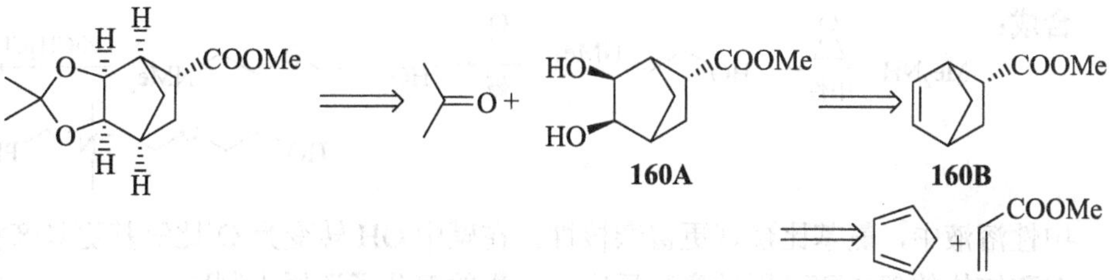

H H COOMe O O H H $\Longrightarrow$ =O + HO HO COOMe **160A** $\Longrightarrow$ COOMe **160B**

$\Longrightarrow$ + COOMe

分析：先除去 **TM 160** 中的缩醛官能团，得到二醇 **160A**，二醇由烯烃 **160B** 双羟化而来，**160B** 显然可由环戊二烯和丙烯酸甲酯的 Diels-Alder 反应得到。

合成：

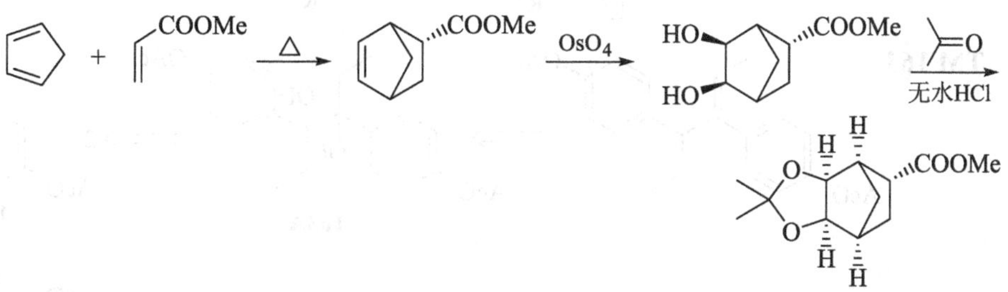

+ COOMe $\xrightarrow{\Delta}$ COOMe $\xrightarrow{OsO_4}$ HO HO COOMe $\xrightarrow[\text{无水HCl}]{=O}$ H H O O COOMe H H

环氧化合物的开环可用来制取反式二醇。

注意：单取代的环氧化物，在碱性条件下，亲核试剂进攻取代少的碳原子，主要由位阻因素控制；酸性条件下，亲核试剂进攻取代多的碳原子，主要由电性因素控制。对于二取代或更复杂的环氧化合物，情况更为复杂。

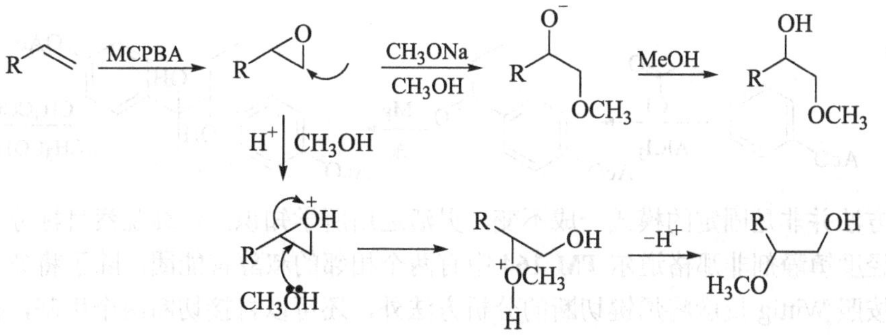

R $\xrightarrow{MCPBA}$ R O $\xrightarrow[CH_3OH]{CH_3ONa}$ R O^- OCH_3 $\xrightarrow{MeOH}$ R OH OCH_3

H^+ | CH_3OH

R $\overset{+}{O}H$ $CH_3\ddot{O}H$ $\longrightarrow$ R OH $\overset{+}{O}CH_3$ H $\xrightarrow{-H^+}$ R OH H_3CO

TM 161

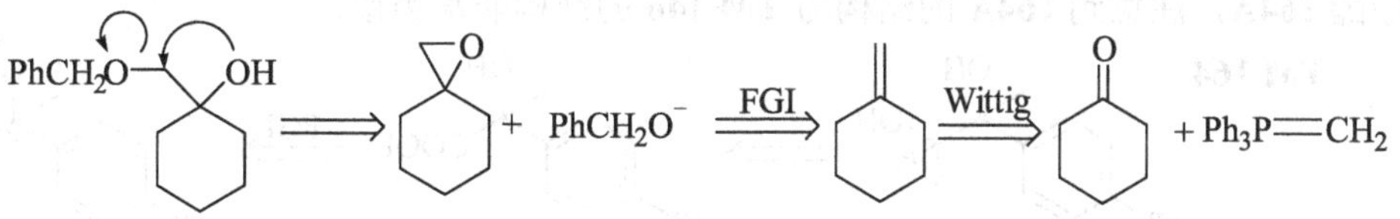

$PhCH_2O$ OH $\Longrightarrow$ O + $PhCH_2O^-$ $\xRightarrow{FGI}$ $\xRightarrow{Wittig}$ O + $Ph_3P{=}CH_2$

合成：

O $\xrightarrow{Ph_3P=CH_2}$ $\xrightarrow{MCPBA}$ O $\xrightarrow{PhCH_2ONa}$ $PhCH_2O$ OH

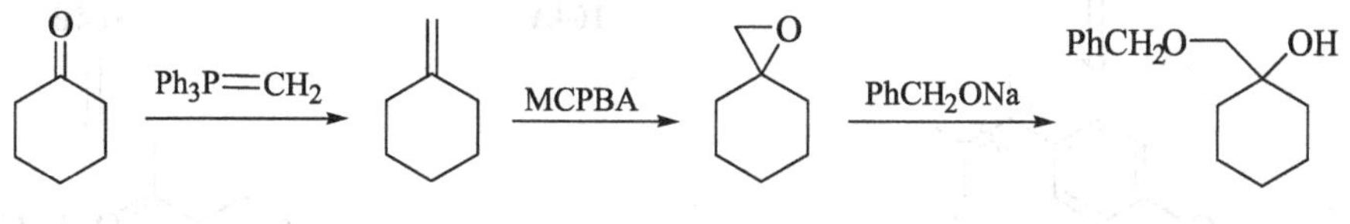

TM 162 的衍生物可用作消毒剂，它含有一系列的 1,2-关系，可从游离的—OH 开始分析：

TM 162

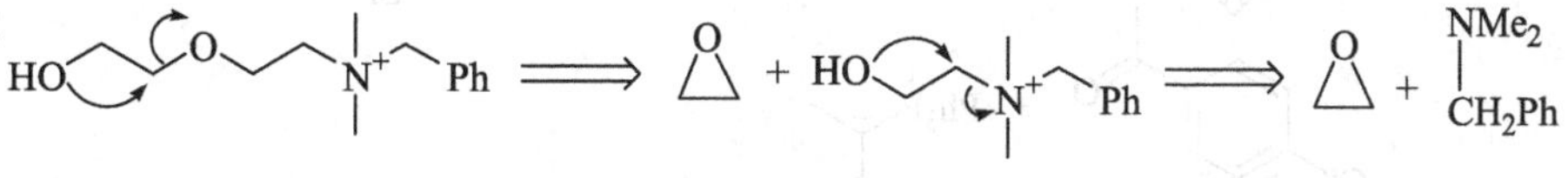

HO O $\overset{+}{N}$ Ph $\Longrightarrow$ O + HO $\overset{+}{N}$ Ph $\Longrightarrow$ O + NMe_2 | CH_2Ph

合成时可以采用二甲胺作为起始原料，最后苄基化。

合成：

$$Me_2NH \xrightarrow[\text{中性}]{\text{环氧乙烷}} HO\diagup\diagdown NMe_2 \xrightarrow[\text{碱}]{\text{环氧乙烷}} HO\diagup\diagdown O \diagup\diagdown NMe_2 \xrightarrow{PhCH_2Cl} HO\diagup\diagdown O\diagup\diagdown N^+Me_2CH_2Ph$$

中性溶液中，氨基比羟基更富亲核性，在碱中 OH 转变为 O^-比氨基更具亲核性。

对称结构的邻二醇可用游离基反应——酮的双分子还原来制取。

$$R^1R^2C(OH)-C(OH)R^1R^2 \Longrightarrow 2\ R^1R^2C{=}O$$

TM 163

TM 163 $\Longrightarrow$ 163A $\Longrightarrow$ 2 163B；163B $\Longrightarrow$ AcO-苯 + CH_3CH_2COCl

分析：TM 163 是人工合成的雌性激素——双烯雌酚，可由对称二醇 **163A** 脱水而来，**163A** 可由酮 **163B** 经双分子还原得到，**163B** 很显然可由 F-C 酰化反应得到。合成时使用乙酰氯作为脱水剂。

合成：

$$AcO\text{-}C_6H_5 \xrightarrow[AlCl_3]{CH_3CH_2COCl} 163B \xrightarrow[\text{苯}]{Mg} 163A \xrightarrow[(CH_3CO)_2O]{CH_3COCl} \textbf{TM 163}$$

分析方法并非是固定的模式一成不变，灵活运用所学知识，仔细观察目标分子的结构最为重要。轻度镇静剂非那格道尔 **TM 164** 中有两个相邻的叔醇官能团，除了将邻二醇转化为烯烃，再按照 Wittig 反应将烯键切断的分析方法外，还可以直接切断两个甲基，得到α-羟基酸酯 **164A**，注意到 **164A** 的结构与 **TM 146** 的结构非常类似：

TM 164

TM 164 $\Longrightarrow$ 164A (COOEt) $\xrightarrow{FGI}$ 164B (CN) $\Longrightarrow$ 4-氯苯乙酮 + CN^-

TM 164 $\Longrightarrow$ 烯烃 $\Longrightarrow$ 4-氯苯乙酮 + $Ph_3\overset{+}{P}\text{-}\overset{-}{C}(CH_3)_2$

合成时氰基转化为酯基时酰胺作为中间体先析出，在碱的作用下继续水解成羧酸；酯化，分子中游离的— OH 会破坏一部分格氏试剂，因此格氏试剂需要过量。

合成：

（反应式：氯苯 —CH_3COCl, $AlCl_3$→ 对氯苯乙酮 —KCN, H_2SO_4→ 羟基酰胺（OH, $CONH_2$）—1. OH^- 2. H^+, EtOH→ 羟基酯（OH, COOEt）—过量 MeMgI→ 二醇（OH, OH））

天然产物——欧洲榆小蠹信息素 Multistriatin 的合成

荷兰榆树病是一种被榆小蠹携带的真菌感染的疾病，在 21 世纪 70 年代，破坏了世界上很多地方的榆树林。原因是甲虫受到榆小蠹产生的一种信息激素 Multistriatin（**TM 165**）的吸引，聚集在一棵合适的榆树上，致使榆树被破坏。

Multistriatin 中含有缩酮结构，切断缩酮，前体 **165A** 中暴露出邻二醇和酮的结构。在其中一个支点断键对应对称的 3-戊酮 **165C** 的α-烷基化反应。

TM 165

Multistriatin ⟹（1,1-diO 缩酮）**165A** ⟹ **165A** ⟹（烯醇的烷基化）**165B** + **165C**

烷基化试剂 **165B** 的二醇结构可以从烯烃 **165D** 双羟化而来，**165**D 可以从 **165E** 出发由烯丙基负离子的烃基化反应得到。

165B ⟹（FGI 双羟基化）**165D**；**165D** X=OTs ←（1. Mg,Et_2O 2. CO_2 3. $LiAlH_4$ 4. TsCl, 吡啶）**165E**

烷基化时，酮 **165C** 先与环己胺反应生成氮杂烯醇镁盐 **165G** 活化羰基的α-位，与对甲苯磺酸酯 **165D** 反应，形成了非对映异构的烯酮 **165H** 的混合物。合成表明不必制备二醇，因为环氧化合物 **165I** 可以在路易斯酸的催化下直接转化成 Multistriatin **TM 165**，这个方法得到所有非对映异构体的混合物。

165C —环己胺, TsOH, 苯，分水器→ **165F**; R=Cy —EtMgBr→ **165G**; R=Cy —1. **165D**;R=OTs 2. HCl, H_2O→ **165H** —*m*CPBA→ **165I** —$SnCl_4$→ **TM 165**

如何得到光学异构的 **TM 165**？把中间体 **165H** 断开成醛 **165J**，醛 **165K** 可以从天然产物（+）-Citronellol 制得。

165H ⟹(C—C) 165J ⟹(C—C) 165K

烷基化时，**165K** 和叔丁基胺反应的产物亚胺 **165L** 锂化后甲基化可以较高产率得到 **165J**，但是得到的是非对映异构体的混合物。后续合成如前，得到 Multistriatin 的混合物，可以分离出 53%的天然构型的 Multistriatin。从这个合成可以看出，在路易斯酸催化的 **165I** 的环化中，酮旁边的手性中心可以差向异构化得到正确的构型。

165K →(t-BuNH$_2$) 165L →(1. LDA 2. MeI 3. H$^+$, H$_2$O) 165J

165J →(1. EtMgBr 2. H$^+$, H$_2$O 3. Cr(Ⅵ) 4. mCPBA) 165I →(SnCl$_4$) TM 165

如何对另外两个手性中心的构型进行精确控制？可以从易得的的 *cis*-丁烯二醇 **165M** 出发，将二醇保护成缩酮 **165O**，**165O** 氧化成环氧化合物 **165P**，和甲基酮锂试剂反应环氧开环得到正确的非对映异构体 **165Q**，**165Q** 经过酸催化的缩酮重排，从不太稳定的七元环重排为稳定的五元环 **165R**，引入离去基团碘。

165M + 165N →(TsOH) 165O; 89%产率 →(mCPBA, CH$_2$Cl$_2$) 165P; 99%产率 →(1. Me$_2$CuLi 2. NH$_4$Cl, MeOH)

165Q; 94%产率 →(丙 浓盐酸) [165R; 98%产率] →(1. TsCl,吡啶 (99%产率) 2. NaI, Me$_2$CO (99%产率)) 165S

这时，酮 **165C** 的烯醇锂盐 **165T** 在酮旁边碳原子平衡之后，被用来立体选择性地合成消旋的 Multistriatin。最后一步可以以 98%的产率、85∶9 的比例得到化合物 **TM 165** 和 **TM 165′** 的混合物，它们可以通过色谱分离。

165C →(LDA) 165T →(165S) 165U;84%产率,85∶15混合物 →(10% HCl (混合物)) TM 165(Multistriatin) + TM 165′(*epi*-Multistriatin)

C. 提高——酰基阴离子等价物

$$R^1R^2C(OH)-C(=O)R^3 \Longrightarrow R^1R^2C{=}O + {}^{-}C(=O)R^3$$

把α-羟基酮按醇的切断方式在—OH和羰基之间切断时，得到酰基负离子，若R^3为甲基，乙酰负离子的合成等价物为乙炔负离子，若R^3为其他基团，由于炔烃水合时会存在异构问题，这时采用端基炔作酰基负离子的合成等价物就不太适合。

实际上，任何缩醛类衍生物**166A**都可以作为酰基阴离子的等价物，只要原子X和Y能够**稳定阴离子**，以便锂的衍生物**166B**（甚至阴离子）能够形成，而且对亲电试剂的加成产物**166C**能够**水解成羰基化合物**。注意当X=Y=O（缩醛）时很容易水解，但不会完全转化为锂衍生物，所以通常一个取代基（S，CN等）用来稳定阴离子，另一个帮助水解（O，N等）。

RCHO ⟶ R(H)C(XR′)(YR″) **166A** —BuLi⟶ R(Li)C(XR′)(YR″) **166B** —E^+⟶ R(E)C(XR′)(YR″) **166C** —H^+, H_2O⟶ RC(=O)E **166D**

RC(=O)E **166D** ⟹ $RC(=O)^-$ + E^+；$RC(=O)^-$ ≡ R(H)C(XR′)(YR″)

（1）二噻烷

二噻烷**167A**（X=Y=S）是常用的酰基负离子等价物，由醛与1,3-丙二硫醇在路易斯酸的催化下合成。在丁基锂的作用下去质子，再与烷基卤化物、环氧化物或者羰基化合物（E^+）发生反应生成**167C**，水解后得到**167D**，缺点是水解比较困难。

RCHO —$HS(CH_2)_3SH$, BF_3⟶ **167A** (R, H) —BuLi⟶ **167B** (R, Li) —E^+⟶ **167C** (R, E) —Hg(Ⅱ), BF_3⟶ RC(=O)E **167D**

降血脂药物阿昔呋喃（Acifran，**TM 168**）是一个简单的杂环，在烯醇醚处（支点处）断键后，得到**168A**，**168A**含有两个1,2-关系、一个1,3-关系、两个1,4-关系和一个1,5-关系。

TM 168（Acifran） ⟹（C—O 烯醇醚） Ph(HO)C(CH_3)C(=O)CH_2C(=O)COOH **168A** = **168A**（1,2-diCO；1,2-diCO；1,3-diCO）

使用哪种关系进行切断呢？希望断键后形成偶数碳原子的原料（易得），而不是奇数碳原子。在**168A**中的1,3-关系间切断，断键后是烯醇化的酮**168B**及不可烯醇化的、对称的、非常亲电的草酸二乙酯。

Ph, HO, O, O, a, b, COOH　**168A**　1,3-diCO, b ⇒　Ph, HO, O　**168B**　+　X, O, COOH　**168C**　FGI ⇒　EtO, O, O, OEt　草酸二乙酸

α-羟基酮 **168B** 可以由 d^1 试剂 **168E** 进攻可烯醇化的酮 **168D** 得到。d^1 合成子 **168E** 的合成等价物是二噻烷。

Ph, HO, O　**168B**　1,2-diCO ⇒　Ph, O　**168D**(a^1试剂)　+　O, −　**168E**(d^1合成子)　=　S, S, H

开始由二噻烷的锂衍生物与 **168D** 缩合，接下来用丙酮酸与二噻烷发生交换从 **168F** 中除去二噻烷。丙酮酸中羰基与羧基邻位不稳定，但在 **168G** 中则是稳定的，二噻烷的交换正是通过形成丙酮酸衍生物 **168G** 来消除这种不稳定性。

S, S, H　1. BuLi　2. **168D**　Ph, S, S, OH　**168F**　O, COOH, H^+　Ph, HO, O　**168B**　+　S, S, COOH　**168G**

接下来的合成过程很简单，**168B** 不需要保护就可以和草酸乙酯顺利进行 Claisen 酯缩合得 **168H**，**168H** 与酸在加热条件下发生分子内的反应形成烯醇醚，酯基同时水解成酸。

Ph, HO, O　**168B**　$(COOEt)_2$, 碱　[Ph, HO, O, O, COOEt]　**168H**;没有分离　H^+　O, Ph, O, COOH　**TM 168**(Acifran) ;92%产率

（2）保护的α-氰醇

对于 **166A** 来说，当 X=CN，Y=O 时为α-氰醇化合物，也可以作为酰基负离子等价物。用三甲基硅基捕获氰醇负离子 **169A** 得到硅醚化的α-氰醇化合物 **169B**，用 LDA 处理，失去质子得到锂衍生物 **169C**。

O, R, H　催化酶, ^-CN　NC, O^-, R, H　**169A**　Me_3SiCN　NC, $OSiMe_3$, R, H　**169B**　LDA　NC, $OSiMe_3$, R, Li　**169C**

169C 可以和许多亲电试剂反应，特别是醛酮，因为生成的氧负离子会捕获分子内的三甲基硅基，同时失去氰基，得到 **169E**，**169E** 比二硫缩醛更易水解，用氟化物处理即得羟基酮 **169F**。

O　**169C**　$SiMe_3$, O, NC, R, O^-　**169D**　→　O, R, $OSiMe_3$　**169E**　$Et_3N \cdot HF$　O, R, OH　**169F**

如苯甲醛生成的α-氰醇 **170A** 与环戊酮缩合得到α-羟基酮 **TM 170**，产率为 78%。

PhCHO —(1. Me_3SiCN; 2. LDA)→ **170A** + 环戊酮 → **170B** —($Et_3N \cdot HF$)→ **TM 170**; 78%产率

（3）α-氨基腈化物

酰基负离子等价物还可与α,β-不饱和酮发生 Michael 加成反应，其中氨基腈化物效果最好。Stork 为了这个特别的目的发展了α-氨基腈化物，并成功运用于 *cis*-茉莉酮 **TM 171** 的合成。

cis-茉莉酮含有一个明显的 1,3-关系，切断烯键得 **171A**，在热力学控制下，1,4 二酮 **171A** 确定环化为 **TM 171**。我们不打算按照 1,4-关系来分析 **26A**，因为这样推出的前体仍然比较复杂。选择在接近分子中部的羰基两侧进行断键，需要一个能与烯酮 **171B** 发生 Michael 加成以及能与β-烯基卤 **171D** 发生反应的 d^1 双合成子。

TM 171 (*cis*-茉莉酮) ⇒(Aldol反应) **171A** ⇒(1,4-diCO) **171B** + **171C** (d^1双合成子) + **171D**

甲醛的氨基腈化物 **171E** 可以作为 d^1 双合成子，能与烷基卤化物 **171D** 发生反应，生成的 **171F** 再与烯酮发生 Michael 加成，然后发生温和的水解反应，在接近中性的 Cu（Ⅱ）盐的作用下产生 1,4-二酮 **171A**，碱性条件下环化形成 *cis*-茉莉酮 **TM 171**。

合成：CH_2O —(NaCN, Et_2NH, $NaHSO_3$)→ $Et_2N\diagdown\diagup CN$ (**171E**) —(1. LDA; 2. **171D**; X=I)→ **171F** —(1. LDA; 2. **171B**)→ **171G** —($CuSO_4$, pH=5, $MeOH/H_2O$)→ **171A** —(碱)→ **TM171**(*cis*-茉莉酮)

3.2.4 1, 4-二官能团化合物的切断

A. 基础——活泼亚甲基化合物的烃化

乙酸乙酰乙酯的亚甲基受到两个羰基吸电子基的影响，具有较强的酸性：

$$H_3C-\overset{O}{\overset{\|}{C}}-CH_2-\overset{O}{\overset{\|}{C}}-OC_2H_5 \overset{B:}{\rightleftharpoons} H_3C-\overset{O}{\overset{\|}{C}}-\overset{-}{C}H-\overset{O}{\overset{\|}{C}}-OC_2H_5 \longleftrightarrow H_3C-\overset{O^-}{\overset{|}{C}}=CH-\overset{O}{\overset{\|}{C}}-OC_2H_5$$

$$\longleftrightarrow H_3C-\overset{O}{\overset{\|}{C}}-\overset{H}{C}=\overset{O^-}{\overset{|}{C}}-OC_2H_5$$

生成的碳负离子可以发生烃化或酰化反应，水解脱羧后生成甲基酮或β-二酮：

$$H_3C-\overset{O}{\overset{\|}{C}}-CH_2-\overset{O}{\overset{\|}{C}}-OC_2H_5 \xrightarrow[2.\ RBr]{1.\ NaOEt} H_3C-\overset{O}{\overset{\|}{C}}-\underset{R}{\underset{|}{CH}}-\overset{O}{\overset{\|}{C}}-OC_2H_5 \xrightarrow[\triangle]{H_3O^+} H_3C-\overset{O}{\overset{\|}{C}}-CH_2-R$$

$$\xrightarrow[2.\ RCOCl]{1.\ NaOEt} H_3C-\overset{O}{\overset{\|}{C}}-CH(C(=O)R)-\overset{O}{\overset{\|}{C}}-OC_2H_5 \xrightarrow[\triangle]{H_3O^+} H_3C-\overset{O}{\overset{\|}{C}}-CH_2-\overset{O}{\overset{\|}{C}}-R$$

当烃化试剂是α-卤代酮或环氧乙烷时，则会生成**1,4-二酮**或**γ-羟基酮**：

$$H_3C-\overset{O}{\overset{\|}{C}}-CH_2-\overset{O}{\overset{\|}{C}}-OC_2H_5 \xrightarrow[2.\ BrCH_2COR]{1.\ NaOEt} H_3C-\overset{O}{\overset{\|}{C}}-CH(CH_2-C(=O)-R)-\overset{O}{\overset{\|}{C}}-OC_2H_5 \xrightarrow[\triangle]{H_3O^+} H_3C-\overset{O}{\overset{\|}{C}}-CH_2-CH_2-\overset{O}{\overset{\|}{C}}-R$$

$$\xrightarrow[2.\ \text{环氧乙烷}]{1.\ NaOEt} \left[H_3C-\overset{O}{\overset{\|}{C}}-CH(H_2C-CH_2OH)-\overset{O}{\overset{\|}{C}}-OC_2H_5\right] \longrightarrow \text{α-乙酰基-γ-丁内酯} \xrightarrow[\triangle]{H_3O^+} H_3C-\overset{O}{\overset{\|}{C}}-CH_2-CH_2-CH_2OH$$

另外一种常用的活泼亚甲基化合物——丙二酸二乙酯也会发生类似的反应，但产物为**γ-酮酸（酯）**或**γ-羟基酸**：

$$C_2H_5O-\overset{O}{\overset{\|}{C}}-CH_2-\overset{O}{\overset{\|}{C}}-OC_2H_5 \xrightarrow[2.\ BrCH_2COR]{1.\ NaOEt} \xrightarrow[\triangle]{3.\ H_3O^+} HO-\overset{O}{\overset{\|}{C}}-CH_2-CH_2-\overset{O}{\overset{\|}{C}}-R$$

$$C_2H_5O-\overset{O}{\overset{\|}{C}}-CH_2-\overset{O}{\overset{\|}{C}}-OC_2H_5 \xrightarrow[2.\ \text{环氧乙烷}]{1.\ NaOEt} \xrightarrow[\triangle]{3.\ H_3O^+} HO-\overset{O}{\overset{\|}{C}}-CH_2-CH_2-CH_2OH$$

当然，1,4-二官能团化合物还可以由其他方法制备，如乙炔双负离子与二分子醛酮反应生成1,4-二醇，CN^-对α,β-不饱和酮进攻生成γ-酮酸等。

B. 应用

（1）1,4-二羰基化合物的切断

① 切断一 1, 4-二羰基化合物最常见的切断位置在两个羰基之间的2,3位上，得到一个d^2合成子和一个不合逻辑的a^2合成子，a^2合成子对应的试剂是α-卤代羰基化合物，d^2合成子对应的试剂不是相应的酮，而是在α-位上添加酯基的β-酮酸酯。

$$R^1-\overset{O}{\overset{\|}{C}}{}_1-CH_2{}_2 \wr CH_2{}_3-\overset{O}{\overset{\|}{C}}{}_4-R^2 \Longrightarrow R^1-\overset{O}{\overset{\|}{C}}-CH_2^- + {}^+CH_2-\overset{O}{\overset{\|}{C}}-R^2$$

$$R^1-\overset{O}{\overset{\|}{C}}-CH_2-COOEt \qquad X-CH_2-\overset{O}{\overset{\|}{C}}-R^2$$

为什么不能用酮直接作为原料？我们来看下面的例子。

TM 172

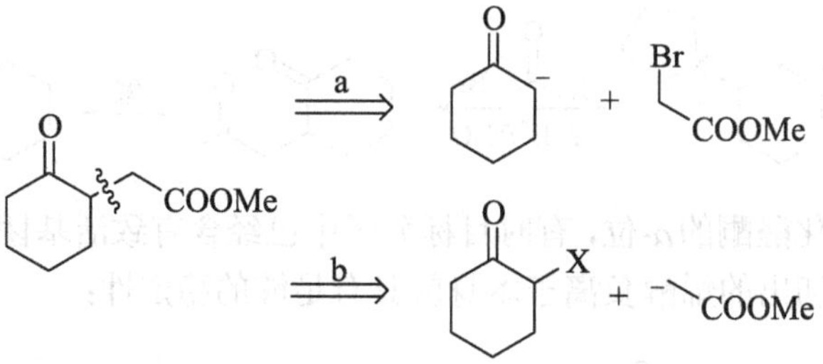

TM 172 是 1,4-二羰基化合物，在 2,3 之间切断有两种方式，任选其中的一种都可以，选择 a 方式，直接以环己酮作为原料，和溴乙酸乙酯合成时发生了 Darzens 反应。

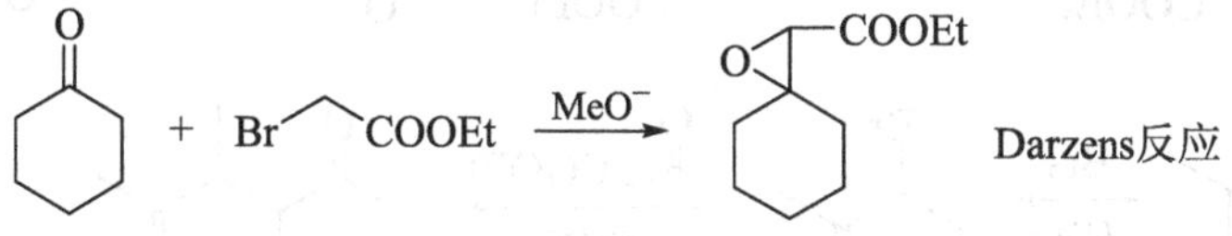

Darzens反应

机理：在这个体系中，酸性最强的质子位于 Br 和 COOEt 之间（并不是环己酮的α-H），在碱的作用下，$BrCH_2COOEt$ 形成烯醇负离子，进攻环己酮的羰基，发生 Darzens 反应，生成α,β-环氧酸酯。

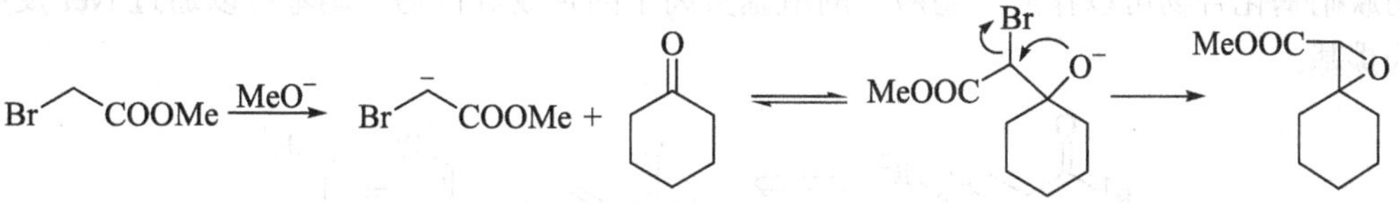

若要我们期待的反应发生，必须增强环己酮α-H 的酸性，使它首先形成烯醇负离子，可以引入致活基 COOEt 活化α-位，还可以用另外一种方法——转变成**烯胺**活化醛酮的α-位。

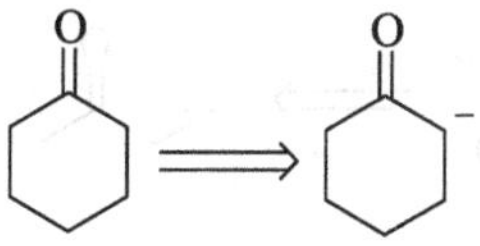

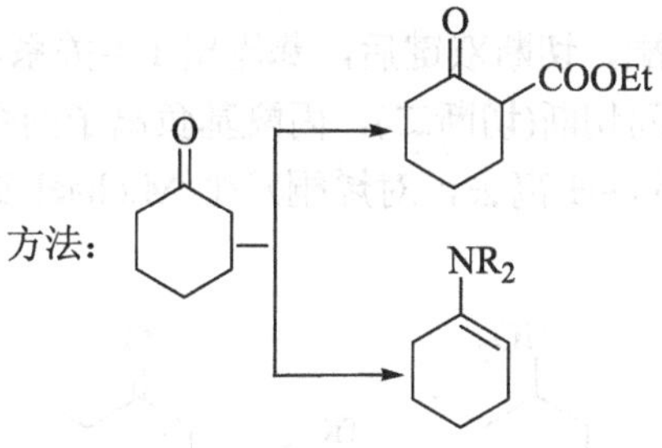

方法：

合成：

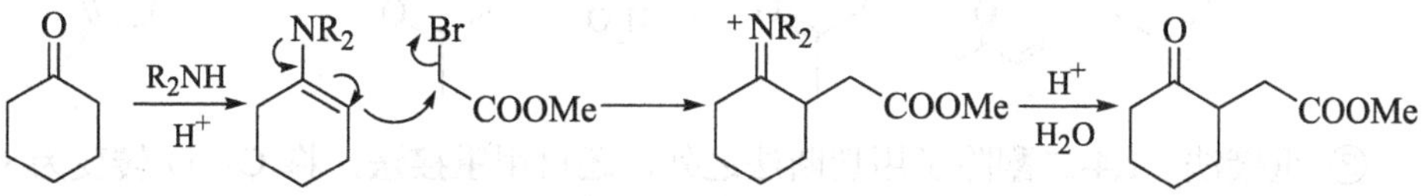

TM 173 中只有 1 个 1,3-关系——α,β-不饱和酮，切断双键后，显示出 1,4-关系，按上述方法继续在 2,3 之间（环链相接处）切断。

TM 173

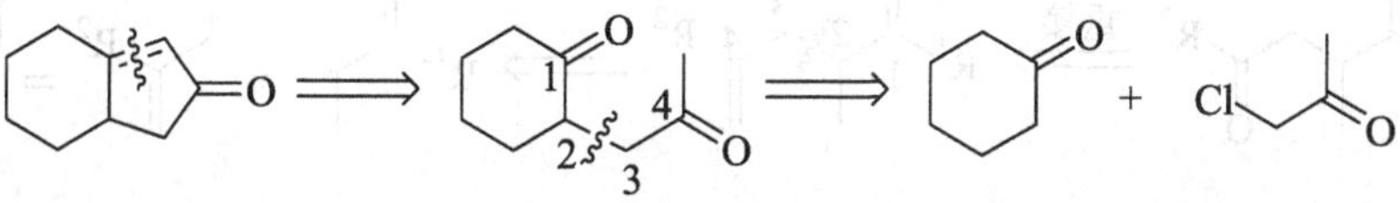

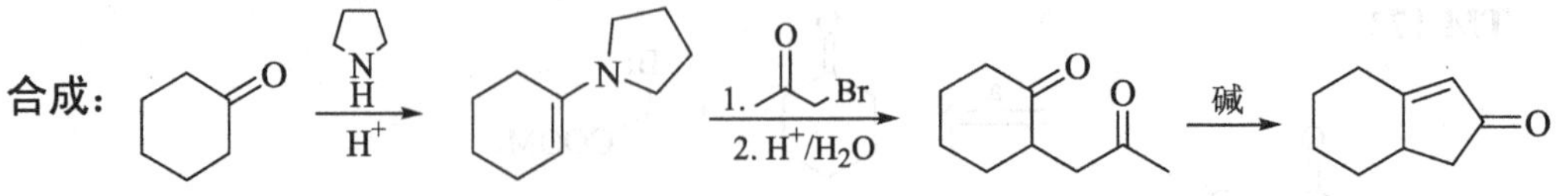

合成：

N H / H^+ → 1. Br（溴丙酮） 2. H^+/H_2O → 碱 → O

并非总是需要用烯胺来活化醛酮的α-位，有时目标分子中已经含有致活基团。如 **TM 174** 中的酯基提醒了切断的位置，切出的烯醇负离子本身就具有足够的稳定性：

TM 174

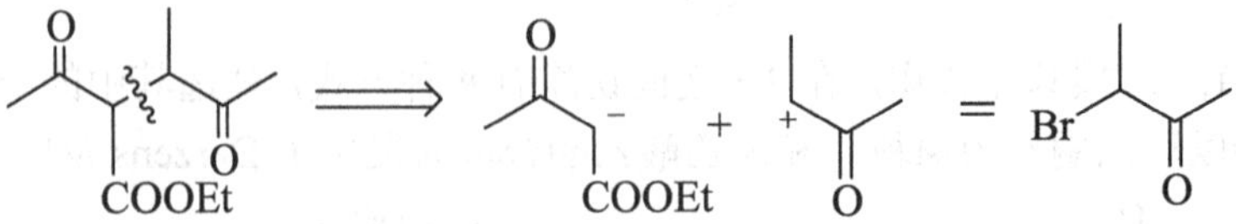

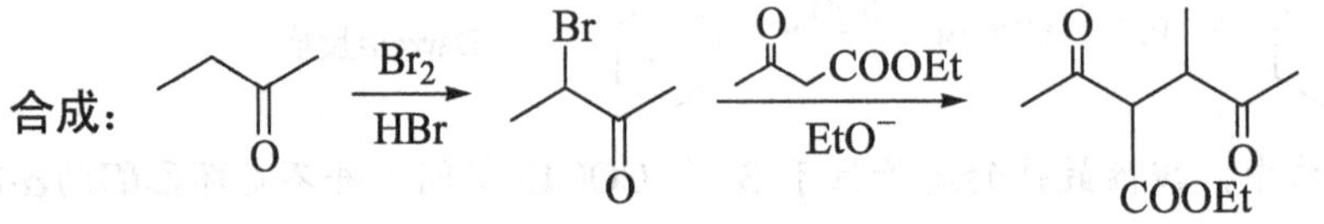

O, O, COOEt ⟹ O, COOEt + O = Br, O

合成：

O → Br_2 / HBr → Br, O → COOEt / EtO^- → O, O, COOEt

② 切断二　在羰基和α-C 之间切断，可视为酰基负离子对α,β-不饱和酮的 Michael 加成。脂肪族硝基化合物可以作为"隐蔽"的酰基负离子的合成等价物，硝基可以通过 Nef 反应转变为羰基。

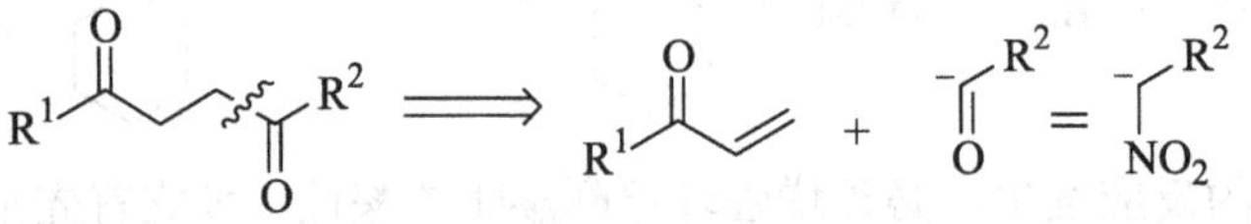

R^1, O, R^2, O ⟹ R^1, O + R^2, O = R^2, NO_2

TM 175

O ⟹ O, O ⟹ O + O = NO_2

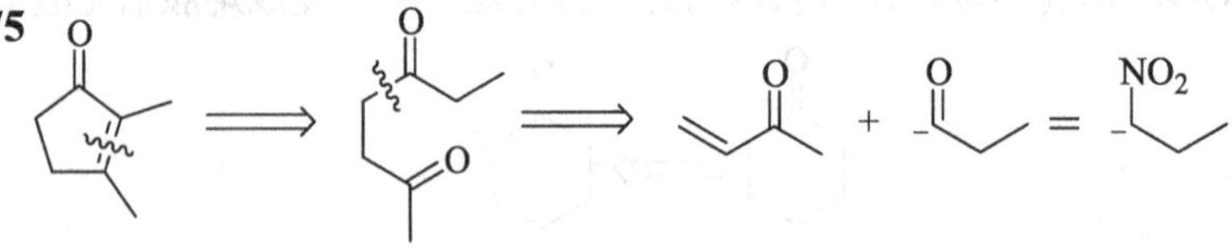

TM 175 是个α,β-不饱和酮，切断双键后，暴露出 1,4-关系，可以在 2,3 之间切断（**切断一**），也可以在羰基和α-C 之间切断(**切断二**)，丙酰基负离子的合成等价物为硝基丙烷。合成时只需弱碱就可使硝基丙烷的α-H 离去，对烯酮发生 Michael 加成，最后一步成环时只给出双键上取代基最多的环烯烃。

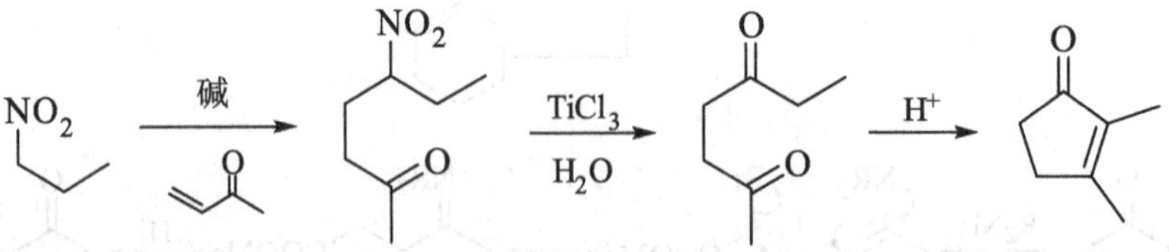

NO_2 → 碱 → NO_2, O → $TiCl_3$ / H_2O → O, O → H^+ → O

③ 重接法　1,4-二酮除了用切断法之外，还可用**重接法**，将 C═O 转变为 C═C（对应的正向反应为烯键的氧化）。继续在 2,3 之间切断，给出烯醇负离子和烯丙基正离子，均为稳定且易得的合成子。

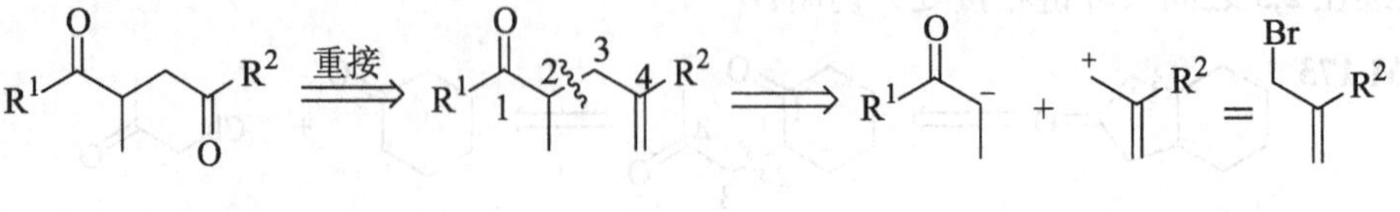

R^1, O, R^2, O ⟹（重接） R^1, O, 1, 2, 3, 4, R^2 ⟹ R^1, O + R^2 = Br, R^2

TM 176

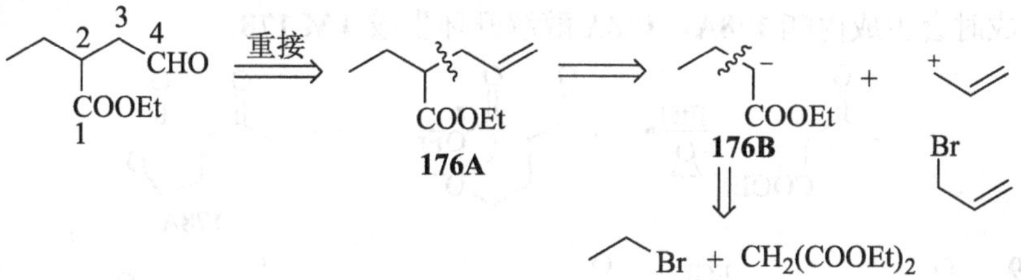

TM 176 直接在 2,3 之间切断，会得到α-溴代醛，试剂高度活泼，反应不容易控制。将 **TM 176** 采用重接法延伸一个碳原子后再切断，则会得到简单的烯丙基溴作原料。

合成：

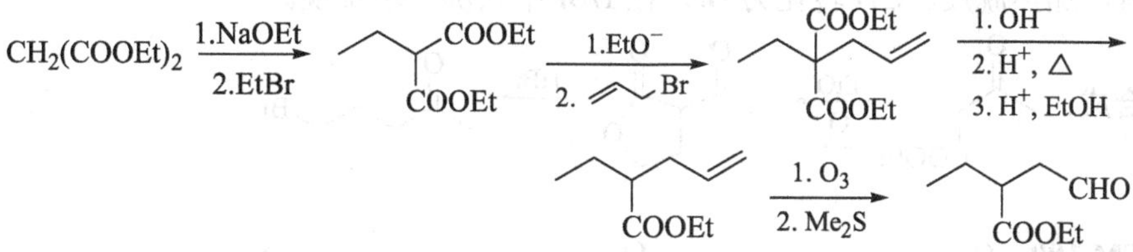

（2）γ-羟基羰基化合物的切断

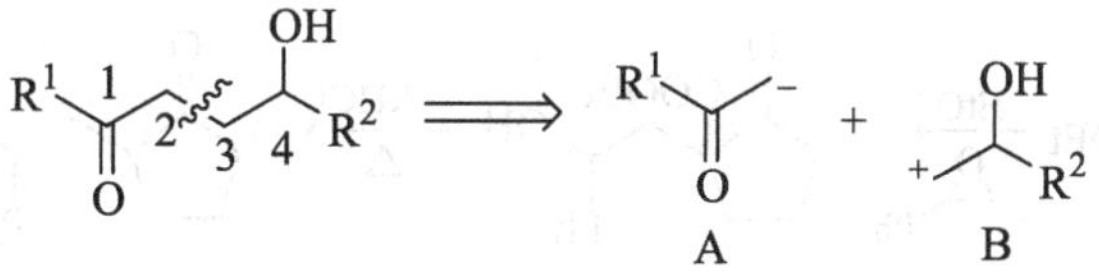

γ-羟基羰基化合物通常在 2,3 之间切断，得到一个正常极性的 d^2 合成子 A 和一个氧化度降低的 a^2 合成子 B，合成子 B 的合成等价物为环氧化物。

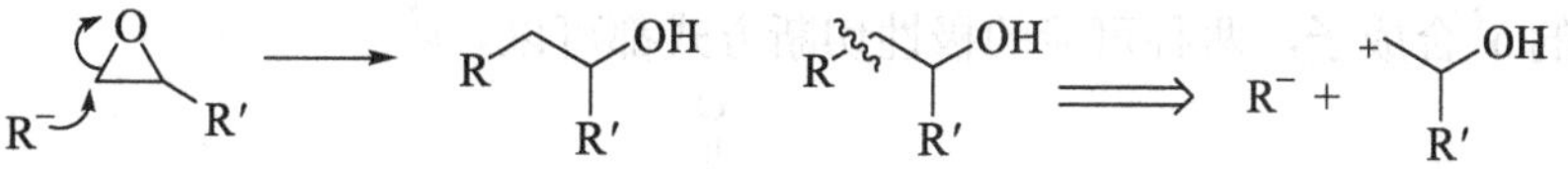

α-卤代羰基化合物

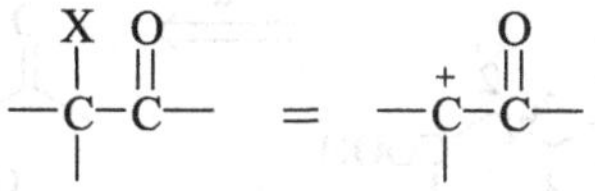

环氧化物

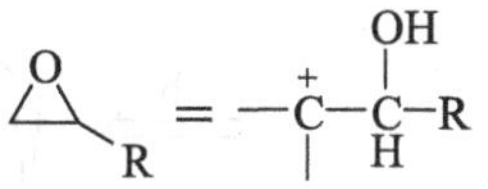

TM 177

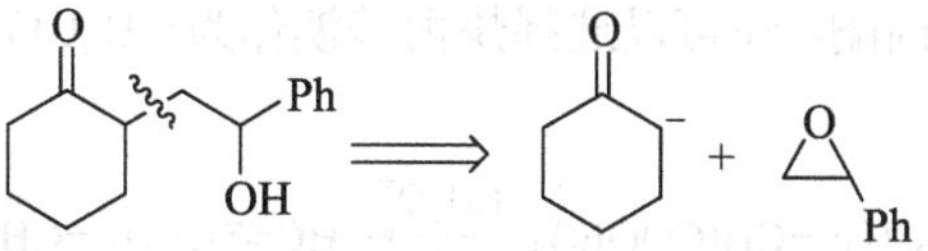

合成：

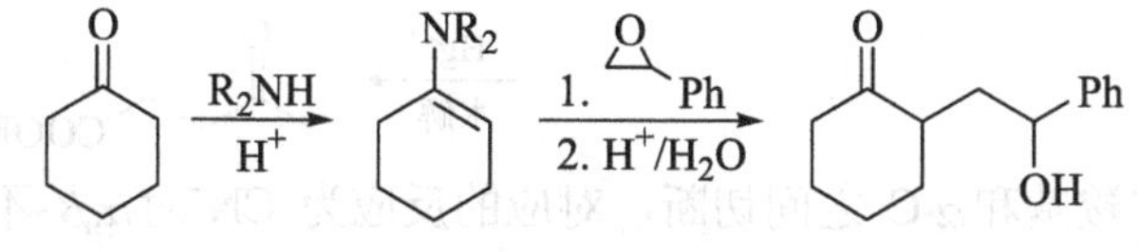

TM 178

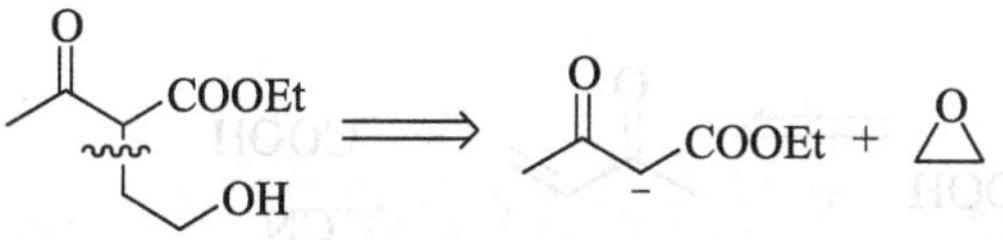

实际合成时会生成内酯 **178A**，**178A** 醇解开环生成 **TM 178**。

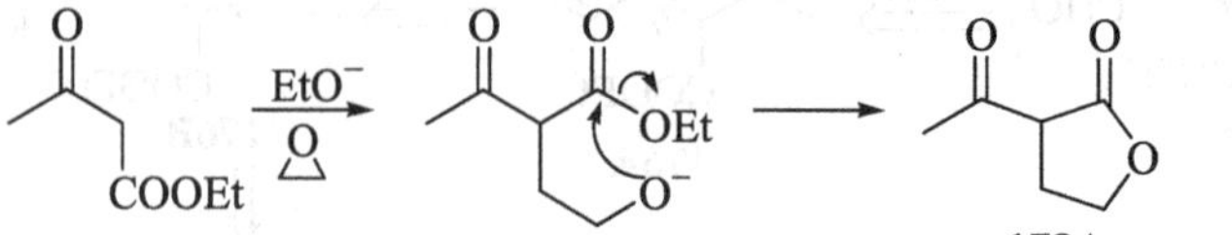

178A

TM 179

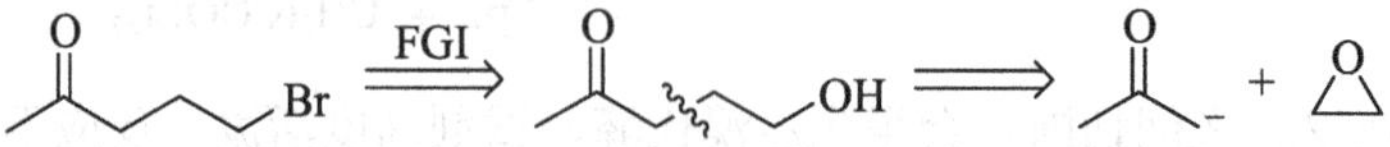

FGI

合成时以乙酰乙酸乙酯作为原料和环氧乙烷反应，得到内酯 **178A**，最后三步反应，内酯水解、加热脱羧、OH 转化为 Br，在 HBr 中共沸一步实现。

合成：

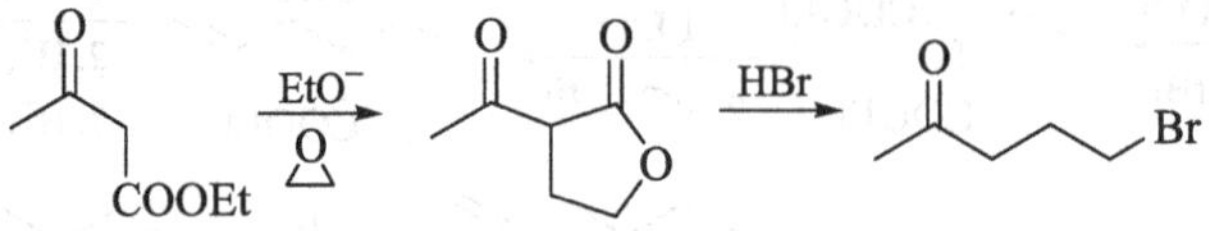

TM 180

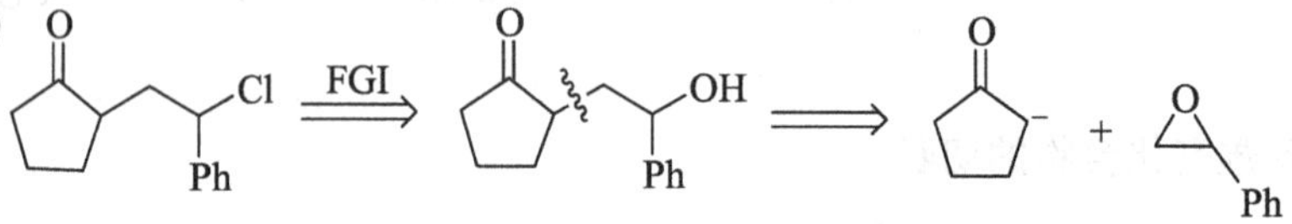

FGI

合成：

浓HCl

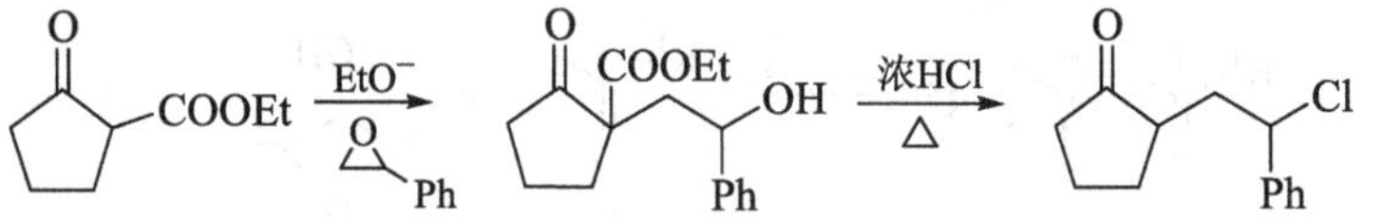

（3）γ-酮酸的切断

① 切断一 γ-酮酸最常见的切断位点在 2,3 之间，得到一个正常极性的 d^2 合成子和一个极性翻转的 a^2 合成子，两种可能的极性切断方式都可以。

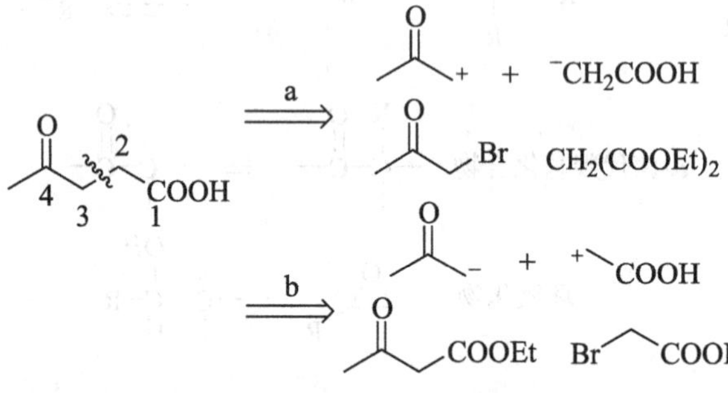

$^-CH_2COOH$

$CH_2(COOEt)_2$

选择 a 路线进行合成，除了α-溴代丙酮，还可以选择炔丙基溴作为 $CH_3COCH_2^+$ 合成子的合成等价物：

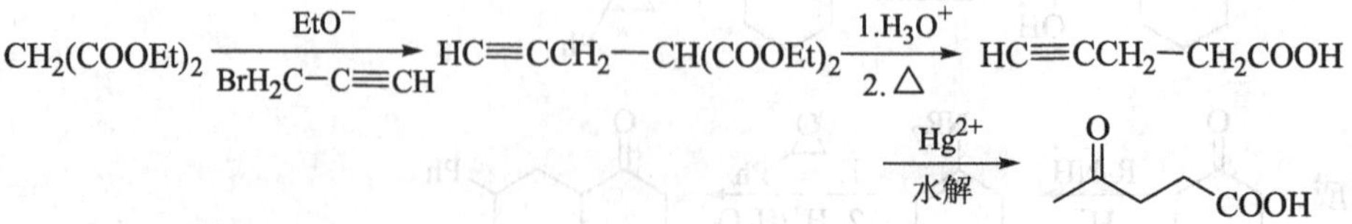

$$CH_2(COOEt)_2 \xrightarrow[BrH_2C-C\equiv CH]{EtO^-} HC\equiv CCH_2-CH(COOEt)_2 \xrightarrow[2.\ \triangle]{1.H_3O^+} HC\equiv CCH_2-CH_2COOH$$

$$\xrightarrow[\text{水解}]{Hg^{2+}} CH_3COCH_2CH_2COOH$$

② 切断二γ-酮酸还可以在羧基和α-C 之间切断，对应的反应为 CN^-对α,β-不饱和酮的共轭加成。

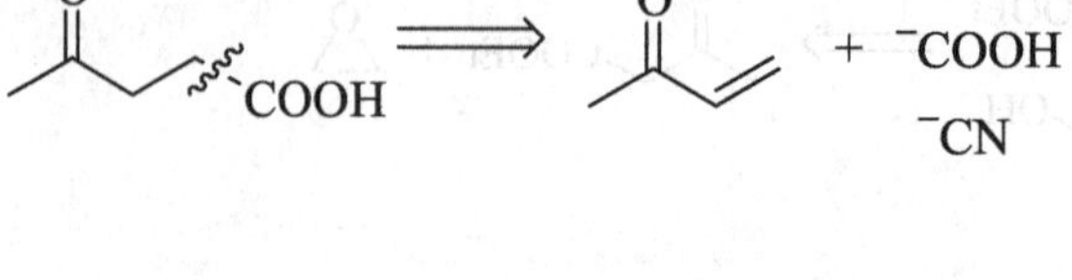

^-COOH

^-CN

（4）1,4-二醇的切断

1,4-二醇可以由其他1,4-二官能团化合物通过官能团转变制备，如1,4-二酮或γ-羟基羰基化合物的还原，也可采用FGA，在2,3之间添加叁键，然后在叁键两侧进一步切断为乙炔二负离子和二分子醛（酮）：

$$R^1CH(OH)CH_2CH_2CH(OH)R^2 \xrightarrow{FGA} R^1CH(OH)-C\equiv C-CH(OH)R^2 \Longrightarrow R^1CHO + {}^-C\equiv C^- + R^2CHO$$

实际上不仅1,4二醇可以利用添加叁键的方法，其他1,4-二官能团化合物也可在2,3之间添加叁键。

TM 181 ⟹ **181A**（R–CH(OH)CH₂CH₂COOH） $\xrightarrow{FGA}$ **181B**（R–CH(OH)–C≡C–COOH） ⟹ RCHO + $^-C\equiv C^-$ + CO_2

分析：切断**TM 181**的内酯键，暴露出γ-羟基酸的结构，添加叁键，推出前体**181B**，在叁键两侧切断，推出原料为乙炔双负离子、醛和CO_2。

合成：

$$H-C\equiv C-H \xrightarrow[2.RCHO]{1.\ NaNH_2,\ NH_3} RCH(OH)C\equiv CH \xrightarrow[2.\ CO_2]{1.\ BuLi} RCH(OH)-C\equiv C-COOH \xrightarrow{H_2,Pd} \text{R-取代}\gamma\text{-丁内酯}$$

必须先还原叁键，然后关环，氢化时能自发关环。

合成抗生素甲亚霉素时需要用到酮酯**TM 182**，切断**TM 182**的α,β-不饱和酮的双键（1,3-关系），接下来1,4-关系的切断位点很明确，活化基COOEt指导我们在它的邻位切断：

TM 182

甲亚霉素（COOH）　**TM 182**（COOEt） ⟹ **182A** ⟹ **182B**（$CH_3CH_2COCH_2Br$） + CH_3COCH_2COOEt

合成时，**182A**环化可能会形成两种产物，**TM 182**和**182C**，但是在热力学控制下，环化时更易形成双键上取代基较多的烯烃，产物只有**TM 182**。

$$CH_3COCH_2COOEt \xrightarrow[2.\ CH_3CH_2COCH_2Br]{1.\ NaH} \mathbf{182A} \xrightarrow[EtOH]{NaOEt} \mathbf{TM\ 182}$$

$$\mathbf{182A} \xrightarrow{NaOEt} \mathbf{182C}$$

TM 183是环戊烯酮类化合物，是制取前列腺素中很重要的中间体。分析时可以从α,β-

不饱和羰基（1,3-关系）着手，切断双键，前体为 1,4-二酮 **183A**，在 2,3 之间切断，原料为乙酰乙酸乙酯和α-卤代酮 **183B**。

TM 183

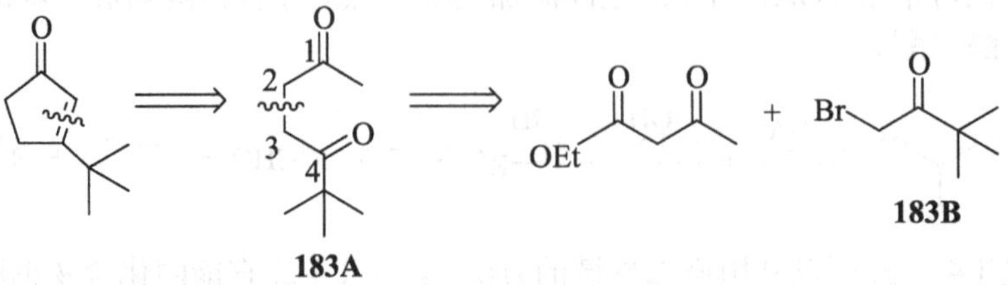
O
1
2
3
4
O
O
O
OEt
+
Br
O
183A
183B

183B 由 **183C** 的α-卤代而来，**183C** 是频哪醇重排的产物：

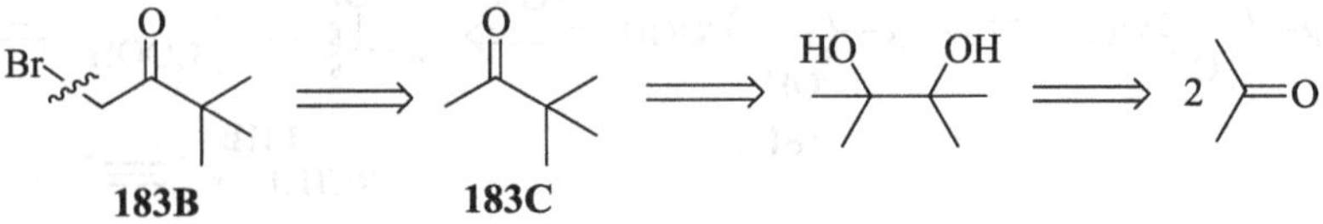
Br
O
O
HO
OH
2
O
183B
183C

合成：

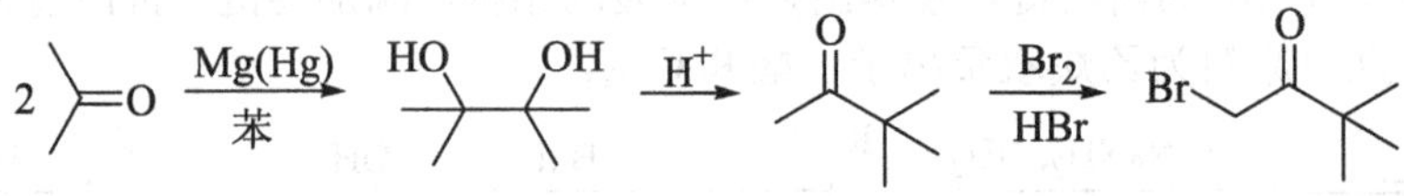
2
O
Mg(Hg)
苯
HO
OH
H+
O
Br2
HBr
Br
O

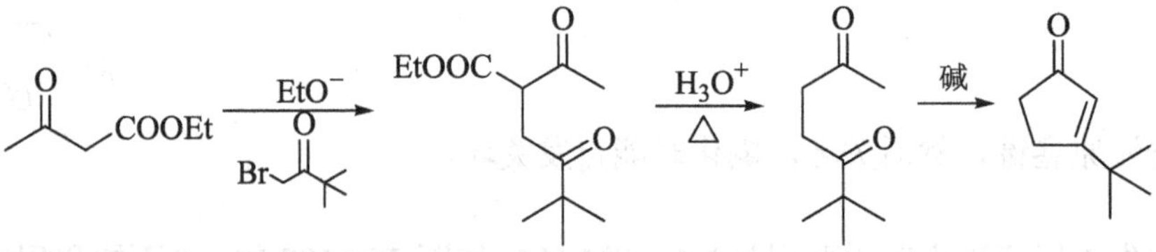
O
COOEt
EtO−
Br
O
EtOOC
O
O
H3O+
△
O
O
碱
O

TM 184 是个三元醇，含有 1,4-和 1,5-关系，将其返回至羰基更容易利用前面的知识来进行分析。**184A** 中利用两个 1,4-关系，直接在 2,3 之间（环链相接处）切断：

TM 184

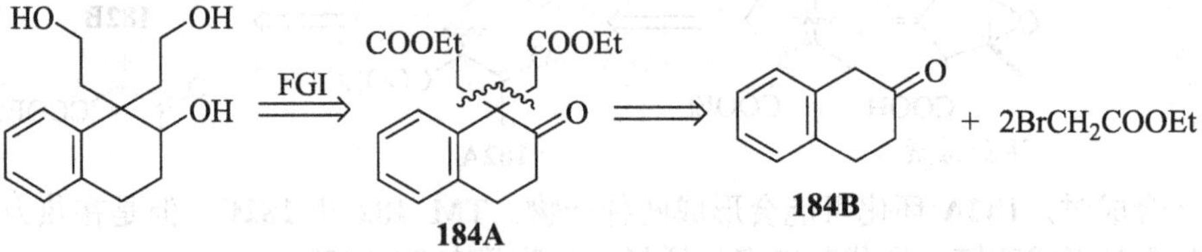
HO
OH
OH
FGI
COOEt
COOEt
O
O
+ 2BrCH2COOEt
184A
184B

合成：184B 中处于羰基和苯环之间的α-H 非常活泼，容易在碱的作用下形成稳定的烯醇负离子，发生两次烷基化反应，$LiAlH_4$ 将酯键和羰基同时还原：

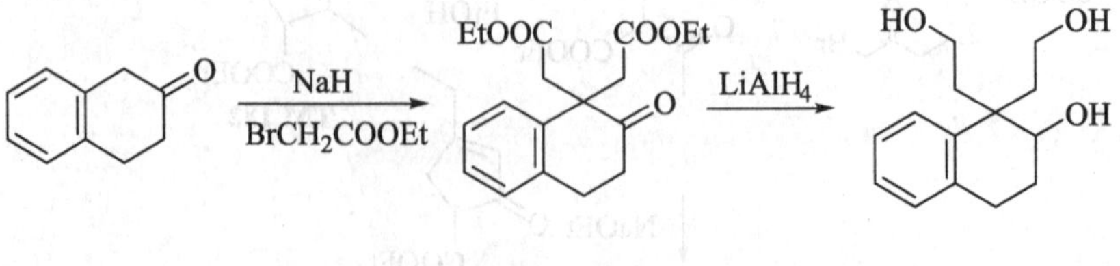
O
NaH
BrCH2COOEt
EtOOC
COOEt
O
LiAlH4
HO
OH
OH

螺构烯酮 **TM 185** 是 Corey 合成赤霉酸时用到的中间体，含有一个α,β-不饱和酮（1,3-关系），切断烯键得 **185A**，**185A** 中含有 1,4-二羰基结构，按 a 方式直接在 2,3 之间（环链相接处）切断，得到环己基醛 **185B** 和α-溴代酮 **185C**，但按照此路线实 时失败。如果按 b 方式在醛基处重接得 **185D**，**185D** 在环链相接处切断得 **185E** 和乙酰乙酸乙酯。但是这一策略仍然不容乐观，因为乙酰乙酸乙酯的烯醇负离子总是从烯丙基溴位阻小的一端进攻。

TM 185

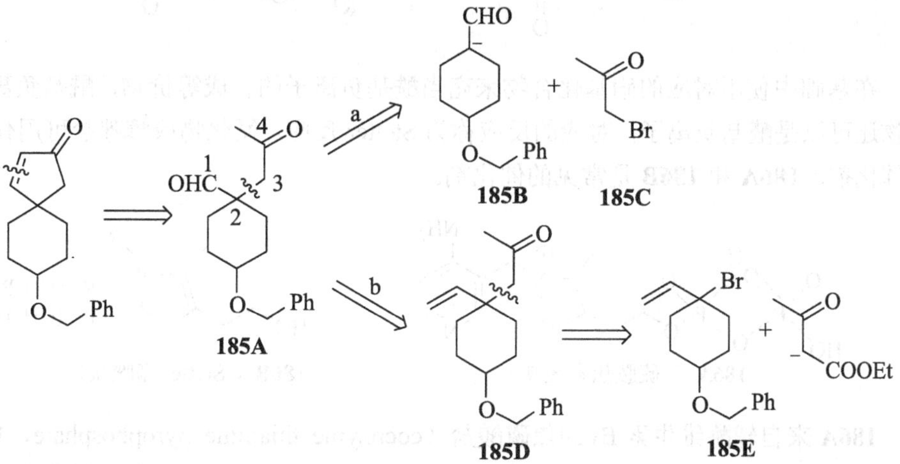

185A **185B** **185C** **185D** **185E**

选择另一种方式仍然在环链之间切断，考虑用烯基金属对烯酮 **185F** 加成，烯酮可由酮 **185G** 和丙酮的羟醛缩合来制备。醚 **185G** 可由羟基酮 **185H** 经威廉姆逊合成法制备，而 **185H** 可由对苯二酚 **185I** 还原而来。

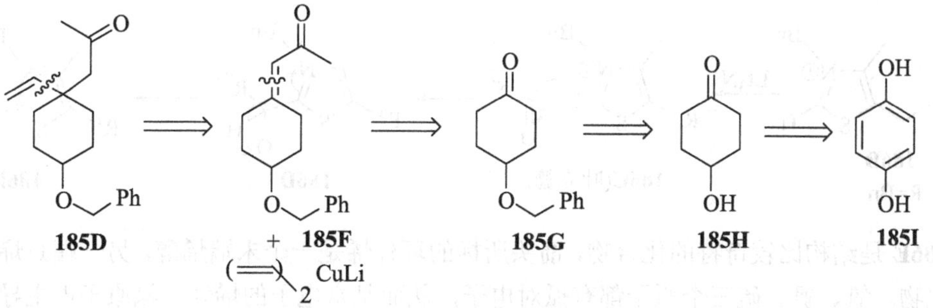

185D + **185F** **185G** **185H** **185I**

$(CH_2=CH)_2CuLi$

合成：

H_2 / Ni；Na / $PhCH_2Br$；CrO_3；NaOH；$(CH_2=CH)_2CuLi$

$(EtO_3)P$ + $BrCH_2COCH_3$ → $(EtO)_2P(O)CH_2COCH_3$

OsO_4 / $NaIO_4$；NaOH

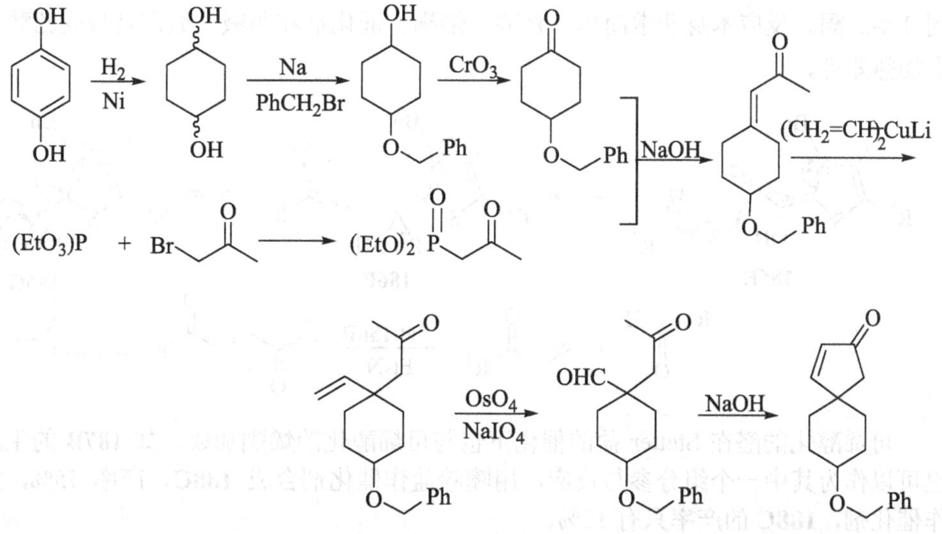

C. 提高——Stetter 反应

在基础中使用对应的硝基化合物来充当酰基负离子的合成等价物，酰基负离子的合成等价物还可以是醛基负离子，对应的反应称为 Stetter 反应，氰化物或噻唑盐可用作 Stetter 反应的催化剂，**186A** 和 **186B** 是常见的催化剂。

186A（硫胺焦磷酸盐） **186B**（Stette 噻唑盐）

R = CH_2Ph, Me, Et, $(CH_2)_2OEt$

186A 来自辅酶维生素 B_1 的焦磷酸盐（coenzyme thiamine pyrophosphate，**186A**）。除去焦磷酸基，留下噻唑环，**186B** 的 R 基可以是苄基、甲基、乙基或其他基团。

机理：186B 在弱碱（通常是三级胺）的作用下去质子，得到叶立德 **186C**，负电荷可以通过和硫原子静电相互作用（叶立德）而部分稳定。**186C** 亲核进攻醛得到 **186D**，质子由碳原子转移到氧原子上得到中性的 **186E**。

186B R=Bn → (Et_3N) **186C**(叶立德) → **186D** → **186E**

186E 是结构比较奇特的化合物，箭头所标的环外烯是一个末端烯醇，另一端是烯胺和烯基硫化物。氧、氮、硫三个原子都有孤对电子，从而是富电子的烯烃。氮原子占主导作用，因此 **186E** 很容易对烯酮进行共轭加成，分子内质子交换得 **186G**，**186G** 失去催化剂 **186C** 得到 1,4-二酮。反应本身非常简单，将醛、烯酮、催化剂和弱碱（通常是胺或乙酸钠）在乙醇中加热即可。

186E → **186F** ⇌ **186G** → **186C**

cat.**186B**, Et_3N

可烯醇化的醛在 Stetter 盐的催化下也与可烯醇化的烯酮加成，如 **187B** 的生成。芳杂环也可以作为其中一个组分参与反应，用噻唑盐作催化剂合成 **188C**，产率 75%，如用氰化钠作催化剂，**188C** 的产率只有 12%。

Me—CHO + 187A（OMe） —cat.186B; R=Bn / Et_3N，1,4-二氧六环→ 187B; 80%产率

188A（CHO） + 188B —cat.186B; R=Et / Et_3N，1,4-二氧六环→ 188C; 75%产率

分子内的 Stetter 反应还是构筑一些双环结构天然产物的关键步骤。例如，**TM 189** 是双环烯二酮（尽管有两个1,3-关系，但直接切断烯键导致大环的产生），两个羰基为1,4-关系，在环链相接处断开并在 **189A** 烯键的α-C 上添加—OH，而后利用 Baylis-Hillman 反应再次在环链相接处切断，原料为环戊烯酮 **189B** 和戊二醛 **189C**。

TM 189 ⟹(Stetter反应 / FGA) **189A** ⟹(Baylis-Hillman反应) **189B** + **189C**

合成时为了避免1分子 **189C** 与2分子 **189B** 的 Baylis-Hillman 反应，需要将戊二醛一端的醛基保护，使用 **189D** 为原料（一端的醛基以烯基的形式隐蔽），先发生 Baylis-Hillman 反应，生成 **189E**，然后将羟基保护，醛基释放，在碱的作用下醛基端与α,β-不饱和酮发生分子内 Stetter 反应，得到双环酮 **TM 189**。

189B + **189D** —Bu_3P,BINOL / THF→ **189E** —Ac_2O, $Sc(OTf)_3$ / CH_3CN→ **189F** —O_3, PPh_3 / −78℃至室温→ **189G** —**189B**, Et_3N / EtOH→ **TM 189**

此方法提供了一条简便高效地构筑双环烯二酮的路线，主要包含两步关键步骤：Baylis-Hillman 反应和分子内 Stetter 反应，这也是首次报道的使用分子内 Stetter 反应构筑七元环的例子。

3.2.5 1, 6-二官能团化合物的切断

A. 基础

环己烯氧化开环可以制备1,6-二羰基化合物，不同条件得到不同氧化度的1,6-二官能团

化合物。例如：

$$\text{环己烯} \xrightarrow[\text{Zn, } H_2O]{O_3} OHC(CH_2)_4CHO$$

（1,6-己二醛，碳原子编号 1～6）

$$\text{环己烯} \xrightarrow[H_2O_2]{O_3} HOOC(CH_2)_4COOH$$

（1,6-己二酸，碳原子编号 1～6）

若环己烯上连有取代基，氧化开环后会形成更为复杂的取代关系。

$$\text{4-(RCO)-环己烯} \xrightarrow[H_2O_2]{O_3} HOOCCH_2CH(COR)CH_2CH_2COOH$$

环己烯的制备方法有多种：

- 环己酮 + 格氏试剂⟶ 环己醇 $\xrightarrow{\text{脱水}}$ 环己烯
- Diels-Alder 反应
- Robinson 环合反应
- Birch 还原

不同方法形成的环己烯具有不同的结构特征。

（1）环己酮与格氏试剂反应

$$\text{环己酮} + RMgX \xrightarrow{\text{干燥}Et_2O} \text{1-R-环己醇} \xrightarrow{-H_2O} \text{1-R-环己烯}$$

这种方法制备的环己烯双键上连有取代基，为 1-位取代的环己烯。

（2）Diels-Alder 反应

D-A 反应于 1928 年发现，经历 80 多年的发展已经成为有机合成中最有用的反应之一，这不单是因为 D-A 反应一次形成两个 C—C σ键，可以建立多样的环己烯体系和多达 4 个手性中心，更因为在大多数情况下，该反应是一协同反应，表现出可以预见的高立体选择性和区域选择性。

D-A 反应由二烯体和亲二烯体发生[4+2]的环加成，二烯体富电子，亲二烯体缺电子，能提高反应速度，这是正常电子需求的 Diels-Alder 反应，若是二烯体缺电子，亲二烯体富电子，反应也比较容易进行，这是反电子需求的 D-A 反应。

① 立体专一性　二烯体和亲二烯体构型保持。

$$\text{丁二烯} + \text{反式 } MeOOCCH{=}CHCOOMe \xrightarrow{\triangle} \text{反式-4-环己烯-1,2-二甲酸二甲酯}$$

$$\text{丁二烯} + \text{顺式 } MeOOCCH{=}CHCOOMe \xrightarrow{\triangle} \text{顺式-4-环己烯-1,2-二甲酸二甲酯}$$

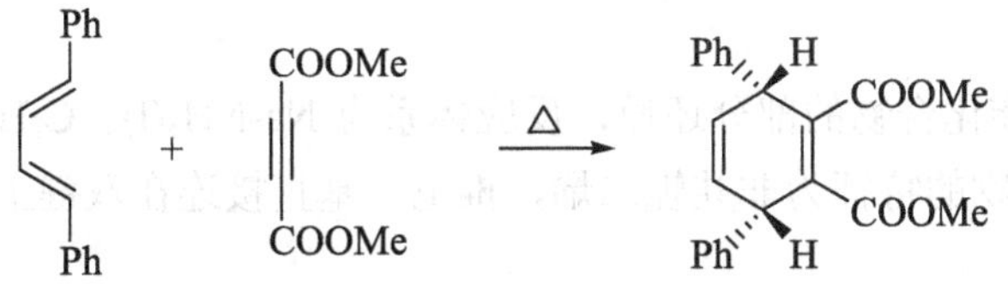
Ph
Ph
COOMe
COOMe
+
△
Ph
H
COOMe
COOMe
Ph
H

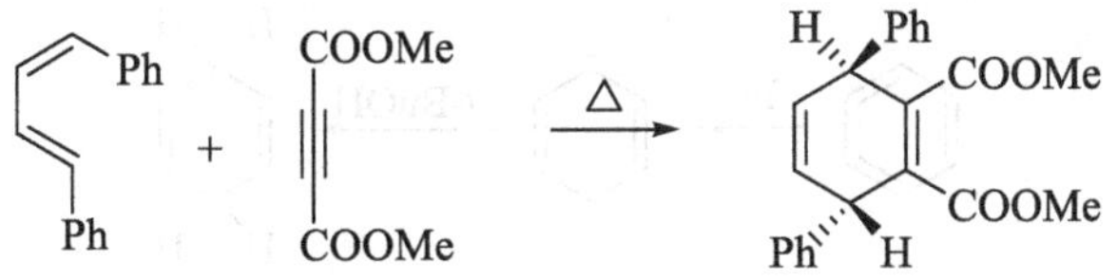
Ph
Ph
COOMe
COOMe
+
△
H
Ph
COOMe
COOMe
Ph
H

② 立体选择性 以生成内式产物为主：

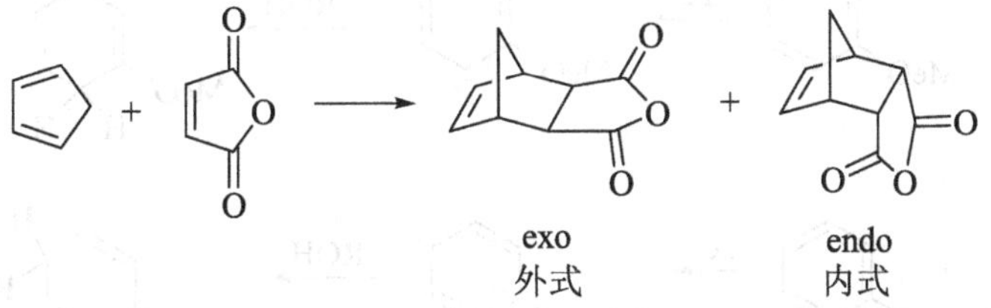
exo
外式
endo
内式

③ 区域选择性 以生成邻对位产物为主

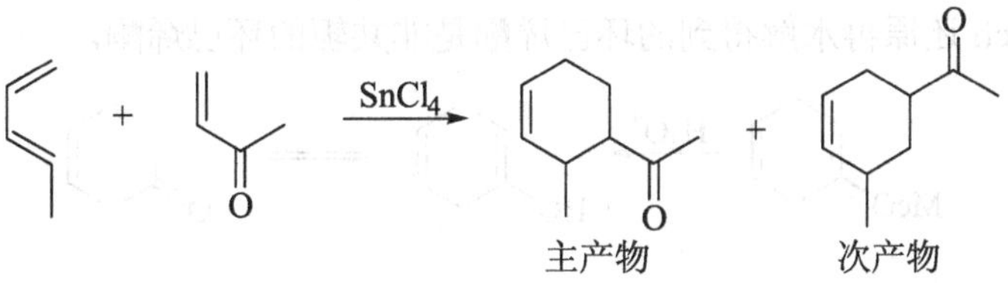
SnCl4
主产物
次产物

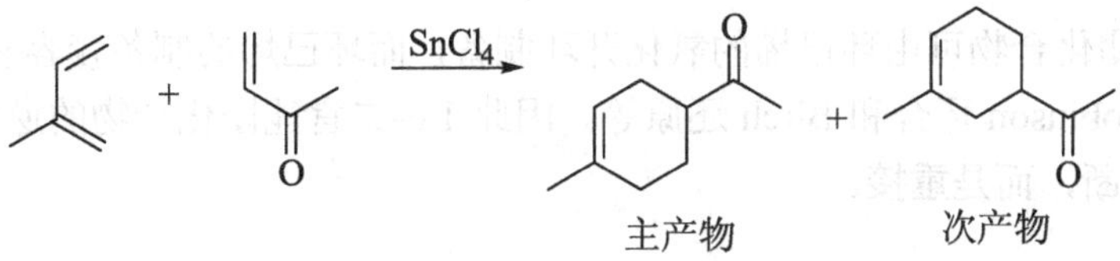
SnCl4
主产物
次产物

D-A 反应生成的环己烯往往在烯键对位有吸电子取代基，氧化开环后，不但有 1,6-关系，还有 1,4-和 1,5-关系。

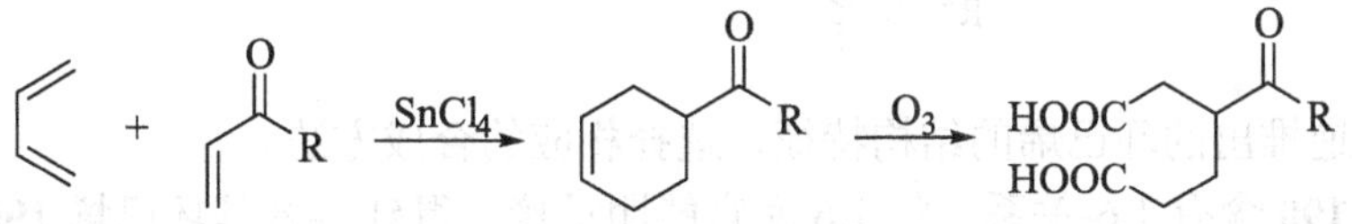
SnCl4
O3
R
HOOC
HOOC

（3）Robinson 环合反应

Robinson 环合是酮与α,β-不饱和酮在碱性条件下连续进行 Michael 加成和 Aldol 反应，最终生成环己烯酮。

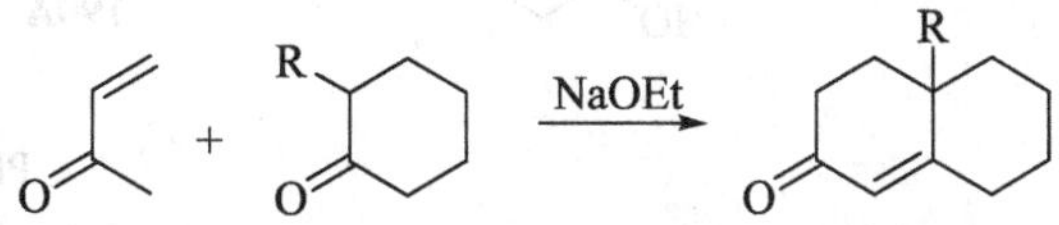
R
NaOEt
R

由 Robinson 环合制备的环己烯，往往含有共轭的环己烯酮结构。

（4）Birch 还原

Birch 还原是芳族化合物的部分还原，反应体系为 Na-NH_3(l)、C_2H_5OH 溶液，是金属溶解时的电子转移。产物的特征为非共轭二烯，推电子基直接连在双键上，吸电子基连在饱和碳上，与双键间隔。

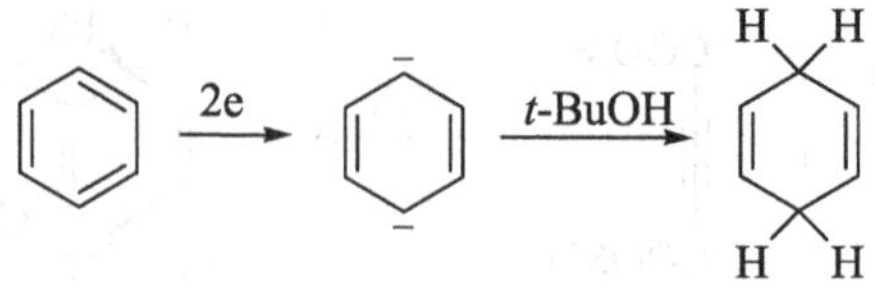

2e　t-BuOH　H H H H

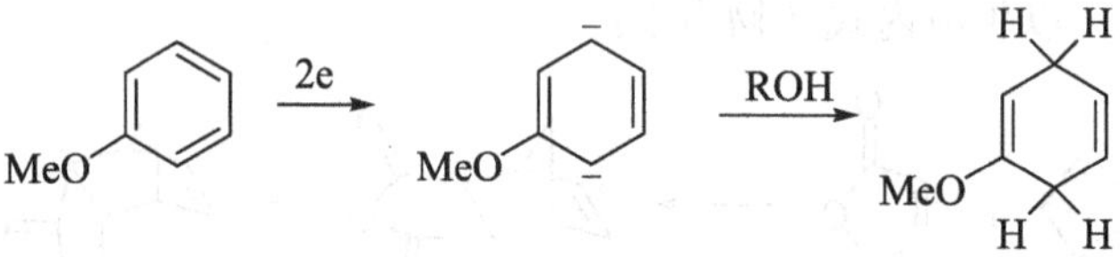

MeO　2e　MeO　ROH　H H MeO H H

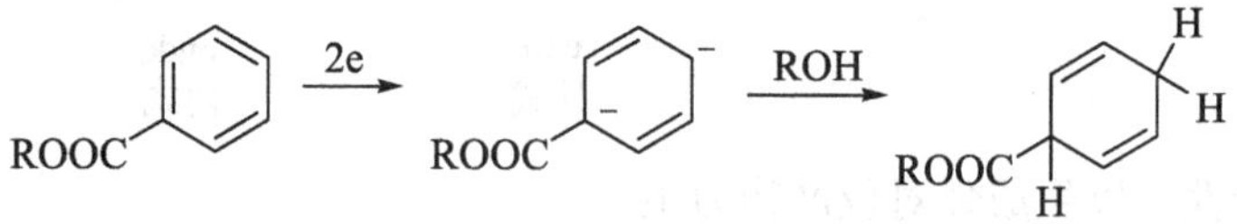

ROOC　2e　ROOC　ROH　H H ROOC H

注意：经 Birch 还原再水解得到的环己烯酮是非共轭的环己烯酮。

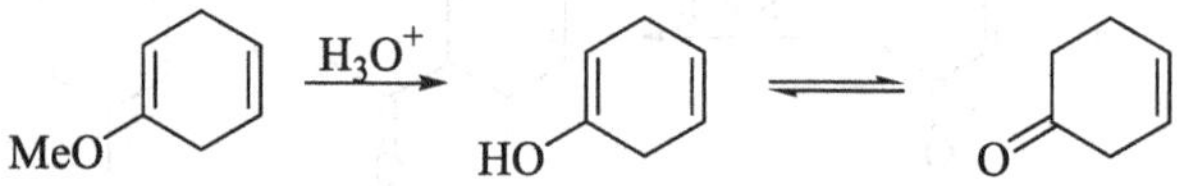

MeO　H_3O^+　HO　O

B. 应用

1,6-二官能团化合物可由环己烯的氧化开环制备，而环己烯的制备较容易，有多种方法，如 D-A 反应、Robinson 环合和 Birch 还原等。因此 1,6-二官能团化合物的逆合成分析经常采用的手段不是切断，而是**重接**。

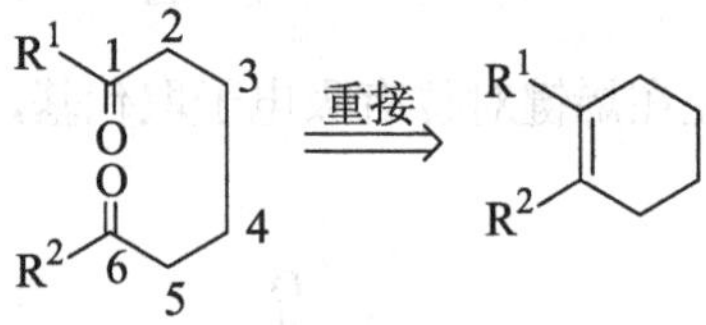

R^1 1 2 3 O O R^2 6 5 4　重接　R^1 R^2

仔细观察逆推出的环己烯的结构特征，选择相应的合成方法。

酮酸 **TM 190** 含有 1,6-关系，将 1,6 两官能团重接，得到 1-苯基环己烯 **190A**，苯基直接连在双键上，很容易由 PhMgBr 与环己酮反应脱水制得。

TM 190　O Ph 1 2 3 4 5 6 COOH ＝ Ph O O HO ⟹ Ph **190A** ⟹ Ph HO ⟹ PhMgBr ＋ O

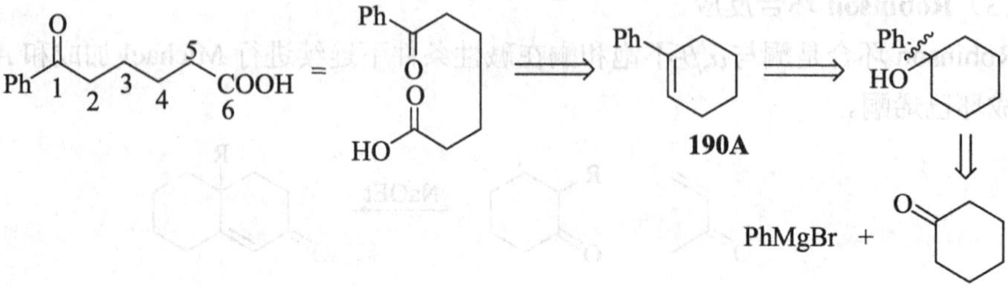

合成：

$PhBr \xrightarrow[2.\ 环己酮]{1.\ Mg, Et_2O}$ 1-苯基环己醇 $\xrightarrow{H_3PO_4}$ 1-苯基环己烯 $\xrightarrow[H_2O_2]{O_3}$ PhCO(CH₂)₄COOH

TM 191 中有个显而易见的1,3-关系，切断α,β-不饱和酮中的双键，**191A** 显示出1,6-关系，重接后给出 **191B**，**191B** 是1-取代环己烯，可由环己酮 **191C** 经格氏反应制得。

TM 191

TM 191 $\xRightarrow{Aldol}$ **191A** $\xRightarrow{重接}$ **191B** $\Longrightarrow$ **191C** + CH_3^-

合成：

4-叔丁基环己酮 $\xrightarrow[2.\ H^+]{1.\ CH_3Li}$ **191B** $\xrightarrow[2.\ Me_2S]{1.\ O_3}$ **191A** $\xrightarrow[MeOH]{KOH}$ TM 191

环化时，醛羰基比酮羰基更亲电，因此由酮的烯醇负离子进攻醛羰基，且成环趋势五元环>七元环，因此主要形成 **TM 191**。

TM 192

TM 192 $\xRightarrow{重接}$ **192A** $\xRightarrow{FGI}$ **192B** $\Longrightarrow$ 丁二烯 + 马来酐

TM 192 中含有4个羧基，有1,3-、1,4-和1,6-关系，选择1,6-关系进行重接，推出前体 **192A**，二酸可由酸酐 **192B** 水解而来，**192B** 显然是马来酐（顺丁烯二酸酐）和丁二烯 D-A 反应的产物。

合成：

丁二烯 + 马来酐 $\xrightarrow{\Delta}$ 四氢邻苯二甲酸酐 $\xrightarrow[H_2O_2]{O_3}$ 四羧酸单酐 $\xrightarrow[H_2O]{OH^-}$ TM 192

利用二酯 **TM 193** 中的1,6-关系进行重接后得到对称的环己烯 **193A**，**193A** 可由 **193B** 醚化而来，调整 **193B** 的氧化级，酸酐 **193C** 可以作为合适的前体，**193C** 明显可由丁二烯和马来酐的 D-A 反应制备。

TM 193

TM 193 $\xRightarrow{重接}$ **193A** $\xRightarrow{FGI}$ **193B** $\xRightarrow{FGI}$ **193C**

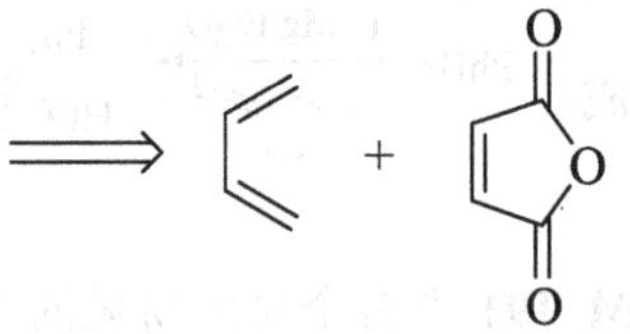

合成：

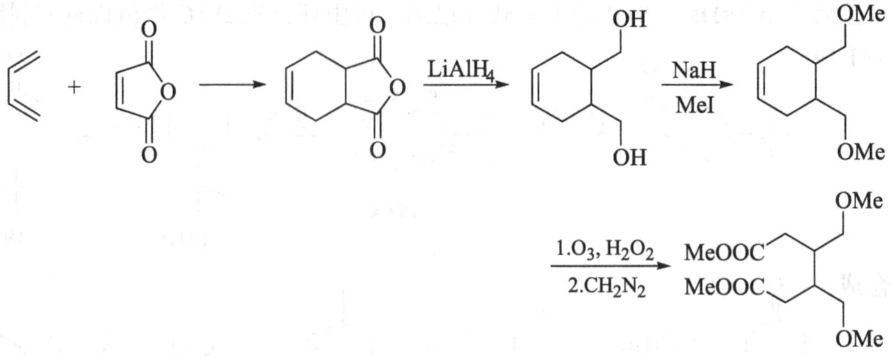

TM 194

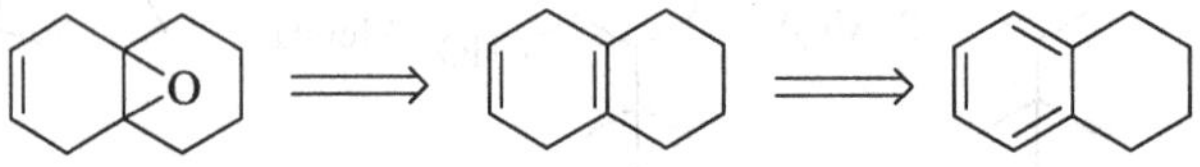

194A 194B

分析：去掉 **TM 194** 中的环氧官能团，推出前体为非共轭环己二烯 **194A**，**194A** 可由 **194B** 经 Birch 还原得到。

合成：Na,NH_3(l), t-BuOH；MCPBA

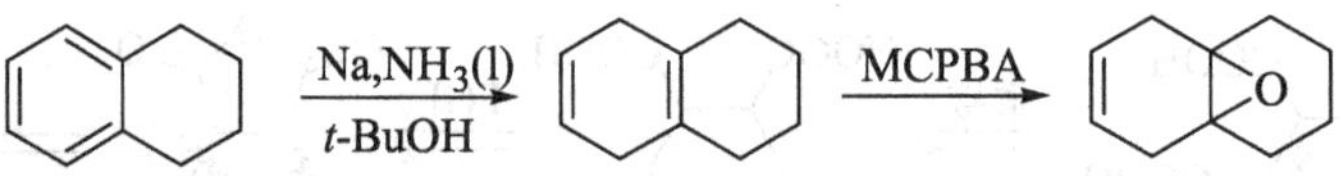

TM 195 中去掉缩酮和环氧官能团之后，得到非共轭的环己烯酮 **195A**，**195A** 可由非共轭环己二烯 **195B** 水解而来，**195B** 中两个推电子基—OMe 和—R 直接连在双键上，符合 Birch 还原的产物特征，因此 **195B** 的前体是 **195C**。

TM 195

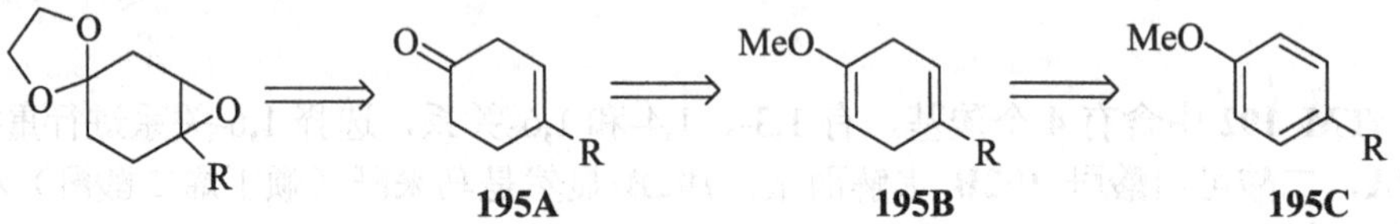

195A 195B 195C

合成：

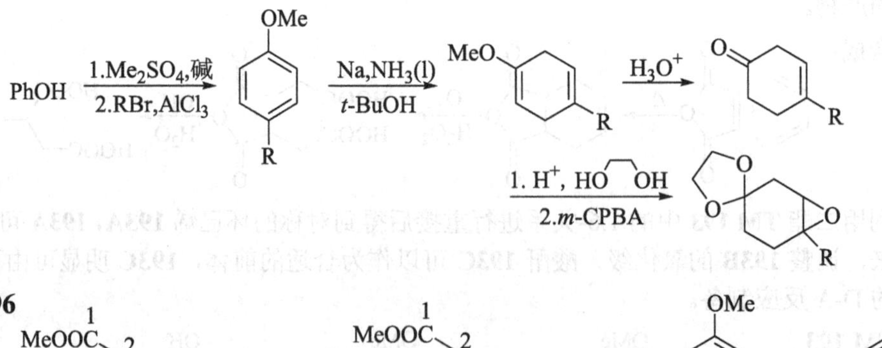

PhOH 1.Me_2SO_4,碱 2.RBr,$AlCl_3$；Na,NH_3(l), t-BuOH；H_3O^+；1. H^+, HOCH₂CH₂OH 2.m-CPBA

TM 196

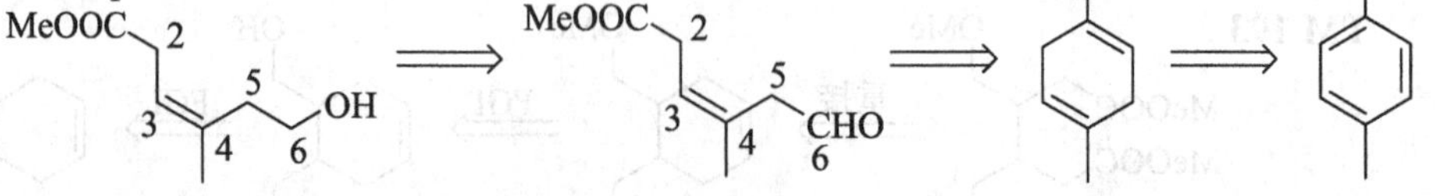

196A 196B 196C

分析：**TM 196** 中含有 1,6-关系，但是需调整—OH 的氧化度，且保持两个羰基不同，重接后得到 **196B**，**196B** 由 **196C** 经 Birch 还原而来。

合成：

OMe
Na,NH3(l)
t-BuOH
OMe
O3
进攻最富电子双键
OMe
O
CHO
NaBH4
MeOOC
OH

TM 197

CHO
1
2
O
3
4
5
CHO
6
197A
197B
+

分析：切断 **TM 197** 中的 1,3-关系，显露出 1,6-关系，将 1,6-二羰基重接得到 **197B**，**197B** 是天然存在的萜烯，是由异戊二烯的二聚（也是 D-A 反应）形成的。

合成：异戊二烯二聚生成天然萜烯 **197B**，**197B** 中既有环内双键（三取代），又有环外双键（二取代），环氧化反应只打开最富电子的那个双键——环内双键，水解形成二醇，$NaIO_4$ 使邻二醇氧化断键得到 **197A**，**197A** 发生分子内 Aldol 反应成环，因为只想得到三个烯醇负离子中最稳定的那个——来自于醛，因此缩合条件尽可能温和。

+
197B
RCO_3H
O
H_2O
OH
OH
$NaIO_4$
O
CHO
197A
N
H
HOAc
CHO

二环双内酯 **TM 198** 曾被 Eschenmoser 用于维生素 B_{12} 合成中作为含有四个杂环的前体，将内酯键切断后，得到酮三酸 **198B**，**198B** 中含有 1,4-，1,5-以及 1,6-关系（自己标出），将 1,6-关系重接，得到环己烯 **198C**。

TM 198

COOH
O
O
O
O
HOOC
COOH
COOH
HO
OH
198A
HOOC
COOH
COOH
O
198B

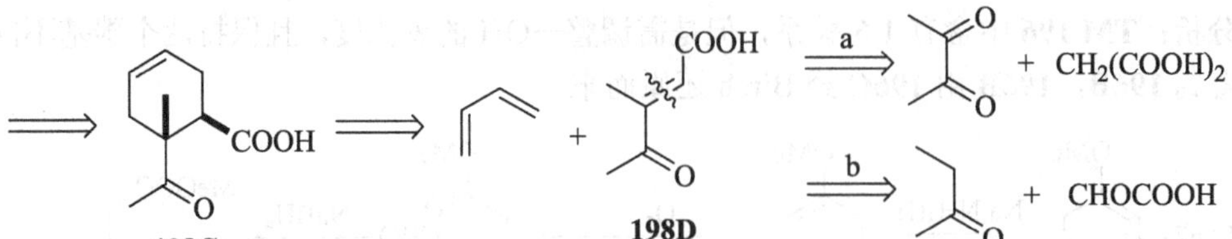

很明显，**198C** 是个 D-A 反应的加成物，亲二烯体 **198D** 可有两种切断方式，a 方式可能会起两次反应（两个羰基），b 方式只有 2-丁酮能形成烯醇负离子，而乙醛酸的醛基更亲电，所以会发生交叉 Aldol 反应。

合成：

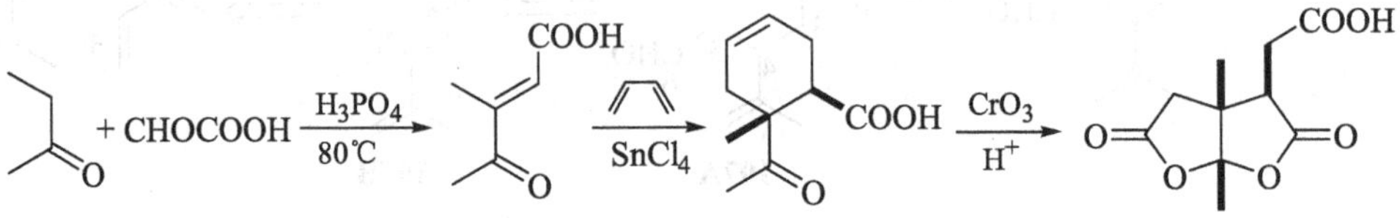

注意：2-丁酮的烯醇化会存在区域选择性问题，酸性条件保证烯醇化发生在取代较多的一侧，热力学控制下生成 **198D** 的 *E*-异构体，在 D-A 反应中亲二烯体的构型保持，**198C** 在酸性条件下用不太常用的 CrO_3 氧化开环自发形成内酯 **TM 198**。

TM 199 含有四个六元环，仔细辨认结构，C 环为环己烯，且双键对面有吸电子的羰基，具备 D-A 反应产物的特征。因此按 D-A 反应将 C 环断开，前体为 **199A** 和对苯醌 **199B**。

TM 199

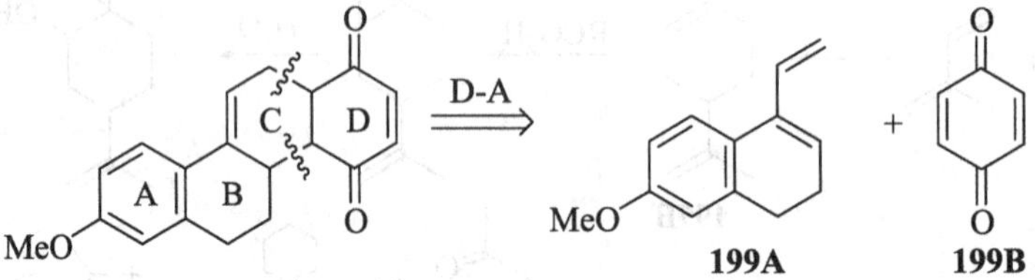

可以把 **199A** 视为 1-位取代的环己烯（取代基为乙烯基）衍生物，由烯基格氏试剂和取代的萘满酮加成后脱水形成。

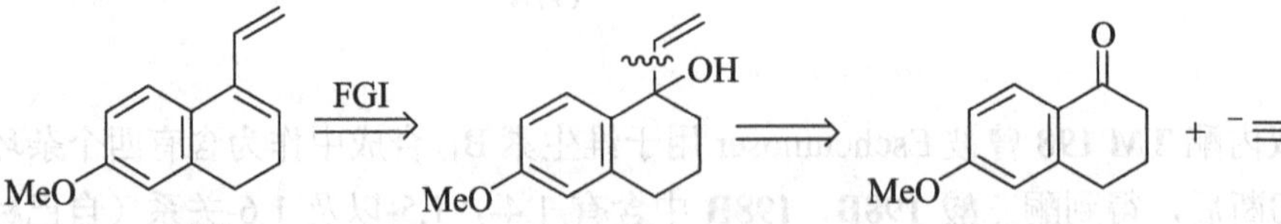

另一原料对苯醌 **199B** 则由对苯酚氧化而来。

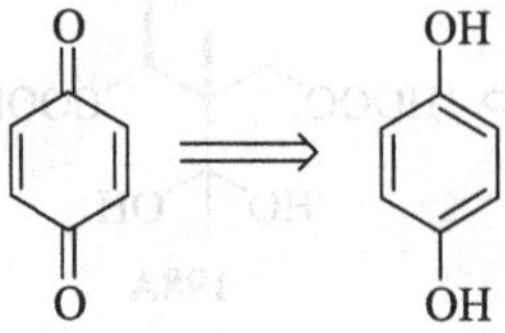

合成：以乙炔负离子作为原料亲核进攻萘满酮的羰基，叁键还原后脱水（为什么不是先脱水再还原？），再和对苯醌发生 D-A 反应生成 **TM 199**。

OH OH $\xrightarrow{O_2}$ O O

MeO O $\longrightarrow$ MeO OH $\xrightarrow[BaSO_4]{H_2, Pd-C}$ MeO OH $\xrightarrow{\triangle}$

MeO + O O $\xrightarrow{\triangle}$ MeO O O

TM 200 为三个苯环线形连接的化合物，并无环己烯结构。但是 B 环上有两个酯基取代基，提供了分析思路。将 B 环经 FGI 转变为环己烯 **200A**，**200A** 按照逆 D-A 反应切断，给出丁炔二酸酯和二烯 **200B**。

TM 200 MeOOC COOMe A B C OMe $\xRightarrow{FGI}$ MeOOC COOMe OMe **200A**

$\xRightarrow{D-A}$ EtOOC—≡—COOEt + OMe **200B**

二烯 **200B** 按照 Wittig 反应切断其中一个双键，得到肉桂醛 **200C** 和苄基磷叶立德 **200D**，叶立德由相应的苄基溴化物 **200H** 形成，而肉桂醛则是苯甲醛 **200F** 和乙醛 **200G** 的羟醛缩合产物。

OMe **200B** $\xRightarrow{Wittig}$ CHO **200C** + $Ph_3\overset{+}{P}$ OMe **200D**

200C $\Downarrow$ Aldol: CHO + CH_3-CHO (**200F**, **200G**)

200D $\Downarrow$ Br OMe **200H**

合成时苯甲醛和乙醛的羟醛缩合以及肉桂醛和苄基磷叶立德 Wittig 反应形成的烯键构型均以 *E*-型为主，D-A 反应生成 **200A** 在氧的作用下脱氢得到 **TM 200**。

合成：

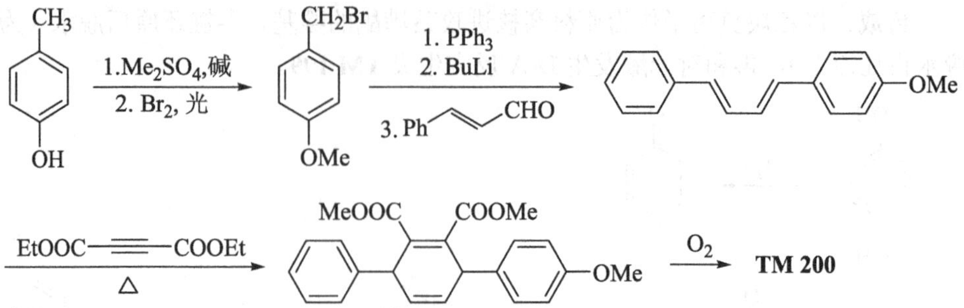

$\xrightarrow[\text{2. Br}_2\text{, 光}]{\text{1.Me}_2\text{SO}_4\text{,碱}}$ $\xrightarrow[\text{3. Ph-CH=CH-CHO}]{\text{1. PPh}_3\text{ 2. BuLi}}$ $\xrightarrow[\triangle]{\text{EtOOC-C≡C-COOEt}}$ $\xrightarrow{O_2}$ **TM 200**

1,6-二官能团化合物的逆合成分析并非只有重接，也可以采用通常的手段——**切断**。

TM 201

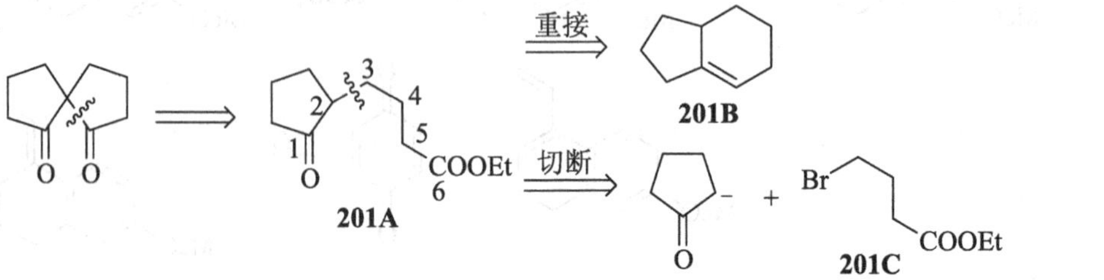

重接 **201B**

切断 **201A** **201C**

对称的螺构酮 **TM 201** 可以按 1,3-关系切断成 1,6-二羰基化合物 **201A**，**201A** 中含有 1,6-关系，可将酮基和酯基重接得 **201B**，也可以在环和侧链间切断，得到环戊酮的烯醇负离子和 4-溴代丁酸乙酯 **201C**，**201C** 很容易从丁内酯制得（见 1,4-二官能团的切断）。

合成：$\xrightarrow[\text{EtOH}]{\text{HBr}}$ $BrCH_2CH_2CH_2COOEt$ **201C**

201D $\xrightarrow[\textbf{201C}]{\text{EtO}^-}$ $\xrightarrow[\triangle]{\text{浓HCl}}$ $\xrightarrow{\text{PPA}}$

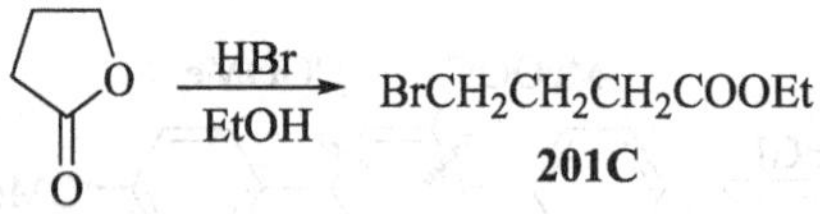

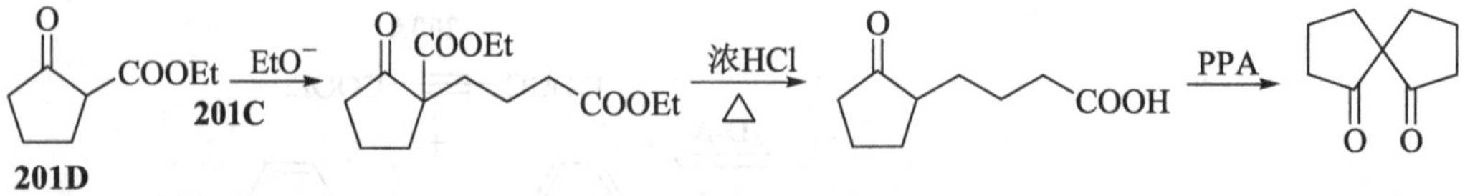

TM 202 是蚂蚁体内某种信息素的中间体，含有醚键和一个 1,3-关系。首先切断α,β-不饱和酮的烯键，**202A** 中出现了 1,6-关系，将 1,6-关系重接，得到 **202B**，然后断开 **202B** 中的醚键，再进行氧化度的调整就得到了 **202D**，**202D** 是异戊二烯和马来酐的加成产物。

TM 202

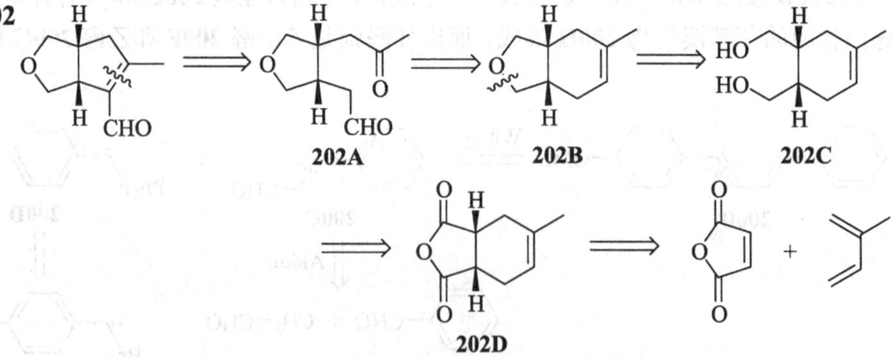

202A **202B** **202C**

202D

合成时首先进行 D-A 反应生成 **202D**，趁 **202D** 中烯键和酸酐两个官能团反应性有很大差异时先将酸酐还原，再将烯键氧化断裂（如果先氧化再还原呢？），关环时希望醛基的烯醇负离子进攻酮羰基，因此选择温和的弱酸弱碱条件。

合成：

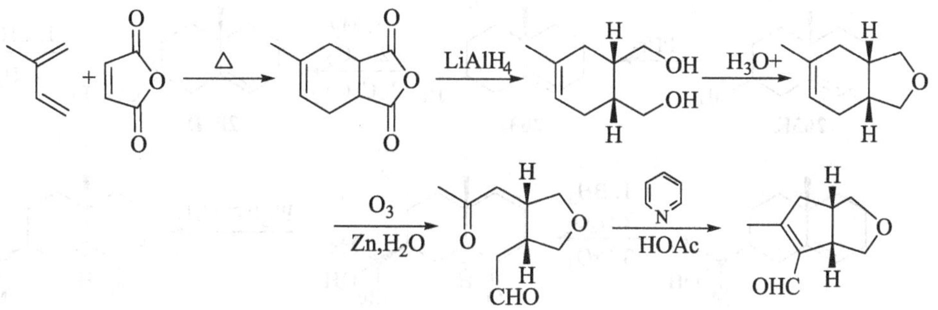

天然产物——β-桉叶油醇的合成

β-桉叶油醇的分子骨架是一个反式十氢萘，C4 上有环外双键，C6 上有平伏的 2'-丙醇基。逆合成分析从切断环外烯键开始，将烯基转变为酮羰基（Wittig 反应），酮可由醇氧化而来，醇又可以从烯烃水合得到，这样将目标分子中的环外双键转变为环内双键。接着在另一环上将醇羟基两侧的甲基切掉，得到酯 **203D**，酯基的前体为羧酸，羧酸是由格氏试剂和 CO_2 反应制得，因此可将酯 **203D** 转变为卤代烃 **203E**，再经过官能团转变和双键移位，就得到了共轭的双环烯酮 **203F**，将 **203F** 按照 Robinson 反应拆开成α-甲基环己酮 **203H** 和共轭烯酮 **203I**。

TM 203

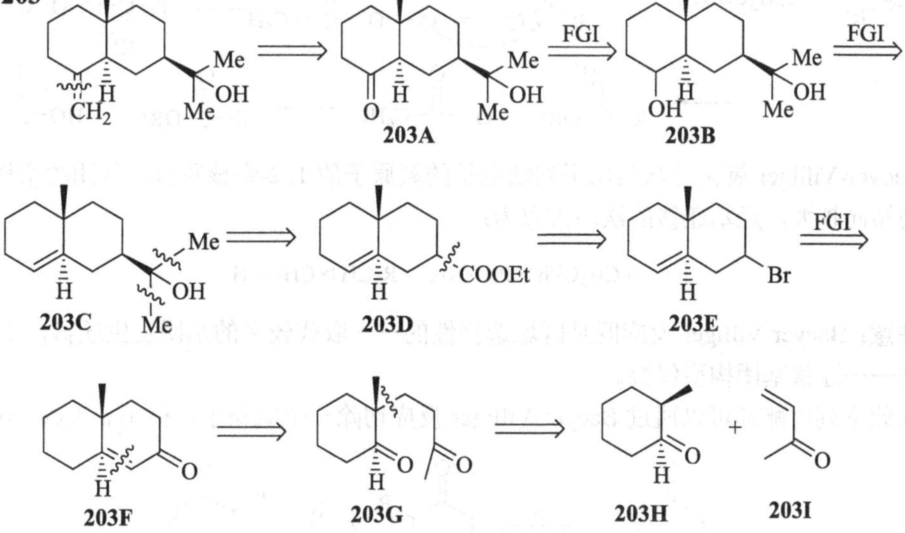

合成：α-甲基环己酮和 3-丁烯-2-酮经 Robinson 环合制得β-桉叶油醇的双环碳架，烯酮 **203F** 烯醇化为二烯基苄醚，经 $NaBH_4$ 还原为β,γ-不饱和醇 **203K**，用 PBr_3 处理转化为溴化物 **203E**，接着溴化物 **203E** 转变为 Grignard 试剂，与二氧化碳反应后用重氮甲烷进行酯化，再次和甲基碘化镁通过 Grignard 反应制备叔醇 **203C**。烯键经硼氢化-氧化反应，C4 转变为酮羰基。由于 C10 位的角甲基和 C6 位取代基的立体控制，烯键的硼氢化反应主要生成反式十氢萘骨架。最后经 Wittig 反应完成β-桉叶油醇的合成。

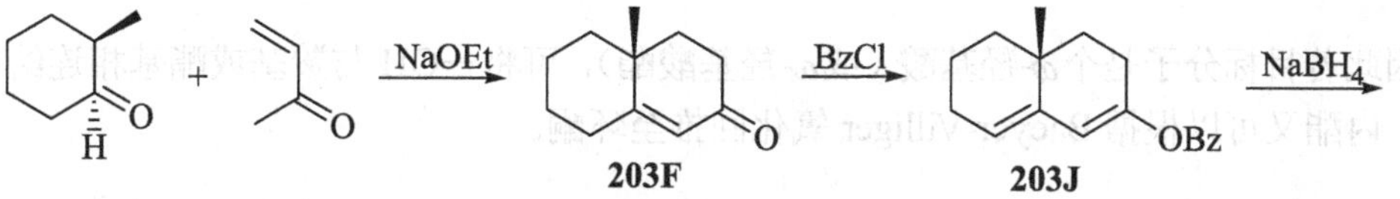

203K —PBr_3→ 203E —1. Mg 2. CO_2 3. CH_2N_2→ 203D (COOEt) —1. CH_3MgI 2. H_3O^+→ 203C —1. BH_3 2.H_2O_2 3.CrO_3→ 203A —$Ph_3P{=}CH_2$→ TM 203

C. **提高**

除了这些方法能将 1,6-二官能团重接转变为环己烯结构，许多其他反应也可将 1,6-甚至 1,5-或者 1,7-二官能团重接。

（1）Baeyer-Villiger 氧化

酮在过氧酸作用下，在羰基旁插入一个氧原子生成酯的反应。

$$RCOR' + C_6H_5CO_3H \longrightarrow RC(=\overset{+}{O}H)R' + {}^{-}O{-}O{-}C(=O){-}C_6H_5 \longrightarrow R{-}C(OH)(R'){-}O{-}O{-}C(=O){-}C_6H_5$$

$$\longrightarrow R{-}C(=OH^{+}){-}OR' + O^{-}{-}C(=O){-}C_6H_5 \longrightarrow R{-}C(=O){-}OR' + HO{-}C(=O){-}C_6H_5$$

Baeyer-Villiger 氧化是从碳原子到缺电子的氧原子的 1, 2-亲核重排，基团的亲核性越大，迁移的倾向越大。烃基迁移的次序大致为：

$$p\text{-}CH_3OPh > Ph > R_3C > R_2CH > CH_3 > H$$

注意：Baeyer-Villiger 反应既是区域选择性的——取代较多的基团发生迁移，又是立体专一性的——迁移基团构型保持。

因此下列内酯都可以通过 Baeyer-Villiger 反应切除一个氧原子，但是 a 正确，b 不正确。

a ⟹ R ⟸ b

因为实际反应时，多取代的烃基更倾向于迁移，换言之，氧原子插入多取代的烃基和羰基之间形成内酯。

R —RCO_3H→ OH / O / O / R / O / R → O / O / R

因此若目标分子是个ω-羟基酸（或ω-羟基酸酯），可将—OH 与羧基或酯基相连给出前体内酯，内酯又可以根据 Baeyer-Villiger 氧化回推至环酮。

天然产物——苍蝇性引诱剂的合成

TM 204 OAc FGA⟹ R OAc Wittig反应⟹
204A; R=正辛基

R OAc O RLi的酰化⟹ O O Me Me Baeyer-Villiger反应⟹ O
204B; R=正辛基 **204C** **204D**

TM 204 是松树屑苍蝇性引诱剂，分析时用双键取代几乎位于中间的甲基，然后利用 Wittig 反应将 **204A** 转变成酮 **204B**，在羰基和烃基之间切断，对应的反应是锂试剂对羧酸的加成，羧基和另一端被保护的—OH 重接为内酯 **204C**，**204C** 可由 **204D** 经 Baeyer-Villiger 氧化制备。

合成：

O *m*-CPBA, CH_2Cl_2 → O O Me Me 正辛基锂, Et_2O, −78℃ → R OH O 2 eq. $Ph_3P{=}CH_2$ →
204D **204C**; 69%产率 **204E**; 70% 产率

R OH 1. H_2, Pd/C; 100% 产率 2. Ac_2O; 吡啶 → OAc
204F; 66% 产率

合成时 Baeyer-Villiger 氧化发生在环酮多取代的一侧，正辛基锂在低温下与内酯 **204C** 反应以约 70%的产率得到羟酮 **204E**，经 Wittig 反应、还原、乙酰化等几步最终转化成 **TM 204**。

天然产物——硫辛酸的合成

硫辛酸 **TM 205** 类似维生素 B 类化合物，是一些微生物的生长因子，在某些多酶系统中起辅因子作用，具有清除自由基的作用。

TM 205 S–S COOH ⟹ SH SH COOH ⟹ OH OH COOH
205A **205B**

重接⟹ OH O O Bayer-Villiger 反应⟹ OH O ⟹ OH + O
205C **205D** **205E** **205F**

二硫桥可由两个巯基氧化得到，巯基可由醇羟基取代而来，在二醇 **205B** 中，存在 1,3-关系、1,6-关系，1,6-关系为重接提供可能，重接后得到内酯 **205C**，七元环内酯可由环己酮 **205D** 经 Baeyer-Villiger 氧化制备，最终需要一个 a^2 合成子 **205E** 在环己酮 **205F** 的α-C 上烷基化。

合成时采用烯胺活化环己酮的α-位，用氧化度改变的溴乙酸乙酯（环氧化物反应不好）充当**205E**的合成等价物在环己酮的α-位烃化，酯基还原前需要将酮羰基保护，Baeyer- Villiger氧化发生在多取代的一侧，用硫脲作为亲核试剂生成二硫醇**205A**，最后$FeCl_3$作氧化剂将两个巯基氧化成二硫键。

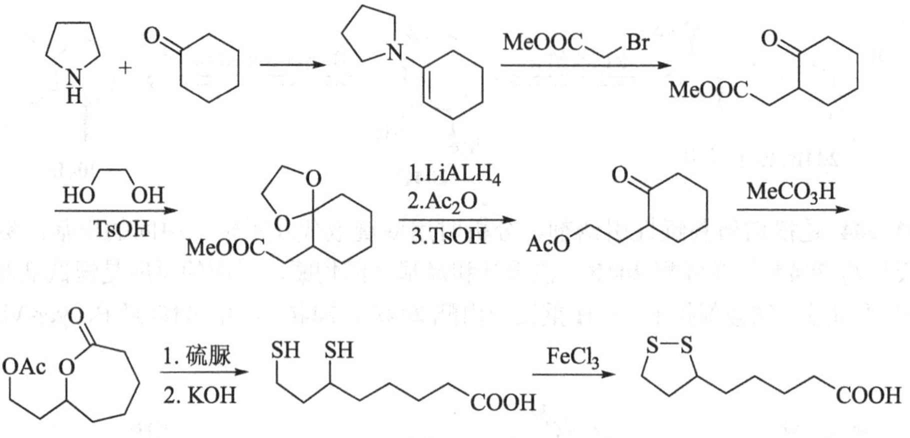

MeOOC⌒Br
HO⌒OH / TsOH
1.$LiALH_4$ 2.Ac_2O 3.TsOH
$MeCO_3H$
1. 硫脲 2. KOH
$FeCl_3$

（2）Beckmann 重排

酮肟在酸性催化剂（H_2SO_4、$POCl_3$、PCl_5、聚磷酸等）作用下重排成酰胺的反应。在Beckmann重排中，**与—OH处于反式的基团迁移。**

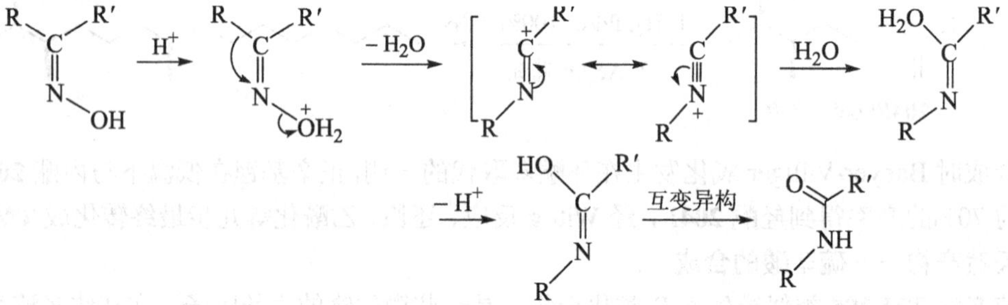

H^+ $-H_2O$ H_2O $-H^+$ 互变异构

记忆Beckmann重排的简便方法：交换肟中—OH和位于反式的—R基的位置，再经过酮式-烯醇式互变异构，即得到产物酰胺。

若目标分子是ω-氨基酸，可以采用重接法将氨基和羧基连接起来，得到内酰胺，内酰胺可以采用Beckmann重排回推至环酮肟，切断碳-氮双键，得到原料环酮。例如：

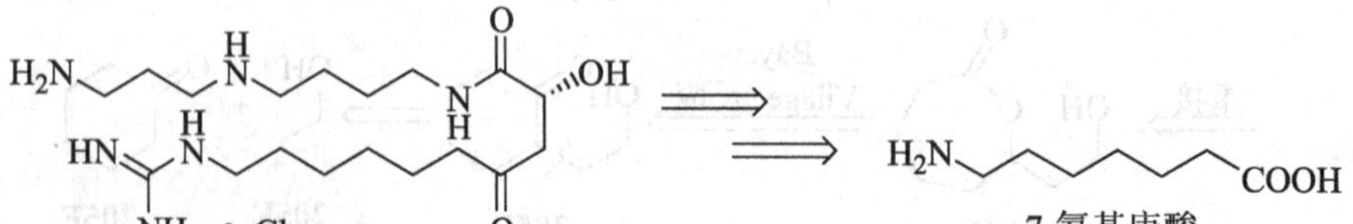

盐酸胍立莫司 ⟹ 7-氨基庚酸

胍立莫司于1994年由日本Nippon Kayaku公司开发上市，是临床上用于肾移植急性排异反应的一种免疫抑制剂，7-氨基庚酸**TM 206**是合成胍立莫司的重要中间体。

TM 206

H_2N COOH 重接 Beckmann 重排 OH N O HN O

206A **206B** **206C**

将 **TM 206** 的氨基和羧基重接，得到庚内酰胺 **206A**，**206A** 可由环庚酮肟 **206B** 经 Beckmann 重排得到，**206B** 可由环庚酮 **206C** 和羟胺反应得到。

合成： O 盐酸羟胺 ZnO OH N $PhSO_2Cl$ HN O HCl H_2N COOH

206C **206B** **206A** **TM 206**

TM 207 是个双环内酰胺结构，同样可以利用 Beckmann 重排逆推回肟 **207B**，**207B** 由对应的酮合成，而 **207D** 可通过丁二烯和对苯醌 **207E** 的 D-A 反应合成。

TM 207 O H N O FGI rearr HO N FGI O O O

207A **207B** **207C**

FGI O O O O +

207D **207E**

合成： O O + O O $HOCH_2CH_2OH$ TSOH O O O $NH_2OH\cdot HCl$

HO N O O $POCl_3$ O H N O O H_3O^+ O H N O

3.3 利用合成中的重排反应

在 1,6-二官能团化合物的逆合成分析中，已经涉及了诸如 Baeyer-Villiger 重排、Beckmann 重排等反应，实际上如果目标分子的碳骨架难以构建，通常先用常规反应构建一个稍微不同的骨架，再通过重排得到需要的骨架。涉及重排反应的合成，可以用于简单的碳链延伸以及复杂的碳骨架构建。

3.3.1 基础

（1）重氮烷的重排——Arndt-Eistert 法

通过酰氯与重氮甲烷反应，脱氮气得到卡宾，重排成烯酮，在亲核试剂 H_2O、ROH 和 RNH_2 作用下可以得到**延伸一个碳原子**的羧酸衍生物。

$$RCOCl + CH_2N_2 \longrightarrow RCO\text{-}CH{=}\overset{+}{N}{=}\overset{-}{N} \longleftrightarrow RCO\text{-}\overset{-}{C}H\text{-}\overset{+}{N}{\equiv}N \xrightarrow{-N_2} RCO\text{-}\ddot{C}H$$

$$\longrightarrow R\text{-}CH{=}C{=}O \begin{cases} \xrightarrow{H_2O} R\text{-}CH_2\text{-}COOH \\ \xrightarrow{R'OH} R\text{-}CH_2\text{-}COOR' \\ \xrightarrow{R'NH_2} R\text{-}CH_2\text{-}CONHR' \end{cases}$$

当一个官能团对目标分子的合成没有帮助，但是缩短碳链后有所帮助时（例如从邻位基团获得稳定的正离子或负离子），这种方法比较有用。对应的切断比较独特，因为 R—C 和 C—C═O 之间的两根碳碳键都在反应中形成，因此同时切断两根键，切掉中间的 CH_2。

$$R\text{-}\S\text{-}CH_2\text{-}\S\text{-}COOR' \xRightarrow[\text{连接R和羰基}]{\text{切掉}CH_2} CH_2N_2 + RCOCl$$

TM 208 可由醇 **208A** 脱水而来，在 **208A** 的羟基碳与支点碳之间（环链之间）切断，得到环戊酮和高烯醇负离子 **208B**，**208B** 较难制备（邻位没有羰基稳定负电荷）。

TM 208

COOMe ⟹ OH COOMe **208A** ⟹ O + COOMe **208B**

通过链增长反应就可以解决这个问题，**208A** 可由 **208C** 的链增长反应得到，**208C** 切断后，高烯醇负离子 **208B** 变成较稳定的烯醇负离子 **208D**。

OH COOMe **208A** ⟹ OH COOMe **208C** ⟹ O + COOMe **208D**

合成： COOH $\xrightarrow[2.\ MeOH]{1.\ P,\ Br_2}$ Br COOMe $\xrightarrow[2.\ \text{环戊酮}]{1.\ Zn}$ HO COOMe $\xrightarrow[2.\ SOCl_2\text{吡啶}]{1.\ NaOH,\ H_2O}$

COCl $\xrightarrow[2.\ h\nu,\ MeOH]{1.\ CH_2N_2}$ COOMe

有些大小的环不容易得到，利用重氮烷进行**扩环和缩环**相当有用，例如，环己酮能通过扩环形成活性的七元环酮酸酯。

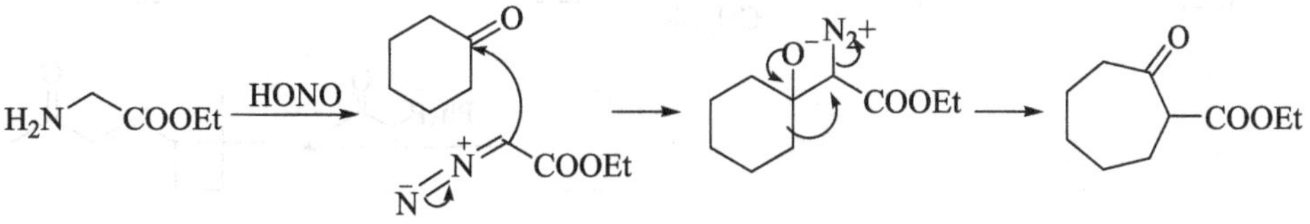

H_2N COOEt —HONO→ … COOEt → … COOEt → … COOEt

TM 209 是个双环酮，含有 1,3-关系，切断 1,3-关系后，**209A** 中显露出 1,6-关系，运用 1,6-二官能团重接得到 **209B**，但 **209B** 中存在桥头双键，张力很大不可能存在。

TM 209 ⟹ COOEt **209A** —重接⟹ **209B**

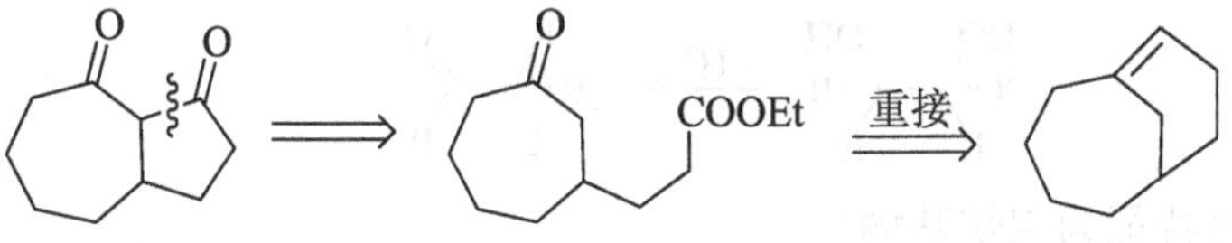

若是从 **209A** 的酮羰基和支点间切除一个碳原子，得到 **209C**，**209C** 含有 1,5-酮酸酯的关系，可以在环链相接处切断，通过 Michael 加成来制备。

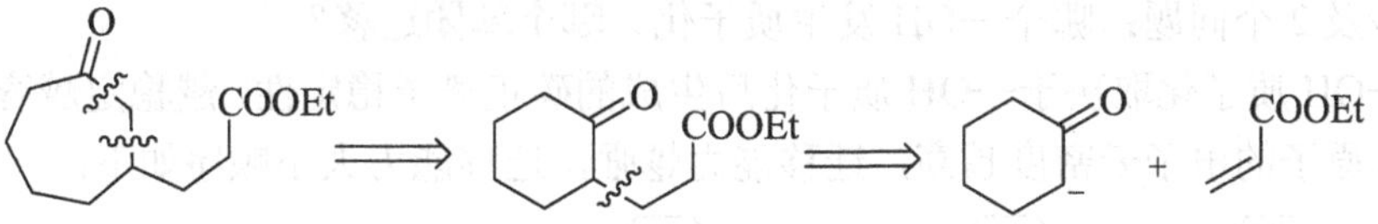

COOEt **209A** ⟹ COOEt **209C** ⟹ + COOEt

合成：用烯胺活化酮的α-C 对丙烯酸酯进行 Michael 加成是种很好的方法，可以用重氮甲烷先扩环再发生酮酯缩合生成 **TM 209**，更好的方法是利用重氮烷 **209D** 的分子内重排，只有取代基较多的碳原子发生迁移，生成 **TM 209**。

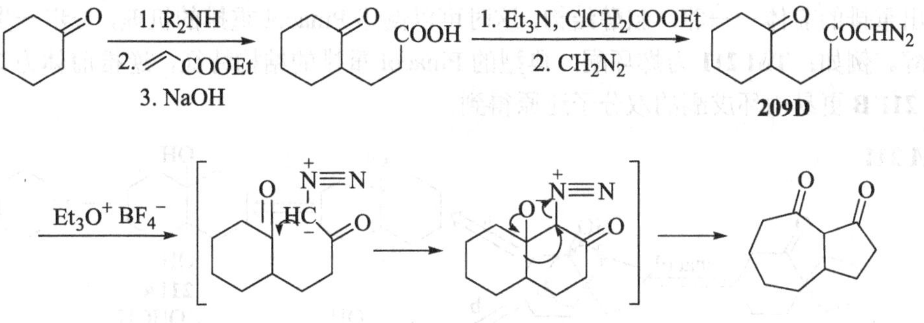

—1. R_2NH; 2. COOEt; 3. NaOH→ COOH —1. Et_3N, $ClCH_2COOEt$; 2. CH_2N_2→ $COCHN_2$ **209D**

—$Et_3O^+BF_4^-$→ […] → …

TM 210 是天然化合物 Junionone，含有四元环很难合成。首先切断 1,3-关系，**210A** 是个环丁基醛，可由重氮烷 **210B** 缩环形成（缩环反应重氮基必须在环酮上），**210B** 可由结构简单的环戊酮 **210C** 制得。

TM 210 ⟹ CHO **210A** —rearr⟹ N_2 **210B** —FGA⟹ **210C**

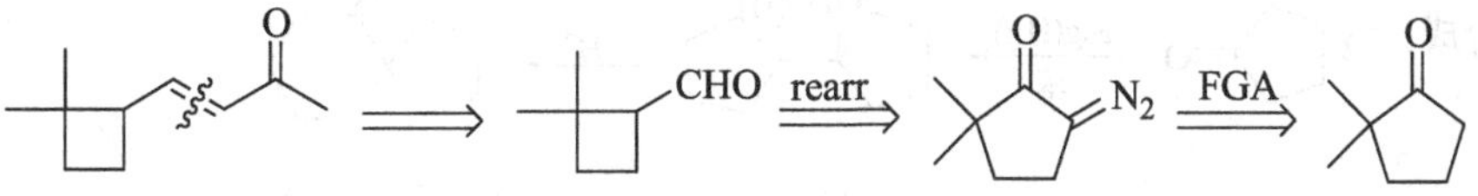

合成：在 **210C** 酮羰基的α-C 上引入甲酰基，在对甲苯磺酰叠氮的作用下发生重氮化，重排得到烯酮，用甲醇处理得到酯，还原得到醛，最后经 Wittig 反应得到 **TM 210**。

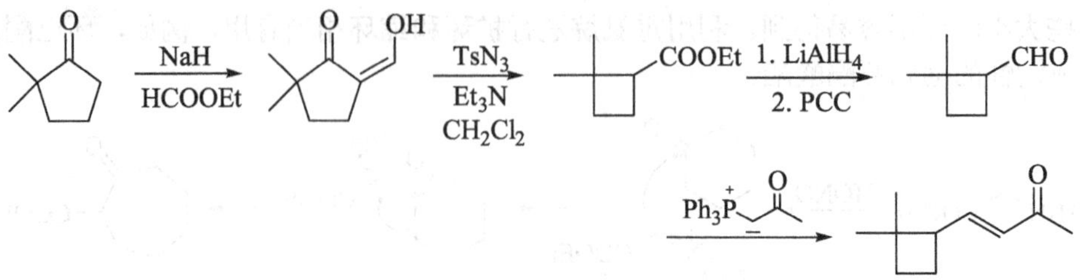

NaH / HCOOEt; TsN_3 / Et_3N / CH_2Cl_2; COOEt; 1. $LiAlH_4$ 2. PCC; CHO; $Ph_3\overset{+}{P}$

（2）频哪醇（Pinacol）的重排

邻二叔醇在酸催化下还可以重排成酮，此反应称为频哪醇重排。

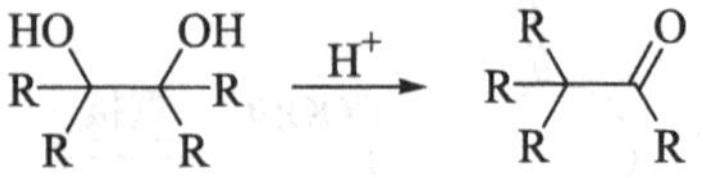

H^+

频哪醇重排的产物特征为叔烷基酮。

机理： H^+ → $-H_2O$ → $-H^+$

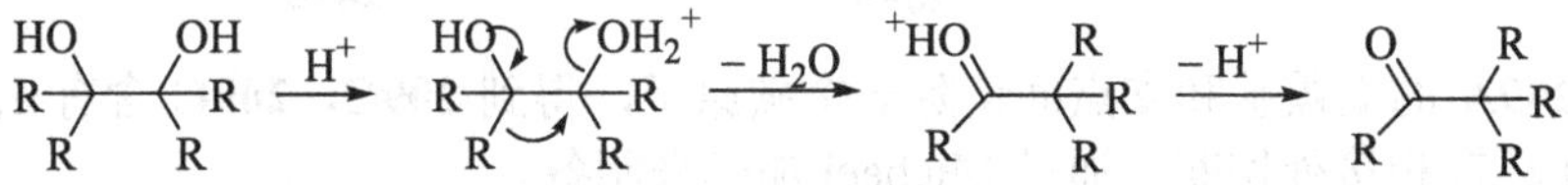

重排涉及2个问题：哪个—OH发生质子化？哪个基团迁移？

哪个—OH质子化取决于—OH质子化后生成的碳正离子稳定性，越稳定越容易形成；迁移基团中心原子的电子云密度越高，迁移能力越强，迁移能力大小顺序如下：

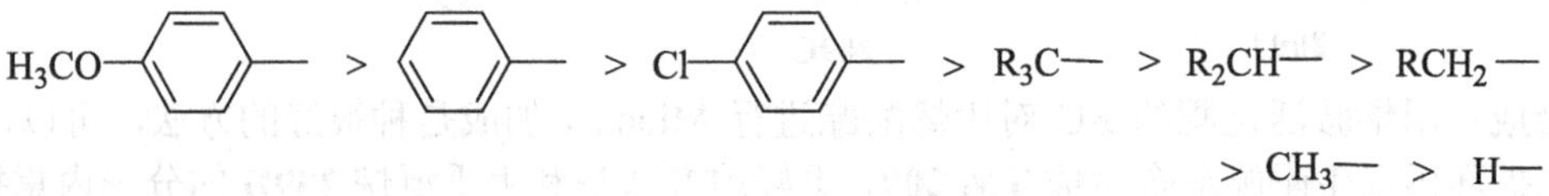

$H_3CO-C_6H_4- > C_6H_5- > Cl-C_6H_4- > R_3C- > R_2CH- > RCH_2-$

$> CH_3- > H-$

结构特征为叔烷基酮的化合物，可通过频哪醇重排来制备。有时从目标分子的结构不能一下推出重排的前体——邻二叔醇结构，这时可以倒述Pinacol重排的机理，一步一步逆推出邻二叔醇。例如：**TM 211** 为螺环酮，典型的Pinacol重排的结构特征，逆推前体为 **211 A** 或 **211 B**，**211 B** 更易由环戊酮的双分子还原得到。

TM 211

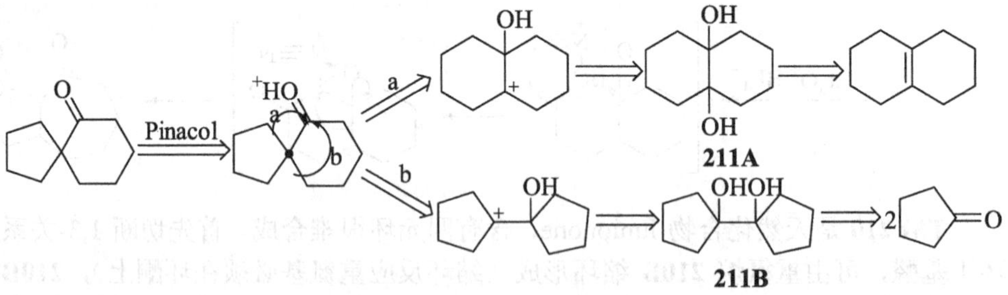

Pinacol; a; b

211A

211B

合成： 2 环戊酮 $\xrightarrow[\text{苯}]{Mg(Hg)}$ $\xrightarrow{H^+}$

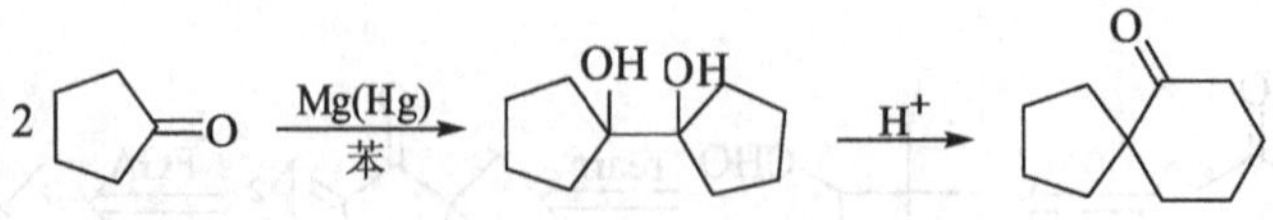

TM 212

Pinacol; Ph; H_2N

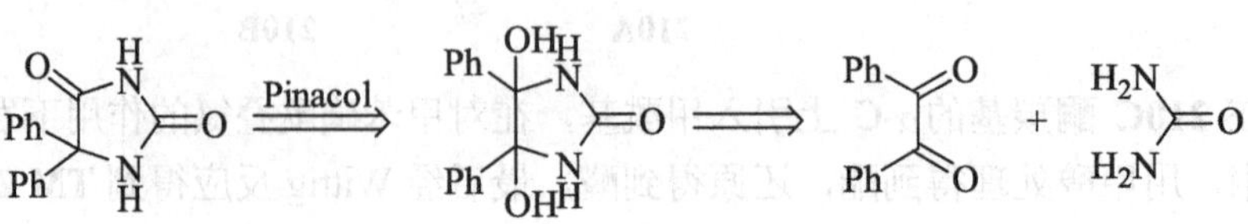

合成：

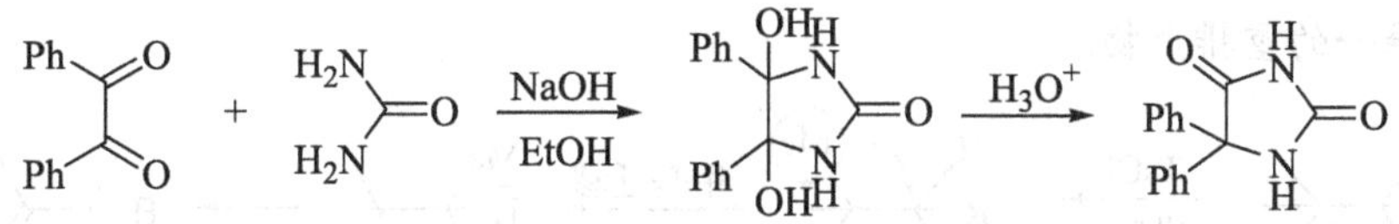

TM 213 是 Corey 合成长叶烯（longifolene）时用到的重要中间体，仔细观察其结构，虽然酮羰基邻位是叔碳原子，此结构仍可由频哪醇重排制备，回推至邻二醇 **213A** 的结构，**213A** 可由烯烃双羟化来制备，利用 Wittig 反应切掉 **213B** 的环外双键，**213C** 显然是个 Robinson 增环产物，很容易制备。

TM 213

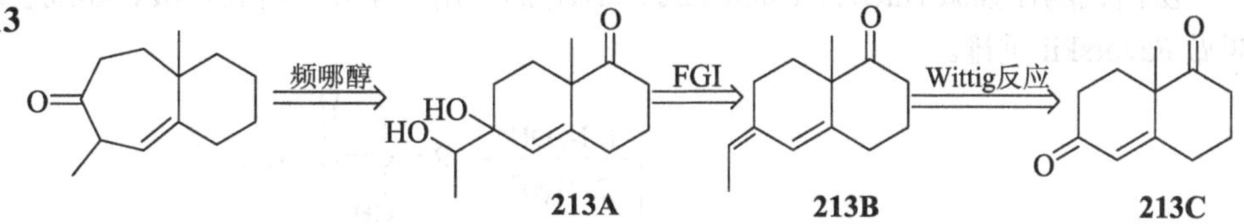

213A **213B** **213C**

从 **213C** 出发，每一步都存在选择性问题。**213C** 中哪个酮羰基更活泼？**213B** 中哪个双键更容易发生双羟化？**213A** 中哪个羟基离去？重排时环的哪侧迁移？

合成：213C 中一个酮羰基是共轭的，另一个不是，非共轭的酮要更活泼一点，必须将其保护成缩酮，确保 Wittig 反应发生在共轭酮上。**213D** 中环外双键比环内双键更活泼，更易与亲电试剂发生双羟化反应。接下来的 Pinacol 重排希望仲醇离去，而一般的频哪醇重排，往往是易于生成稳定碳正离子的那个羟基离去，这里似乎应该是叔醇质子化，离去。如何处理这个矛盾？

采用 TsCl，因为三级醇和 TsCl 都很大，只有仲醇才能被磺酰化，变成易离去的基团。在弱路易斯酸催化下重排时，π键的迁移也优于简单烷基的迁移，所有化学选择性的问题都得到巧妙解决，缩醛保护基在后面的合成中仍然有用。

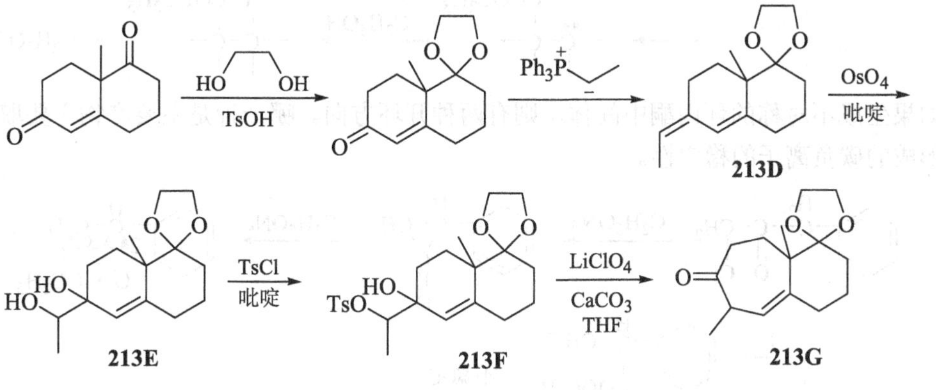

213D

213E **213F** **213G**

通过试剂区别仲醇和叔醇

不对称的二醇给一系列化学选择性的问题提供了巧妙的解决方法。在酸的作用下，二醇中的叔醇发生质子化失去羟基（能形成更为稳定的叔碳正离子），然后发生氢迁移得到酮Ⅰ。

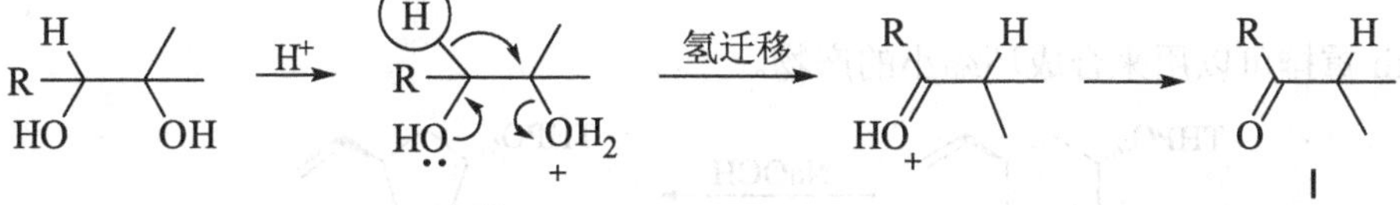

Ⅰ

另一种方法，二醇在弱碱作用下发生对甲苯磺酰化后能启动更有趣的重排，因为叔醇和 TsCl 都很大，在弱碱条件下不可能将一个叔醇对甲苯磺酰化，因而只有仲醇才被磺酰化进而离去，Ⅱ是唯一的重排产物。

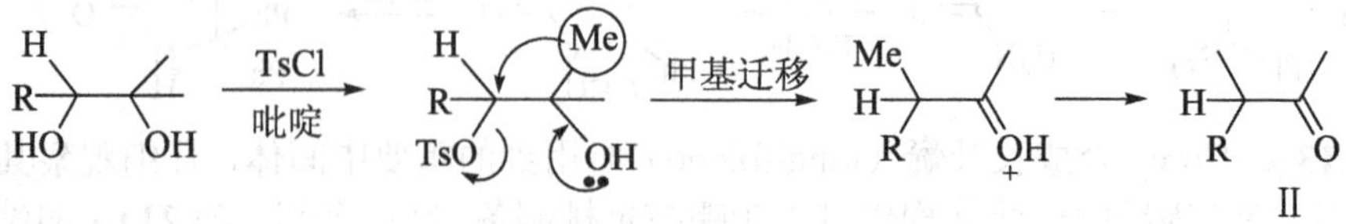

TsCl 吡啶

甲基迁移

Ⅱ

(3) **Favorskii 重排**

α-卤代酮在强碱 NaOH、NaOEt 或 $NaNH_2$ 的作用下重排，得到羧酸、酯或者酰胺的反应叫做 Favorskii 重排。

1. NaOH 2. H_3O^+

NaOEt

$NaNH_2$

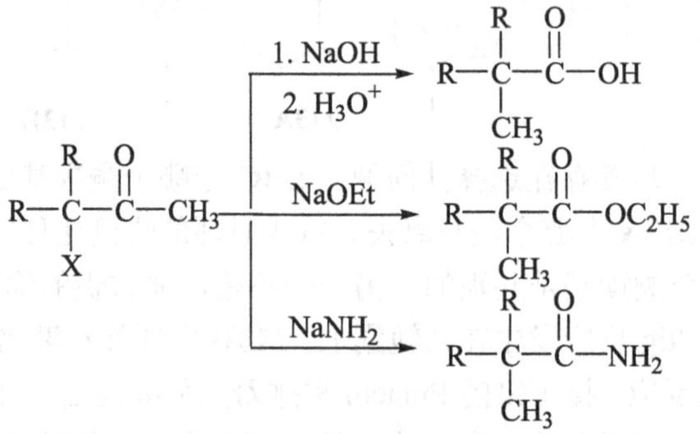

机理：实验证明 Favorskii 重排的机理是通过环丙酮中间体形成的。

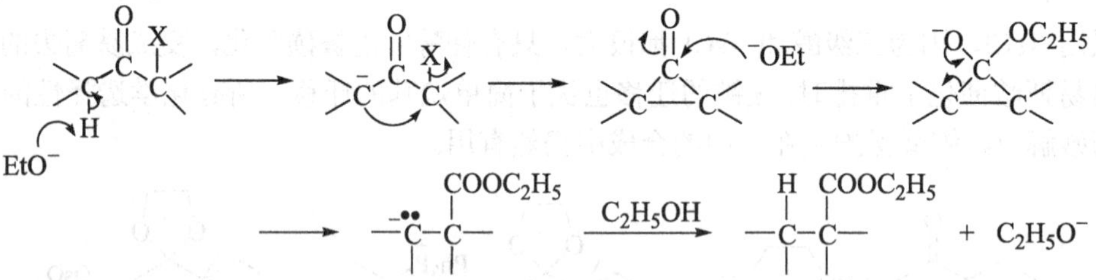

C_2H_5OH

如果生成不对称的环丙酮中间体，则有两种开环方向。哪一种是主要产物主要取决于开环后形成的碳负离子的稳定性。

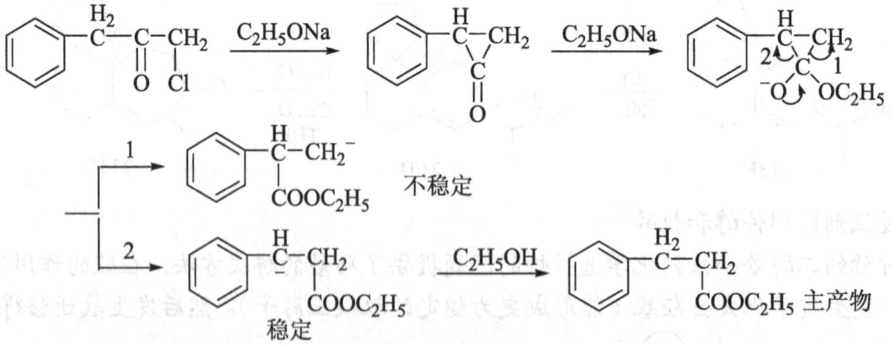

C_2H_5ONa C_2H_5ONa

不稳定

稳定

C_2H_5OH

主产物

Favoskii 重排可以用来合成环缩小的产物。

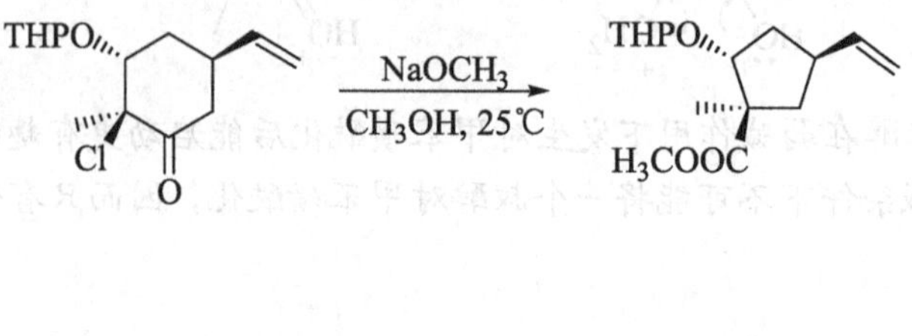

$NaOCH_3$

CH_3OH, 25℃

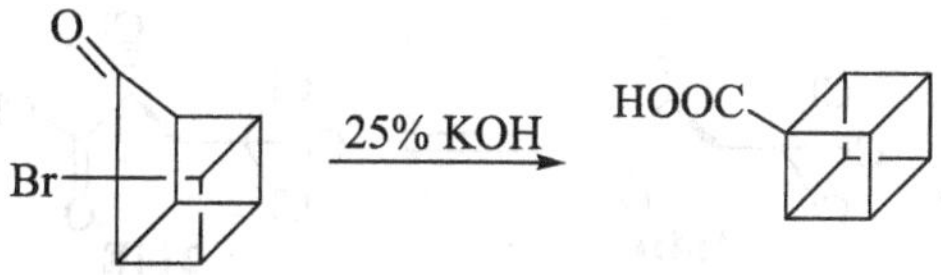

$\xrightarrow{25\%\ KOH}$ HOOC

立方烷的合成中两次运用了 Favorskii 重排：

NBS　Br_2　NaOH　D-A反应

$HOCH_2CH_2OH$　H^+　[2+2]　OH^-　Favorskii 重排

△　H^+　OH^-　Favorskii 重排　△

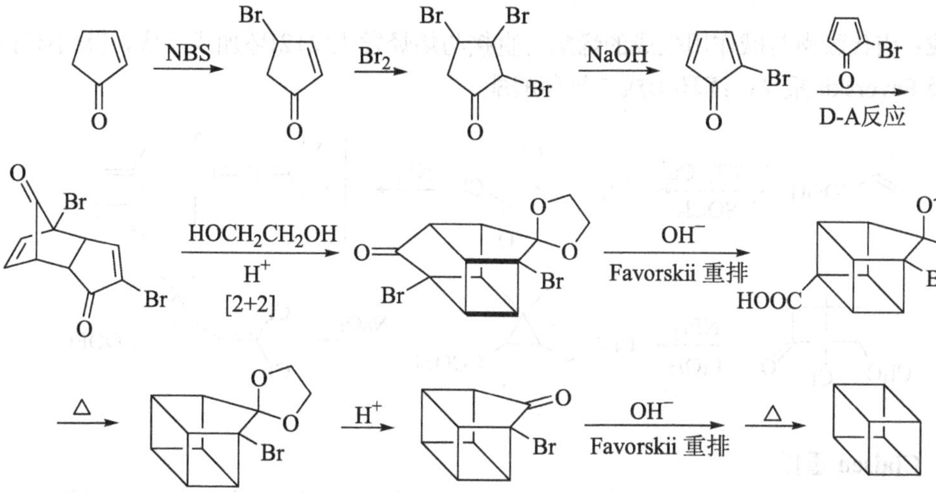

二氯菊酸的合成

拟除虫菊酯是一类杀虫力强、广谱、低毒、低残留的杀虫剂，二氯苯醚菊酯是其中的一种，二氯菊酸是合成二氯苯醚菊酯的关键中间体。

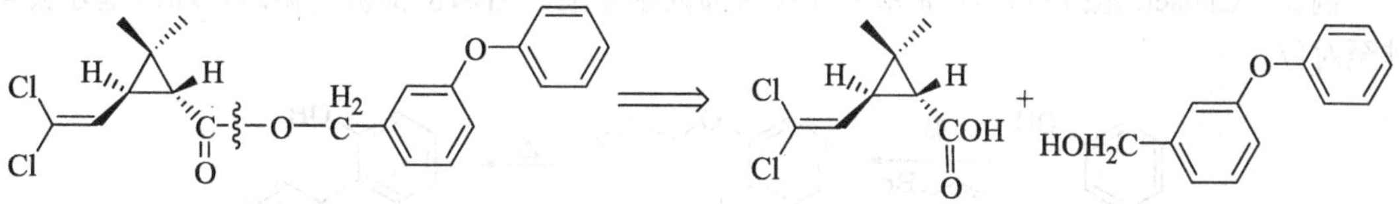

二氯苯醚菊酯　⟹　二氯菊酸 + HOH_2C—

二氯菊酸的合成有多种方法，可以用重氮乙酸酯或硫叶立德与α,β-不饱和酯反应，也可以用异戊二烯为原料经赍亭酸酯合成，这里尝试用 Favorskii 重排合成二氯菊酸。

TM 214

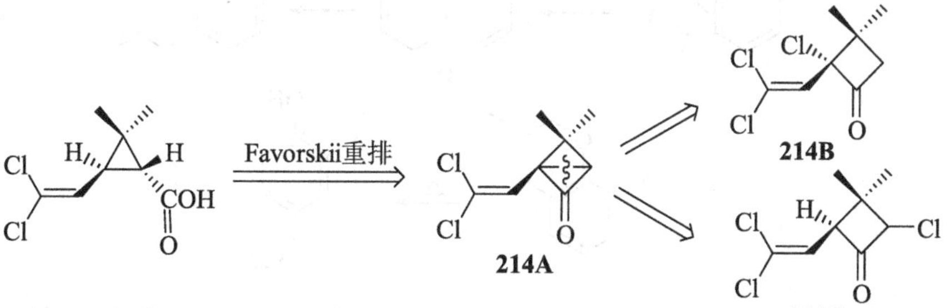

Favorskii重排　**214A**　**214B**　**214C**

将 **TM 214** 重接成环丙酮 **214A**，**214A** 是由羰基一端的α-C 负离子对另一端的卤代烃亲核进攻形成的，因此 **214A** 的前体是α-卤代酮 **214B** 或 **214C**。**214B** 的四元环可以由[2+2]环加成形成，将四元环拆开，前体为烯酮 **214D** 和 1,1-二甲基乙烯，**214D** 由酰氯 **214E** 脱 HCl 而来，**214E** 可由 CCl_4 对丙烯酸加成而来。

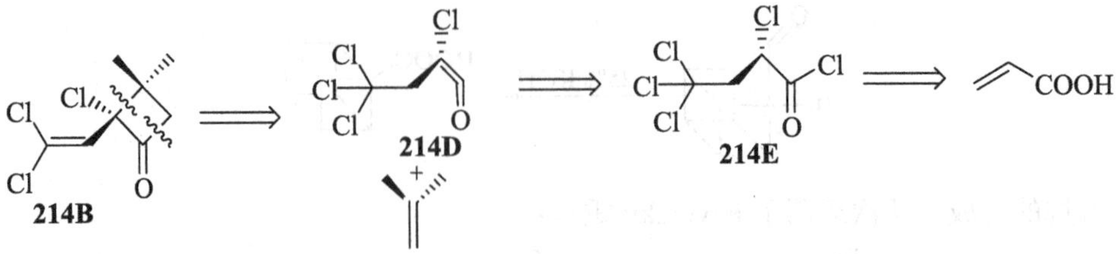

214B　214D　214E　COOH

合成：卤代酰卤与碱作用生成的烯酮可直接与烯烃发生[2+2]环加成反应，得到环丁酮衍生物。经 Favorskii 重排，缩环形成二氯菊酸酯。

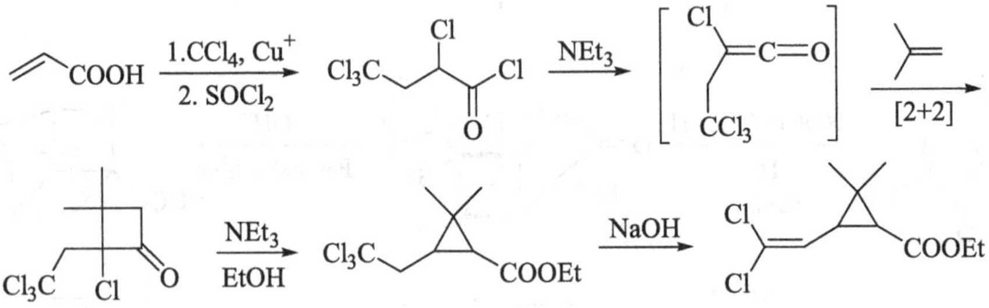

1.CCl_4, Cu^+　2. $SOCl_2$　NEt_3　[2+2]　NEt_3　EtOH　NaOH

（4）Claisen 重排

利用基团的定位效应在芳环合适的位置引入取代基是众所周知的，例如邻对位定位基往往使新引入的取代基进入原有基团的邻对位，得到邻对位混合异构体。制备对位异构体比较容易，大的取代基由于位阻效应往往导向对位，以高产率制备邻位异构体较为困难，Claisen 重排和 Fries 重排可以解决这个问题。

例如，Claisen 重排可以制备邻位取代的烯丙基苯酚，当邻位都被占据时，烯丙基才会重排至对位。

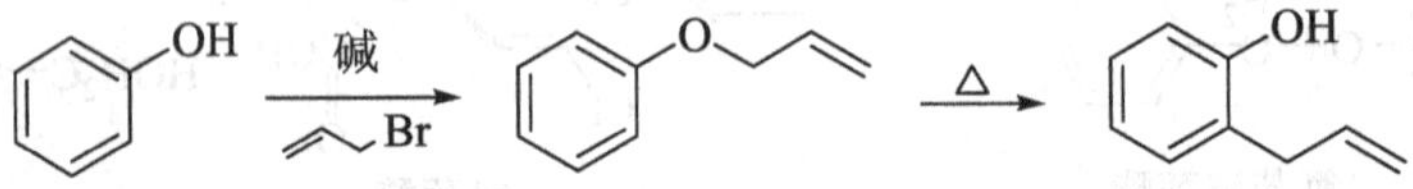

碱　Br　△

机理：经历六元环状过渡态。

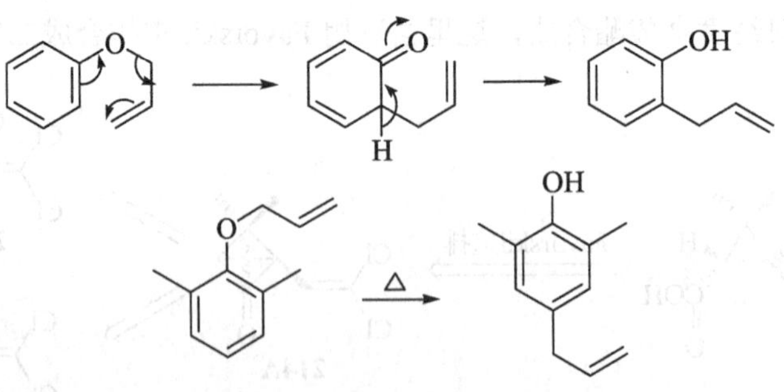

△

TM 215 叫丁子香酚，是丁子香油的组分，—OH 和邻位的烯丙基是个线索，可由 Claisen 重排制备：

TM 215

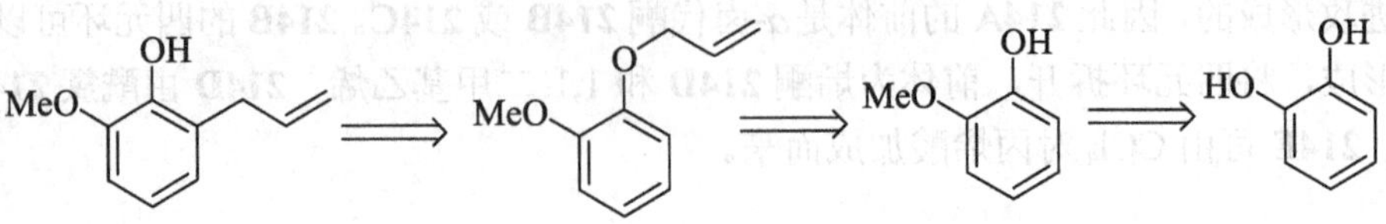

合成：

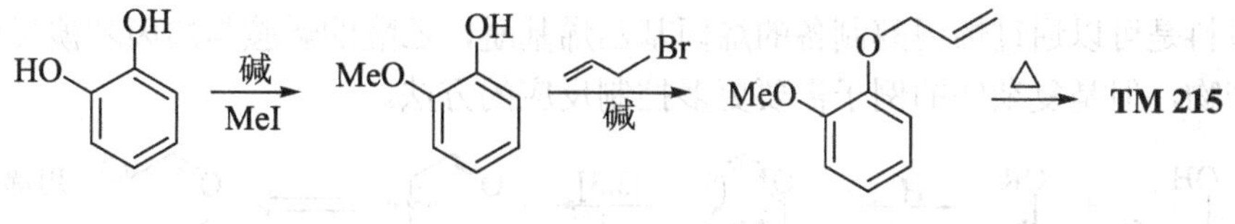

σ 迁移反应

Claisen 重排实质上是一类[3,3]-σ 迁移反应。

σ 迁移反应是指反应物的一个 σ 键沿着共轭体系从一个位置转移到另一个位置，同时伴随双键的移动。σ 迁移是协同反应，旧 σ 键的断裂，新 σ 键的形成，π键的移动同步进行。编号时从旧 σ 键的两侧开始编起，[i, j]-σ 迁移中的 i, j 是指新形成的 σ 键两侧的编号。

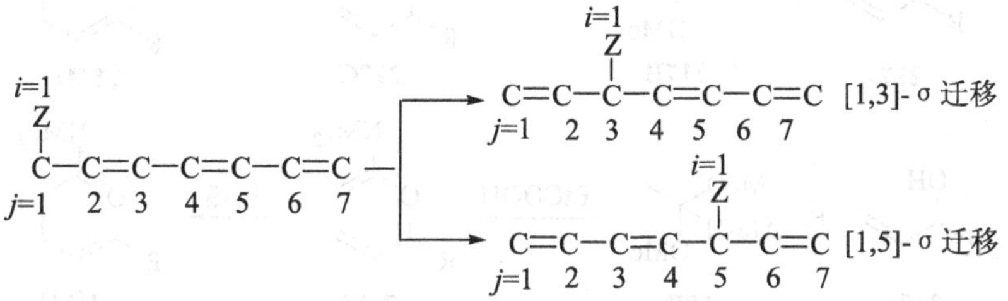

[1,3]- σ 迁移

[1,5]- σ 迁移

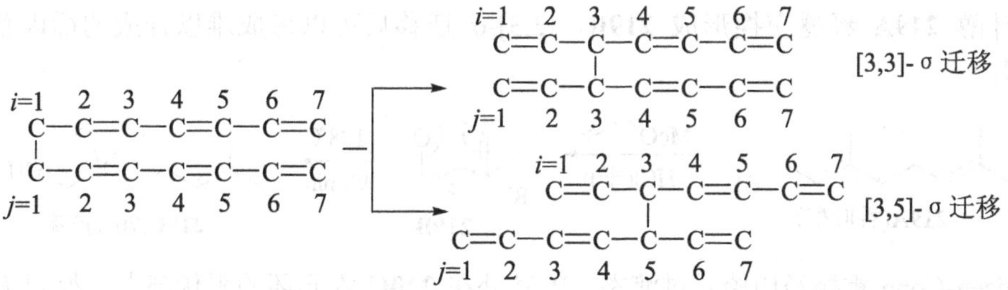

[3,3]- σ 迁移

[3,5]- σ 迁移

（5）Claisen-Cope 重排

Cope 重排是一个 1,5-二烯到另一个 1,5-二烯的[3,3]-σ 迁移反应。若反应前后单双建的数目不变，Cope 重排是可逆的；当链张力减小或者共轭程度增加时，Cope 重排不可逆。

Claisen 型的 Cope 重排指由烯丙基乙烯基醚重排成含烯键的醛、酮或羧酸等，它有方向性，重排生成更稳定的 C═O（C═O 比 C═C 更稳定）。

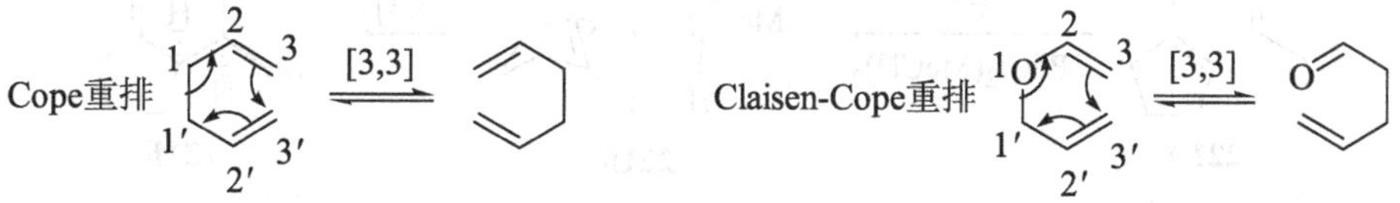

Cope重排　　Claisen-Cope重排

Corey 在赤霉酸（gibberellic acid）的合成中采用了 Cope 重排。这个反应发生的动力是张力的减小（并二环产物 **216B** 比桥式二环 **216A** 的张力小）以及共轭程度的增加。

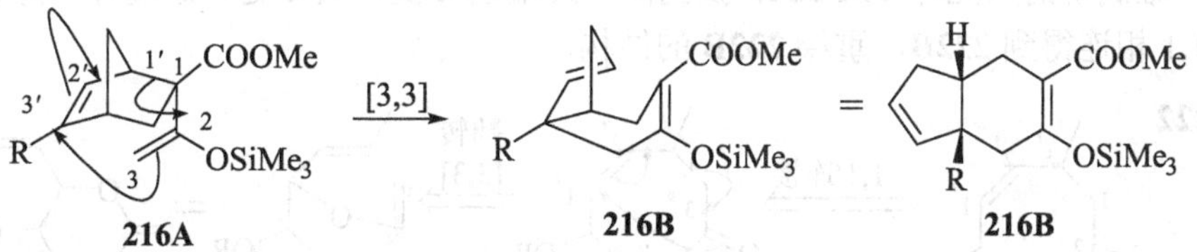

216A　**216B**　**216B**

一般而言Cope重排较难应用，没有一个通用的方法制备合适的起始原料，而Claisen-Cope

重排的原料是可以通过烯丙醇制备的烯丙基乙烯基醚，乙醛的烯胺与烯丙基溴反应也可以制备同一产物，但是复杂些的例子需要更多控制反应的方法。

OH + OR —H⁺→ [3,3] ⟹ 用烯胺 Br

烯丙醇 **217A** 与乙缩醛 **217B** 或者乙烯基醚发生醚交换制得 **217C**，这个反应需要酸性催化剂，但是酸性一定不能强到使烯丙醇异构化，用羧酸如丙酸就足够了。烯丙醇 **217A** 和 **218B** 反应，生成 **218C**，经重排生成酰胺 **218D**。

217A + **217B** —EtCOOH→ **217C** —加热→ **217D**

217A + **218B** —EtCOOH→ **218C** —加热→ **218D**

香叶醇 **219A** 经醚交换形成 **219B**，[3,3]-σ 迁移后可以形成难以合成的烯丙基化的产物 **219C**。

219A(香叶醇) —MeO（乙烯基醚）, HCl(干)→ **219B** —188℃, 90min→ **219C**;70%产率

Claisen-Cope 重排经历椅式过渡态，R 基处在 **220C** 六元环的平伏键上，得到 *E*-型的烯烃产物。过渡态 **220C** 用黑键表示正在形成的烯烃的 *trans*-构型。

220A → **220B** → **220C** → **220D**

221A —室温, $PdCl_2(MeCN)_2$→ **221E** —[3,3]→ **221F**

如何写出 Claisen-Cope 重排前的原料？最简单的方法是找到两个终端的 π 键（双键或者羰基），从双键处开始编号，将 3,3′之间的键断开，1,1′相连。

例如，难制备的八元环 **TM 222**，找到两个终端的 π 键，从 π 键开始编号，将 3,3′之间的键断开，1,1′相连得到 **222B**，重绘 **222B** 的结构。

TM 222 ⟹(1,1′连接) **222A** ⟹(翻转 [3,3]) **222B** = **222B**

222B 这个特殊的烯醇醚也是缩酮结构，可以从二醇 **222C** 得到，**222C** 中有 1,2-和 1,3-关系，可以用类似羟醛缩合的反应断开 1,3-关系。

222B ⟹(1,1-dix) 222C ⟹(FGI) 222D ⟹(Aldol反应) 222E + 222F

合成时 Holmes 用不对称 Aldol 反应得到初始原料 **222C**，R=Bn。因为硒氧化物在室温下容易消除，因此乙烯酮采用了 **222G** 的形式。烯丙基乙烯基醚 **222H** 的形成不改变烯丙醇 **222C** 的立体化学——这是乙缩醛中心的醇交换，[3,3] -σ 迁移也不改变 **222J** 的立体化学。

222G + 222C;R=Bn →(cat.TsOH) 222H;70%产率 →($NaIO_4$, $NaHCO_3$, $MeOH,H_2O$) [222I] → [222J] →([3,3]) TM 222;73%产率

有时结构经过变化，才能形成烯丙基乙烯基醚的结构。工业上有个**卡罗尔反应**，试推测它是如何发生的？

→(Δ)

机理：发生了 Claisen-Cope 重排（[3,3]-σ迁移），分析的关键在于将β-酮酯改写成稳定的共轭烯醇形式。

⟷ → →($-CO_2$)

合成： COOEt + OH → →(Δ)

因此对于γ,δ-不饱和酮来说，进行逆合成分析时在α,β-碳原子之间切断，有 a、b 两种方式，注意 b 方式的切断，得到的醇分子不是直接切断时得到的烯丙醇，而是要将双键和羟基

的位置颠倒一下（想想看为什么？）

α β γ δ a $\Rightarrow$ Br + EtOOC b $\Rightarrow$ OH + EtOOC OH ×

TM 223 可用于香料和食用香精，如何利用上述反应来制备它？

分析：应用卡罗尔反应对 **TM 223** 进行切断，得到乙酰乙酸乙酯和 **223A**（注意 **223A** 烯键和—OH 的位置），**223A** 按醇的切断方式切除一个乙烯负离子，得到 **223B**，**223B** 再次用卡罗尔反应切断，得到较拥挤但是易制备的烯丙醇 **223C** 和乙酰乙酸乙酯。

TM 223

OH **223A** + COOEt

$\bar{C}H{=}CH_2$ + **223B** $\Rightarrow$ OH **223C** + COOEt

合成：

COOEt + OH $\xrightarrow{\triangle}$ $\xrightarrow[NH_3(l)]{HC\equiv CH,\ Na}$ OH

$\xrightarrow[H_2]{Lindlar}$ OH $\xrightarrow{CH_3COCH_2COOEt}$ O $\xrightarrow{\triangle}$ **TM 223**

有时，必须使用重排，才能构建正确的骨架。例如，**TM 224** 是个γ,δ-不饱和酯，进行简单切断后，得到烯丙基卤代物 **224A** 和烯醇负离子 **224B**。

TM 224 δ γ β α COOEt $\Rightarrow$ Br **224A** + $H_2\bar{C}-COOEt$ **224B**

但实际反应时，**224B** 会在 **224A** 位阻小的一侧反应，得到错误的产物：

$H_2\bar{C}-COOEt$ Br $\longrightarrow$ EtOOC

使用 Claisen-Cope 重排，可以得到正确的化合物，注意原料要将 **224A** 的形式倒过来，经过重排双键移动，才会得到 **TM 224**。

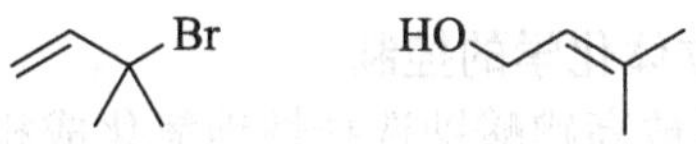

Br HO

224A 224C

合成：

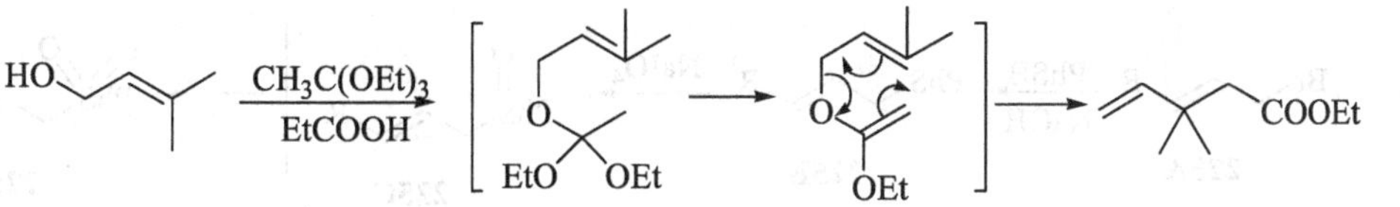

HO —$CH_3C(OEt)_3$ / EtCOOH→ [O, EtO, OEt → O, OEt] → COOEt

利用 Claisen-Cope 重排还可以制备下列高分支的四溴化合物，四溴化合物可进一步转变成四胺，进而合成高分支的树状聚合物。

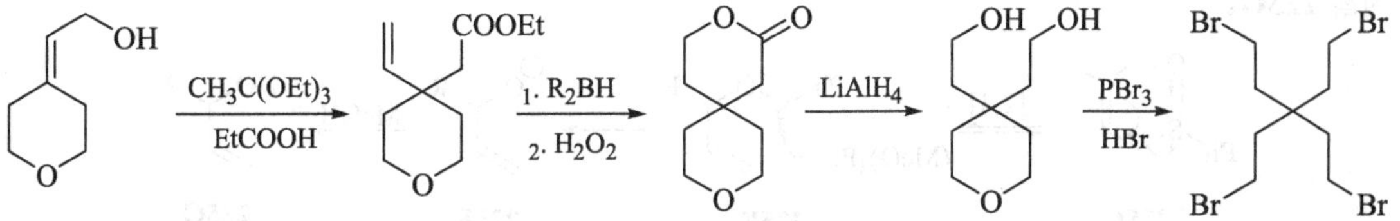

OH, O —$CH_3C(OEt)_3$ / EtCOOH→ COOEt, O —1. R_2BH 2. H_2O_2→ O, O, O —$LiAlH_4$→ OH, OH, O —PBr_3 / HBr→ Br, Br, Br, Br

思考题：使用简单的卤代烷时，烷基化往往发生在N上：

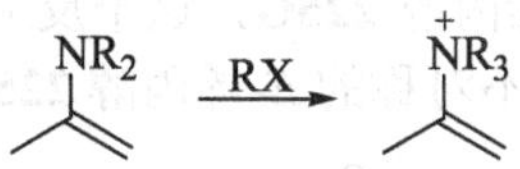

NR_2 —RX→ $\overset{+}{N}R_3$

但是使用烯丙基溴时，反应结果如下，如何解释此过程？

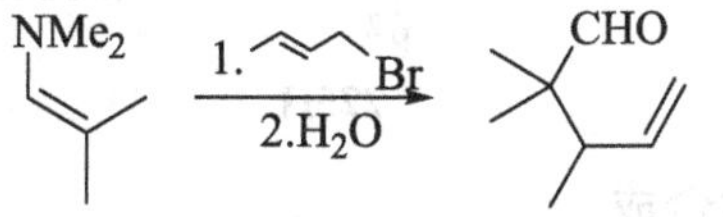

NMe_2 —1. 烯丙基溴（Br） 2. H_2O→ CHO

机理：也发生了 Claisen-Cope 类型的重排反应。

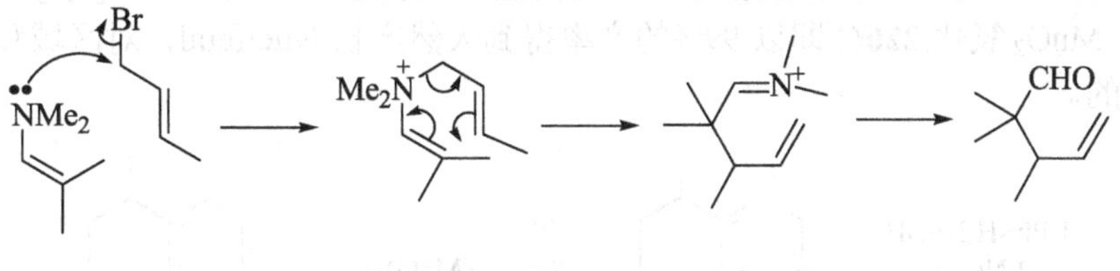

Br, NMe_2 → $Me_2\overset{+}{N}$ → $=\overset{+}{N}$ → CHO

3.3.2 提高

（1）[2,3]-σ 迁移制备烯丙醇

[2,3]-σ 迁移是一类六电子参与的经历五元环状过渡态的分子内重排反应。该五元环可以是纯碳环,但更常见的是含一个杂原子的环，通式表示如下：

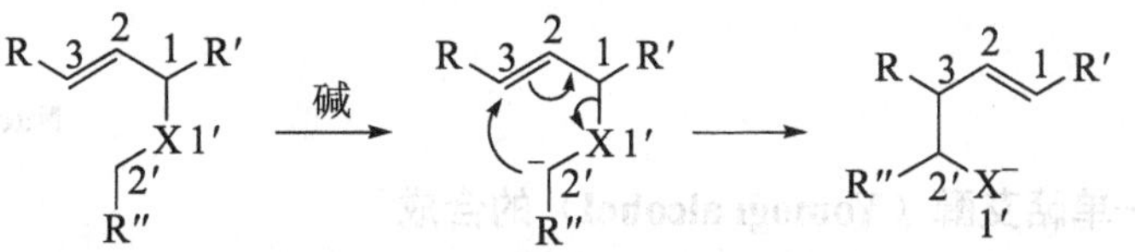

R 3 2 1 R′, X 1′, 2′, R″ —碱→ R 3 2 1 R′, X 1′, $^{-}$ 2′, R″ → R 3 2 1 R′, R″ 2′ X^{-} 1′

亚砜和硫叶立德：区域和立体化学的控制

烯丙基硫化物 **225B** 很容易被高碘酸钠选择性地氧化成相应的亚砜 **225C**，用更强的氧化剂甚至会得到砜 **225D**。

Br R PhSH NaOH PhS R $NaIO_4$ O PhS R O O PhS R

225A **225B** **225C** **225D**

225C 通过[2,3]-σ 迁移可逆地生成亚硫酯 **225E**（没有通过 NMR 探测到亚硫酯，所以它的含量应该少于 3%），**225E** 容易被亲核试剂捕获，这些“亲硫试剂”包括二级胺、硫醇负离子以及亚磷酸酯。反应在质子性溶剂（通常是亚磷酸酯对应的醇）中发生，得到重排的烯丙醇 **225G**。

O R S Ph [2,3] Ph S O R $(MeO)_3P$: O R MeOH HO R

225C **225E** **225F** **225G**

苯硫酚负离子对烯丙基卤代物 **225A** 的亲核进攻生成更加稳定的烯丙基硫化物 **225B**，而 **225B** 又不可逆地转变为较稳定的烯丙醇 **225G**，这个反应很有用，因为烯丙基亚砜 **225C** 在重排之前可以被烷基化，从而生成不对称的 *E*-烯丙醇 **225I**。

O PhS R^1 1.BuLi 2.R^2Br O PhS R^1 R^2 $(MeO)_3P$ MeOH R^2 R^1 OH

225C **225H** **225I**

天然产物——Nuciferal 的合成

David Evansy 研究小组关于 Nuciferal 的合成使用了对称的烯丙基溴化物 **226A** 与 PhSH 反应后氧化得到烯丙基亚砜。在强碱作用下烯丙基亚砜烷基化生成 **226B**，[2,3]-σ 迁移得到烯丙醇 **226C**，MnO_2 氧化 **226C** 即以 99%的产率得到天然产物 Nuciferal，对区域和立体化学控制都是成功的。

Br 1.PhSH,NaOH 2.$NaIO_4$ 3.BuLi 4.RI Ph S O $(MeO)_3P$ MeOH OH

226A **226B** **226C**

MnO_2 CHO

Nuciferal

天然产物——单萜艾醇（Yomogi alcohol）的合成

硫化物的[2,3]-σ 迁移并不仅限于亚砜，硫叶立德同样可以发生。

TM 227 单萜艾醇（Yomogi alcohol）的结构特征为烯丙基醇，利用[2,3]- σ 迁移将其回推至烯丙基硫醚 **227A**。**227A** 可以通过异戊烯基硫化物 **227C** 对烯丙基卤化物 **227B** 的亲核取代制得。然而，烷基化很可能会发生在 **227B** 位阻较小的一侧。

OH [2,3] ? Br + SPh SPh

TM 227 (单萜艾醇) **227A** **227B** **227C**

Br Br SPh

227B **227D** **227C**

注意到 **227B** 和 **227C** 都可以回推到相同的卤代烃 **227D**，Evans 故意合成了一个错误的双烯丙基硫醚 **227E**（注意它和 **227A** 的不同之处），然后经历两次重排得到 Yomogi alcohol。首先硫原子必须形成硫叶立德（加苯基不适合，用甲基代替）。**227F** 发生第一次[2,3]- σ 迁移生成烯丙基硫醚 **227G**，**227G** 经氧化后第二次[2,3]- σ 迁移得到 **TM 227**。在这个反应中，用到了亲硫的 $EtNH_2$ 捕获亚硫酯。

Br Na_2S S 1.MeI 2.BuLi Me [2,3]

227D, 异戊二烯基溴 **227E** **227F**(锍内鎓盐)

SMe $NaIO_4$ Me S O $EtNH_2$ MeOH OH

227G **227H** **TM 227**;69%产率

酮烯丙基化中的[2,3] σ-迁移

对于*γ*，*δ*-不饱和酮进行逆合成分析时，有时直接在*α*,*β*-碳之间切断并无价值。例如，**TM 228** 的断键得到烯醇负离子 **228B** 和烯丙基卤代物 **228A**，烯胺在位阻较小的伯位反应能得到 **TM 228**。然而当目标分子是异构体 **TM 229** 时，同样的断键得到烯醇负离子 **228B** 和烯丙基溴 **229A**，而这个反应会在 **229A** 位阻小的一端发生，得到的仍然是 **TM 228**。

O R^1 R^2 Br R^2 + O R^1 + R^2 Br O R^2 R^1

TM 228 **228A** **228B** **229A** **TM 229**

可以用硫叶立德的[2,3]-σ 迁移解决这个问题，稳定的烯丙基硫醇（与 **229A** 相比双键移位）与 *α*-卤代酮 **229B**（极性反转）反应生成硫醚，然后乙基化，在弱碱的作用下（这里是 K_2CO_3）变成硫叶立德。注意这里的区域选择性：硫叶立德被羰基所稳定。[2,3]- σ 迁移把双键移位的烯丙基片段连接到酮的*α*-位上，Raney Ni 脱硫后生成难合成的产物 **TM 229**。

$R^1C(O)CH_2Br$ —(1. HS–CH₂CH=CH–R^2; 2. $Et_3O^+BF_4^-$; 3. K_2CO_3, EtOH)→ **229C** —[2,3]→ **229D** —(Raney Ni, EtOH)→ **TM 229**

229B **229C** **229D**

（2）Claisen-Ireland 重排

烯丙基酯在强碱作用下生成的烯醇硅醚也可以发生类似 Claisen 重排的反应生成不饱和酸，这就是 Claisen-Ireland 反应。

LDA → O^- Li^+ → Me_3SiCl → $OSiMe_3$ → 1.△ 2.H_3O^+ → OH

在低温下，酯在 LDA 的作用下通常形成 *E*-型的烯醇化物。

LDA, −78℃, THF → R_2N, Li, H, R (**230A**) → Li–O, R (**230B**; *E*-Li-烯醇)

烯丙基酯 **231A** 被锂化生成 *E*-型的烯醇锂，和 Me_3SiCl 反应得到 *E*-型的烯醇硅醚 **231B**，画出 **231B** 椅式构象，可以预测 Claisen-Cope 重排的产物 **231C** 的立体化学，硅基水解得到产物 **231D**。

231A —(1.LDA,THF,−78℃; 2.Me_3SiCl)→ **231B** ($OSiMe_3$, R^1, R^2) = **231B** ($OSiMe_3$, H, R^1, R^2)

—[3,3]→ **231C** (H, $OSiMe_3$, H, R^1, R^2) —H_2O→ **231D** (R^2, COOH, R^1)

Ireland 发现如果在制备醇锂的过程中在溶剂中添加 HMPA（六甲基磷酰胺，是锂的极好的配体，但是具有癌变性），立体化学会改变，形成更加稳定的 *Z*-硅基烯醇醚 **231E**，最终得到立体化学改变的产物 **231G**。

231A —(1.LDA,HMPA, THF,−78℃; 2.Me_3SiCl)→ **231E** ($OSiMe_3$, R^1, R^2) —[3,3]→ **231F** (H, $OSiMe_3$, R^1, R^2, H) —H_2O→

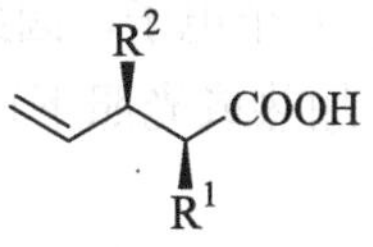

231G

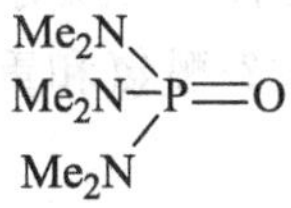

HMPA

天然产物（–）-*α*-红藻氨酸的合成

Knight 合成（–）-*α*-红藻氨酸时采用天冬氨酸衍生物 **232B** 与烯丙基氯 **232A** 偶联得到保护的烯丙醇 **232C**。去保护和内酯化得到 Claisen 重排的原料——九元含氮内酯 **232D**。

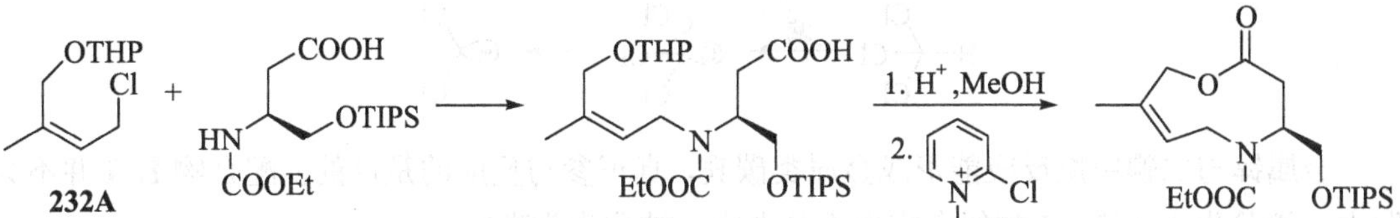

232A **232B** **232C** **232D**

烯醇锂的形成和捕获仅产生 *E*-型的烯醇硅醚 **232E**，**232E** 是一个环烯醇醚，发生 Claisen-Ireland 重排时容易形成**船式过渡态**，非对映异构体 **232F** 的形成则肯定了它的正确性。**232G** 和 **232H** 阐明了反应分子的构象、机理以及产物的立体化学。产物经过几步转化得到（–)-*α*-红藻氨酸 **TM 232**。

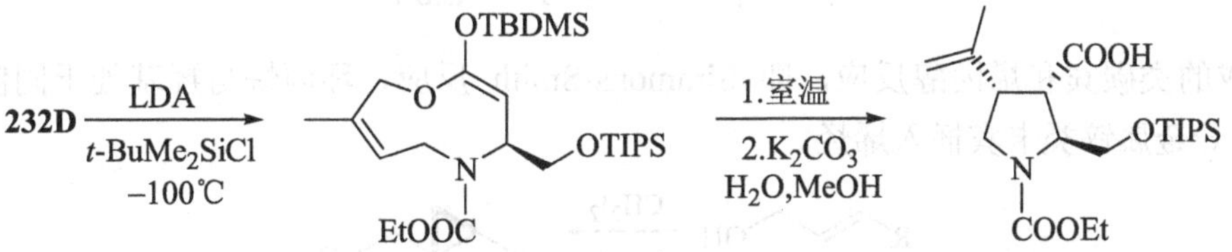

232E **232F**

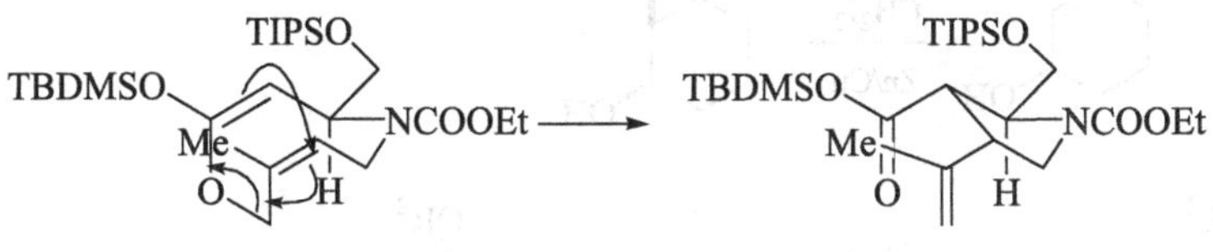

232G **232H**

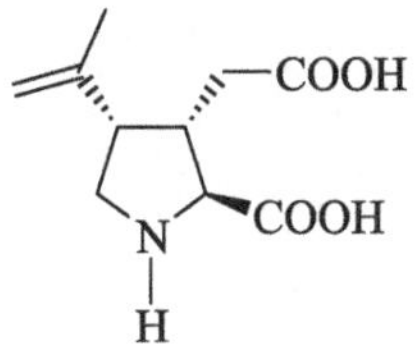

TM 232 [(–)-*α*-红藻氨酸]

3.4 脂环化合物的切断

3.4.1 三元脂环的切断

A. 基础

（1）卡宾和烯烃反应构成三元环

烯烃和卡宾反应可以一次形成 2 根碳-碳键，构成三元环。

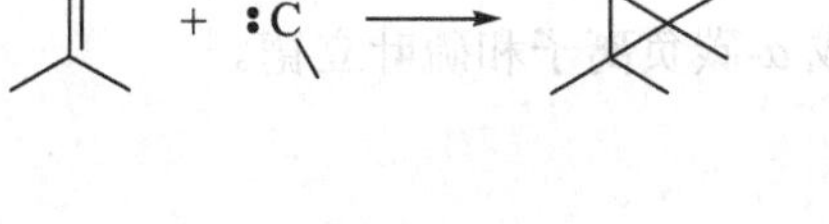

卡宾是一个带有一对孤对电子的二价碳原子，外层只有 6 个电子，因此卡宾是亲电的。

卡宾如何形成？酰氯和重氮甲烷反应得到重氮酮，在加热或光照下可以很容易脱去氮气，形成卡宾：

$$\mathrm{Cl{-}C(=O){-}R} + \mathrm{CH_2{=}\overset{+}{N}{=}\overset{-}{N}} \longrightarrow \mathrm{R{-}C(=O){-}CH_2{-}\overset{+}{N}{\equiv}N} \longrightarrow \mathrm{R{-}C(=O){-}\ddot{C}H}$$

卡宾也可以通过 α-消除得到，最简单的例子是用碱处理氯仿会得到二氯卡宾：

$$\mathrm{H{-}CCl_3} \xrightarrow{\text{碱}} \mathrm{{}^{-}CCl_3} \longrightarrow \mathrm{:CCl_2}$$

金属锌与二碘甲烷反应能形成金属类碳宾，真正参与反应的是锌的σ-配合物 **I**，**I** 并不会发生 α-消除生成卡宾，**I** 类似卡宾而不是卡宾，被称为类碳宾。

$$\mathrm{I{-}CH_2{-}I} \xrightarrow{Zn} \underset{\mathbf{I}}{\mathrm{I{-}CH_2{-}ZnI}} \qquad \underset{\mathbf{I}}{\mathrm{I{-}CH_2{-}ZnI}} \not\longrightarrow \mathrm{:CH_2 + ZnI_2}$$

二乙基锌也可以作为金属源，生成类碳宾：

$$\mathrm{I{-}CH_2{-}I} \xrightarrow{Et_2Zn} \mathrm{I{-}CH_2{-}ZnEt}$$

生成的类碳宾和烯丙醇反应，即 Simmons-Smith 反应，环丙烷与羟基处于同侧，表明—OH 引导金属锌类卡宾插入烯烃。

$$\mathrm{R{-}CH{=}CH{-}CH_2OH} \xrightarrow[Zn/Cu]{CH_2I_2} \text{R-环丙基-}\mathrm{CH_2OH}$$

$$\text{环己-2-烯醇 (OH)} \xrightarrow[Zn/Cu]{CH_2I_2} \text{双环产物 (OH)}$$

$$\mathrm{R^1O}\cdots\mathrm{OH}\cdots\mathrm{OR^2}\cdots\mathrm{C_5H_{11}},\ \mathrm{OR^3} \xrightarrow[Zn/Cu]{CH_2I_2} \mathrm{R^1O}\cdots\mathrm{OH}\cdots\text{环丙烷}\cdots\mathrm{OR^2}\cdots\mathrm{C_5H_{11}},\ \mathrm{OR^3}$$

所有涉及卡宾、类碳宾或是金属卡宾配合物的合成方法都是立体专一性的，烯烃的构型在所形成的环丙烷的立体化学中得以保持，特别是对于烯丙醇的 Simmons-Smith 反应，—OH 与环丙烷位于烯烃的同侧。

接下来讨论的方法，对烯烃来说没有立体专一性。

（2）硫叶立德和 α，β-不饱和酮反应构成三元环

硫与氧同族，具有相似的电子构型，但硫的半径比氧大，价电子离核较远，极化度较大，易于提供电子对与缺电子的碳原子成键，即硫的亲核性比氧强；硫的 d 轨道能参与相邻碳原子上负电荷的分散，易形成 α-碳负离子和硫叶立德。

简单硫醚形成的叶立德与羰基化合物反应会形成环氧化合物：

$$Me_2\overset{+}{S}-Me \xrightarrow{碱} Me_2\overset{+}{S}-\overset{-}{C}H_2 + R^1COR^2 \longrightarrow Me_2\overset{+}{S}-CH_2-C(O^-)R^1R^2 \longrightarrow Me_2S + \text{环氧化合物}(R^1,R^2)$$

如果硫叶立德和 α,β-不饱和酮反应，环氧化合物和环丙烷化合物都有可能生成。一般来说，硫醚叶立德不稳定，进攻烯酮中的羰基，易生成环氧化合物；而亚砜叶立德（又叫氧化叶立德）比较稳定，倾向于共轭加成，易生成环丙烷化合物。

$$\text{环氧化合物} \xleftarrow[碱]{Me_3S^+} R^1CH=CHCOR^2 \xrightarrow[碱]{Me_3\overset{+}{S}=O} \text{环丙烷化合物}$$

共轭加成中间体比较稳定，烯烃的单键能自由旋转，导致烯烃双键的构型不能保持，产物三元环的构型一般为反式。

$$Me_3\overset{+}{S}=O \xrightarrow{NaH} Me-\overset{O}{\underset{Me}{S^+}}-\overset{-}{C}H_2 + R^1CH=CHCOR^2 \longrightarrow \longrightarrow \text{反式环丙烷}(R^1, COR^2)$$

亚砜叶立德和香芹酮反应，仅和共轭双键反应，不和非共轭双键反应。叶立德加到环上取代基的反位，三元环和六元环之间是顺式稠合。

$$Me_3\overset{+}{S}=O \xrightarrow{NaH} Me-\overset{O}{\underset{Me}{S^+}}-\overset{-}{C}H_2 + \text{香芹酮} \longrightarrow$$

香芹酮

亚砜叶立德和二酯Ⅱ加成，仅和共轭烯烃反应，生成了环丙烷Ⅲ，这里的—OH 已经变成—OR，因此没有 Simmons-Smith 反应中类似的导向作用，Ⅲ中烯烃的构型在反应后是保持的，产物环化后生成九元环内酯Ⅳ，Ⅳ中 R′是含三元环的侧链。

$$Me_3\overset{O}{S^+} + t\text{-BuCOO}\cdots(\text{MeCOO}, \text{OR})\ \xrightarrow[DMSO]{NaH}\ t\text{-BuCOO}\cdots(\text{MeCOO}, \text{OR}) \longrightarrow \text{内酯}(R')$$

Ⅱ Ⅲ Ⅳ

B. 应用

三元环在动力学上是易形成的，但不是热力学稳定体系，因此成环的条件也可以将环打开。大部分羰基缩合反应是可逆的，不适合形成三元环，烯醇的烷基化反应是不可逆的，它是合成三元环的良好方法。

$$\text{环丙基}(R^1,R^2)-COR \Longrightarrow R^1CH(CH^+R^2)\overset{-}{C}HCOR \quad R^1CH(CHBrR^2)CH_2COR$$

TM 233

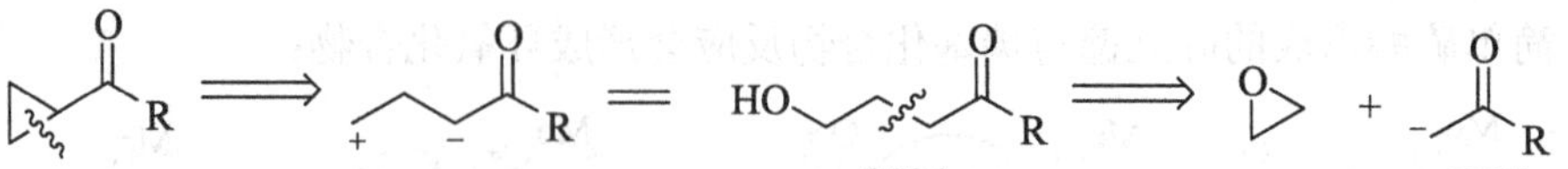

233A 233B

分析：对三元环切断后，发现它实际上是羰基 α-碳的分子内烷基化。

合成：用 β-酮酯作为 **233B** 的合成等价物和环氧乙烷反应关环得到内酯 **233C**，**233C** 和 HX 共热，一步实现酯基水解、—OH 卤代和脱羧，生成 **233D**，若卤素为 Cl，R 基为 H，用 NaOH 作碱可以 82%产率生成 **TM 233**。

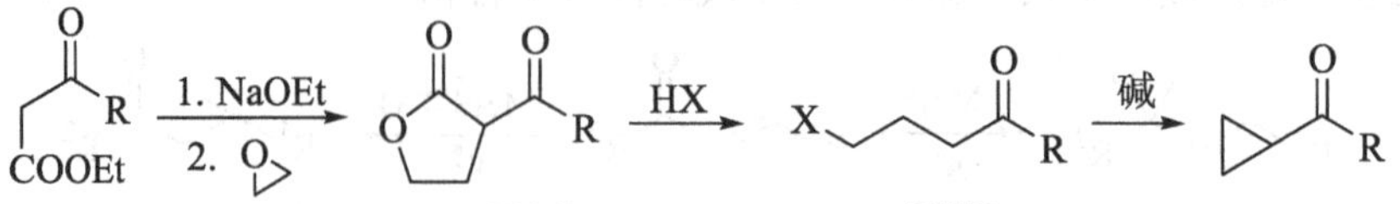

1. NaOEt 2. HX 碱 233C 233D

TM 234 是 α_2-受体激动剂，降血压新药，切断内酯环，存在 1,3-关系和 1,4-关系，利用活泼亚甲基的活性，先切断 1,4-关系，然后再切断 1,3-关系，三元环通过分子内亲核取代反应得到。

TM 234

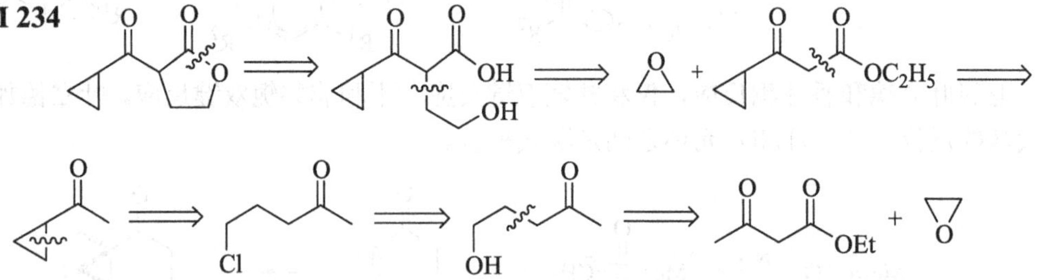

合成：

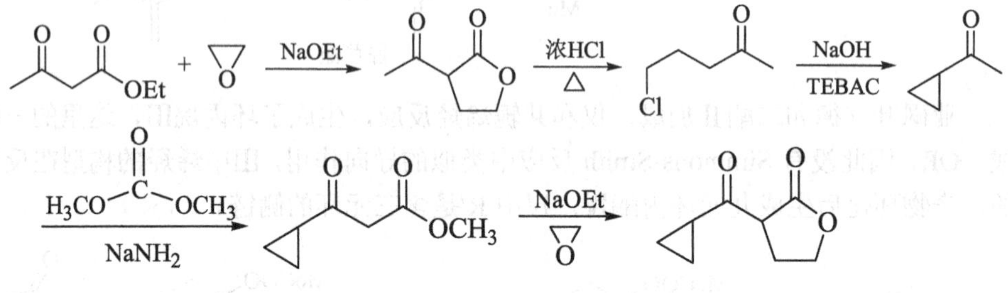

NaOEt 浓HCl △ NaOH TEBAC

$H_3CO-C(=O)-OCH_3$ / $NaNH_2$ NaOEt

TM 235 是 Merck 公司用来治疗疼痛的候选药物，首先切断 C—N 键得到氨基醇 **235A**，**235A** 中的 NH_2 可由 CN 还原而来，**235B** 可由苯乙腈和环氧氯丙烷两次开环反应而来。

TM 235

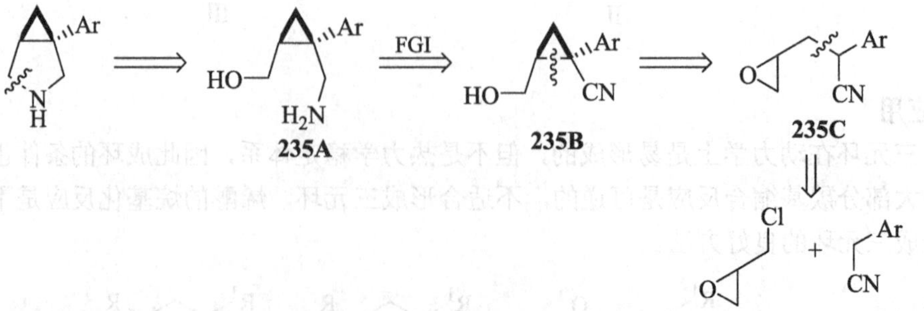

FGI 235A 235B 235C

合成：碱性条件下，苯乙腈的负离子进攻环氧氯丙烷的环氧少取代的一端，中间体发生环氧化，形成的环氧化物用 a 和 b 分别标注两个碳原子，若负离子进攻 a 形成三元环，若进攻 b 则形成四元环，四元环无论从动力学还是从热力学上都难以形成。进攻 a 端后形成两个非对映异构体 **235D** 和 **235E**，硼烷还原后得到氨基醇，氯代，将 pH 调到 8.5 以上，可以得到游离胺，完成关环，得到 **TM 235**。反式异构体 **235D** 由于距离太远，不能关环。

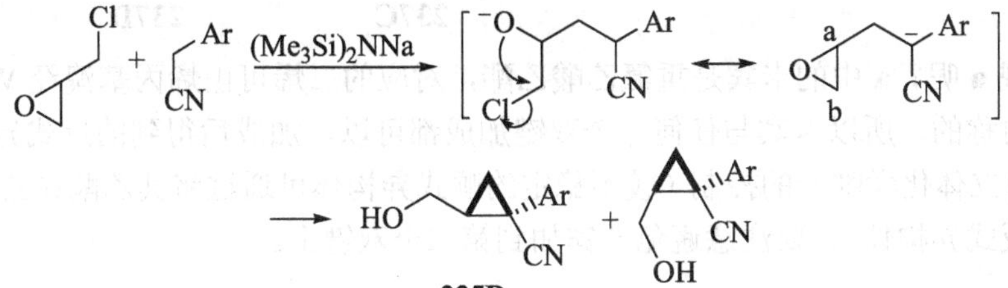

$(Me_3Si)_2NNa$ a b HO Ar CN **235D** OH **235E**

235E $BH_3 \cdot Me_2S$ HO H_2N $SOCl_2$ *i*-PrOAc Cl H_2N pH>8.5 N H Ar

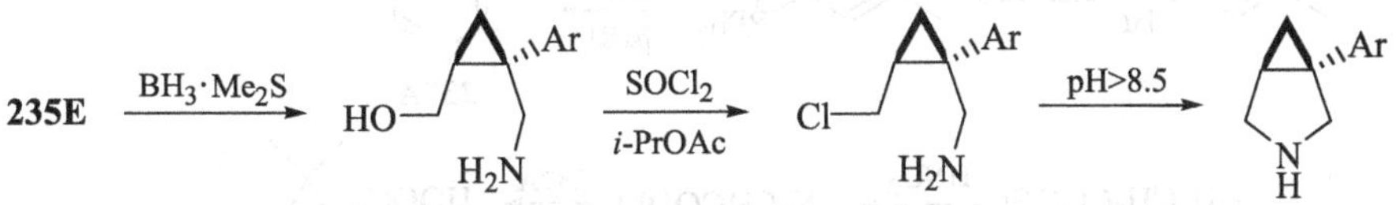

三元环还可以同时切断两个 C—C 键，前体为烯烃和卡宾。

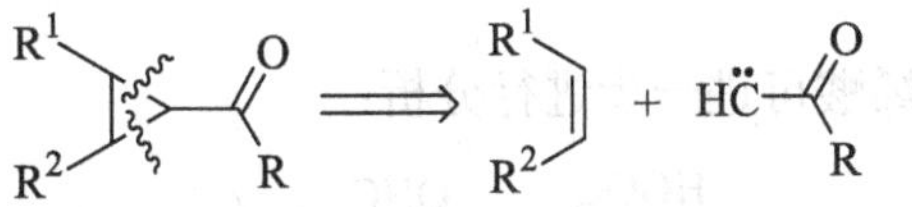

R^1 R^2 O R R^1 R^2 + HC̈ O R

TM 236

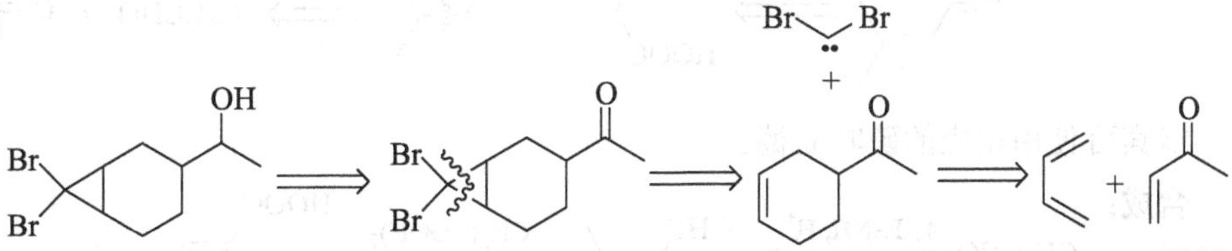

OH Br Br Br Br O **236A** O **236B** Br Br + O **236C**

分析：TM 236 中的三元环可由易制备的二溴卡宾和环己烯 **236B** 反应得到，将醇羟基经 FGI 转变为羰基后，**236B** 可由 Diels-Alder 反应制备。

合成：

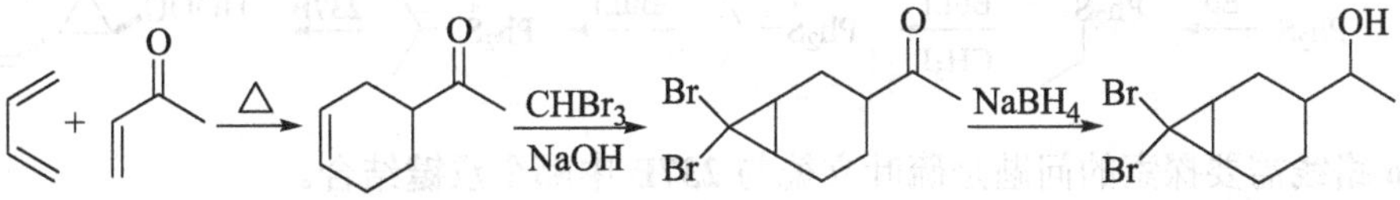

+ O △ O $CHBr_3$ NaOH Br Br O $NaBH_4$ Br Br OH

工业合成实例——菊酸的合成

TM 237

HOOC

除虫菊酯是一种天然存在的、对哺乳动物实际无害的杀虫剂，菊酸是除虫菊酯的重要组分。菊酸中含有三元环，小环往往是策略键，切断三元环中的两根键，得到一个“卡宾”和一个烯烃。有三种方式断开三元环：

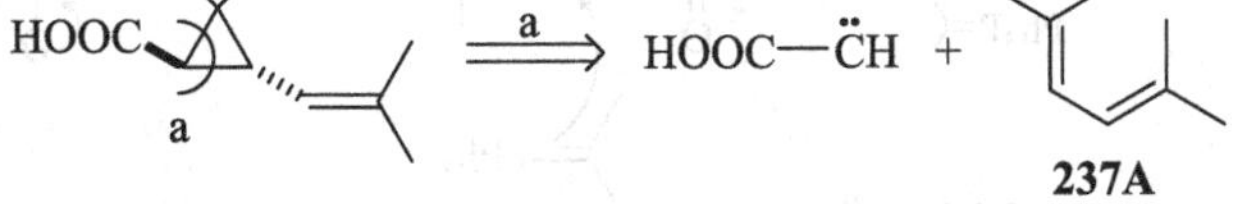

HOOC a ⟹(a) HOOC—C̈H + **237A**

HOOC b ⟹(b) + HOOC **237B**

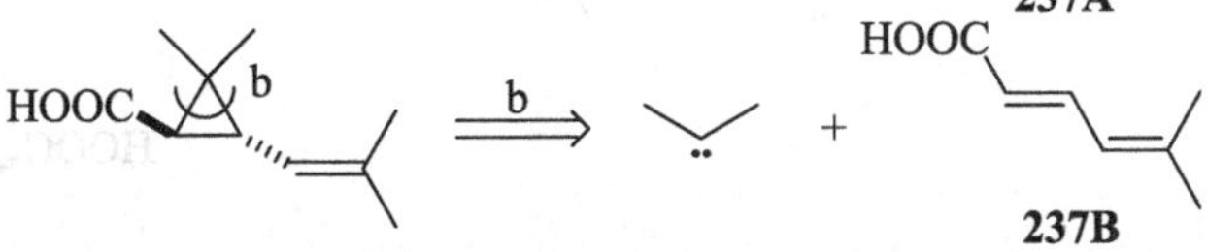

HOOC c ⟹ c HOOC 237C + HC̈ 237D

如何实现 **a** 呢？**a** 中的卡宾是重氮乙酸乙酯，对应的二烯可由烯丙基溴经 Wittig 反应制得。二烯是对称的，所以卡宾与任何一个双键加成都可以，加成后得到的反式异构体比较稳定，这点是对立体化学唯一的控制（较不稳定的顺式异构体可通过将其乙酯在乙醇中与 EtO^- 共热转变为反式异构体）。要注意避免卡宾加到第二个双键上。

合成：

Br $\xrightarrow{Ph_3P}$ $\overset{+}{P}Ph_3$ $\xrightarrow[丙酮]{BuLi}$ **237A**

$NH_2CH_2COOEt \xrightarrow{HNO_2} N_2CHCOOEt \xrightarrow{237A}$ HOOC

现在考虑 **b 路线**。二烯酸可进一步进行分析：

HOOC ⟹ HOOC HOOC + OHC ⟹ CH_3CHO + O=

卡宾可使用相应的硫叶立德。

合成：

$CH_3CHO \xrightarrow[2.\ 丙酮]{1.\ R_2NH,\ H^+}$ OHC $\xrightarrow[哌啶]{CH_2(COOH)_2}$ HOOC **237B**

$Ph_2S \xrightarrow{EtI} Ph_2S^+ \xrightarrow[CH_3I]{BuLi} Ph_2\overset{+}{S} \xrightarrow{BuLi} Ph_2\overset{+}{S}^- \xrightarrow{237B}$ HOOC

b 路线需要探索的问题是硫叶立德与 **237B 中哪个双键**结合。

如果将硫叶立德改为磷叶立德，受体转变则会发生下列反应：

MeOOC CHO $\xrightarrow{Ph_3P=}$ HOOC

机理：第一分子的磷叶立德进攻醛基，生成烯键，第二分子的磷叶立德对共轭双键发生共轭加成，水解后生成菊酸。

MeOOC CHO $\xrightarrow[Ph_3P=]{Wittig}$ MeO O ← $=PPh_3$ ⟶ MeO O^- $\overset{+}{P}Ph_3$ ⟶ HOOC

怎样实现路线 **c** 呢？路线 **c** 中所涉及的两种中间体可以进一步分析：

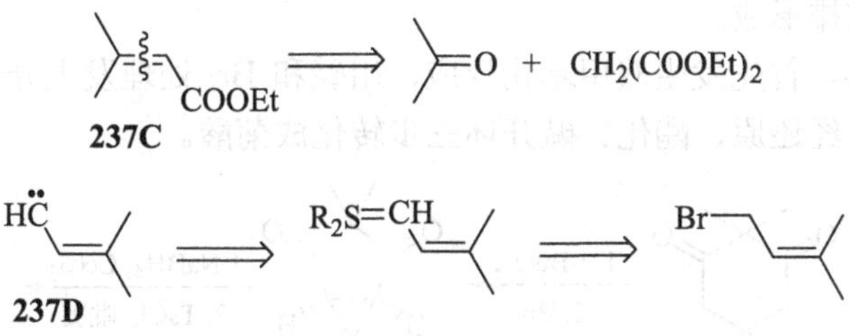

237C

237D

实际上没有人按照这个方法合成，注意到 **237C** 和 **237D** 具有非常相似的碳架，拉斐尔提出了一种工业合成法：

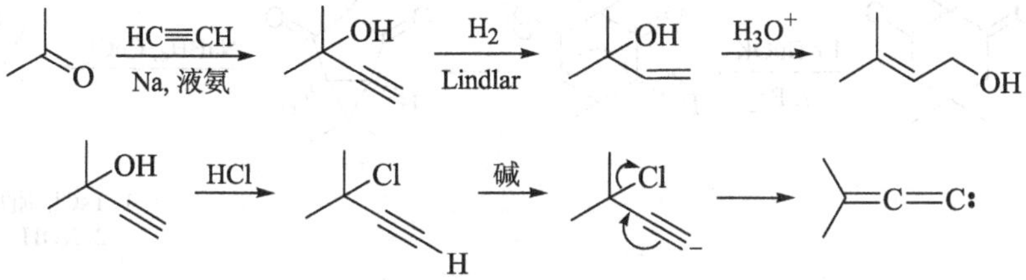

丙二烯型的卡宾和烯丙醇的双键加成，钠和液氨使之还原成反式菊醇，再用 CrO_3 氧化成菊酸。

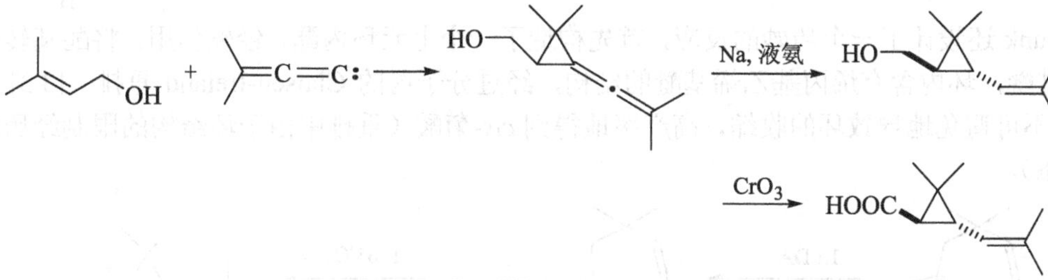

拉斐尔的菊酸全合成如下所示，原料简单，所有步骤仅六步：

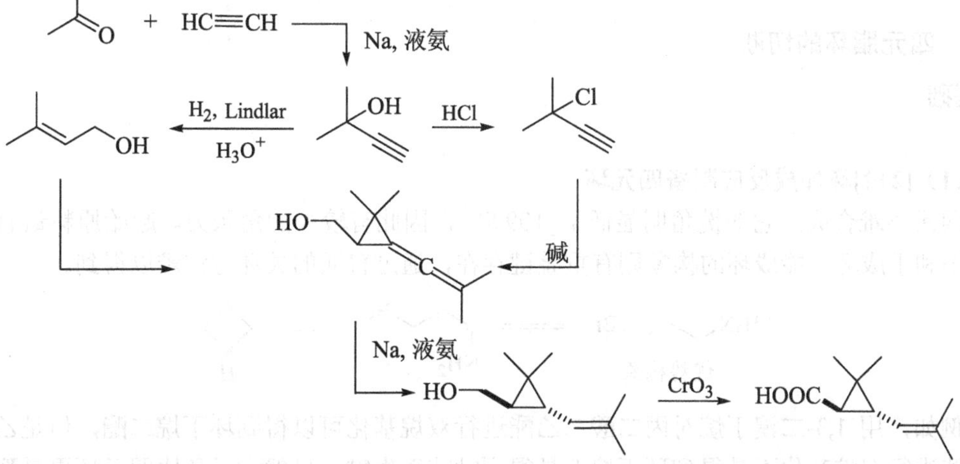

C. 提高

有没有其他的方法合成菊酸呢？

菊酸的关键结构是三元环，三元环除了用卡宾和烯烃反应形成外，还可以采用一些分子内的反应或分子内重排形成。

以地麦冬为原料，首先发生双甲基化反应，用碱和 Br_2 处理发生分子内的亲核取代形成顺式并环化合物，再经还原、酯化、碱开环三步转化成菊酸。

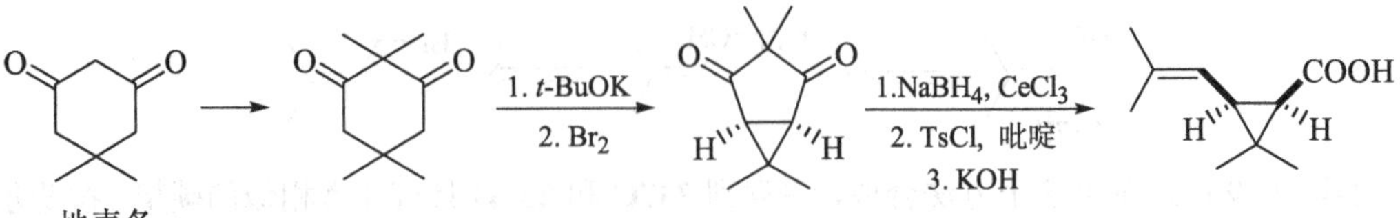

1. t-BuOK 2. Br_2 → 1.$NaBH_4$, $CeCl_3$ 2. TsCl，吡啶 3. KOH → COOH

地麦冬

机理：

1.t-BuOK 2. Br_2 → $NaBH_4$, $CeCl_3$ → 1. TsCl，吡啶 2. KOH →

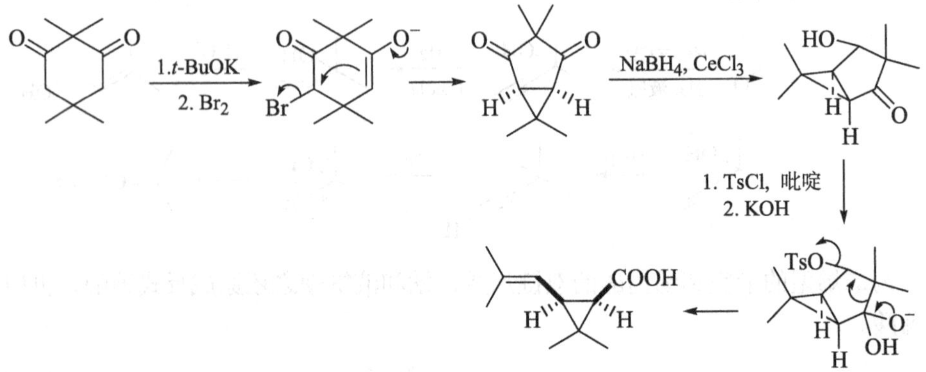

Funk 还设计了一个巧妙的反应，首先构造了一个七元环内酯，经碱作用，将酯基转化为烯醇硅醚，环内含有烯丙基乙烯基醚的结构，经过分子内的 Claisen-Ireland 重排（[3,3]-σ 迁移），不可避免地导致环的收缩，高产率地得到 *cis*-菊酸（重排中由于环结构的限制经历船式过渡态）。

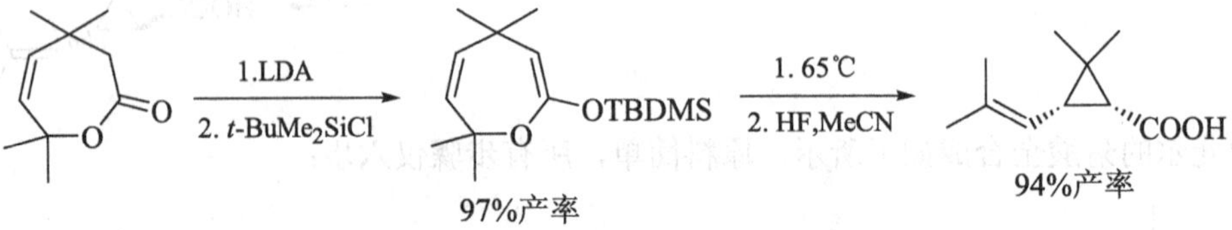

1.LDA 2. t-$BuMe_2SiCl$ → OTBDMS，97%产率 → 1. 65℃ 2. HF,MeCN → COOH，94%产率

3.4.2 四元脂环的切断

A. 基础

（1）[2+2]环加成反应制备四元环

四元环难合成，它的键角明显低于 109.5°，因此有较大的角张力。起始原料最有利的构象不利于成环，能成环的构象则有重叠键存在，通过普通的关环方法难以得到。

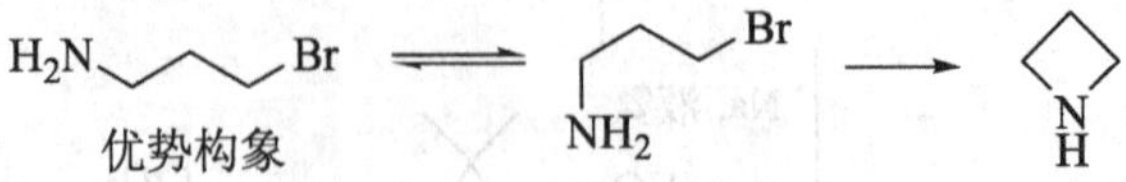

H_2N—Br（优势构象） ⇌ NH_2—Br → 氮杂环丁烷（N—H）

例如，用 1,3-二溴丁烷对丙二酸二乙酯进行双烷基化可以得到环丁烷二酯，但是乙酰乙酸乙酯进行双烷基化不是得到环丁烷而是得到吡喃衍生物，显然六元环比四元环更易形成。

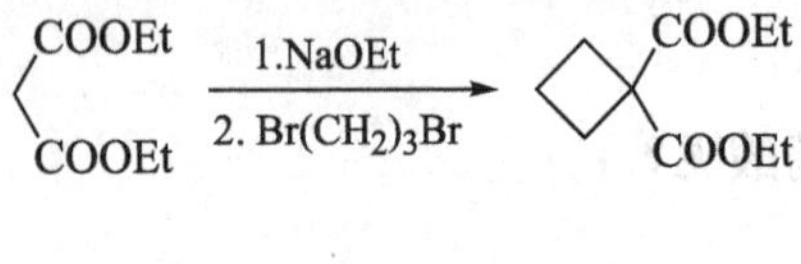

$CH_2(COOEt)_2$ → 1.NaOEt 2. $Br(CH_2)_3Br$ → 环丁烷-1,1-二甲酸二乙酯（COOEt, COOEt）

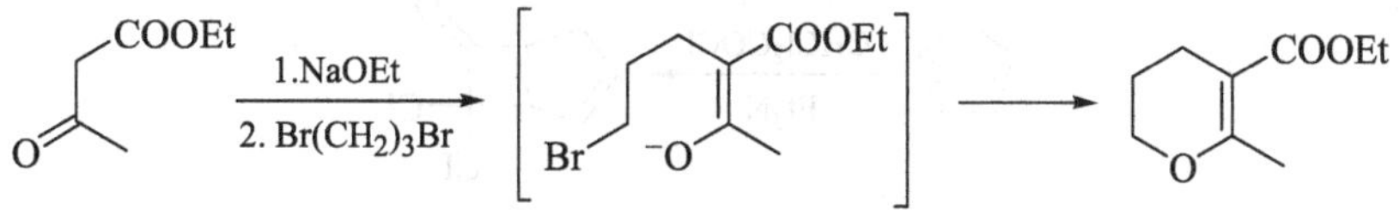

COOEt, O; 1.NaOEt; 2. $Br(CH_2)_3Br$; Br, ^{-}O, COOEt; COOEt, O

四元环的形成一般是通过[2+2]环加成反应，在**光照**下，两分子烯烃或烯烃衍生物进行环加成反应得到四元环衍生物，反应具有立体专一性，烯键的构型保留在产物中。

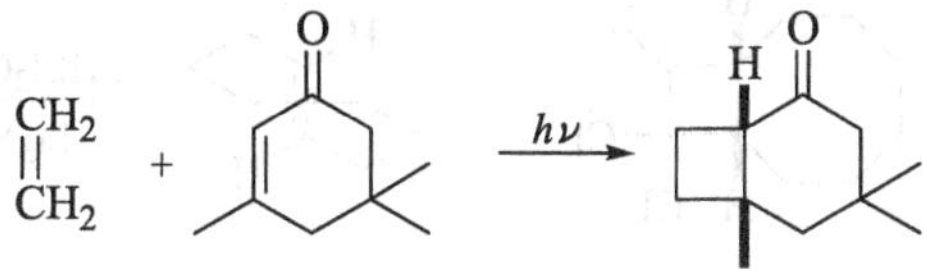

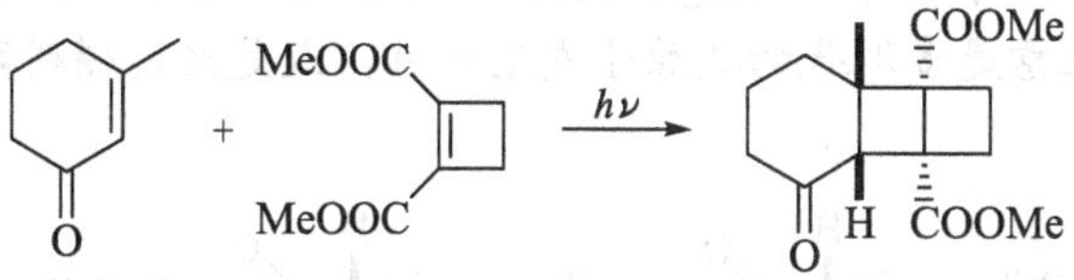

CH_2=CH_2 + O; $h\nu$; H, O

O; MeOOC, MeOOC; $h\nu$; COOMe, H, COOMe, O

（2）区域选择性

不对称的烯烃和不对称的α,β-不饱和酮反应时如何环化？例如，Ⅰ和Ⅱ反应生成Ⅲ还是Ⅳ？

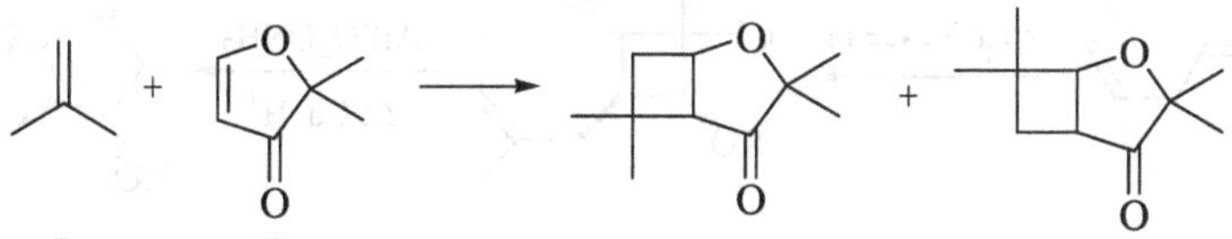

Ⅰ + Ⅱ → Ⅲ + Ⅳ

我们来考察位阻效应和电子效应。烯烃Ⅰ中双取代一端存在明显的位阻效应，但Ⅱ中不存在位阻，所以此处应是电子效应占主导。烯烃Ⅰ中由于CH_3的推电子超共轭效应，CH_2端具有亲核性，在**热反应**时进攻α,β-不饱和酮的亲电的β-碳原子，生成产物Ⅲ；但是**光照**会使此反应逆转。可以假设光照下由基态跃迁到激发态，使得固有极性反转（只是假设），产物只有Ⅳ。

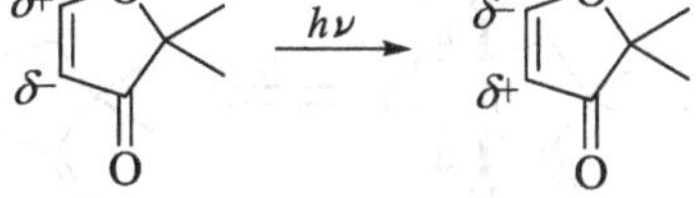

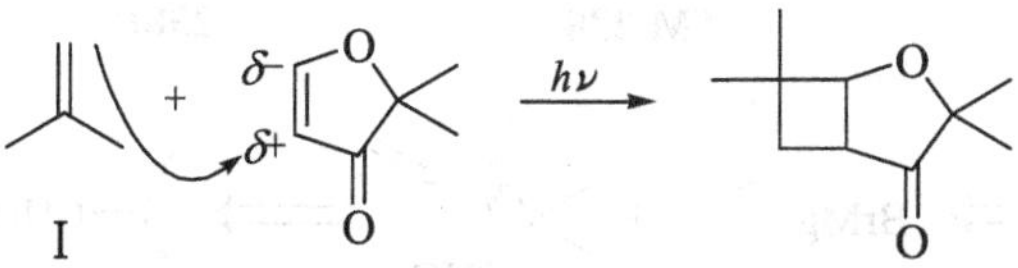

$\delta+$, $\delta-$, O, O; $h\nu$; $\delta-$, $\delta+$, O, O

Ⅰ + $\delta-$, $\delta+$, O, O; $h\nu$; Ⅳ

烯烃也可以和烯酮发生[2+2]的**热环加成**反应，烯酮可以通过酰氯在碱催化下消除氯化氢制备，也可以从氯代烷基酰氯在锌粉条件下消除一分子氯气而得到。

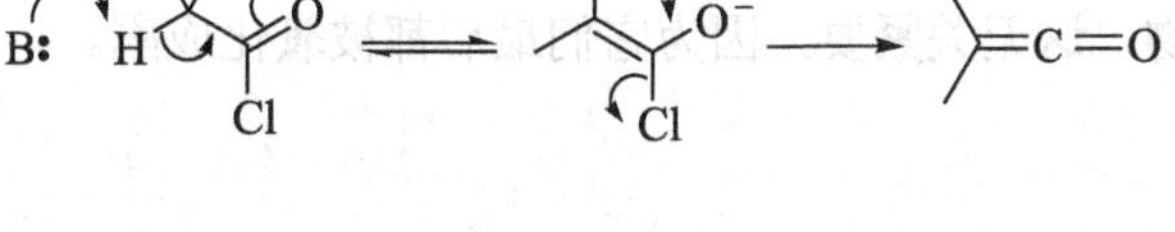

B: H, O, Cl ⇌ O^-, Cl → C=O

$CHCl_2COCl$, Et_3N

环加成结果表明这是一个区域选择性反应，烯酮中 sp 杂化的碳原子与烯烃的亲核端反应，此反应也是一个协同反应，反应前后烯烃构型保持。

$CHCl_2COCl$, Et_3N $CHCl_2COCl$, Et_3N

形成的环丁酮经常用于 Bayer-Villiger 氧化和 Beckmann 重排反应，用锌脱除氯原子后在过氧酸作用下重排，注意是多取代的碳原子发生迁移，或是经由磺酰羟胺 Beckmann 重排得到内酰胺。

$CHCl_2COCl$, Et_3N Zn, ROH RCO_3H

$Cl_2C=\!\cdot\!=O$ $ArSO_2ONH_2$, Zn/Cu, H^+

B. 应用

四元环特别难合成，一般通过光化学的[2+2]来合成，大多数环丁烷提供两种切断方式，选择何种方式，视起始原料的易得性而定。

TM 238 可由乙烯和环状 α, β-不饱和酮 **238A** 经光化学反应得到（切断 a），另一种切断方式将 **TM 238** 中四元环打开，得到开链 α, β-不饱和酮 **238B**，**238B** 可由 **238C** 氧化而来，**238C** 可按醇的方式继续切断。

238A **TM 238** **238B** **238C**

238C **238D**

合成：第一步烯丙基化是通过 Claisen 重排进行的，在 Cu(I)催化下 **238C** 环化，五元环和四元环之间顺式稠合，但是—OH 的位置有异构，既有—OH 在环平面上的产物，也有—OH 在环平面下的产物，这无关紧要，因为它们最后都被氧化成酮。

CHO —HO, TsOH→ CHO **238D** —BrMg→ HO **238C** —$h\nu$, CuOTf→ H, HO, H

—Cr(VI)→ H, O, H

TM 239

⟹ **239A** + **239B** —FGA⟹ HO, HO **239C** ⟹

EtOOC, EtOOC **239D** —1,5-dis⟹ COOEt, COOEt + EtOOC **239E**

分析：**TM 239** 是一个稠环结构，在中间的四元环处切断后，得到环己烯 **239A** 和环戊烯 **239B**，**239A** 很容易合成，**239B** 可由邻二醇 **239C** 脱羟基得到，**239C** 可由二酯 **239D** 经酯的偶姻反应得到，二酯 **239D** 又可由丙二酸酯对 **239E** 的 Michael 加成得到。

合成：COOEt, COOEt + EtOOC —1. EtO^- 2. H^+, △→ EtOOC, EtOOC —1. Na,甲苯 2. H_3O^+→ HO, O —$NaBH_4$→

HO, HO —S, N, N–C–N, N; $(EtO)_3P$→ —$h\nu$→

TM 240

O, O, H, H —rearr⟹ O, H, H **240A** —FGA⟹ O, Cl, Cl, H, H **240B** —dis⟹ **240C** + O=C=C(Cl)Cl

分析：**TM 240** 是个五元环内酯，可由环丁酮 **240A** 经 Bayer-Villiger 氧化制备，添加两个 Cl 原子后，**240B** 可由环戊二烯 **240C** 和二氯乙烯酮的[2+2]环加成反应制备。

合成：—$CHCl_2COCl$, Et_3N→ O, Cl, Cl, H, H —Zn, ROH→ O, H, H —*m*-CPBA→ O, O, H, H

TM 241 和 **TM 242** 是一对同分异构体，分别来看它们是如何合成的。

TM 241 中分别有四元环、五元环、六元环，其中四元环是关键（小环往往支配合成策略），四元环有两种切断方式，前体 **241A** 和 **241B** 均是一端为 *α*, *β*-不饱和酮另一端为孤立的烯烃，但 **241A** 继续切断没有好的切断位点，**241B** 则在环链相接处有一个明显的切断位点。

241A　TM 241　241B

241B 切断时有两种极性方式，但是 **241C** 和 **241F** 都不是令人满意的合成子。我们选择具有正常极性的 **241C**（α,β-不饱和酮的 β-碳带有正电荷）。

241D　241C　241B　241E　241F

加成后烯键将消失，因此我们选择在烯键上连上一个离去基团，它可由 1,3-二酮和醇制备。

241C　241G　241H　241I

合成： EtOH, H^+; MgBr; $h\nu$

同样 **TM 242** 在四元环处有两种切断方式，我们仍然选择六元环 **242B** 继续进行切断。

242A　TM 242　242B

在环链相接处将 **242B** 切断得到合成子 **242C** 和 **242D**，**242C** 的合成等价物为相应的卤代物，而 **242D** 经 FGA 转变成 **242E**（必须将双键移位，否则没有容纳碳负离子的位置），将 **242E** 中的羰基转换为烯醇醚，**242F** 是个非共轭环己二烯，推电子基—OMe 直接连在双键上，吸电子基—COOEt 直接连在饱和碳上，是典型的 Birch 还原产物。

242B　242C　242D　FGA　EtOOC　242E　EtOOC　OMe　242F

合成： 使用水杨酸的甲醚作为起始原料，Birch 还原产物直接发生烃基化，用盐酸水溶液处理，烯醇醚水解成酮，β-酮酸脱羧，双键移位得到共轭烯酮 **242B**，光照下发生[2+2]环加成高收率地得到 **TM 242**。

HOOC OMe 1. Li, NH_3 2. Br HOOC OMe HCl H_2O O $h\nu$ O

C. 提高：电环化反应制备环丁烯

电环化反应是在**共轭 π 体系**的两端形成一个σ键的过程，共轭多烯变成环烯烃，或是其逆反应——σ键断裂，环烯烃开环变成共轭多烯。电环化反应和 Diels-Alder 反应一样，也是协同的周环反应。

R R 6电子电环化 对旋 R R

电环化反应的规律如下：

π 电子数	基态（热反应）	激发态（光反应）
4*m*	顺旋	对旋
4*m*+2	对旋	顺旋

电环化反应具有高度的立体专一性。

$h\nu$ 光反应 H H

4*m* 体系电环化往往制得环丁烯。

TM 243

O O O ⟹ O O O ⟹ O O O ⟹ + O O O

243A **243B**

分析：很显然，**TM 243** 中的四元环，经由电环化反应得到。切断σ键，逆推前体为环己二烯衍生物 **243A**，**243A** 可由 **243B** 脱氢而来，**243B** 是明显的 Diels-Alder 反应加成物。

合成：

+ O O O → O O O Br_2 → Br Br O O O OH^- → O O O

$h\nu$ → O O O

难形成的环丁烯还可以通过烯烃复分解反应制备，参见“3.1.2 烯烃的切断”。

3.4.3 五元脂环的切断

A. 基础

（1）电环化反应形成五元环

戊二烯正离子能通过顺旋的方式转化成五元环阳离子，参加反应的电子数目决定了产物的构型。

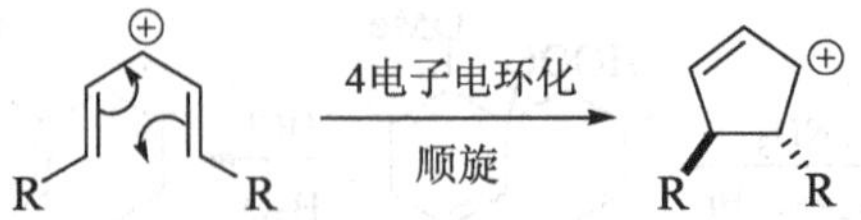

⊕ R R 4电子电环化 顺旋 ⊕ R R

（2）Nazarov 反应形成五元环

二烯基酮类化合物在质子酸（如硫酸、磷酸）或路易斯酸（如氯化铝、三氟甲磺酸钪）作用下重排为环戊烯酮衍生物的一类有机化学反应称为 Nazarov 反应。

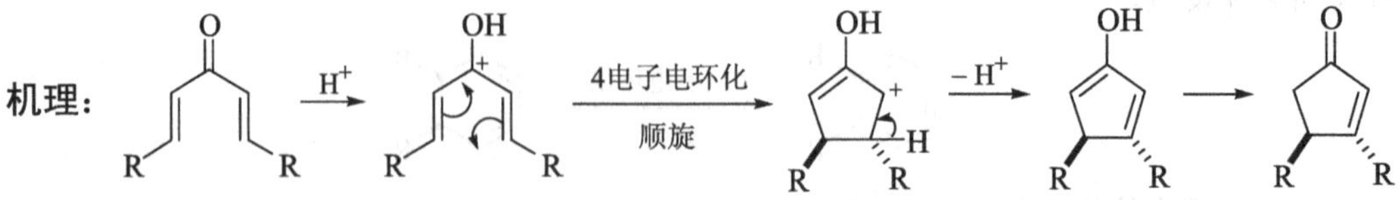

机理： O R R $\xrightarrow{H^+}$ OH + R R $\xrightarrow{4电子电环化 顺旋}$ OH + H R R $\xrightarrow{-H^+}$ OH R R ⟶ O R R

首先是羰基质子化，生成戊二烯正离子。它是一个五原子四 π 电子的体系，在加热情况下发生电环化顺旋关环，中间体失去质子，生成的羟基环戊二烯经互变异构，得到共轭的环戊烯酮。Nazarov 反应本质上也是电环化反应。

Nazarov 反应形成的环戊烯酮，新形成的键在**酮羰基的对面**。

B. 应用

由于五元环的形成在热力学和动力学方面相对开链化合物都有优势，因此五元环特别是环戊烯酮很容易通过**羰基缩合**的方法制备，可将环戊烯酮逆向切断为 1,4-二羰基化合物，可按常规方法进一步分析。

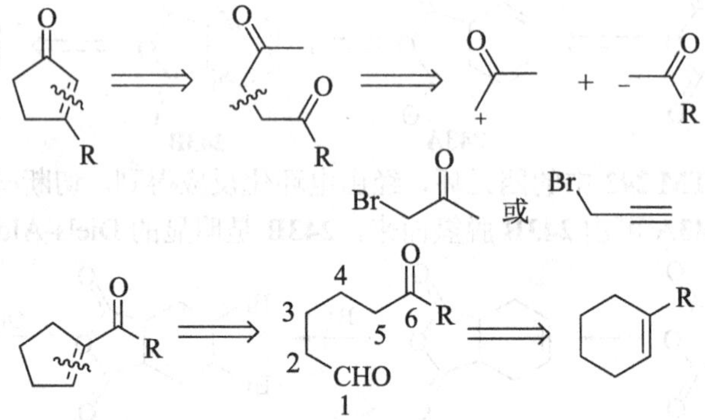

O R ⟹ O O R ⟹ O + + - O R

Br O 或 Br

O R ⟹ 4 3 2 CHO 1 5 6 O R ⟹ R

烯醇负离子可以采用烯胺或加致活基 COOEt 的方法制备，采用羰基缩合制备五元环要特别注意环合时的区域选择性。

TM 244

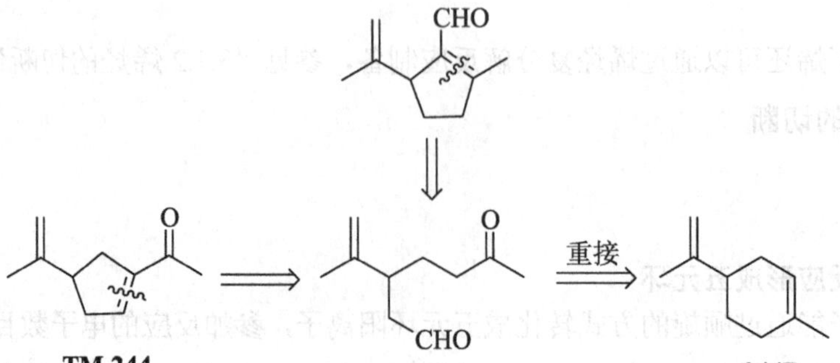

CHO

⇓

O ⟹ O CHO $\xRightarrow{重接}$

TM 244 **244A** **244B**

不饱和环戊烯酮 **TM 244** 和 **TM 244′**都可以在双键处切断成 1,6-二羰基化合物 **244A**，**244A** 可重接成天然苧烯 **244B**，但是需要注意两个问题：**244B** 氧化时如何只使环内双键断裂而环外双键不受影响？**244A** 环化时如何能控制条件选择性生成 **TM 244** 或是 **TM 244′**？

合成：解决第一个问题是通过环氧化。

m-CPBA　H_3O^+　$NaIO_4$

OH　OH　O　CHO　O

244B　**244C**　**244D**　**244A**

环氧化优先发生在取代基更多的双键上，**244C** 开环生成邻二醇 **244D**，**244D** 在高碘酸钠作用下邻二醇氧化断裂生成 **244A**。

10%KOH/H_2O　Et_2O，振荡　吡啶　HOAc

O　CHO　O　CHO

TM 244　**244A**　**TM 244′**

244A 在 KOH 水溶液这样较强碱的作用下，成环反应是可逆的，由热力学控制生成更稳定的酮 **TM 244**，而在弱酸和弱碱组成的缓冲溶液中，只有活性较高的醛能够烯醇化，因此得到动力学产物 **TM 244′**。

TM 245　O　FGI 脱水　O　HO　偶姻　MeOOC　MeOOC

245A　**245B**

TM 245 是共轭的环戊烯酮，最初进行逆分析时在羰基的 *α*-位加—OH，希望用对称二酯的偶姻反应来制备 **245A**，**245A** 脱水得到目标分子。合成时使用 Me_3SiCl 捕获生成的烯醇双负离子得到 **245C**，这一合成进行得很顺利，接下来的水解首先得到 **245A**，**245A** 在酸性条件下脱水则得到 **TM 245** 和重排产物 **245D** 的混合物。甚至有的科学家应用这一过程来制备 **245D**。

245B　Na　Me_3SiCl　Me_3SiO　Me_3SiO　H^+　H_2O　O　HO　H^+　O　+　O

245C　**245A**　**TM 245**　**245D**

应用羟醛缩合断开 **TM 245** 中的烯键，得到 1,4-酮醛 **245E**，在 2,3 之间切断，1,4-酮醛 **245E** 的哪半部分具有正常的极性，哪半部分具有相反的极性？两个甲基基团很有帮助，因为它们不能影响由异丙基醛所形成的烯醇的化学选择性，但是能使 a^2 试剂从空阻较小的方向发生 S_N2 反应。

O　Aldol缩合　O　3　4　2　CHO　1　1,4-diCO　O　+　+　−　CHO

TM 245　**245E**　**245F**（a^2 合成子）　**245G**

选择烯胺作为 **245G** 的合成等价物，炔丙基溴作为 **245F** 的合成等价物（也可以使用 α-卤代酮），这意味要使用 Hg（Ⅱ）盐来催化叁键水合得到 **245E**，最后羟醛缩合环化完成了这一合成。

R_2NH Br $Hg(OAc)_2$ H_2SO_4 碱 **TM 245**
CHO R_2N CHO O CHO
245H **245I** **245E**

利用分子内的共轭加成也可以得到环戊烷。**TM 246** 中有两个 1,5-关系，在 a 位置切断得到前体 **246A**，在 b 位置切断得到前体 **246B**，**246B** 继续切断有一定难度（试试看）。

O Ph EtOOC EtOOC COOEt b MeOOC MeOOC 3 2 1 Ph 4 a COOMe 5 3 4 5 a MeOOC MeOOC O Ph COOMe
246B **TM 246** **246A**

246A 继续进行 1,5-切断，得到 **246C** 和 **246D**，**246C** 可由丙二酸酯和烯丙基溴化物 **246E** 经烷基化反应得到。

MeOOC MeOOC O Ph COOMe COOMe MeOOC COOMe + O Ph
246A **246C** **246D**
COOMe MeOOC + Br COOMe
246E

合成：由丙二酸酯出发，经历两次共轭加成，以高立体选择性生成反式环戊烷 **TM 246**。

COOMe MeOOC 1.MeONa, MeOH 2. Br COOMe COOMe MeOOC COOMe 1.MeONa, MeOH 2. O Ph

MeOOC MeOOC O Ph COOMe MeOOC MeOOC O Ph COOMe
TM 246

有时环戊烯酮烯键位于两环公共边，采用羟醛缩合断键会得到大环化合物，更难合成。这时可以采用 Nazorov 反应进行逆合成分析，切断的位置在羰基对面的单键上，断键后两侧均为烯键。

TM 247 中环上的双键亦是苯环的一部分，进行 Nazarov 切断后，得到芳香酮 **247A**，**247A** 是明显的 Friedel-Crafts 酰基化反应产物，在芳环和羰基之间切断，前体为邻苯二酚醚 **247B**

和烯基酰卤 **247C**。

TM 247

MeO MeO O ⟹ MeO MeO O ⟹ MeO MeO + X O

247A **247B** **247C**

合成时用酸 **247C** 和酚醚 **247B** 在多聚磷酸的催化下，通过 Friedel-Crafts 反应和 Nazarov 反应一锅法生成 **TM 247**，路线简短，产率有 70%。

合成： MeO MeO + HO O —PPA→ MeO MeO O

三环化合物 **TM 248** 在中间环上的单键进行 Nazarov 切断是最好的切断方式，切断后推出简单的二烯酮 **248A**，**248A** 中包含两个环状烯酮片段。切断吡喃环和羰基之间的键得到合成子 **248B** 和 **248C**。选择在这里切断而不是在环戊烯和羰基之间切断，是因为对应的合成子 **248B** 更易制备。

TM 248

O O H H ⟹(Nazarov) O O ⟹ O⁻ + O⁺

248A **248B** **248C**

合成：以二氢吡喃为原料和丁基锂反应得到吡喃 α-锂衍生物，和烯醛（己二醛的自缩合产物）反应得到醇 **248E**，**248E** 氧化为二烯酮 **248A**，**248A** 在 Lewis 酸 $AlCl_3$ 作用下 Nazarov 关环，得到 **TM 248**。

O —BuLi→ O Li + OHC → O OH —MnO_2→ O O

248D **248E** **248A**

—$AlCl_3$, CH_2Cl_2→ O O H H

更多关于 Nazarov 反应的应用，参见 **3.2.1 1,3-二官能团化合物的切断**中相关内容。

C. 提高——[1,3]-σ迁移

σ迁移指一个σ键从分子的一端迁移到另一端的过程，反应前后σ键数目不变。乙烯基环丙烷加热下重排成环戊烯的反应是[1,3]-σ迁移，1, 1′之间的σ键断裂，1′, 3 之间的σ键形成，同时伴随双键的移动。

1 2 3 1′ —[1,3]→

该反应经历四元环过渡态，因此反应需要强热。反应机理尚存在争议：有人认为反应是协同的，也有人认为碳碳键先均裂成二自由基，该中间体再结合成环戊烯。

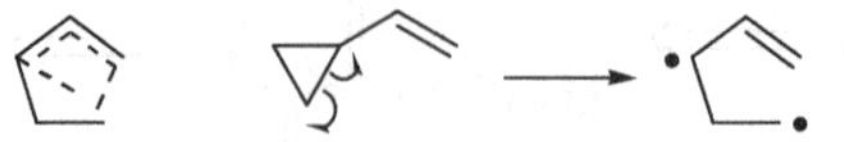

过渡态

例如，**249A** 在高温下通过[1,3]-σ迁移生成 **249B**，**249B** 异构化形成烯醇 **249C**，双键移动形成共轭产物 **249D**，**249D** 用于天然产物 Zizaene 的合成。

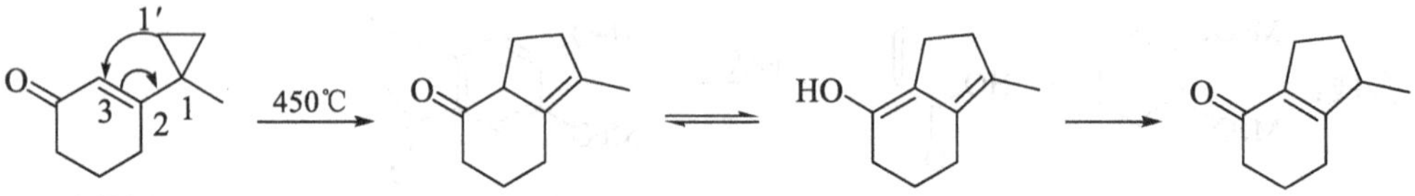

450℃

249A　**249B**　**249C**　**249D**

该反应对应的切断位置在哪里？从环戊烯的烯键开始编号，断开与 1′,3 之间的σ键，将 1,1′之间用σ键相连，同时双键移位。

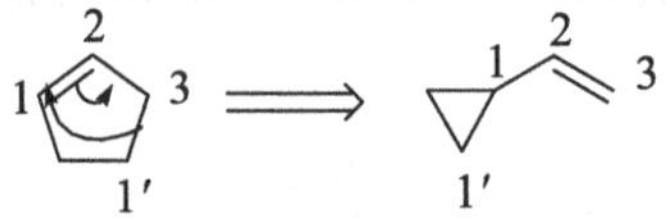

TM 250 是某些光化学实验所需的化合物，含有环戊烯结构，可以按照[1,3]-σ迁移逆推回烯基环丙烷，有 a、b 两种方式，a 方式推出 **250A**，可以按照三元环的构建方式继续推下去，b 方式推出 **250B**，**250B** 中含有共轭的烯酮结构，烯键处是明显的切断位点。

TM 250

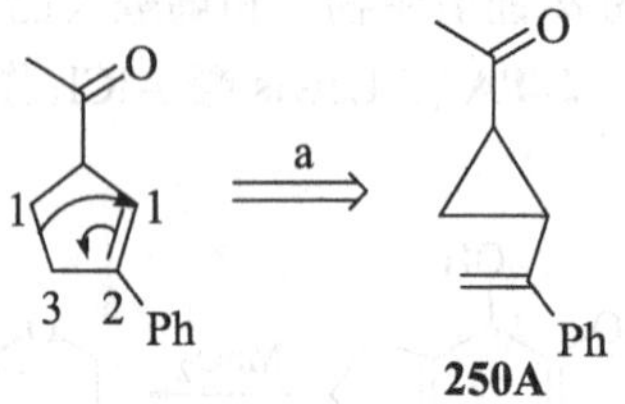

250A

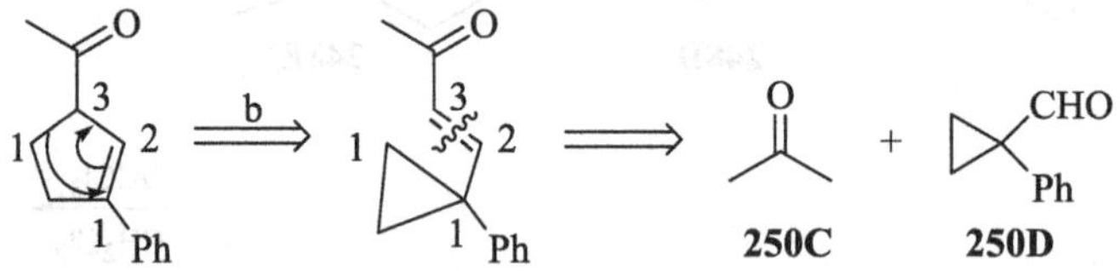

250B　**250C**　**250D**

合成时用苯乙腈制备环丙基醛 **250D**，和磷酸酯叶立德经 HWE 反应生成 **250E**，**250E** 和 MeLi 反应转化为 **250B**，在高温下重排成目标分子。

合成：

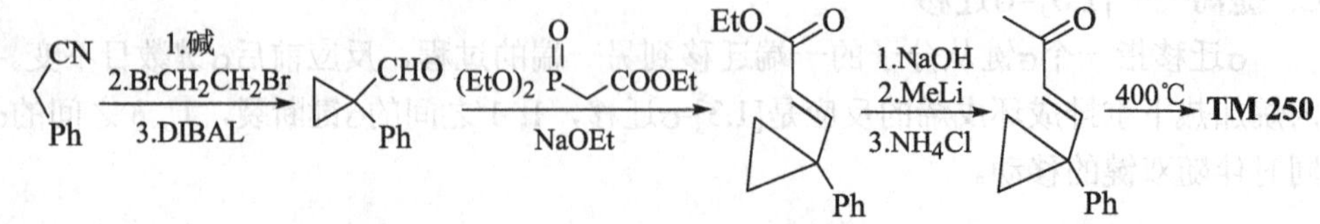

1.碱；2.$BrCH_2CH_2Br$；3.DIBAL → $(EtO)_2P(O)CH_2COOEt$, NaOEt → **250E** → 1.NaOH；2.MeLi；3.NH_4Cl → **250B** → 400℃ → **TM 250**

杂环化合物也可以由对应的环丙烷经[1,3]-σ迁移得到。如 **TM 251** 可由环丙基亚胺 **251A** 制备，亚胺 **251A** 又可由对应的环丙基醛 **251B** 制备。

TM 251 ⟹ 251A ⟹ 251B

合成：

如果使用 Et_2AlCl 这样的强 Lewis 酸，在较低的温度下就可以发生重排。例如，二氢呋喃 **252A** 通过铑催化的卡宾插入反应制得 **252C**，**252C** 在 Et_2AlCl 催化下于很低的温度就可以重排成五元稠环化合物 **252D**。

252A 252B 252C 252D

关于六元脂环的合成，在 1,6-二官能团的切断中涉及颇多，在此就不再赘述。

3.5 多环化合物的切断

3.5.1 基础

对于含有多环体系（稠环、螺环和桥环）的目标分子，逆合成分析的切断位置和切断方式对于目标分子的简化具有重要作用，拓扑学的一些策略对设计这类化合物的合成路线具有指导意义。必须明确，无论何种环系，芳环和芳杂环保持环系的完整，不属于断键的范畴。

稠环是指两个环共有一个碳-碳键。为了使稠环简化，应该断开稠合处，但如果只断一个键，必然生成更大的环（七元以上的环不易形成，而且成环效率较低），这是策略上不允许的。因此，对稠环要同时断开两个键，除了断开稠合的键以外，还要断开一个在稠合键附近的键。

Corey 把稠合键称为 f（fusion）键，与稠合键邻接的键称为 exendo 键(简称 e 键)，直译为“内外键”(即对一个环来说是内键，但对另一个环来说是外键)。离稠合键更远一些的键叫 offexendo 键(简称 oe 键)，即远离内外键的键。

Corey 总结了一些切断规律，最常见的是**两环共享键(a)和该共享键相隔键(a′)同时切断**的方法，迅速使目标物中环的数目减少，从而将复杂的稠环化合物转化为较为简单的非环或稠合度较低的前体。

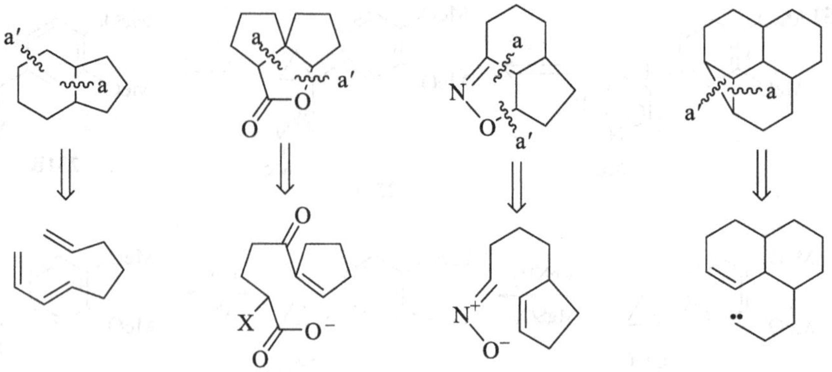

a′ a　a a′ O O　a N O a′　a a

O　X O⁻ O　N⁺ O⁻

多环体系中**相邻的环外键**（特别是处于中心位置的环），可以作为策略性断键的位置。

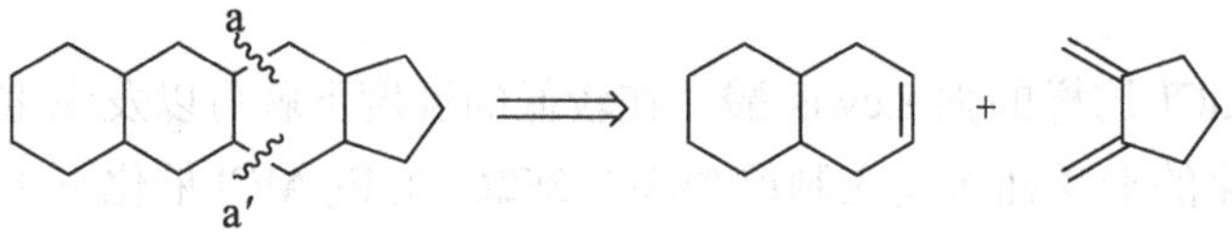

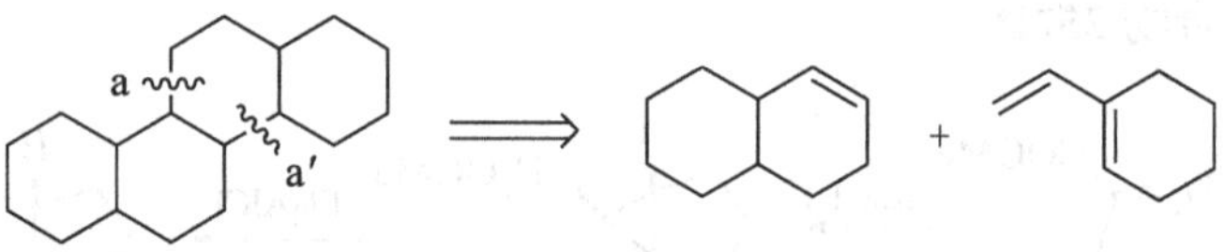

a a′　a a′

有些多核稠环，如甾体化合物内外键（e 键）和稠合键（f 键）交替出现，很有规律，有特殊的切断方法：

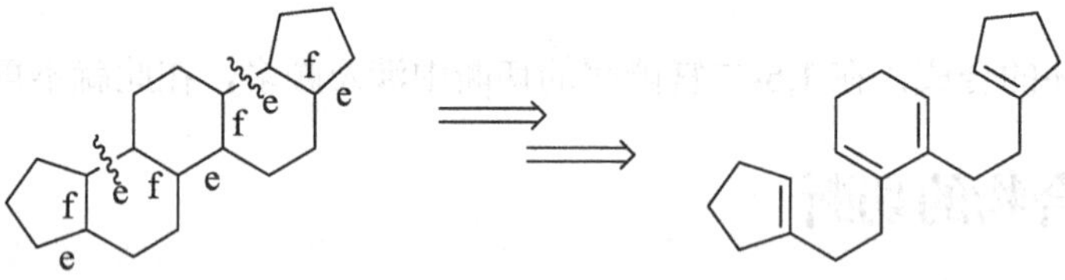

f e f e f e f e

桥环是指两个环共有两个或两个以上的碳-碳键，桥环化合物常见的切断位点是连接桥头碳原子的策略键，如果只以一个桥键相连，则共有的桥键不能作为切断处，应在桥键的 e 键处断开（分子Ⅰ），若是两个五元环连在一起，可断开桥键，生成六元环（分子Ⅱ）。

若以多个桥键相连，则可拆开一个桥，但切断不应产生大于 7 个碳原子的环（分子Ⅲ），一般选择含碳原子最多的桥断开（分子Ⅳ，1 和 2 之间有 1、2、3 个碳原子，而 2 和 3 之间有 0、3、4 个碳原子，切断最长的且是共同的桥键，迅速将环的数目降为 2），有杂原子处优先断开。

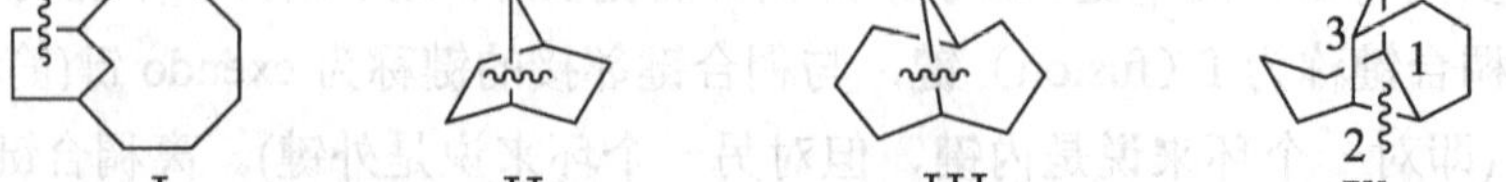

3 1 2

Ⅰ 允许　Ⅱ 允许　Ⅲ 不允许　Ⅳ 允许

切断桥环的策略通常称之为 **"共同原子法"**，先找出一个以上环共有的碳原子—— **"共同原子"**，用黑点标出，然后**切断共同原子之间的键或是共同原子所连的键**。

螺环是指两环之间共用一个碳原子。螺环既可以切断一个键，也可以切断两个键。如果切断一个键，则切断 e 键（如分子Ⅴ中的 a 或 a′）；如果切断两个键，一个是 e 键，另一个是处于同一环内的关联键（如分子Ⅵ和Ⅶ中的 a/a′或 a/a″）。对于分子Ⅷ，如果切断一个键，断

f 或 h 键，如果断两个键，则断 a/g 键或 d/e 键。

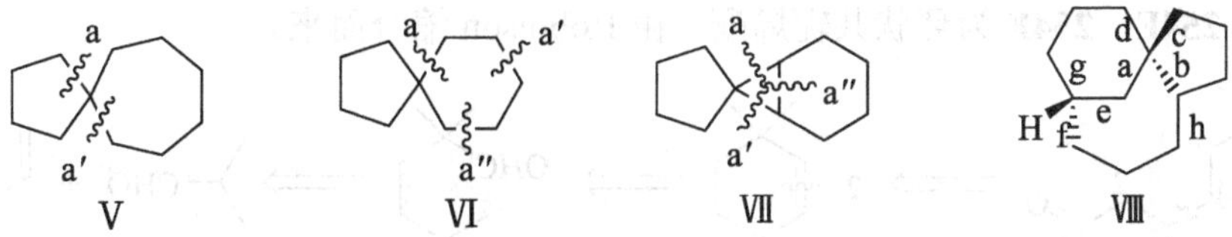

V VI VII VIII

注：六元环的切断往往对应[4+2]环加成，D-A 反应；
五元环的切断往往对应[3+2]偶极环加成；
四元环的切断往往对应[2+2]光化学环化；
三元环的切断往往对应[2+1]卡宾对烯烃的加成

3.5.2 应用

TM 253

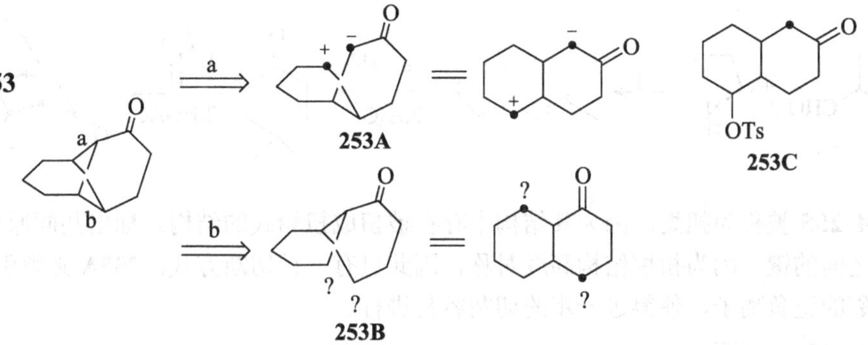

253A **253C** **253B**

TM 253 是个对称分子，用黑点标出共同原子，共同原子之间的切断只有两种切断方式，a 或 b。在 a 键处切断，让羰基一侧带负电荷（羰基能够稳定邻位的负电荷），另一侧带正电荷，在带正电荷的碳原子上连接一个离去基团，**253C** 很容易由 Robinson 环合反应制备而来。在 b 键处切断得到的合成子没有相应的基团稳定，不可取。

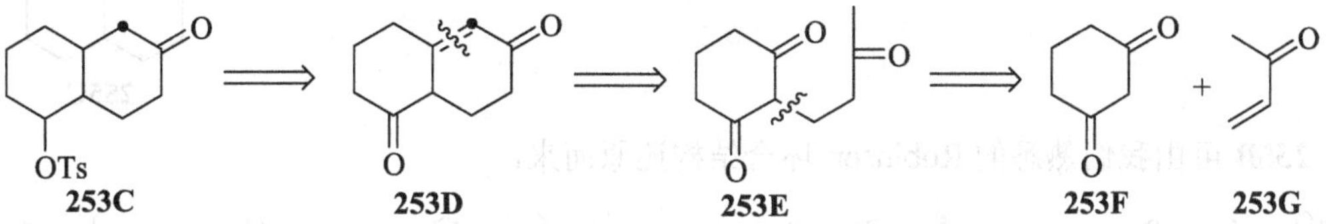

253C **253D** **253E** **253F** **253G**

标出 **TM 254** 中的共同原子，它们之间的键有三种可能的切断，但只有 a 或 c 切断能给出较简单的前体（b 切断的前体为大环化合物，难合成）。

TM 254

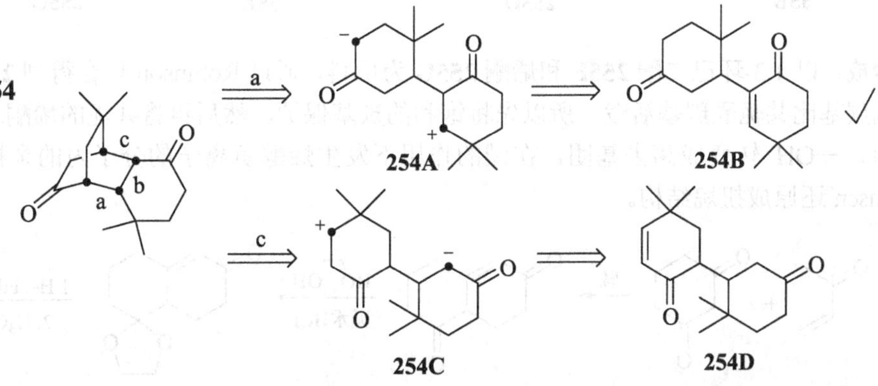

254A **254B** **254C** **254D**

254B 和 **254D** 均为 1,5-二羰基化合物，但只有 **254D** 能在环链相接处继续切断给出两个相同的前体 **254E**，**254E** 为环状共轭烯酮，由 Robinson 缩合而来。

5 4 3 2 1 O O ⟹ 2 O ⟹ OHC O ⟹ CHO + O

254D 254E 254F 254G 254H

合成：用烯胺活化异丙基醛，先经 Robinson 环合生成 **254E**，再次用烯胺活化 **254E** 的 α' 位，对另一分子 **254E** 发生 Michael 加成，生成 **254D**，**254D** 不经分离直接在烯胺活化下发生分子内的 Michael 加成生成 **TM 254**。

CHO + N H $\xrightarrow{H^+}$ N $\xrightarrow[2.H_3O^+]{1.}$ O $\xrightarrow[2.HOAc]{1.\ N\ H}$ O O

TM 255 被称为扭烷，因为其结构中存在被扭成扭船式的结构。标出共同原子，切断共同原子之间的键，因为扭烷结构高度对称，因此只有一种切断方式。**255A** 必须引入官能团，稳定相邻的正负离子，使得进一步的切断容易进行。

TM 255 1 6 2 5 3 4 ⟹ + = + − ⟹ OH O

255A 255A 255B

或 OH O

255C

255B 可由我们熟悉的 Robinson 环合结构还原而来：

HO O ⟹ O O ⟹ O O O ⟹ O + O O

255B 255D 255E 255G 255F

合成：以 1,3-环已二酮 **255F** 和烯酮 **255G** 为原料，通过 Robinson 环合得到 **255D**，**255D** 饱和酮羰基比共轭酮羰基活泼，所以先将饱和的羰基保护，然后再将共轭的烯酮双键与羰基都还原，—OH 转变成离去基团，在碱的作用下发生烯醇负离子的分子内的亲核取代，经 Clemensen 还原成扭烷结构。

O + O O $\xrightarrow{碱}$ O O $\xrightarrow[无水HCl]{HO\quad OH}$ O O O $\xrightarrow[2.\ H_3O^+]{1.H_2,\ Pd\text{-}C}$

OH, $MeSO_2Cl$ / NEt_3 → MeO_2SO → 1.碱 2. Zn-Hg,HCl

3.5.3 提高

长叶烯（Longifolene）是一种三环萜类化合物，分子中含有四个手性中心。切断长叶烯中的烯键，得到酮**256A**，如何简化**256A**中的三环结构？找出**256A**中的共同原子，用黑点标出，切断共同原子之间的键，有a、b、c三种断键处。**256B**、**256C**、**256D**均为双环结构，但**256B**是六元环并七元环，七元环还可以由六元环扩环而来，而**256C**和**256D**中都产生了八元环。因此b、c都不是好的切断，选择**256B**作为关键中间体，继续进行分析。

TM 256

H_3C CH_3 CH_2 CH_3 **Longifolene** ⟹ H_3C CH_3 a b O c CH_3 **256A**

H_3C CH_3 + − O CH_3 **256B**　H_3C CH_3 +/−? O +/−? CH_3 **256C**　H_3C CH_3 O + − CH_3 **256D**

256B中的负离子可由邻位羰基稳定，正离子则需要在其β位添加羰基产生。**256E**可由**256F**异构化得到，而**256F**可经频哪醇重排扩环得到，具体分析过程，可参见3.3中的**TM 213**。

256B ═ O − + CH_3 CH_3 ⟹ O O CH_3 **256E** ⟸ Pianol重排 ⟹ O O CH_3 **256F** ⟹

O OH OTs **256G** ⟹ O $CHCH_3$ **256H** ⟹ O O **256I** Wieland-Miescher Ketone ⟹ O O **256J** + O **256K**

合成: **256J**和**256K**经Robinson环合得到**256I**，将孤立酮羰基保护，共轭羰基发生Wittig反应，环外烯键双羟化，2°醇转化为易离去的磺酸酯，发生分子内的Pinacol重排扩环，在酸作用下，缩酮保护基被脱去同时发生烯键的位移，得到**256E**，**256E**在三乙胺作用下发生分子内的Michael加成，关第三个环，得到**256M**，强碱条件下，**256M**发生甲基化反应，接下来设法除去七元环中的羰基，六元环羰基转化为烯烃。利用这两个羰基位阻不同，先将七元环羰基保护，六元环羰基还原（两个羰基有了差别），然后除去二硫缩酮，羟基氧化、甲基化、脱水即得到长叶烯。这是 Corey 提出的合成路线（发表在 JACS，1961，83：1251；JACS，1964，86：478）。

OH^- HO OH TsOH $Ph_3\overset{+}{P}$ OsO_4 吡啶 OH OH TsCl 吡啶 OH OTs $LiClO_4$ $CaCO_3$ THF 2mol/L HCl

Et_3N CH_3 Ph_3Li, CH_3I H_3C CH_3 HS SH

256E **256M**

H_3C CH_3 S S 1.$LiAlH_4$ 2. NH_2NH_2,Na OH 1. RuO_4 2.CH_3Li 3.$SOCl_2$, Py CH_2 CH_3

作为一个复杂的多环体系，长叶烯有多种逆合成分析方法，对应多种合成路线，具体可参见 Mcmurry 合成（JACS, 1972, 94：7132），Brieger 合成（JACS，1963,85：3783），Johnson 合成（JACS，1975, 97：4777），Schultz 合成（JOC，1985, 50：916）等。

将长叶烯中的公共边用黑色粗线标出，长叶烯还可以同时切断其中的两个键，例如同时切断 c/e 键（D-A 反应），Brieger、Fallis 和 Johnson 都在此处切断；或者同时切断 a/b 键（烯基环丙烷重排反应），Schultz 对长叶烯逆分析时在此处断键。

H Me 八元环 H_3C CH_3 CH_2 CH_3 b a e d c **Longifolene** c H 八元环

H_3C CH_3 CH_2 CH_3 b a e H

Corey、McMurry、Schultz断键处

下面介绍Oppolzer合成（JACS, 1978, 100：2583），这个合成中比较有趣的是两次利用了小环的开环反应。七元环上连在同一碳原子上的两个甲基是利用环丙烷的加氢开环得到的，而环丙烷是由卡宾和烯烃反应得到的，烯烃又可由酮而来，这样逆推出关键的中间体二酮**256R**，**256R**中依然保留长叶烯中的三环骨架，接下来并不是通过切断简化三环骨架，而是通过重接形成一个新的四元环**256S**，四元环可通过[2+2]环加成得到，因此**256S**可同时切断两个键得到**256T**或**256U**，**256T**仍然比较复杂，但**256U**则是通过一个羰基相连的两个环戊烷，结构大大简化，接下来的切断均属常规切断。

TM 256

H_3C CH_3 CH_2 CH_3 Longifolene ⟹ H_3C CH_3 O CH_3 **256N** ⟹ H_3C CH_3 O **256O** ⟹ O **256P**

⟹ O **256Q** ⟹ O O **256R** ⟹(recon) $OCOOCH_2Ph$ O **256S** ⟹ $OCOOCH_2Ph$ O **256T** ; ⟹ $OCOOCH_2Ph$ O **256U**

$PhCH_2OOCO$ O **256U** ⟹(FGI) HO O **256V** ⟹ HO **256W** + O Cl **256X**

合成：环戊酮烯胺和环戊烯基甲酰氯发生 *α*-酰化，再转化为烯醇醚**256U**。

O N → (O Cl) HO O **256V** →(BnOCOCl) $PhCH_2OCO$ O **256U** →($h\nu$, [2+2]) $OCOOCH_2Ph$ O **256S** →(H_2, Pd-C)

O O →(PPh_3P=CH_2) O →(Zn-Ag, CH_2I_2) O →(H_2, PtO_2) H_3C CH_3 O

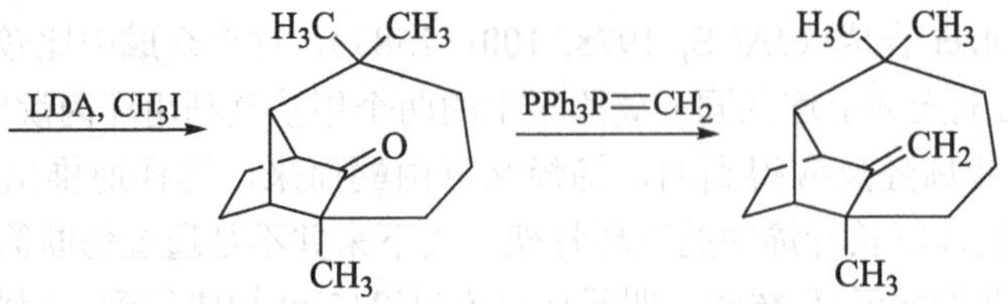
LDA, CH_3I
H_3C
CH_3
O
CH_3
$PPh_3P{=}CH_2$
CH_2

3.6 含杂原子化合物的切断

3.6.1 含杂原子开链化合物的切断

A. 基础

（1）醚的合成——Williamson 合成法

醇钠与卤代烃在无水条件下反应成醚。

$$RONa + R'X \longrightarrow ROR' + NaX$$

卤代烃一般使用较活泼的伯卤代烃、仲卤代烃、烯丙基卤代烃和苄基卤代烃，也可以使用相应的磺酸酯。醇钠既是亲核试剂也是碱，当卤代烃位阻过大（叔卤代烃），醇钠会表现出碱性：进攻 β-H 引起消除反应。

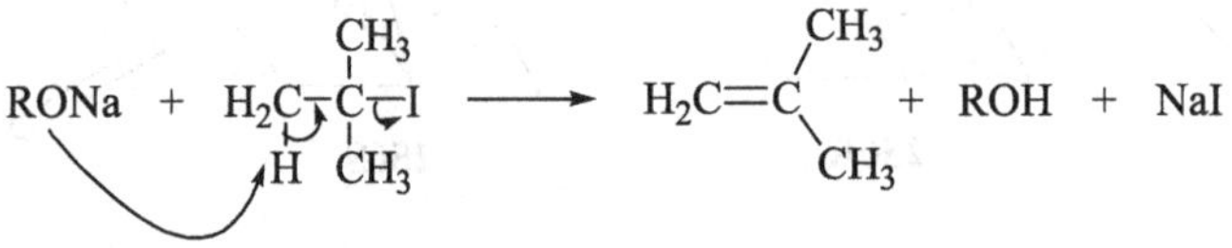
RONa + H_2C–C–I → $H_2C{=}C$ + ROH + NaI
H
CH_3

对于叔烷基醚的切断，应该在伯或仲烃基与氧原子间，叔烷基充当烷氧负离子。

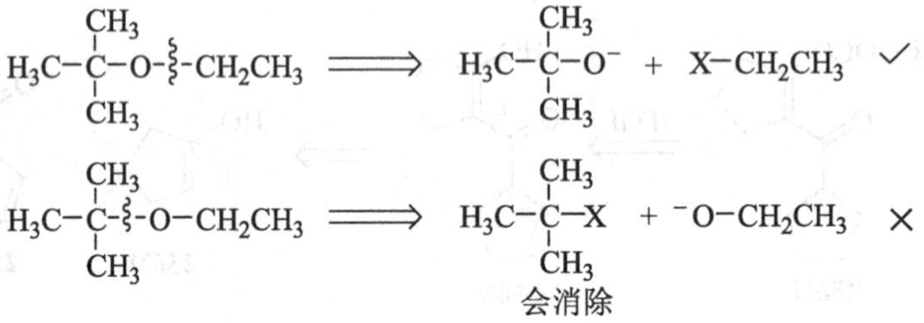
H_3C–C–O–CH_2CH_3 ⟹ H_3C–C–O^- + X–CH_2CH_3 ✓
H_3C–C–O–CH_2CH_3 ⟹ H_3C–C–X + ^-O–CH_2CH_3 ×
会消除

若是使用酚类，反应可以在 NaOH 水溶液中进行。

$$ArOH + R'X \xrightarrow{NaOH} ArOR' + NaX$$

对于烯基或芳基醚，也应当在另一个烃基与氧原子间切断。

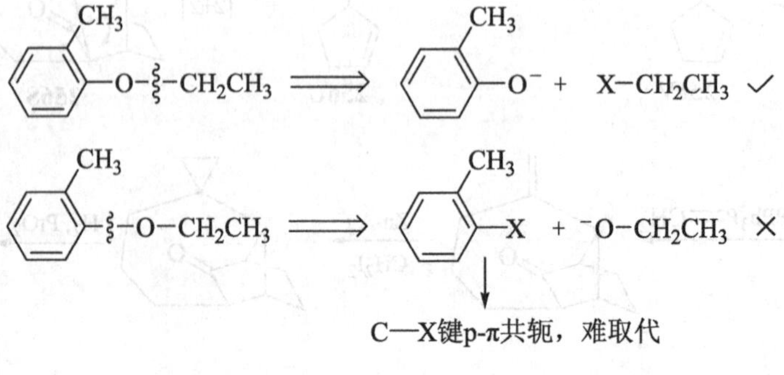
CH_3
O–CH_2CH_3 ⟹ O^- + X–CH_2CH_3 ✓
O–CH_2CH_3 ⟹ X + ^-O–CH_2CH_3 ×
C—X键p-π共轭，难取代

（2）胺的合成

用氨的烃化反应来制备取代的胺会发生多烃基化，反应得到一烃化、二烃化、三烃化产物甚至季铵盐的混合物，没有制备价值。

因此还原对胺的合成非常关键，除酰胺可还原成胺外，肟、氰基、硝基都可还原成胺，因此胺可逆推回酰胺、肟、腈和硝基化合物等。

$$R^1R^2C{=}N{-}OH \xrightarrow[\text{或 } Na/C_2H_5OH]{LiAlH_4} R^1R^2CH{-}NH_2$$

$$RCN \xrightarrow[H_2\text{-}Pd]{LiAlH_4} RCH_2NH_2$$

$$RNO_2 \xrightarrow[H_2\text{-}Pd]{LiAlH_4} RNH_2$$

B. 应用

当分子中含有杂原子时，我们往往首先在 C—X 键处切断，将基本碳架显露出来。与 C—C 键相比，C—X 键更易形成。

TM 257

PhO⌇CH₂CH₂CH₂CH=CH₂ ⟹ PhO⁻ + Br~~~= (**257A**) $\overset{FGI}{\Longrightarrow}$ HO~~~= (**257B**)

$\overset{FGI}{\Longrightarrow}$ EtOOC⌇~= (**257C**) ⟹ $^{-}CH_2COOEt$ + Br~=

分析：TM 257 中醚键的切断选择在脂肪烃与氧原子之间，因为另一侧的切断对应 PhBr 的取代，非常困难。调整 **257B** 的氧化度，**257C** 可采用丙二酸二乙酯法制备。

合成：

$$CH_2(COOEt)_2 \xrightarrow[\text{Br}\sim=]{NaOEt} (EtOOC)_2CH\sim= \xrightarrow[2.\ EtOH/H^+]{1.\ H^+/H_2O} EtOOC\sim\sim= \xrightarrow{LiAlH_4}$$

$$HO\sim\sim= \xrightarrow{PBr_3} Br\sim\sim= \xrightarrow{PhO^-} PhO\sim\sim=$$

醚可以直接在 C—O 键处切断，但是对胺来说，直接在 C—N 键处切断并不好。

PhNH⌇CH₂CH₂CH₃ ⇏ PhNH₂ + BrCH₂CH₂CH₃

胺和卤代烃反应，会发生多烷基化反应，生成二取代、三取代甚至季铵盐，反应不能停留在一烃化的阶段，最终将得到混合物。

$$PhNH_2 \xrightarrow{RBr} PhNHR \xrightarrow{RBr} PhNR_2 \xrightarrow{RBr} Ph\overset{+}{N}R_3\ Br^-$$

胺易发生多取代的原因是产物亲核取代的活性不弱于原料，因此一旦有产物生成，取代的胺将和原料同时竞争与卤代烃反应。如果产物的活性不及原来的胺，那么多取代可以避免，反应可以停留在一烃化阶段。如何降低产物的活性？酰化！因此逆分析时往往在氨基邻位添加酰基，对应的酰胺可由胺和酰氯制备。

PhNHCH₂CH₂CH₃ $\overset{FGA}{\Longrightarrow}$ PhNH⌇C(=O)CH₂CH₃ ⟹ PhNH₂ + ClC(=O)CH₂CH₃

由于羰基的影响，酰胺的亲核性比苯胺弱，反应可以停留在一酰化阶段，酰胺经 $LiAlH_4$ 还原后可得到目标产物。

PhNH$_2$ + ClC(O)CH$_2$CH$_3$ ⟶ PhNHC(O)CH$_2$CH$_3$ $\xrightarrow{LiAlH_4}$ PhNHCH$_2$CH$_2$CH$_3$

TM 258

$\xrightarrow{\text{FGI}}$ （逆合成）… + $HNMe_2$

合成：$\xrightarrow{1.\ Mg;\ 2.\ CO_2;\ 3.\ SOCl_2}$ COCl $\xrightarrow{Me_2NH}$ $\xrightarrow{LiAlH_4}$ NMe_2

TM 259

Ph、NH、Ph $\xrightarrow{\text{FGA}}$ … ⟹ PhCX + H_2N… ⟹ … ⟹ PhH + …Cl

合成：PhH $\xrightarrow{AlCl_3}$ … $\xrightarrow{1.\ NH_2OH;\ 2.\ LiAlH_4}$ H_2N… $\xrightarrow{1.\ PhCOCl;\ 2.\ LiAlH_4}$ …

除了在氨基旁添加酰基将胺转变成酰胺外，氨基还可以通过 FGI 转变为 **CN**、**NO_2**、肟等基团。例如，2-芳基乙胺 **TM 260** 是生物碱合成中的重要中间体，可将胺转变成硝基或氰基。转变成氰基，可以通过苄氯和 NaCN 的亲核取代来制备；转变成硝基，在苄基碳原子和硝基之间添加双键，对应的化合物可由 Henry 反应合成。

TM 260

MeO、MeO、NH_2 $\xrightarrow{\text{FGI}}$ MeO、MeO、CN ⟹ MeO、MeO、Cl ⟹ MeO、MeO + CH_2O + HCl

$\Downarrow$ FGI

MeO、MeO、NO_2 ⟹ MeO、MeO、NO_2 ⟹ MeO、MeO、CHO + CH_3NO_2

将 **TM 261** 中的氨基转变成硝基后，在硝基对面添加双键，就可以使用 D-A 反应将环己烯拆开。

TM 261

Ph、NH_2 ⟹ Ph、NO_2 $\xrightarrow{\text{FGA}}$ Ph、NO_2 ⟹ + O_2N、Ph

合成：Henry 缩合得到更稳定的反式硝基苯乙烯，和丁二烯加成后，构型保持，还原后得到 **TM 261**。

PhCHO + $MeNO_2$ —碱→ Ph-CH=CH-NO_2 —(丁二烯)→ (环己烯基-Ph, NO_2) —H_2/Pd→ (环己基-Ph, NH_2)

药物合成实例——三氟哌啶醇的合成

三氟哌啶醇是一种神经系统用药，用于精神分裂症的治疗。结构中含有两个苯环和一个哌啶环。在哌啶氮原子旁添加酰基，得到 **262A**，切断酰胺键（环链相接处是策略键），得到对应的酸 **262B** 和哌啶醇 **262C**。

TM 262

F-C_6H_4-CO-$CH_2CH_2CH_2$-N(哌啶)-4-OH-4-(3-$CF_3C_6H_4$)

⟹(FGA) F-C_6H_4-CO-CH_2CH_2CO-N(哌啶)-4-OH-4-(3-$CF_3C_6H_4$)

262A

⟹ F-C_6H_4-CO-CH_2CH_2COOH + HN(哌啶)-4-OH-4-(3-$CF_3C_6H_4$)

262B **262C**

262B 在芳环和酰基之间切断，对应 F-C 酰基化反应，由氟苯和丁二酸酐合成。

F-C_6H_4-CO-CH_2CH_2COOH (**262B**) ⟹ F-C_6H_5 + 丁二酸酐

262C 含有醇羟基，按醇的逆合成分析切断环链相接处的键，得到 4-哌啶酮和对应的格氏试剂，格氏试剂可由对应的芳基卤化物制备，CF_3 的间位定位效应可在正确的位置直接引入卤原子。

HN(哌啶)-4-OH-4-(3-$CF_3C_6H_4$) ⟹ HN(哌啶)-4-=O + BrMg-C_6H_4-CF_3 ⟹ Br-C_6H_4-CF_3 ⟹ $C_6H_5CF_3$

合成：

F-C_6H_5 —(丁二酸酐, $AlCl_3$)→ F-C_6H_4-CO-CH_2CH_2COOH —$SOCl_2$→ F-C_6H_4-CO-CH_2CH_2CCl(=O)

$C_6H_5CF_3$ —(Br_2, $AlCl_3$)→ Br-C_6H_4-CF_3 —(Mg, Et_2O)→ BrMg-C_6H_4-CF_3 —(HN(哌啶)=O)→ HN(哌啶)-4-OH-4-(3-$CF_3C_6H_4$)

$$F-C_6H_4-\overset{O}{\overset{\|}{C}}-CH_2CH_2\overset{O}{\overset{\|}{C}}Cl + \text{HN(4-OH-4-(3-}CF_3C_6H_4\text{)piperidine)} \xrightarrow{\text{碱}} F-C_6H_4-\overset{O}{\overset{\|}{C}}-CH_2CH_2CH_2-N(\text{4-OH-4-(3-}CF_3C_6H_4\text{)piperidine)}$$

C. 提高

除了上述方法，胺还可以由酰胺的 **Hoffmann 重排**、异羟肟酸的 **Lossen 重排**、酰基叠氮的 **Curties 重排**和 **Schmidt 重排**制备。它们的反应机理相似，都经历了氮烯活性中间体，重排生成比起始原料**少一个碳原子的伯胺**。

Hoffmann重排：$R-\overset{O}{\overset{\|}{C}}-NH_2 \xrightarrow[NaOH]{Br_2} R-\overset{O}{\overset{\|}{C}}-N(Br)H \xrightarrow{-HBr}$

Lossen重排：$R-\overset{O}{\overset{\|}{C}}-Cl(OR) \xrightarrow{NH_2OH} R-\overset{O}{\overset{\|}{C}}-N(OH)H \xrightarrow{-H_2O}$

Curtius重排：$R-\overset{O}{\overset{\|}{C}}-Cl(OR) \xrightarrow[2.\ HNO_2]{1.\ NH_2NH_2} R-\overset{O}{\overset{\|}{C}}-\overset{-}{N}-\overset{+}{N}\equiv N \xrightarrow{-N_2}$

Schmidt重排：$R-\overset{O}{\overset{\|}{C}}-OH \xrightarrow[2.\ H_2SO_4]{1.\ NaN_3} R-\overset{O}{\overset{\|}{C}}-\overset{-}{N}-\overset{+}{N}\equiv N \xrightarrow{-N_2}$

$$\longrightarrow R-\overset{O}{\overset{\|}{C}}-\ddot{N}: \longrightarrow R-N=C=O \xrightarrow{H_2O} RNH_2$$

$$R-N=C=O \xrightarrow{R'NH_2} RNH-\overset{O}{\overset{\|}{C}}-NHR' \qquad R-N=C=O \xrightarrow{R'OH} RNH-\overset{O}{\overset{\|}{C}}-OR'$$

Ritter 反应

某些烯烃或醇（仲醇、叔醇）能够在强酸存在下产生稳定的碳正离子，与腈类发生反应形成酰胺：

$$RC\equiv N \xrightarrow[2.\ H_2O]{1.\ (CH_3)_2C=CH_2,\ H_2SO_4} R-\overset{O}{\overset{\|}{C}}-NH-C(CH_3)_3$$

Ritter 反应是少数能在叔碳处形成 C—N 键的反应，酰胺水解后还可生成叔丁基胺。

机理：

$$(CH_3)_2C=CH_2 \xrightarrow{H^+} (CH_3)_3C^+ \xrightarrow{:N\equiv C-R} (CH_3)_3C-\overset{+}{N}\equiv C-R \xrightarrow{H_2O} (CH_3)_3C-N=\overset{OH}{\overset{|}{C}}-R \longrightarrow (CH_3)_3C-\overset{H}{N}-\overset{O}{\overset{\|}{C}}-R$$

应用 Ritter 反应进行切断，切断的位点应在酰胺氮原子与邻位碳原子之间，切断后，酰胺部分为腈，碳原子部分为烯烃或醇：

$$\text{2-乙酰氨基降冰片烷 (HN-}\overset{O}{\overset{\|}{C}}CH_3\text{)} \Longrightarrow \text{降冰片烯} + H_3C-C\equiv N$$

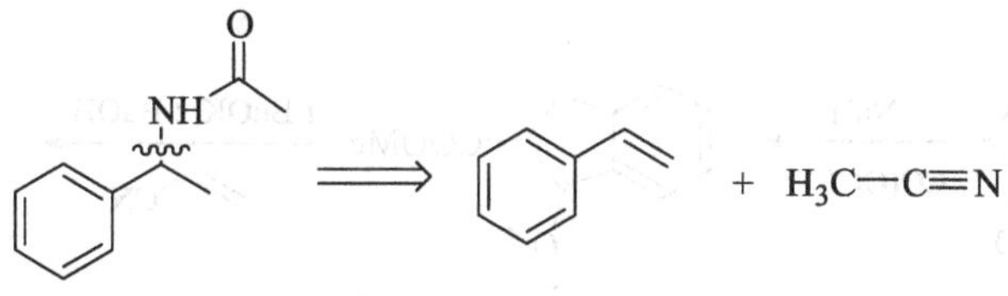

$$H_3C—C\equiv N$$

AMPP（2-丙烯酰胺-2-甲基丙膦酸）的合成

水溶性共聚物阻垢剂近年来已成为水处理药剂中最活跃的研究领域之一，作为单体的不饱和磷酸化合物制备和性能研究在国内外受到广泛关注。AMPP（**TM263**）是一种重要的阻垢剂单体，切断酰胺氮与碳原子之间的键，得到正离子 **263A** 和丙烯腈，**263A** 可由烯基膦酸 **263B** 或 **263C** 酸化得到。

TM263

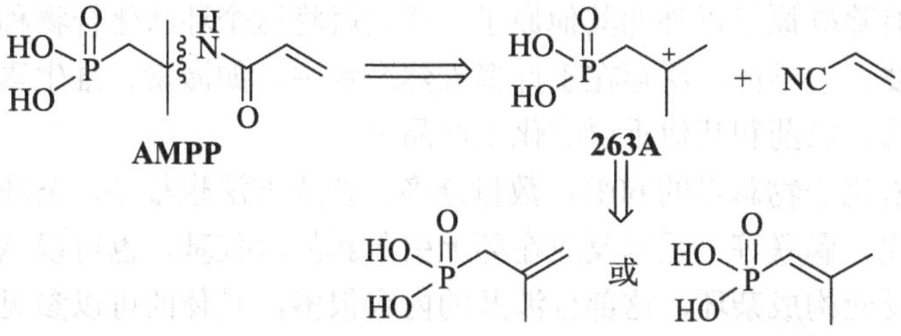

AMPP　263A　263B　或　263C

由五氯化磷、异丁烯和 SO_2 反应后水解，得到两种烯基膦酸 **263B** 和 **263C**，无需分离，它们酸化后都得到同种中间体 **263A**，和丙烯腈反应得到 AMPP。

合成：

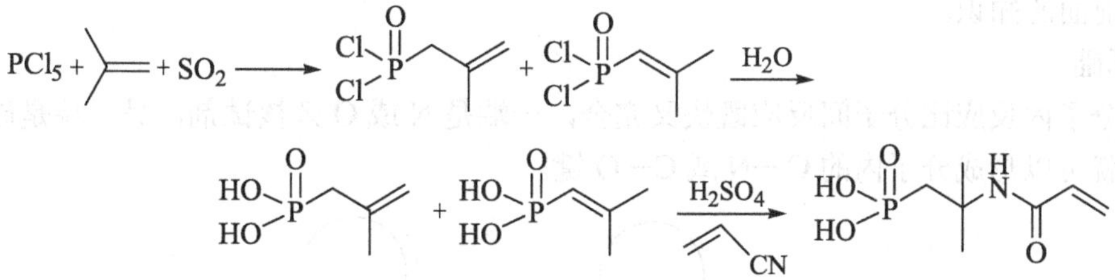

PCl_5 + + SO_2 → + $\xrightarrow{H_2O}$

+ $\xrightarrow{H_2SO_4}$ CN

Ritter 反应还可以形成内酰胺。内酰胺 **TM 264** 具有潜在多巴胺受体配基功能，按照 Ritter 反应在 C—N 键切断后得到叔醇 **264A**，按醇的切断在环链相接处切掉 R 基，得到酮腈 **264B**，**264B** 可由 *β*-酮酸酯 **264C** 对丙烯腈 Michael 加成得到，**264C** 是酮 **264D** 在 *α*-位酯化得到。

TM 264

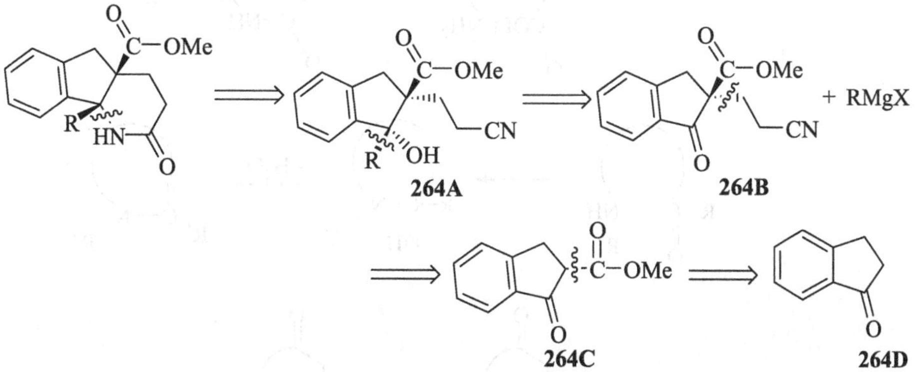

264A　264B　+ RMgX

264C　264D

264B 中既有酮羰基，又有酯基、氰基，都可与格氏试剂反应，在–78℃下，新制备的格氏试剂只与最活泼的酮羰基反应。

合成：

$$\text{1-茚酮} \xrightarrow[CO(OCH_3)_2]{NaH} \text{2-COOMe-1-茚酮} \xrightarrow[\text{CH}_2=\text{CHCN}]{t\text{-BuOK}, t\text{-BuOH}} \text{2-(COOMe)-2-(CH}_2\text{CH}_2\text{CN)-1-茚酮}$$

$$\xrightarrow[THF, -78℃]{RMgX} \text{1-R-1-OH 产物} \xrightarrow[PhCl]{TfOH} \text{内酰胺 (R, HN, C=O, C(=O)—OMe)}$$

3.6.2 杂环化合物的切断

凡是成环原子中含有除碳原子以外的其他原子，我们就将这个环状化合物称为杂环化合物。杂环化合物非常重要，它不但广泛存在于许多天然产物中，如激素、维生素、抗生素、生物碱等，也存在于医药、农药和其他重要的化工产品中。

杂环化合物约占有机化合物总量的60%，数量众多，合成方法也很多，杂环化合物既可以从母体出发，通过取代、偶联等一系列反应在环上引入新的取代基，也可以从开链化合物出发通过缩合、取代等反应构成杂环，这部分涉及的内容很多，具体的可以参见《杂环化学——结构、反应、合成与应用》一书。

我们在此主要讲述内酯和内酰胺（性质更类似于脂环）的切断，切断的位点在C—X之间，切断之后，即可按照前述的内容继续分析，所以也可以把这部分内容当作练习，来复习回顾前面的知识。

A. 基础

分子内反应比分子间反应既快又完全，一端是N或O亲核试剂，另一端是碳亲电试剂，就可以形成分子内的C—N或C—O键。

$$\text{COEt(=O) … OH} \longrightarrow \text{C(=O)—O (环)}$$

$$\text{COEt(=O) … NH}_2 \longrightarrow \text{C(=O)—NH (环)}$$

$$\text{R—C(=O) … NH—R'} \longrightarrow \text{R—C(OH)—N—R'} \xrightarrow{-H_2O} \text{R—C=… N—R'}$$

$$\text{O=C—CH=CH … NH}_2 \longrightarrow \text{O=C … NH (环)}$$

B. 应用

若目标分子是酯，则在酯键处直接切断，一端是醇，另一端是羧酸或酯。

TM 265 是霍拉纳的辅酶 A 合成中的一个中间体，将内酯键切断后，得到γ-羟基酸 **265A**，**265A** 中还有 1,2-关系（也有人称之为 1,1-关系），经 FGI 将羧基转变为 CN 后，切断—CN，前体为 **265C**，**265C** 中含有 1,3-关系，为异丙基醛和甲醛的交叉羟醛缩合产物。

TM 265

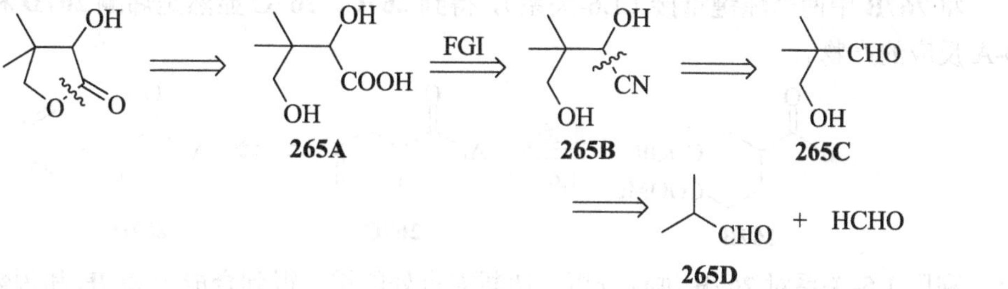

OH O O ⟹ OH COOH OH **265A** —FGI⟹ OH CN OH **265B** ⟹ CHO OH **265C**

⟹ CHO **265D** + HCHO

为避免康尼扎罗反应使用弱碱催化 Aldol 缩合。

合成： CHO + HCHO —K_2CO_3→ CHO OH —KCN→ OH CN OH —HCl→ OH O O

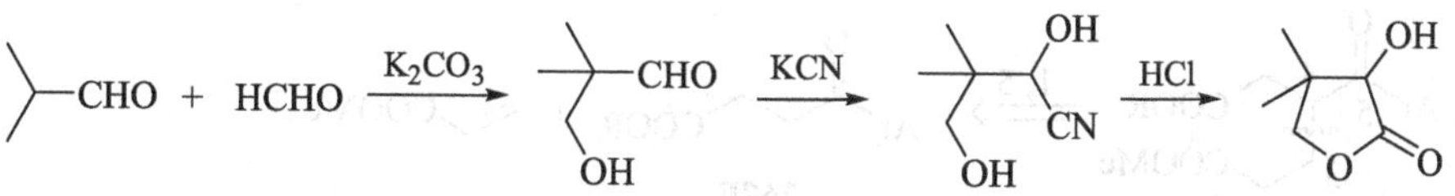

六元环内酯 **TM 266** 是克兰德尔和卢汤按生源模式合成的香松烷的一个中间体，切断内酯键，得到δ-羟基酸 **266A**，调整羟基的氧化度转变成羰基，**266B** 可按 1,5-关系继续切断。

TM 266

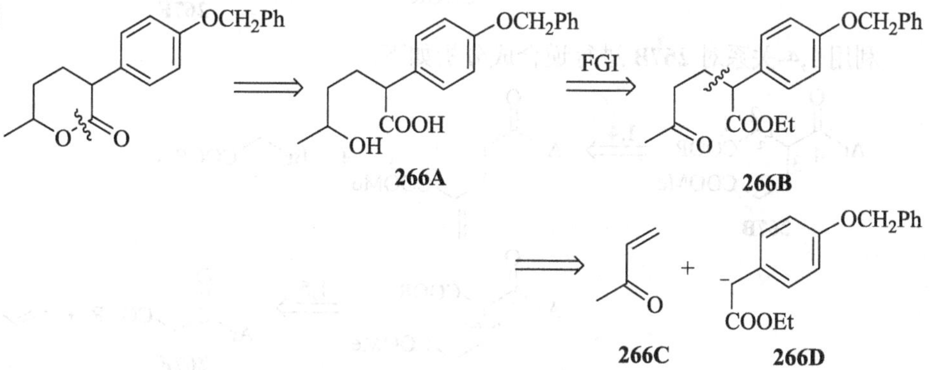

OCH_2Ph O O ⟹ OCH_2Ph COOH OH **266A** —FGI⟹ OCH_2Ph COOEt O **266B**

⟹ O **266C** + OCH_2Ph COOEt **266D**

合成： 在 **266D** 中加入致活基来控制 Michael 加成反应，$NaBH_4$ 还原羰基后分子内关环形成内酯，加热脱羧即得目标分子 **TM 266**。

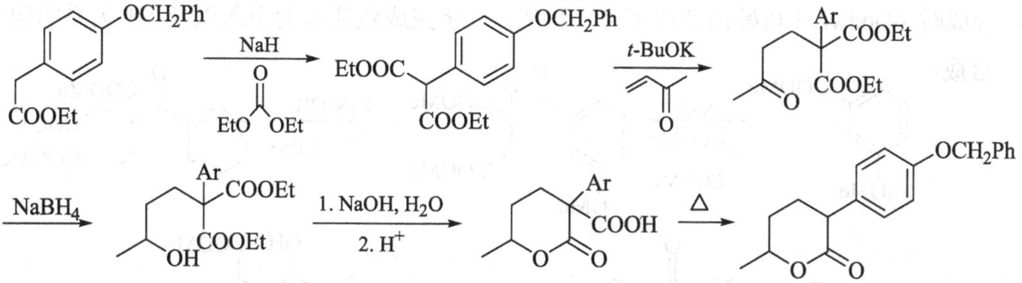

OCH_2Ph COOEt —NaH, EtO(C=O)OEt→ EtOOC OCH_2Ph COOEt —t-BuOK, (CH₂=CHCOCH₃) O→ Ar COOEt COOEt O

—$NaBH_4$→ Ar COOEt COOEt OH —1. NaOH, H_2O; 2. H^+→ Ar COOH O O —△→ OCH_2Ph O O

TM 267 是伍德沃德四环素合成中的一个中间体，切断内酯键，得到γ-羟基酸酯 **267A**，**267A** 经过 FGI 得到 **267B**，**267B** 中含有 1,4-，1,5-，1, 6-关系，有许多可能的逆分析方法。

TM 267

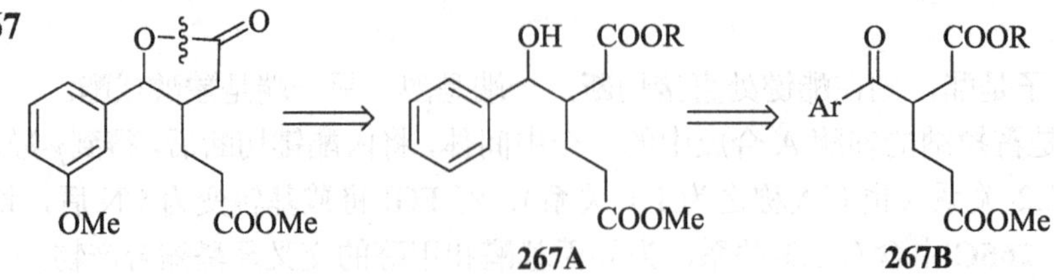

将 **267B** 中两个酯键重接（1,6-关系），得到 **267C**，**267C** 显然是烯酮 **267D** 和丁二烯进行 D-A 反应的产物。

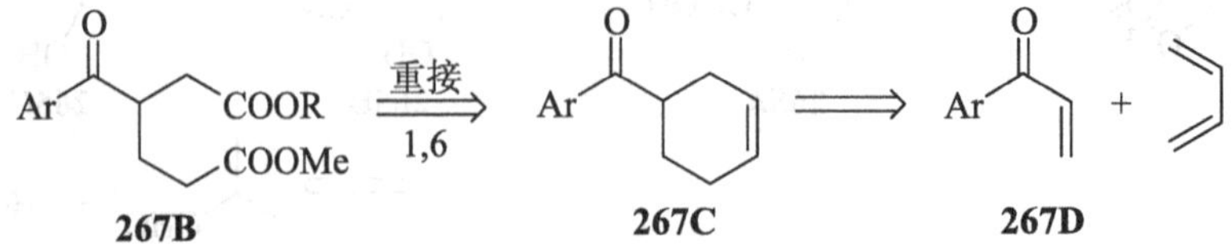

利用 1,5-关系对 **267B** 进行分析，切断支点处的键，得到合成子 **267E** 和丙烯酸甲酯，注意 **267E** 的活化，引入致活基后，利用 1,4-关系进一步切断，得到 **267F** 和溴乙酸酯。

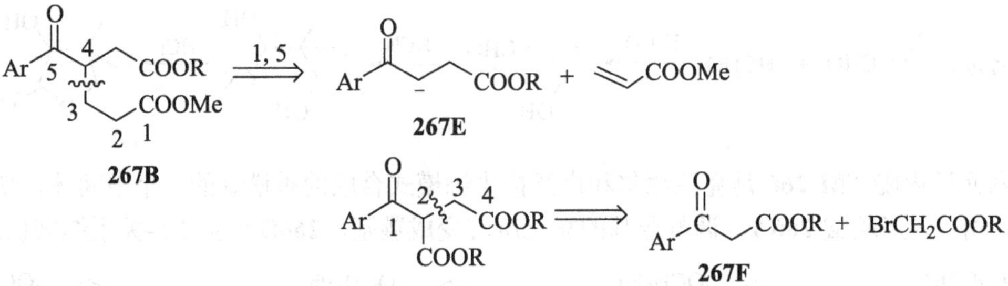

利用 1,4-关系对 **267B** 进行逆合成分析如下：

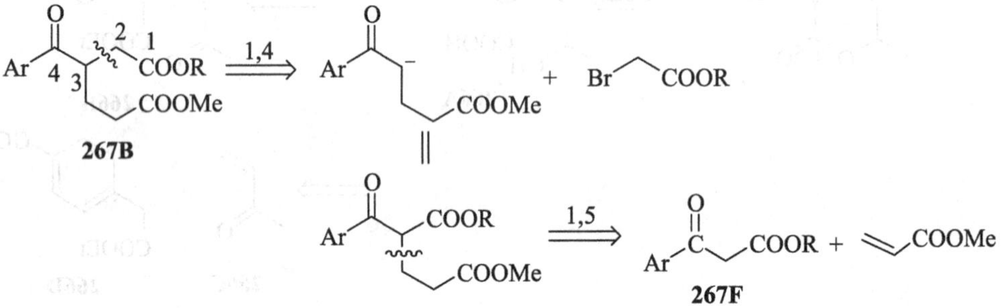

1,4-和 1,5-关系切断最后得到了相同的起始原料，它们所对应的合成路线只是反应的次序有所不同。Woodward 尝试了 1,4-和 1,5-关系所对应的路线都获得了成功，最终选择了如下路线，合成时 Woodward 巧妙地使用了丁二酸酯，一步完成致活基的引入以及 1,4-关系的构建。

合成：

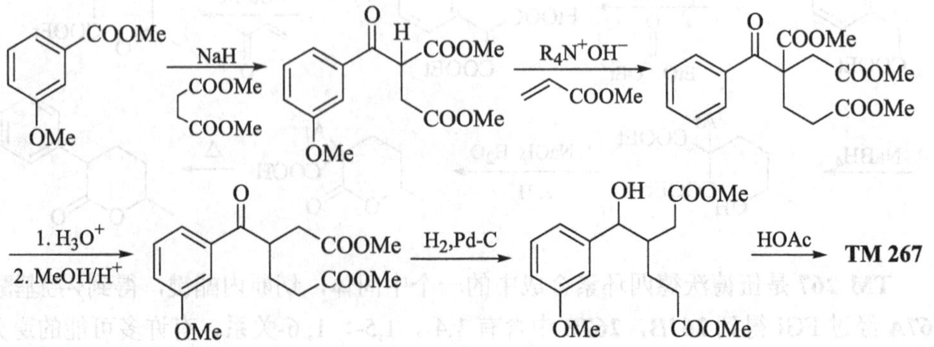

切断 **TM 268** 中的酯键，出现 1,3-及 1,4-关系，把 **268A** 作为醇处理，在—OH 所连碳原子的键上切断，切断 1,3-关系，得到*γ*-酮酸 **268B** 和酯的烯醇负离子；**268B** 可由对应的芳烃和丁二酸酐的 F-C 酰化反应制备。切断 1,4-关系，则得到*β*-酮酸酯 **268C** 和 d^3 合成子，d^3 合成子较难制备，使得这条路线较难行得通。

TM 268

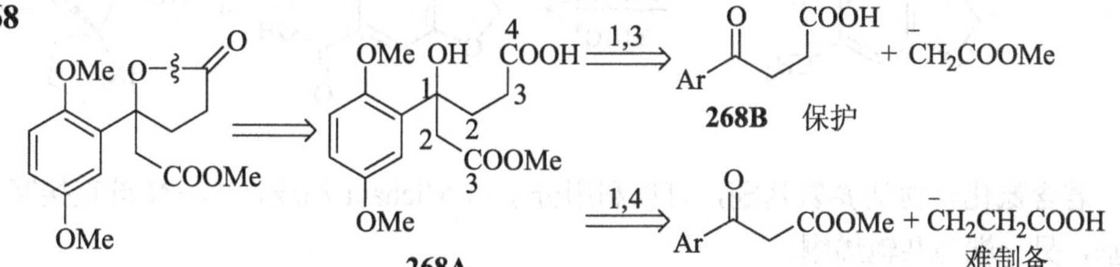

268A **268B** 保护 **268C** 难制备

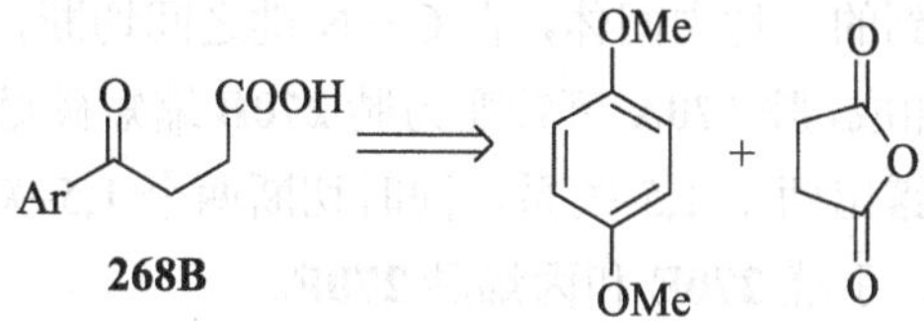

268B

合成：

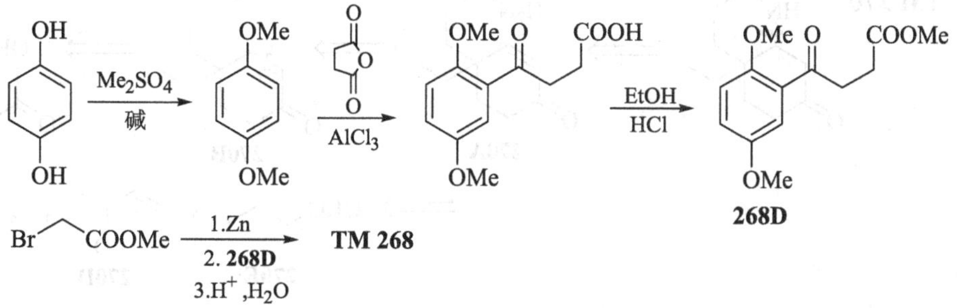

Me_2SO_4 碱 $AlCl_3$ EtOH HCl **268D**

Br⌒COOMe 1.Zn 2. **268D** 3.H^+, H_2O → **TM 268**

对于内酰胺，我们往往选择在酰胺键直接断开，一端为羧酸或酯，另一端为胺。

TM 269 含有四环结构，中间的七元环含有两个酰胺结构，断开两个酰胺键，得到芳香氨基酸 **269A** 和环氨基酸 **269B**，**269B** 为脯氨酸，是一种天然氨基酸，可以直接作原料。

TM 269

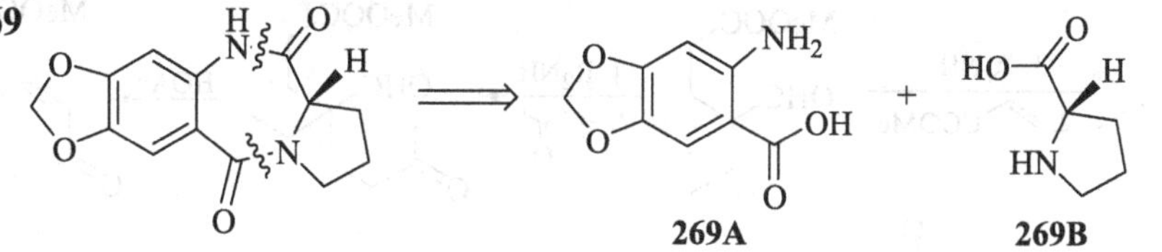

269A **269B**

269A 中的羧基可由甲基氧化而来，甲基又可由 **269D** 进行 F-C 烃化反应引入，乙酰胺基又可由 **269E** 经硝化、还原、酰化引入，**269E** 含有缩醛结构，可由邻苯二酚和甲醛缩合而来。

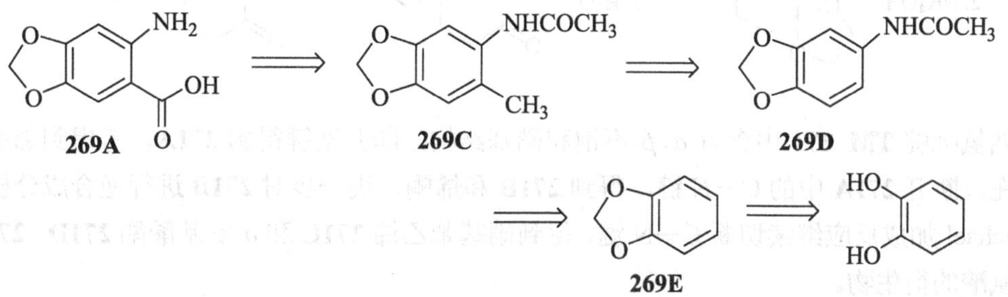

269A **269C** **269D** **269E**

合成：HO, HO $\xrightarrow[H^+]{HCHO}$ $\xrightarrow[3.(CH_3CO)_2O]{1.\ HNO_3;\ 2.\ H_2,Pd\text{-}C}$ $NHCOCH_3$ $\xrightarrow[AlCl_3]{CH_3Cl}$

$NHCOCH_3$, CH_3 $\xrightarrow[2.H_3O^+]{1.KMnO_4}$ NH_2, OH, O + HO, O, H, HN $\longrightarrow$ **TM 269**

若含氮化合物是β-氨基酮，可以利用分子内 Michael 加成在 C—N 键直接断开，一端为氨基，另一端为共轭烯酮。

TM 270 是 Stork 在合成生物碱时用到的一种中间体，在 C—N 键之间切断，对应的反应为胺对α,β-不饱和酮的分子内 Michael 加成，胺 **270A** 可转变为腈 **270B** 缩短碳链，切开 **270B** 中α,β-不饱和酮的双键（1,3-关系），暴露出两个 1,5-关系，同时切断两个 1,5-关系（在支点处切断），起始原料为 3-丁烯-2-酮 **270D**、丁醛 **270E** 和丙烯腈 **270F**。

TM 270 HN, O $\Longrightarrow$ H_2N, O **270A** $\Longrightarrow$ NC, O **270B** $\Longrightarrow$ NC, OHC, O **270C**

$\Longrightarrow$ OHC **270E** + O **270D** + CN **270F**

合成：以丁醛作为起始原料，用烯胺来活化醛基的α-C，发生两次 Michael 加成，酸性条件下，发生分子内 Aldol 反应关环。先将酮羰基保护，再将酯基氨解，酰胺还原，羰基脱保护后，氨基对α,β-不饱和酮发生分子内 Michael 加成，关环生成 **TM 270**。

O, H $\xrightarrow[2.\ \text{COOMe}]{1.\ R_2NH}$ MeOOC, OHC $\xrightarrow[2.\ \text{(O)}]{1.\ R_2NH}$ MeOOC, OHC, O $\xrightarrow{HOAc}$ MeOOC, O

$\xrightarrow[2.\ NH_4OH]{1.\ HO\ \ OH,\ H^+}$ O, H_2N, O, O $\xrightarrow[2.\ H_3O^+]{1.\ LiAlH_4}$ H_2N, O $\xrightarrow{OH^-}$ HN, O

四氢吡啶 **TM 271** 中含有α,β-不饱和硝基结构，断开双键得到 **271A**，考虑到邻近羰基的存在，断开 **271A** 中的 C—N 键，得到 **271B** 和烯酮，进一步对 **271B** 进行逆合成分析，用逆 Michael 加成反应继续切断 C—N 键，得到硝基苯乙烯 **271C** 和α-氨基酸酯 **271D**，**271D** 是苯丙氨酸的衍生物。

TM 271

Me, N, Ph, COOMe, O_2N, Ph ⟹ Me, O, N, Ph, COOMe, O_2N, Ph **271A** ⟹ O + HN, Ph, COOMe, O_2N, Ph **271B**

H_2N, Ph, COOMe **271D** + Ph, NO_2 **271C**

PhCHO + CH_3NO_2

合成：苯甲醛和硝基甲烷在碱的作用下，顺利发生 Henry 反应，*α*-氨基酸酯 **271D** 和硝基苯乙烯以及 3-丁烯-2-酮发生两次 Michael 加成，然后在碱的作用下发生分子内的 Henry 反应关环生成目标产物。

PhCHO + CH_3NO_2 $\xrightarrow{NaOH}$ Ph, NO_2

H_2N, Ph, COOMe + Ph, NO_2 ⟶ HN, Ph, COOMe, O_2N, Ph + O ⟶

Me, O, N, Ph, COOMe, O_2N, Ph $\xrightarrow{OH^-}$ Me, N, Ph, COOMe, O_2N, Ph

如果环中一个氮原子与双键相连，则形成环状烯胺，切断环烯胺的 C—N 键，一端为氨基，另一端是羰基化合物。

N, R, R′ ⟹ NH, O, R, R′

TM 272 中含有两个烯胺结构，同时切断两根 C—N 键，得到 1,5-二羰基化合物 **272A** 和甲胺。**272A** 中有非常明显的切断位点（活化基酯基指导切断的位置），得到肉桂醛 **272B** 和乙酰乙酸乙酯，肉桂醛显然是苯甲醛和乙醛的 Aldol 缩合产物。

TM 272

Ph, COOMe, N, Me ⟹ Ph, COOMe, CHO, O **272A** + H_2NMe ⟹ Ph, CHO **272B** + O, COOMe

CH_3CHO + PhCHO

合成：

COOMe, O $\xrightarrow{MeNH_2}$ COOMe, HN, Me $\xrightarrow[\text{哌啶, 醇, 回流}]{PhCH=CHCHO}$ Ph, COOMe, N, Me

TM 273 是一个稠杂环，仅有的官能团是烯胺，切断 C—N 键后，得到氨基酮 **273A**，**273A** 中的氨基可由氰基还原而来，腈 **273B** 是 CN^- 对 **273C** 的加成产物，**273C** 中含有 1,3-关系，切断 1,3-关系，暴露出 1,6-关系，将 1,6-二官能团重接，得到 **273E**，**273E** 可视为 1-取代环己烯，可由甲基格氏试剂和萘满酮制备，萘满酮 **273G** 由苯和丁二酸酐经 F-C 酰化反应而来。

TM 273

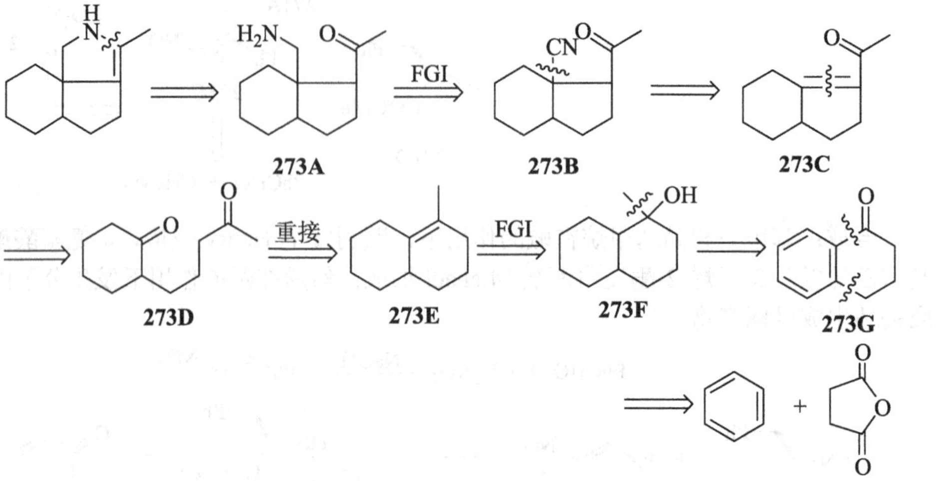

H N ⟹ H_2N O **273A** $\xrightarrow{FGI}$ CN O **273B** ⟹ O **273C**

⟹ O O **273D** $\xrightarrow{重接}$ **273E** $\xrightarrow{FGI}$ OH **273F** ⟹ O **273G**

⟹ + O O O

合成： + O O O $\xrightarrow{AlCl_3}$ COOH O $\xrightarrow{Zn-Hg, HCl}$ COOH

$\xrightarrow{PPA}$ O $\xrightarrow[催化剂]{H_2}$ O $\xrightarrow[2.\ H^+]{1.\ MeLi}$ $\xrightarrow{O_3}$ O O

$\xrightarrow[EtOH-H_2O]{KOH}$ O $\xrightarrow[AlEt_3]{CN^-}$ CN O $\xrightarrow[H^+]{HO\frown OH}$ CN O O $\xrightarrow{LiAlH_4}$

H_2N O O $\xrightarrow{HClO_4}$ H N

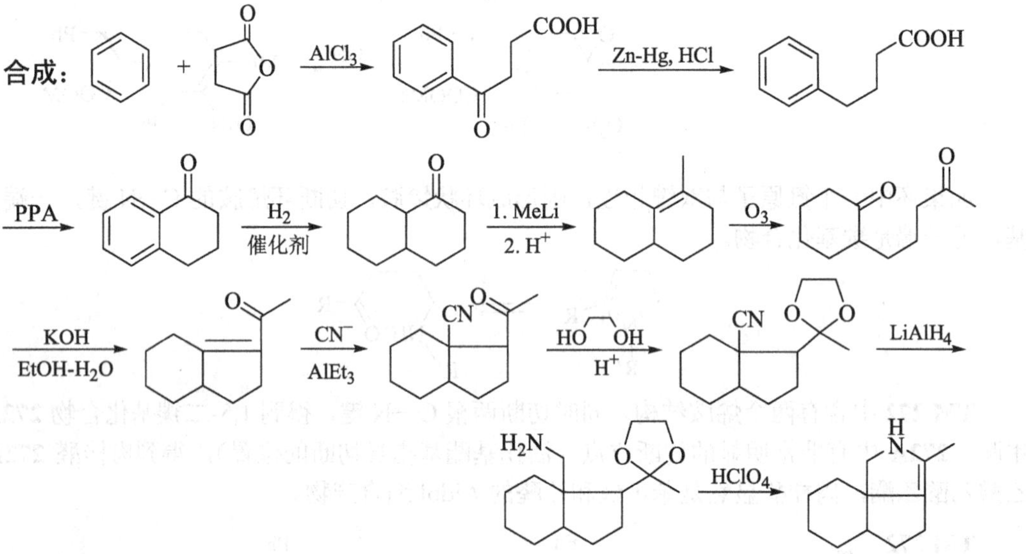

含有两个杂原子的杂环，可一次性切断两个 C—X 键，将两个杂原子含在同一个片段中。例如：

TM 274

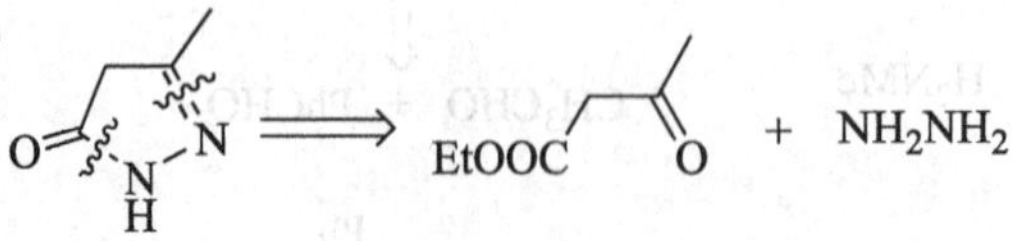

O N N H ⟹ EtOOC O + NH_2NH_2

TM 275

O HN O N H ⟹ NH_2 O NH_2 + EtO O ⟹ EtOOC⌒COOEt + CH_3CHO

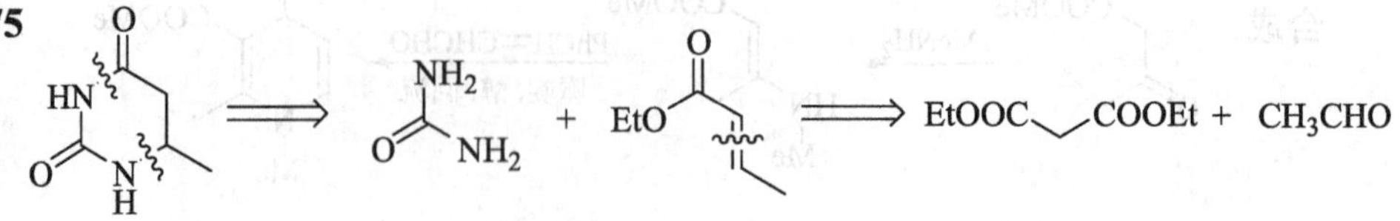

合成：$CH_2(COOH)_2$ $\xrightarrow[R_2NH,\ H^+]{CH_3CHO}$ CH₃CH=CHCOOH $\xrightarrow[2.\ 尿素]{1.\ EtOH,\ H^+}$ (HN, O, N, H, O — 6-甲基二氢嘧啶-2,4-二酮)

异戊巴比妥 **TM 276** 是一种催眠镇静药，仔细观察结构，嘧啶环是由取代丙二酸酯 **276A** 和尿素反应形成，**276A** 又是由丙二酸酯两次烃基化反应形成。

TM 276

TM 276 (O, NH, O, N, H, O) ⟹ **276A** (O, OEt, O, OEt) + $H_2N-CO-NH_2$ (NH_2, H_2N, O)

⟹ **276B** (O, OEt, O, OEt) + CH_3CH_2Br ⟹ (CH₃)₂CHCH₂CH₂Br (Br) + $CH_2(COOEt)_2$

合成：

$CH_2(COOEt)_2$ (O, OEt, O, OEt) $\xrightarrow[NaOEt]{(CH_3)_2CHCH_2CH_2Br}$ (CH₃)₂CHCH₂CH₂CH(COOEt)₂ (O, OEt, O, OEt) $\xrightarrow[NaOEt]{CH_3CH_2Br}$ (CH₃)₂CHCH₂CH₂C(C₂H₅)(COOEt)₂ (O, OEt, O, OEt)

$\xrightarrow[NaOEt]{H_2NCONH_2}$ TM 276 (O, NH, O, N, H, O)

天然产物——硫胺素（维生素 B_1）的合成

分析：硫胺素分子含有两个杂环，嘧啶环和噻唑环。嘧啶环通过一个亚甲基桥与噻唑环的氮原子相连，因而是季铵盐。可首先在硫胺素的两个环间断键，反应对应噻唑环上氮原子的烃化。

TM 277

TM 277 (NH_2, N, H_3C, N, N^+, S, H_3C, CH_2CH_2OH) $\xRightarrow{切断}$ **277A** (NH_2, N, Br, H_3C, N) + **277B** (N, S, H_3C, CH_2CH_2OH)

嘧啶 **277A** 可在环上氮原子处切断，对应的原料为甲脒以及二羰基化合物 **277C**，利用 **277C** 中的 1,3-关系在支点处切断，得到 **277D** 和甲酸酯。

277A (NH_2, N, Br, H_3C, N) ⟹ $H_3C-C(=NH)NH_2$ (NH, H_3C, NH_2) + [X, O, Br, HO] ＝ **277C** (OEt, O, OEt, O, H)

⟹ **277D** (OEt, O, OEt) + HCOOEt

噻唑**277B**可先在C—N键切断，再切断C—S键，得到硫代甲酰胺**277F**和α-卤代酮**277G**，**277G**是羟乙基衍生物，羟乙基可以通过环氧乙烷导入。为了实现区域选择性地烃化，在α-位添加致活基酯基逆推出**277H**，切断后推出乙酰乙酸乙酯和环氧乙烷。

277B ⟹(切断) **277E** ⟹(切断) **277F** + **277G** ⟹(FGA) **277H** ⟹ 乙酰乙酸乙酯 + 环氧乙烷

合成：嘧啶环部分

3-乙氧基丙酸乙酯 + HCOOEt →(Na) 中间体 →($H_3C(C=NH)NH_2\cdot HCl$, NaOEt) 2-甲基-4-羟基-5-(乙氧甲基)嘧啶 →(1. $POCl_3$; 2. $NH_3\cdot H_2O$) 4-氨基-2-甲基-5-(乙氧甲基)嘧啶 →(HBr, △) 4-氨基-2-甲基-5-(溴甲基)嘧啶

噻唑环部分：乙酰乙酸乙酯用环氧乙烷烃化后羟基用乙酰基保护，然后氯化，水解脱羧后得到所需的α-卤代酮的羟乙基衍生物，接着与硫代甲酰胺成环。

乙酰乙酸乙酯 + 环氧乙烷 →(NaOEt) 2-(2-羟乙基)乙酰乙酸乙酯 →(1. CH_3COCl; 2. $SOCl_2$) 2-氯-2-(2-乙酰氧乙基)乙酰乙酸乙酯 →(H_3O^+, △) 3-氯-5-羟基-2-戊酮 →(HN=CH—SH) 4-甲基-5-(2-羟乙基)噻唑

最后，两个部分经亲核取代反应完成硫胺素的合成。

还可以用 **Baeyer-Villiger** 氧化、**Beckmann** 重排对内酯和内酰胺进行逆合成分析，详见“**3.2.5 1,6-二官能团的切断**”。

C. 提高

1,3-偶极环加成属于[3+2]环加成反应，是合成五元杂环化合物和形成碳-碳键的重要方

法。三原子部分是个偶极体，至少有一个在1位和3位带相反电荷的共振极限式，可以与亲偶极体（烯烃，二原子部分）起类似D-A反应的协同反应，同样表现出很好的区域和顺式立体选择性，偶极体上带供电子基团，亲偶极体上带吸电子基团都有利于反应的进行。

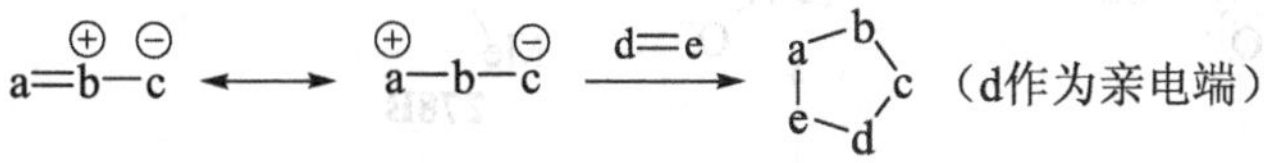

（d作为亲电端）

常见的1,3-偶极化合物有重氮、叠氮、氧化腈、腈叶立德、硝酮等，反应如下：

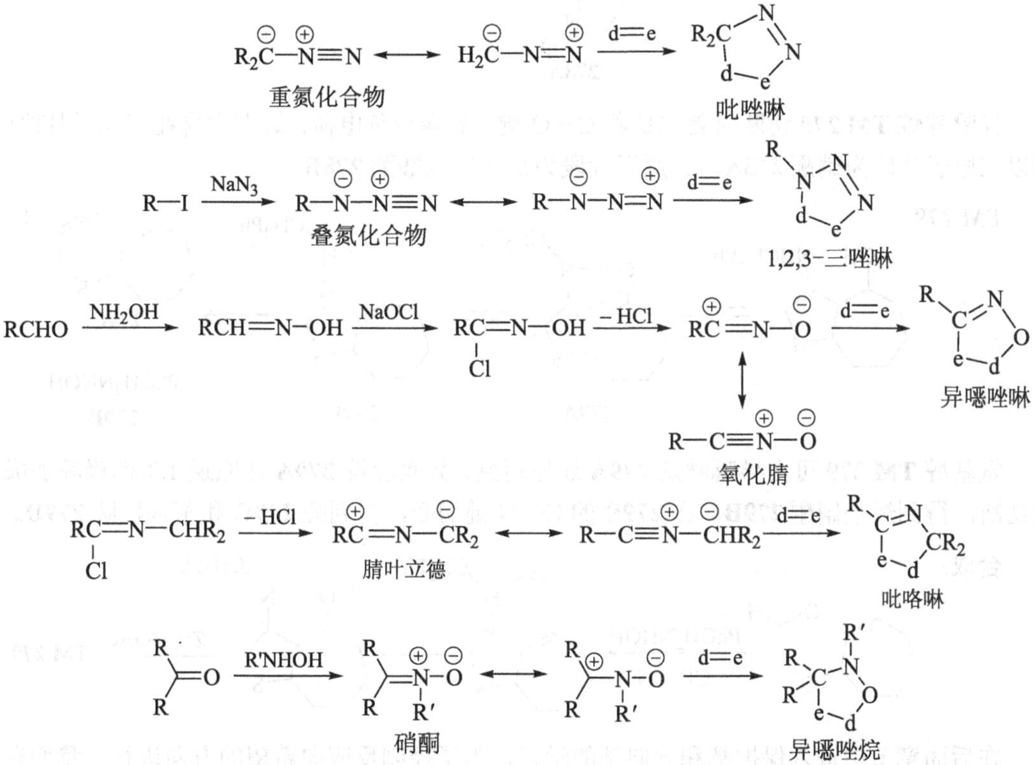

重氮化合物 吡唑啉

叠氮化合物 1,2,3-三唑啉

异噁唑啉

氧化腈

腈叶立德 吡咯啉

硝酮 异噁唑烷

有时甚至可以将其他反应与1,3-偶极环加成串联，形成结构复杂的杂环化合物。

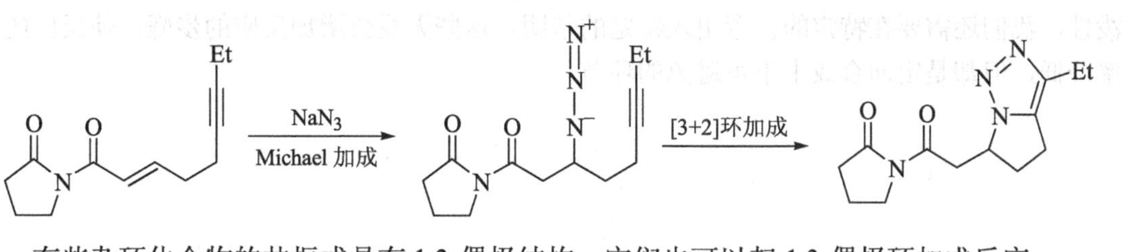

Michael加成 [3+2]环加成

有些杂环化合物的共振式具有1,3-偶极结构，它们也可以起1,3-偶极环加成反应。

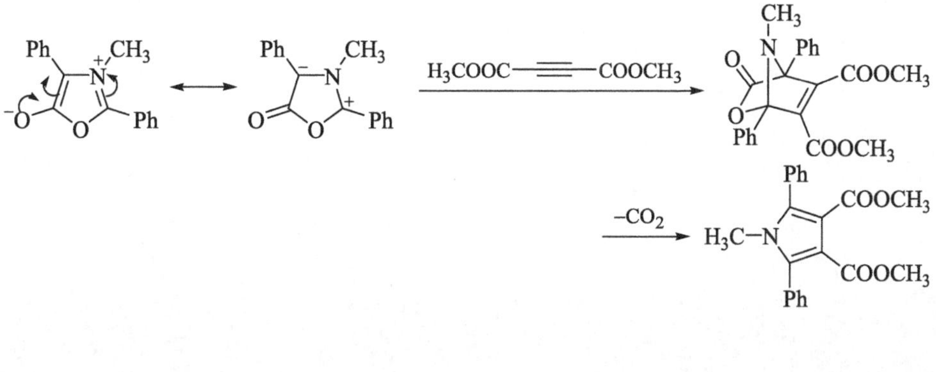

对于五元杂环化合物，可以利用上述反应，将其分成三原子片段和二原子片段。

TM 278

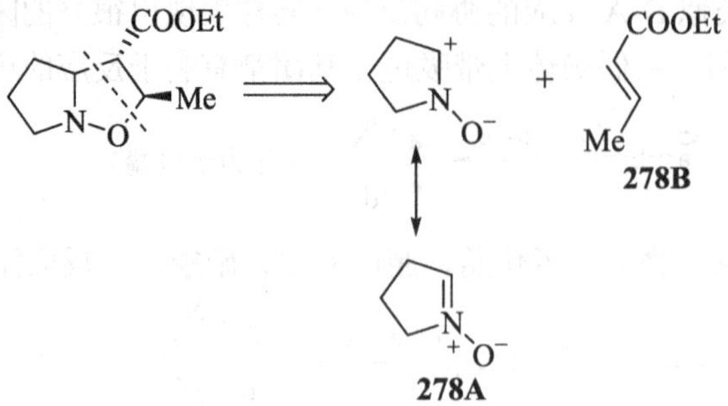

COOEt Me N O ⟹ N⁺ O⁻ + COOEt Me **278B**

N O⁻ **278A**

异噁唑烷 **TM 278** 切断时首先切断 C—O 键，氧端带负电荷，氧端应含在三原子片段中，所以三原子片段为硝酮 **278A**，二原子片段为反式巴豆酸酯 **278B**。

TM 279

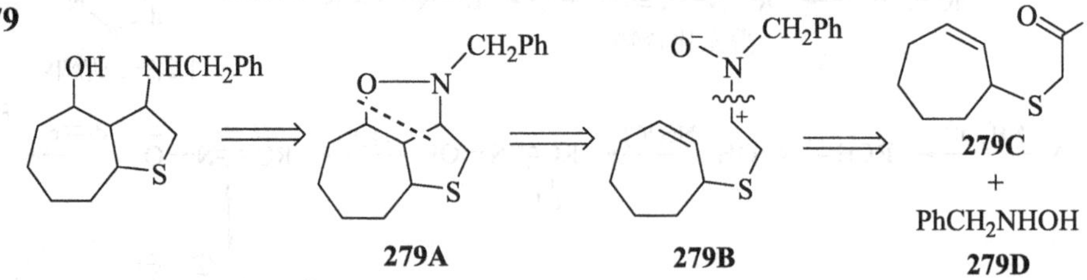

OH NHCH$_2$Ph S ⟹ O N CH$_2$Ph S **279A** ⟹ O⁻ N CH$_2$Ph S **279B** ⟹ O H S **279C** + PhCH$_2$NHOH **279D**

氨基醇 **TM 279** 可由异噁唑烷 **279A** 还原得到，异噁唑烷 **279A** 按照逆 1,3-偶极环加成反应切断，得到烯基硝酮 **279B**，在 **279B** 的 C—N 键切断，得到醛 **279C** 和苄基羟胺 **279D**。

合成：

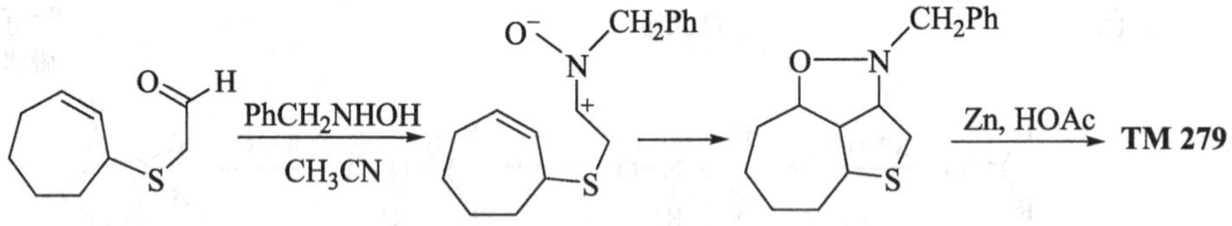

O H S —PhCH$_2$NHOH / CH$_3$CN→ O⁻ N CH$_2$Ph S ⟶ O N CH$_2$Ph S —Zn, HOAc→ **TM 279**

在后面章节中进入保护基和导向基的学习，为了控制反应向希望的方向进行，我们有时需要把暂时不参与反应但活泼性又比较高的基团加以保护，有时为了增强某一位置反应的活泼性，我们还需要在特定的位置引入特定的基团，这些无疑会增加反应的步骤，使反应的效率降低，但却是定向合成中不可避免的环节。

4 保 护 基

复杂的有机物中往往含有多种官能团，如果能利用高选择性的试剂，只与某个官能团或官能团的某个特殊部位作用，这当然是最佳方案，但往往找不到适当的试剂满足高选择性的要求。这时需要将某些暂时不参与反应而性质又比较活泼的基团保护起来，只保留需要发生反应的基团，之后再将保护基脱除。保护-脱保护使反应按照设计的方向进行，但无疑会增加反应步骤，使反应效率降低。合成一个目标分子的最高境界是不用任何保护基，但事实上保护基往往不可或缺，因此我们的目标是尽可能“最低限度保护”。

保护基应满足3点要求：

① 易被引入所要保护的分子；

② 与被保护的基团形成的结构能够经受住条件的变化，不发生反应；

③ 在温和的条件下易除去，不发生重排、异构化等副反应，立体结构也不发生变化。

实际上也可以直接使用带有保护基的原料，而避免引入保护基的步骤，若设计得当，还可以将保护基直接转变为目标分子中已有的官能团。

4.1 —OH的保护（生成醚和酯）

4.1.1 形成甲醚

$$ROH \longrightarrow ROCH_3$$

用 MeI、Me_2SO_4 或 MeOTf 在碱性条件下与—OH 反应可以引入甲醚保护基，$CH_2N_2/BF_3\cdot Et_2O$ 也可以使—OH 生成甲醚。甲醚对酸、碱、氧化剂、还原剂都很稳定，但甲醚的除去很不容易，一般在氢卤酸中回流脱除，利用软硬酸碱理论，BBr_3 或 Me_3SiI（O 原子与 B 或 Si 结合，而 Br^- 或 I^- 将—CH_3 除去）也可以在温和条件下脱去甲醚保护基。

$$\underset{\substack{(CH_3)_3Si\ —I \\ B\quad Br}}{R—\ddot{O}—CH_3} \longrightarrow CH_3I + ROSi(CH_3)_3 \xrightarrow{H_2O} CH_3OH + ROH + Si(CH_3)_3OH$$

4.1.2 形成叔丁基醚

$$ROH \longrightarrow ROC(CH_3)_3$$

形成叔丁基醚需要 Lewis 酸（如 BF_3）或质子酸（如对甲苯磺酸）催化，叔丁醚在碱性条件下稳定，在酸性条件下脱除保护基。

$$ROH + (CH_3)_2C{=}CH_2 \underset{2\ mol\ HCl/CH_3OH,\ \triangle}{\overset{BF_3,\ Et_2O}{\rightleftharpoons}} RO—C(CH_3)_3$$

4.1.3 形成苄醚

用苄氯或苄溴在强碱作用下与—OH 反应即可引入苄醚保护基。苄醚对碱、氧化剂（如 Jones 试剂、$NaIO_4$等）、还原剂（如 $LiAlH_4$）都很稳定，常用 10%Pd-C 氢解除去，也可以在金属 Li 作用下脱除苄基。氢解的氢源除了氢气，还有环己烯、环己二烯、甲酸等。

$$ROH \underset{Li,\ NH_3}{\overset{NaH,\ PhCH_2Br}{\rightleftharpoons}} ROCH_2Ph$$

4.1.4 形成三苯基甲醚

三苯基甲醚一般用 Ph_3CCl 在吡啶作用下，以 4-二甲氨基吡啶（DMAP）为催化剂完成对—OH 的保护，稀乙酸在室温下即可脱除保护基。

$$ROH \underset{\text{稀}CH_3COOH}{\overset{Ph_3CCl,\ \text{吡啶},\ DMAP}{\rightleftharpoons}} ROCPh_3$$

三苯甲基体积巨大，能够实现选择性地保护伯羟基。

$HOCH_2$（O，T，OH） $\xrightarrow{ClCPh_3,\ \text{吡啶}}$ $Ph_3C—OCH_2$（O，T，OH）

4.1.5 形成甲氧基甲醚

甲氧基甲醚 $ROCH_2OCH_3$（MOM）保护基一般用 $ClCH_2OCH_3$ 在碱性条件下（如 $i\text{-}Pr_2NC_2H_5$，吸收生成的 HCl）引入，优点是在碱性条件下和一般质子酸中有相当的稳定性，可用强酸或 Lewis 酸在激烈条件下脱去。

$$ROH \underset{TiCl_4\ \text{或}\ CF_3COOH}{\overset{ClCH_2OCH_3,\ i\text{-}Pr_2NC_2H_5}{\rightleftharpoons}} ROCH_2OCH_3$$

4.1.6 形成四氢吡喃

四氢吡喃 ROTHP 由二氢吡喃和醇在酸催化下进行加成得到，常用的酸催化剂是对甲苯磺酸、樟脑磺酸、三氯氧磷、氯化氢等。

$$ROH \underset{HOAc,\ H_2O}{\overset{\text{(二氢吡喃)},\ TsOH,\ \text{吡啶}}{\rightleftharpoons}} RO\text{-THP}$$

THP 是混合缩醛，对强碱、烃基锂、格氏试剂、$LiAlH_4$ 是稳定的，可在温和酸性条件下水解除去，如 HOAc-THF-H_2O（4∶2∶1）/45℃可以除去 THP。

$$HC\equiv CCH_2OH \xrightarrow[H^+]{\text{(二氢吡喃)}} \text{THP}\text{-}OCH_2C\equiv CH \xrightarrow[THF]{C_2H_5MgBr} \text{THP}\text{-}OCH_2C\equiv CMgBr$$

$$\xrightarrow[2.\ H^+,H_2O]{1.\ CO_2} CH_2OHC\equiv CCOOH$$

有机合成中常用这种保护基，缺点是增加一个不对称碳原子。

4.1.7 形成三甲基硅醚

三甲基硅醚 $ROSi(CH_3)_3$ 是 Me_3SiCl 与醇类在叔胺中（如 Et_3N）作用得到，硅醚保护基对氧化剂、还原剂都比较稳定，但对酸或碱比较敏感，也可以用 F^- 脱去（Si—F>Si—O）。

$$ROH \underset{HF\ 或\ n\text{-}Bu_4NF}{\overset{Me_3SiCl\ ,\ (C_2H_5)_3N}{\rightleftharpoons}} ROSi(CH_3)_3$$

4.1.8 形成叔丁基二甲基硅醚

叔丁基二甲基硅醚 $ROSiMe_2(t\text{-}Bu)$（缩写为 TBDMS）：由 $t\text{-}BuMe_2SiCl$ 和醇在叔胺中作用生成，此保护基比三甲基硅基稳定，常用于有机合成中，一般用 F^- 脱去。

$$ROH \underset{n\text{-}Bu_4NF}{\overset{t\text{-}BuMe_2SiCl,\ 咪唑}{\rightleftharpoons}} ROSiMe_2(t\text{-}Bu)$$

同样的基团若用不同的保护基，就可以使两个保护基在不同的条件下脱除时互不影响。

Matin 和 Mlzer 在埃博霉素的合成中使用化合物 I 作为原料，化合物 I 中已有一个羟基用对甲氧苄基（PMB）保护，再用 TBDMS 保护基正交保护另一个羟基，就可以使两个保护基在不同条件下脱除时互不影响。异丙基格氏试剂与醛反应得到含第三个羟基的醇，再用 TBAF 脱除 TBDMS 得到二醇，二醇和二甲缩酮交换得到环状缩酮，最后 PMB 可用苯醌氧化脱除。

OPMB, OH, I; $t\text{-}BuMe_2SiCl$, 咪唑, DMF, 20℃; OPMB, OTBDMS, 97%; 1. O_3, 2. PPh_3; OPMB, CHO, OTBDMS, 98%; MgBr

OPMB, TBDMSO, OH, 89%; TBAF, THF, 25℃; OPMB, OH, OH, 99%; $Me_2C(OMe)_2$, TSOH; OPMB, O, O, 99%

4.1.9 形成乙酸酯类

乙酐在吡啶中可将伯醇或仲醇转变为乙酸酯 $ROCOCH_3$，叔醇的酯化则使用反应活性更高的乙酰氯。酯基不易被氧化，但可被还原，在碱中水解脱去保护基。

$$ROH \underset{K_2CO_3,\ CH_3OH}{\overset{(CH_3CO)_2O,\ 吡啶}{\rightleftharpoons}} ROCCH_3\ (C{=}O)$$

酯类化合物对还原剂和强碱都不稳定，但此反应的优点是产率高，操作方便。

4.1.10 形成苯甲酸酯类

PhCOCl 与醇类在吡啶中反应得到苯甲酸酯，它比乙酯稳定，脱去时需要较激烈的皂化条件。

$$ROH \underset{KOH\text{-}CH_3OH}{\overset{PhCCl(=O),吡啶}{\rightleftharpoons}} ROC(=O)Ph$$

4.2 二醇的保护

1, 2-二醇或 1, 3-二醇与醛（酮）在无水氯化氢或对甲苯磺酸作用下形成环状缩醛（酮），或与碳酸酯反应一次性保护两个羟基。

4.2.1 形成缩醛或缩酮

酮（常用丙酮、环己酮）与顺式 1, 2-二醇在酸催化下易形成五元环 1,3-二氧戊烷，而醛（常用苯甲醛）与 1, 3-二醇则易形成六元环 1,3-二噁烷。反应应在无水的条件下进行，共沸除水有利于环状缩醛（酮）的形成。

生成的缩醛（酮）在中性或碱性条件下稳定，稀酸可使其水解成原来的二醇和醛（酮），苄叉基也可以用氢解的方法除去。

CH₂OH–CHOH–CH₂OH $\xrightarrow[\text{无水 HCl}]{CH_3C(=O)CH_3}$ (2,2-二甲基-1,3-二氧戊环)–CH₂OH $\xrightarrow[\text{2. } H_2O]{\text{干燥HCl 1. } CH_3(CH_2)_{14}COOH}$ CH₂OH–CHOH–CH₂OC(=O)(CH₂)₁₄CH₃

CH₂OH–CHOH–CH₂OH $\xrightarrow[\text{无水HCl}]{PhCHO}$ (2-Ph-1,3-二噁烷-5-OH) $\xrightarrow[\text{2. } H_2/Pd]{\text{1. } CH_3(CH_2)_{14}C(=O)Cl}$ CH₂OH–CHOCO(CH₂)₁₄CH₃–CH₂OH

运用与简单的缩醛（酮）的交换反应也可以形成环状缩醛（酮）：

HO/HO (二醇) $\xrightarrow[TsOH]{(CH_3)_2C(OCH_3)_2}$ (缩酮) $\xrightarrow[\text{2.}(CH_3)_2CuLi\text{ 乙醚}]{\text{1. } m\text{-CPBA}}$ (CH₃, OH) $\xrightarrow{\text{少量 HCl}}$ [HO, HO, CH₃, OH] ⟶ HO, CH₃, O, O

4.2.2 形成碳酸环酯

在吡啶存在下，光气或羰基二咪唑与顺式 1, 2-二醇反应生成碳酸环酯。与环状缩醛（酮）相反，碳酸环酯在中性和温和酸性条件下稳定，在碱性条件下二醇再生。

PhCH₂OH₂C–(呋喃糖, OCH₃, OH OH) $\xrightarrow{COCl_2}$ PhCH₂OH₂C–(呋喃糖, OCH₃, 碳酸环酯 O–C(=O)–O) $\xrightarrow[\text{2. }(PhCH_2O)_2PO_2N(C_2H_5)_2]{\text{1. HBr}}$

$$PhCH_2OH_2C\text{-糖环(2,3-碳酸酯)-}OP(O)(OCH_2Ph)_2 \xrightarrow{H_2,\ Pd} HOH_2C\text{-糖环(2,3-碳酸酯)-}OP(O)(OCH_2Ph)_2 \xrightarrow[H_2O]{LiOH} HOH_2C\text{-糖环(2,3-二羟基)-}O\text{-}P(O)(OLi)_2$$

4.3 羰基的保护

羰基的保护主要是阻止烯醇盐的形成和亲核试剂对羰基碳的进攻。主要有两种保护方式。

（1）形成缩醛（酮）或其等价物

$$RR'C{=}O \longrightarrow RR'C(X)(Y)$$

X = OH, Y = OH　缩酮

X = SH, Y = SH　硫缩酮

X = OH, Y = SH　氧代硫缩酮（半硫缩酮）

X = OH, Y = CN　羟腈

X = NH_2, Y = CN　氨基腈

X，Y = O—$(CH_2)_2$—O　二氧戊烷

X，Y = O—$(CH_2)_2$—N　噁唑烷

X，Y = N—$(CH_2)_2$—N　咪唑烷

X，Y = S—$(CH_2)_2$—N　噻唑烷

X，Y = S—$(CH_2)_2$—S　二硫戊烷

醛最易形成缩醛或其等价物，苯环上的酮羰基反应活性最低。一般来说，反应活性的顺序是：醛>链状酮>环戊酮>α,β-不饱和酮>苯基酮，因此含有多个羰基的化合物可进行选择性保护。

注意：缩醛不与碱、氧化试剂、亲核试剂（H^-，RMgBr）作用。

（2）使用隐藏性羰基

$$>C{=}C< \xrightarrow{O_3} >C{=}O \qquad >CHOH \xrightarrow{PCC} >C{=}O$$

$$-C{\equiv}C- \xrightarrow{Hg^{2+},\ H_2O} -\overset{O}{\overset{\|}{C}}-CH_2- \qquad -C{\equiv}N \xrightarrow{i\text{-}Bu_2AlH} -CHO$$

4.3.1 形成二甲缩酮

甲醇与醛、酮在无水 HCl、TsOH 或者酸性离子交换树脂催化下脱水生成二甲缩酮，常用的脱水方法有加苯共沸、利用分子筛吸水或加过量的甲醇。

在酸性溶液中水解，或以丙酮置换，或以 Me_3SiI 作用（软硬酸碱原理）就可以使羰基再生。

1. CH_3OH, H^+ 2. t-BuOK, DMSO; p-TsOH, H_2O

4.3.2 形成乙二醇缩酮

酮与乙二醇在酸催化下脱水形成乙二醇缩酮，此缩酮比二甲缩酮稳定，但也可以在酸性溶液中水解。

p-TsOH, PhH / $HOCH_2CH_2OH$; 1. $LiAlH_4$ 2. NaOH 3. 1 mol/L HCl

$HOCH_2CH_2OH$ / TsOH, 苯; $LiAlH_4$; H_3O^+; CH_3CCl; H_3O^+

对甲苯磺酸吡啶盐（PPTS）有较弱的酸性，可以在温和的条件下除去缩醛（酮）的保护基：

PPTS / CH_3COCH_3/H_2O

4.3.3 形成丙二硫醇缩酮

硫代缩醛（酮）在对甲苯磺酸或 Lewis 酸（如 $BF_3 \cdot Et_2O$、$ZnCl_2$ 等）催化下形成，在中性或碱性条件下稳定。

相对于 O,O-缩醛（酮），硫代缩酮对酸稳定得多，难以用酸解的方法除去。它的除去方法有三种：①利用 Hg^{2+}、Ag^+等重金属离子与硫的强亲和力将其除去；②使用活泼的烷基化试剂（CH_3I、$CF_3SO_2OCH_3$ 等）生成锍盐后加热将其除去；③先将硫原子氧化为亚砜，再热解除去保护基。

$HS(CH_2)_3SH$ / TsOH, AcOH; $LiAlH_4$; $MeI, CaCO_3$ / CH_3CN/H_2O

4.3.4 形成半硫缩酮

当需要对温和酸性条件有较大的稳定性，或使用对酸敏感的化合物，半硫缩酮是较好的保护基。它在 $ZnCl_2$ 催化下（不用强酸催化），与*β*-巯基乙醇反应制备半硫缩酮，用 Raney Ni 处理时半硫缩酮会被除去。

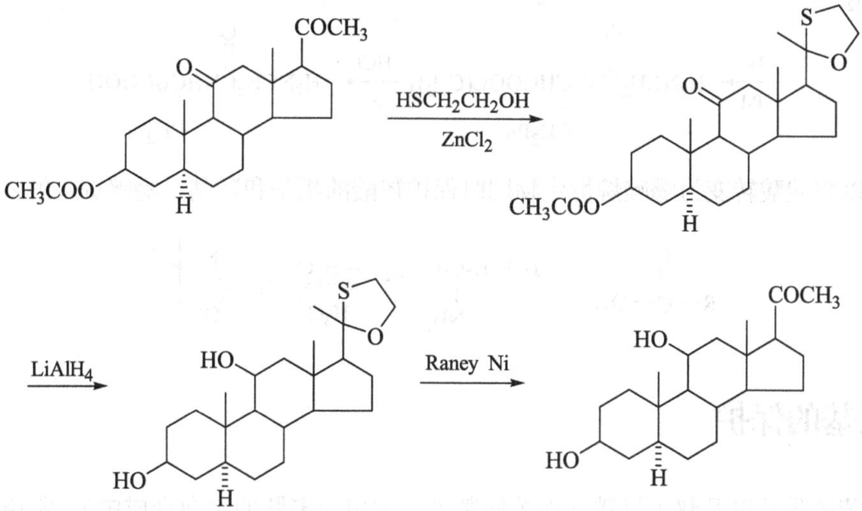

4.4 羧酸的保护

羧酸以酯的形式被保护，通常是甲酯、乙酯、苄酯、叔丁酯和 2,2,2-三氯乙酯。不同的酯基用不同的方法除去。甲酯和乙酯需要在强酸或强碱条件下除去，而叔丁酯可以热解或用温和的酸处理除去，而催化氢解可以除去苄基，*β,β,β*-三氯乙酯用 Zn 粉/CH_3COOH 溶液处理可使羧基再生。

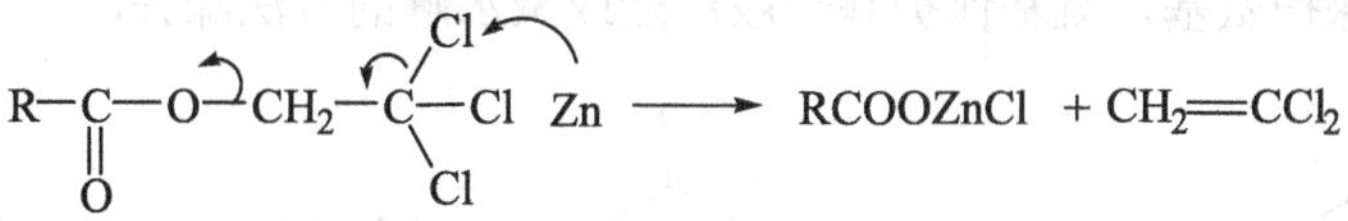

例如，*β,β,β*-三氯乙酯用于 Woodward 头孢菌素 C 的合成中， *β*-内酰胺环在脱保护时性质不受影响。

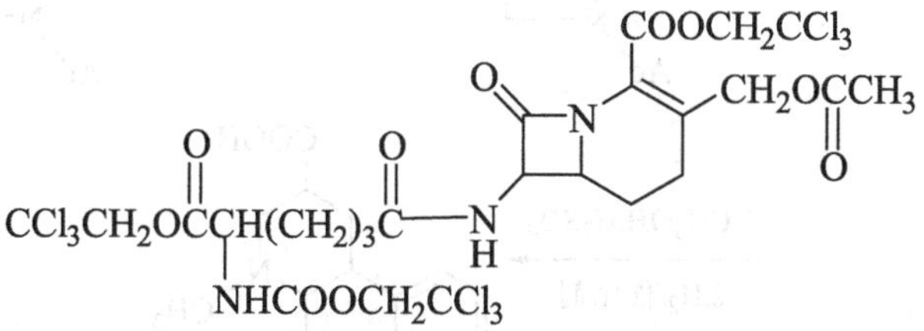

苄酯和叔丁酯保护广泛用于多肽合成中，用苄氧羰基保护甘氨酸的氨基，叔丁基保护苯丙氨酸的羧基，在 DCC（偶联剂）的作用下，甘氨酸的羧基与苯丙氨酸的氨基缩合生成二肽，然后氢解脱苄基，酸解脱叔丁基。

$$H_2NCH_2COOH \xrightarrow{PhCH_2OCCl} PhCH_2OCNHCH_2COOH$$

$$PhCH_2CHCOOH(NH_2) \longrightarrow PhCH_2CH(NH_2)COOC(CH_3)_3$$

$$\xrightarrow{DCC} PhCH_2OCNHCH_2CNHCH(CH_2Ph)COOC(CH_3)_3$$

$$\xrightarrow[Pd]{H_2} H_2NCH_2CNHCH(CH_2Ph)COOC(CH_3)_3 \xrightarrow[\text{苯}]{HCl} H_2NCH_2CNHCH(CH_2Ph)COOH$$

也可以将羧酸转变为噁唑烷衍生物同时保护羧酸的羰基和羟基，噁唑烷水解恢复羧基：

$$R-\overset{O}{\overset{\|}{C}}-OH + HOCH_2C(CH_3)_2NH_2 \underset{H_3O^+}{\overset{-H_2O}{\rightleftharpoons}} \text{(2-R-4,4-二甲基噁唑啉)}$$

4.5 氨基的保护

除了苄氧羰基以及叔丁氧羰基保护氨基外（常用于多肽的定向合成中），常用的氨基保护基是苄基和—$SiMe_3$，苄基保护基可以用催化氢解的方法除去，而—$SiMe_3$ 则可以水解或用F^-除去。

$$RNH_2 + PhCH_2X \underset{H_2,\ AcOH/\ 10\%\ Pd\text{-}C}{\overset{K_2CO_3}{\rightleftharpoons}} RNHCH_2Ph \quad (X=Cl, Br)$$

$$RNH_2 \underset{\text{含水溶液}}{\overset{Me_3SiCl,\ N(C_2H_5)_3\ \text{（吡啶）}}{\rightleftharpoons}} RNHSiMe_3$$

乙酰基也可保护氨基，酰基保护基一般用酸或碱水解的方法除去。

$$\text{(HN, O, N-CH}_3\text{ 底物)} \longrightarrow \text{(N-Ac, O, N-CH}_3\text{)} \xrightarrow[3.\ NaCN]{1.\ NaBH_4\quad 2.\ SOCl_2} \text{(N-Ac, CN, N-CH}_3\text{)}$$

$$\xrightarrow[2.H_2/\text{催化剂}]{1.CH_3OH,H_2SO_4} \text{(HN, COOH, N-CH}_3\text{)}$$

氨基还可以用邻苯二甲酰亚胺来保护，在 HBr-AcOH 或 N_2H_4-H_2O 中脱除保护基。

$$\text{邻苯二甲酰亚胺} \xrightarrow[\text{2. RX}]{\text{1. 碱}} \text{N-R 邻苯二甲酰亚胺} \xrightarrow[\text{或}N_2H_4\text{-}H_2O]{\text{HBr-AcOH}} H_2N\text{—}R$$

伯胺和仲胺还可以用对甲苯磺酰基保护，在 NaOH 作用下，对甲苯磺酰氯与伯胺或仲胺作用引入 N—Ts。对甲苯磺酰胺基保护基很稳定，较难除去，需要用浓 H_2SO_4、氢溴酸或 Al/Hg 还原才能除去，这点限制了它的应用。

$$R^1R^2N\text{—}H \underset{\text{浓}H_2SO_4}{\overset{\text{TsCl, NaOH}}{\rightleftharpoons}} R^1R^2N\text{—}Ts$$

邻硝基苯磺酰氯（NsCl）也可以与伯胺或仲胺反应，同时氨基被致活，可以与卤代烃等起亲核取代反应，室温下硫醇或硫酚即可以除去磺酰保护基。

$$NH_2(CH_2)_3OTBDMS \xrightarrow[\text{THF, 25 ℃}]{\text{NsCl, NEt}_3} NsHN(CH_2)_3OTBDMS$$

$$NsHN(CH_2)_3OTBDMS + \text{HO-环戊烯并二氧戊环} \xrightarrow[\text{THF, Mitsunobu反应}]{\text{DEAD, PPh}_3} TBDMSO(CH_2)_3N(Ns)\text{-环戊烯并二氧戊环} \xrightarrow[\text{THF, 25℃}]{\text{PhSH, NEt}_3} TBDMSO(CH_2)_3NH\text{-环戊烯并二氧戊环}$$

5 导向基的引入

在有机合成中为了使新进入的基团进入正确的位置，而预先引入的原子或基团称为导向基，它指导有机合成的方向。

为什么引入导向基呢？我们以 **TM 1** 为例说明。

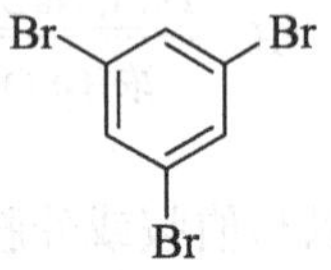

目标分子是1,3,5-三溴苯，Br 是邻对位定位基，但是三个 Br 却互处间位，所以第二个或第三个溴的引入并不是因为原有溴的定位效应，可以推测另有一个更强的邻对位定位基，它使溴进入它的邻对位，而溴本身却互处间位，产物中没有这个基团，显然它是在合成中引入，反应完成后除去。我们联想到下列 2 个反应：

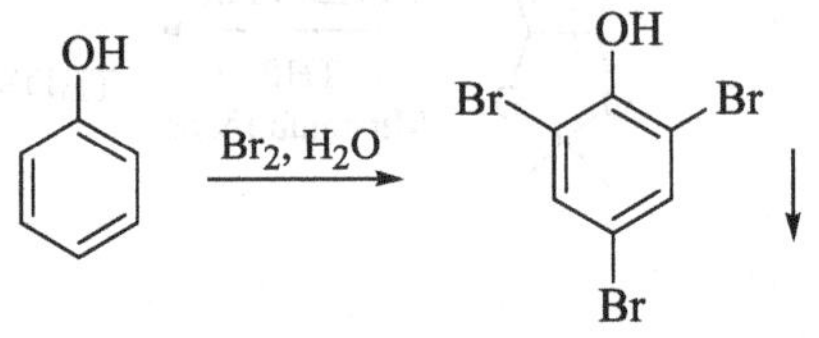

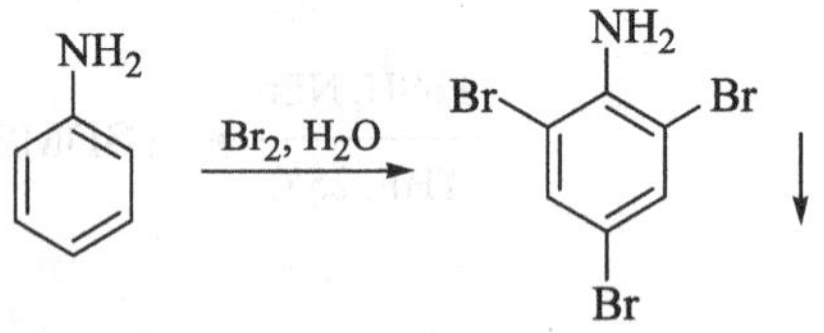

OH 和 NH_2 都是强致活基团，都可以一下子引入 3 个互处间位的 Br 原子，那么谁更适合作导向基呢？NH_2！NH_2 可以通过亚硝化形成重氮盐除去，而 OH 很难除去。

合成：

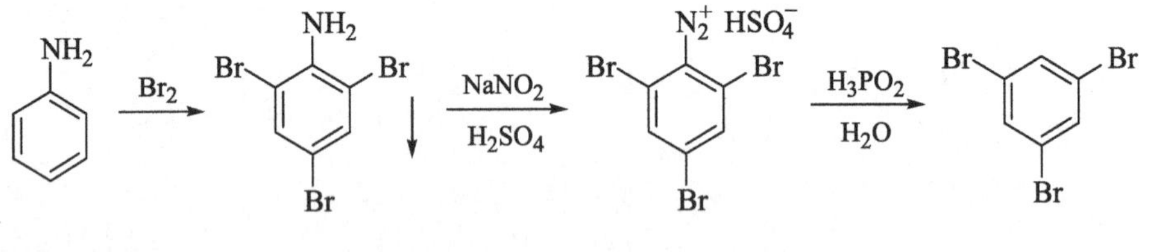

并非所有的基团都能在合成中起到导向基的作用，导向基完成指引后续基团进入正确位置的任务后即被除去，最好是“招之即来，挥之即去”，容易引入容易除去。

5.1 活化导向

为了使后续基团能够进入确定的位置，我们可以引入活化基，使得待反应部位的**活性增强，比分子中其他部位的活性都要强**，反应就顺理成章地发生在这个部位。活化是最重要的导向手段。例如，苄基丙酮的合成

TM2

$$CH_3COCH_2 \sim CH_2Ph \Longrightarrow CH_3COCH_2^- \ (\mathbf{2A}) + BrCH_2Ph$$

若是直接采用丙酮和苄溴反应制备苄基丙酮收率很低。原因是丙酮α-H 酸性较弱，使用醇钠作碱，只有极少部分烯醇负离子形成，溶液中还存在大量未反应的丙酮，因此会发生丙酮自身的羟醛缩合反应。而丙酮两侧的α-H 酸性几乎相同，若使用强碱，除了一烃基化产物外，还有二烃基化副产物。

副反应：{ 丙酮自缩合；多取代生成二苄基丙酮 }

解决办法：为了避免上述副反应，可在羰基一侧添加致活基，一方面使两侧α-H 活性有差异，可以停留在一烃基化阶段，另一方面增加了α-H 的酸性，在 EtONa 的作用下，可以全部形成烯醇负离子，从而避免了丙酮自身的羟醛缩合反应。

活性无差异　　活性有差异

合成：

$$CH_3COCH_2COOEt \xrightarrow[PhCH_2Br]{EtONa} CH_3COCH(CH_2Ph)COOEt \xrightarrow[\triangle]{KOH} CH_3COCH(CH_2Ph)COOK \xrightarrow[\triangle]{H^+} CH_3COCH_2CH_2Ph$$

TM3

$$C_6H_5-CH_2-\overset{O}{\overset{\|}{C}}-CH_2R \Longrightarrow C_6H_5-CH_2-\overset{O}{\overset{\|}{C}}-CH_2^- + RX$$

分析：未引入活化导向基得不到目标产物 **TM 3**，酸性最强的 H 在苯环和羰基之间的碳上：

$$C_6H_5-CH_2-\overset{O}{\overset{\|}{C}}-CH_3 \xrightarrow{碱} C_6H_5-\overset{-}{C}H-\overset{O}{\overset{\|}{C}}-CH_3 \xrightarrow{RX} C_6H_5-\underset{R}{\underset{|}{C}H}-\overset{O}{\overset{\|}{C}}-CH_3$$

在 CH_3 上引入活化导向基后，使此处 H 的酸性增强，强于苯环和羰基之间的亚甲基上 H 的酸性，在碱的作用下被活化的部位优先形成烯醇负离子，发生烃化反应，随后再将酯基水解脱羧除去。

$$C_6H_5-CH_2-\overset{O}{\overset{\|}{C}}-\underset{COOEt}{\underset{|}{C}H_2} \xrightarrow[2.RX]{1.碱} C_6H_5-\overset{O}{\overset{\|}{C}}-\underset{H_2}{C}-\underset{COOEt}{\underset{|}{C}H}-R \xrightarrow{H_3O^+} C_6H_5-CH_2-\overset{O}{\overset{\|}{C}}-CH_2R$$

TM4

$$\text{2-甲基-6-烯丙基环己酮} \Longrightarrow \text{2-甲基环己酮负离子} + Br-CH_2CH=CH_2$$

α-甲基环己酮两侧的α-H 酸性仅有微弱的差别，直接烃化，反应既可能发生在多取代一侧，也可能发生在少取代一侧。在α-甲基环己酮的右侧引入活化导向基——醛基，使此处 H 的酸性明显增强，在碱的作用下优先形成烯醇负离子，发生烯丙基化反应。甲酰基的引入使环己酮两侧α-H 活性差异明显增大，起活化导向的作用，最后可用浓碱将甲酰基除去。

+ HCOCH$_3$ $\xrightarrow{NaOCH_3}$ CHO ⟶ CHO $\xrightarrow{OH^-}$ + HCOH

问题：α-甲基环己酮甲酰化时，反应一定会发生在少取代一侧么？

HCOOEt　CHO　H　碱　O$^-$

4A　4C

而不是 OHC

4B

反应一定发生在少取代的一侧，生成 **4A**，因为 **4A** 中活泼亚甲基上还有活泼氢，在碱的作用下很容易失去形成共轭的烯醇负离子 **4C**，这个反应可以进行完全，推动平衡不断向右进行，但是多取代一侧的酰基化产物 **4B** 中没有活泼氢，缺乏这样的平衡推动力。

TM5　COOH ⟹ $^+$ + $\bar{C}H_2COOH$ = $CH_2(COOEt)_2$

乙酸乙酯的α-H 不够活泼，为了使烷基化反应能够发生，在α-C 上引入酯基使α-H 活化，因此直接使用丙二酸二乙酯为原料。

合成：+ COOEt ⟶ COOEt $\xrightarrow[2.PBr_3]{1.LiAlH_4}$ Br + $CH_2(COOEt)_2$

$\xrightarrow{NaOEt}$ HC(COOEt)$_2$ $\xrightarrow[2.\ H_3O^+,\ \triangle]{1.\ OH^-}$ COOH

最后利用两个羧基连在同一个碳上易脱羧的特点，将导向基除去。

将 **TM 6** 中的内酯键拆开，得到 **6A**，**6A** 中含有 1,5-关系，但是氧化度不对，调整—OH 的氧化级为 C═O，在 **6B** 的支点处切断为烯酮 **6C** 和烯醇负离子 **6D**，为了使 Michael 加成能顺利发生，**6D** 的合成等价物为添加了酯基的取代丙二酸二乙酯。

TM 6

OCH_2Ph = Ar ⟹ Ar, OH, COOH (**6A**) $\xrightarrow{FGI}$ Ar, COOH, O (**6B**)

⟹ O (**6C**) + Ar, COOH (**6D**) = $CH(COOEt)_2$, Ar

合成：

CH_2COOEt (Ar) $\xrightarrow[CO(OEt)_2]{NaH}$ $ArCH(COOEt)_2$ $\xrightarrow{KOBu\text{-}t}$ Ar, COOEt, COOEt, O $\xrightarrow{NaBH_4}$ Ar, COOEt, COOEt, OH

$\xrightarrow{H_3O^+}$ Ar, COOH, O, O $\xrightarrow{\triangle}$ OCH_2Ph, O, O

TM 7 是制备丙氧卡因（一种局麻剂）的重要中间体，很明显氨基由硝基还原而来，但是若直接以水杨酸作为原料，硝基会进入错误的位置—OH 的对位，因此必须先在硝基的邻位引入一个活化作用超过—OH 的基团—NH_2，NH_2 在这里起活化导向基的作用，增强其邻对位的活性，确保硝基在正确的位置引入，而后 NH_2 通过重氮化、还原除去。

TM 7 H_2N, OH, COOH ⟶ ⟶ H_2N, OPr, O, NEt_2 丙氧卡因 局麻剂

⟹ O_2N, OH, COOH (**7A**) ⟹ O_2N, OH, H_2N, COOH (**7B**) ⟹ OH, H_2N, COOH (**7C**)

⟹ OH, O_2N, COOH (**7D**) ⟹ OH, COOH (**7E**)

合成过程中为避免苯酚和苯胺的氧化，保护基的使用必不可少。

合成：

OR, COOH $\xrightarrow[H_2SO_4]{HNO_3}$ OR, O_2N, COOH $\xrightarrow[2.\ Ac_2O]{1.\ H_2,Pd\text{-}C}$ OR, AcHN, COOH $\xrightarrow[2.\ OH^-,H_2O]{1.\ HNO_3}$

O_2N, OR, H_2N, COOH $\xrightarrow[2.\ EtOH]{1.\ NaNO_2,\ HCl}$ O_2N, OR, COOH $\xrightarrow{还原}$ H_2N, OR, COOH

5.2 钝化导向

导向基的主要目的是使需要发生反应的部位较其他部位更活泼，这是一个相对的概念，我们既可以引入致活基**增强**待反应部位的活泼性，也可以“**钝化**”其他位置，降低其他位置的活泼性，达到突出待反应部位的目的。

TM 8 NH_2 Br

TM 8 是对溴苯胺，若是直接采用苯胺溴化，因为氨基是强致活基团，会在苯环上一下引入3个Br，因此必须使氨基钝化，减弱氨基对芳环的致活作用。采用乙酰基钝化氨基，一则使反应停留在一溴代的阶段，二则由于乙酰胺基位阻大，确保Br原子进入乙酰胺基的对位。

合成： NH_2 $\xrightarrow{Ac_2O}$ $NHCOCH_3$ $\xrightarrow{Br_2}$ $NHCOCH_3$ Br $\xrightarrow{H_3O^+}$ NH_2 Br

TM 9 PhNH⌇ $\Longrightarrow$ $PhNH_2$ + Br

实际上，氨基烃化制备取代苯胺没有意义。因为苯胺烃化后生成的产物的活性甚至比苯胺更强，反应不可能停留在一烃化的阶段，会发生二烃化、三烃化直至生成季铵盐，得到混合物，分离极为困难，没有制备价值。

$$PhNH_2 \xrightarrow{RBr} Ph\ddot{N}H{-}R \xrightarrow{RBr} PhNR_2 \xrightarrow{RBr} Ph\overset{+}{N}R_2(R)\ Br^-$$

因此，必须使苯胺烃化后的产物钝化，使之不如苯胺的亲核性强，反应可以停留在一烃化的阶段。因此先使苯胺酰化，而后再使酰胺还原，得到取代苯胺。

$PhNH_2$ + Cl–C(=O)– $\longrightarrow$ PhNH–C(=O)– $\xrightarrow{LiAlH_4}$ PhNH

胺的烃基化不易停留在一取代的阶段，因此仲胺的制备，都是先将伯胺酰化再还原。

TM10 Ph–N(H)–C(Ph) $\Longrightarrow$ Ph–C(=O)⌇N(H)–C(Ph) $\Longrightarrow$ PhCX + H_2N–C(Ph) $\Longrightarrow$ O=C(Ph)

合成： PhH + Cl–C(=O) $\xrightarrow{AlCl_3}$ O=C(Ph) $\xrightarrow[2.LiAlH_4]{1.NH_2OH}$ H_2N–C(Ph) $\xrightarrow[2.LiAlH_4]{1.PhCOCl}$ Ph–N(H)–C(Ph)

TM11

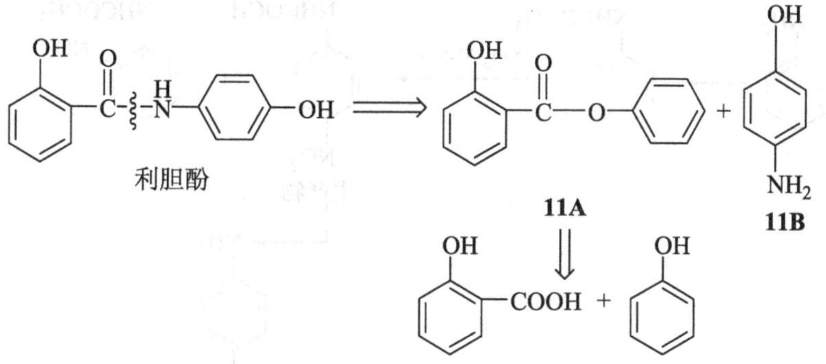

利胆酚

11A　11B

TM 11 是利胆酚（酰胺），可由酯 **11A** 的氨解反应来制备，**11B** 中—NH_2 和—OH 都可作为亲核基团，但—NH_2 强于—OH。以 **11A** 为原料，利胆酚的产率很低，在 **11A** 酯基的对位引入—NO_2，用 **11C** 来代替 **11A**，使酯羰基电子云密度降低，亲电性增强，C—O 键更易断裂。

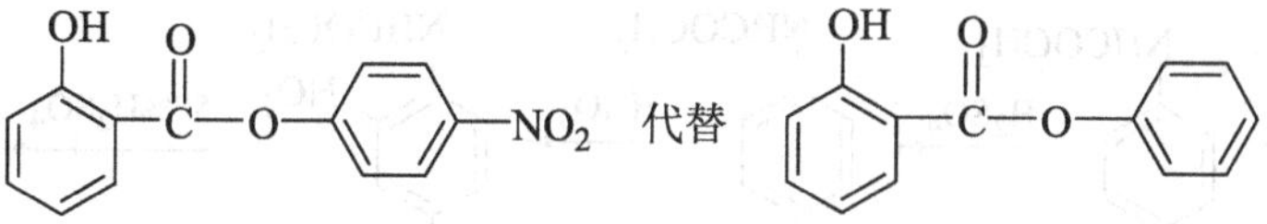

11C 代替 **11A**

下面例子中，也运用了钝化的手段。生成缩醛一举二得，一则保护羰基，二则钝化羰基邻位的α-H，使得此部位 H 的酸性降低，用氨基钠处理，叁键上的 H 首先失去形成炔基负离子，而后在叁键碳上发生甲基化。

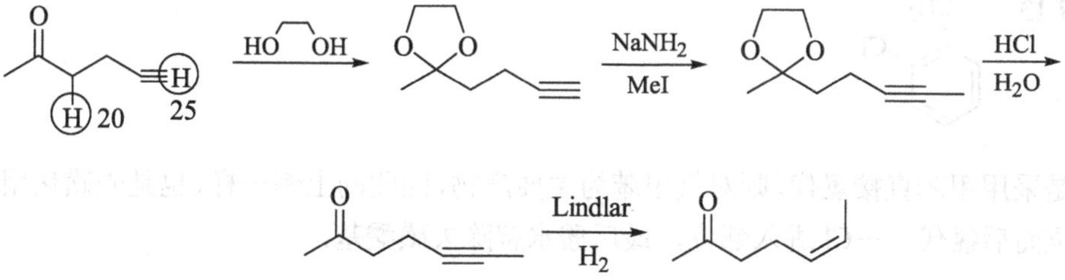

H 20　H 25　HO⌒OH　$NaNH_2$ / MeI　HCl / H_2O　Lindlar / H_2

5.3 封闭导向

将反应中不该反应却特别活泼有可能先反应的位置占据住，从而使基团进入不活泼但是该进入的位置，这种导向称为封闭特定位置导向。

TM 12

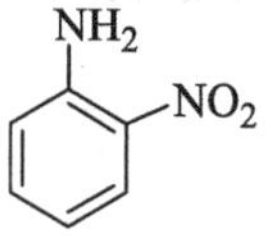

TM 12 是邻硝基苯胺，不能采用苯胺直接硝化，原因有两个：

① 苯胺易被氧化；

② 用混酸硝化，NH_2 接受质子变成 NH_3^+，由邻对位定位基变成间位定位基，间硝基苯胺随[H_2SO_4]增加而增加。

如果仅采用乙酰基钝化苯胺，可以保护苯胺不被氧化，但是主要硝化产物为对位取代：

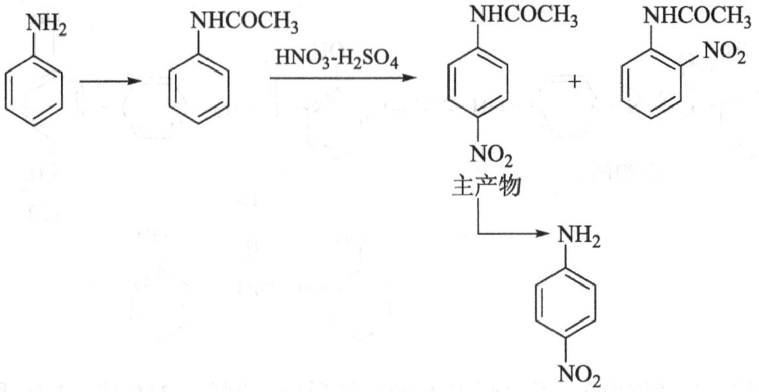

主产物

如何使硝基主要进入邻位呢？

必须使用特定的基团先占据对位，而后硝化时硝基只能进入邻位。

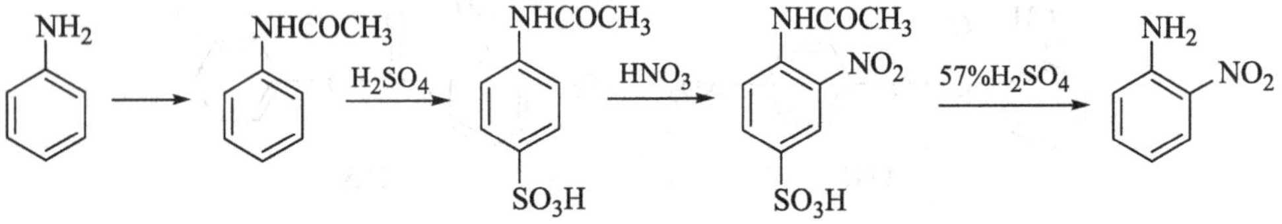

这里，$—SO_3H$ 就起到封闭基的作用，$—SO_3H$ 很容易通过水解除去。不难看出，封闭基也应当“容易引入容易除去”。

TM 13

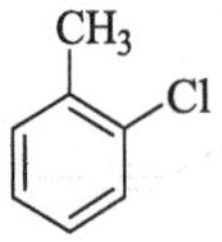

若是采用甲苯直接氯代，则对氯甲苯为主要产物，因此同上例一样，也是先磺化用$—SO_3H$占据对位而后氯代，—Cl 进入邻位，最后酸水解除去磺酸基。

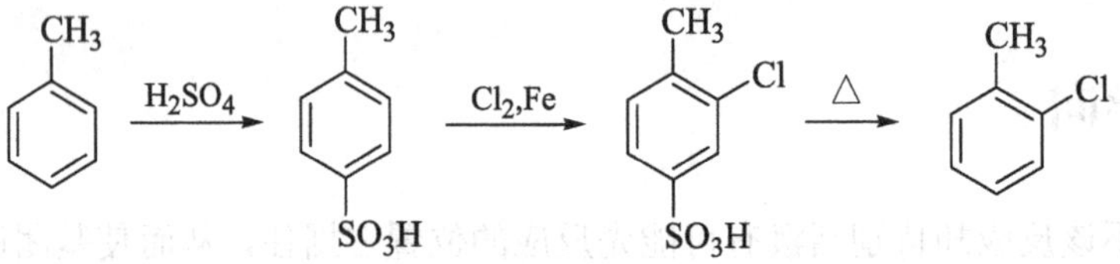

除了$—\mathbf{SO_3H}$ 能起到封闭基的作用外，**COOH** 和 **$C(CH_3)_3$** 也经常用作封闭基。

TM 14

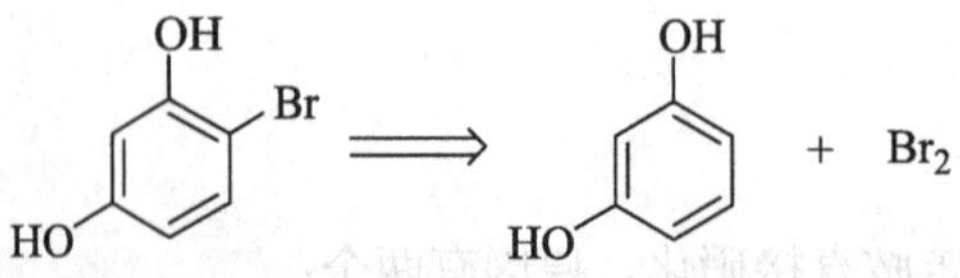

间二苯酚直接溴化会一下子在芳环上引入 3 个 Br，因此控制间苯二酚停留在一溴代的阶段非常困难，尤其 2 个酚羟基互处间位会相互加强致活作用。

因此利用 Kolbe 反应在酚羟基的邻对位引入 COOH（两个—OH 互处间位，既有利于—COOH 的引入，又有利于—COOH 的脱除），在本例中—COOH 既起到封闭基的作用，又降低了芳环的活性，使反应停留在一溴代的阶段。

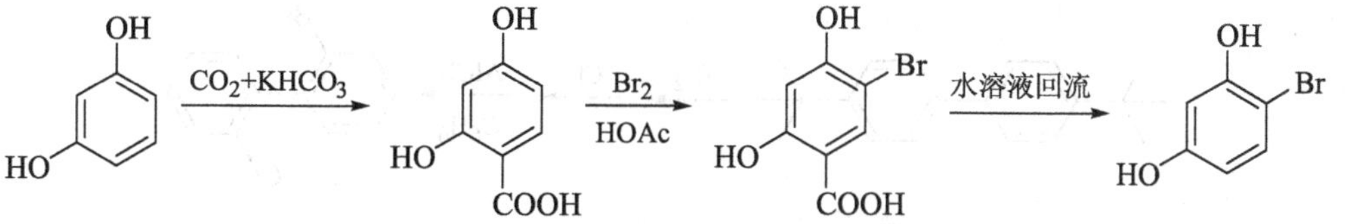

OH HO　CO_2+$KHCO_3$　OH HO COOH　Br_2 HOAc　OH Br HO COOH　水溶液回流　OH Br HO

TM 15　OH Cl Cl

OH　$(H_3C)_2C{=}CH_2$ H_2SO_4　OH　Cl_2,Fe　OH Cl Cl　△　OH Cl Cl

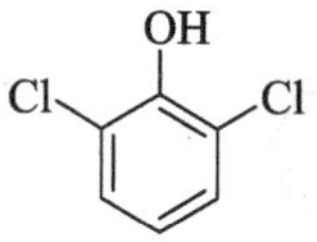

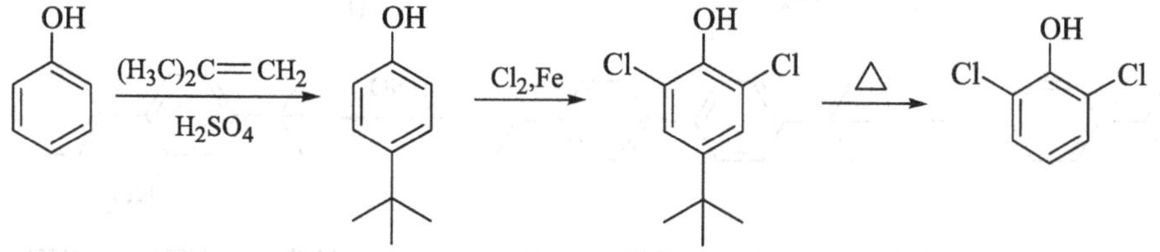

TM 15 的合成中以叔丁基为封闭基，有 2 个特点：叔丁基位阻大，不仅可以封闭—OH 对位，而且可以旁及两侧；叔丁基易通过热解除去，还可在苯中与 $AlCl_3$ 共热发生烷基转移作用。

2-取代联苯的制备也要用到封闭导向的策略。

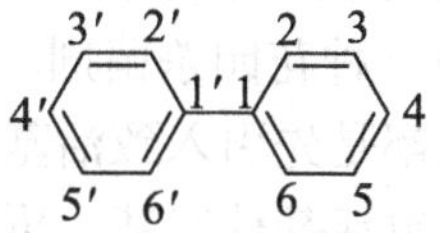

3′ 2′ 2 3 4′ 1′ 1 4 5′ 6′ 6 5

联苯发生反应，第一个取代基进入 4 位，无论第一个取代基是吸电子基还是给电子基，第二个取代基进入 4′位，其次进入 2 位和 2′位。

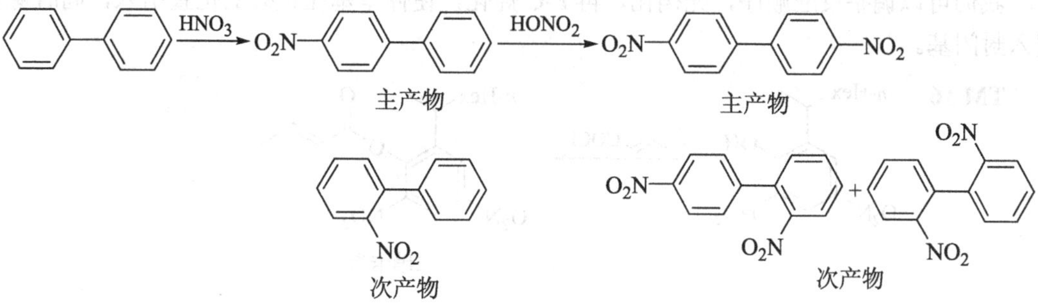

HNO_3　O_2N—　主产物　$HONO_2$　O_2N—　—NO_2　主产物

NO_2　次产物　O_2N—　O_2N　+　O_2N　NO_2　次产物

若要制备 2-取代联苯，要先将 4 位和 4′位封闭。

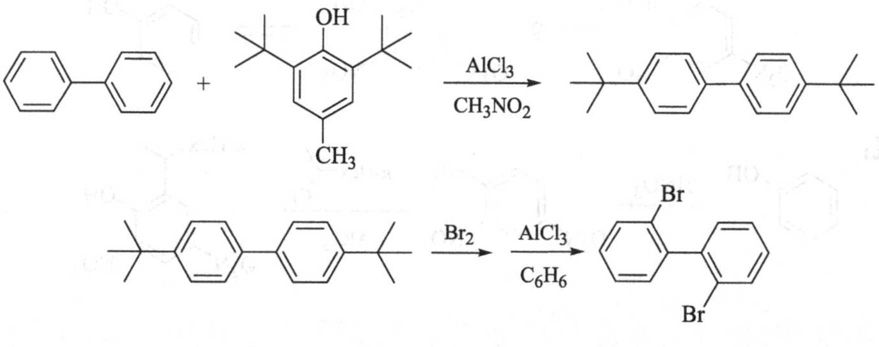

+　OH CH_3　$AlCl_3$ CH_3NO_2

Br_2　$AlCl_3$ C_6H_6　Br Br

$\xrightarrow{Br_2}$ $\xrightarrow{Cl_2}$ $\xrightarrow[C_6H_6]{AlCl_3}$

Br

Cl

咔唑的制备首先制备2-硝基联苯化合物，然后以亚磷酸三乙酯为还原剂，将2-硝基联苯还原关环。

NO_2 $\xrightarrow{(C_2H_5)_3PO_3}$ N H

$\longrightarrow$ $\xrightarrow{HNO_3}$ NO_2

$\xrightarrow{(C_2H_5)_3PO_3}$ N H $\xrightarrow[C_6H_6]{AlCl_3}$ N H

有时，不需另外引入封闭基，**反应顺序的调整，即可起到封闭基的作用**。

TM 16 可用来制备二硝卡普——一种花园杀菌剂。芳环上若连有强吸电子基，亲电反应活性降低，所以一般芳环反应的策略都是先引入致活基，最后引入致钝基。本例中—OH 是定位基，应以苯酚为原料，先引入弱致活基仲辛基，再引入两个硝基。但是仲辛基位于酚的邻位，那么就需要先封闭对位，这样就增加了引入和除去封闭基两步反应，致使路线延长，合成效率降低。

我们可以调整反应顺序，先硝化，再F-C烃化，使仲辛基在正确的位置引入，同时避免引入封闭基。

TM 16 *n*-Hex OH O_2N NO_2 $\xrightarrow{\text{COCl}}$ *n*-Hex O O O_2N NO_2

二硝卡普

n-Hex OH O_2N NO_2 $\Longrightarrow$ OH O_2N NO_2 $\Longrightarrow$ OH

合成：

OH $\xrightarrow{HNO_3}$ OH O_2N NO_2 $\xrightarrow[AlCl_3]{n\text{-Hex}-CH(CH_3)Cl}$ *n*-Hex OH O_2N NO_2

6 合成策略

6.1 Corey 合成策略简介

E.J.Corey 在他的专著《化学合成逻辑学》（The Logic of Chemical Synthesis）中根据他极为丰富的有机合成经验，将有机合成设计的思想概括为五个方面，称为“五大策略”。

基于转化方式的策略：选择高效的、简化的转化方式，列出一条起自目标物的反合成路线，也可以分成多个反合成步骤（antisynthetic steps），而有多个亚目标物（sub-goals）。

基于转化方式的策略就是在合成的几个关键反应上选择最佳的单元合成反应。

基于目标物结构的策略：从目标物的分子结构出发引向一个有效的前体或中间体，逐步反推到原料，可以有多条反合成路线加以比较，也可以双向探索（bidirectional search），即从目标物反推到某中间体，再由已有的原料出发合成此中间体的路线。

拓扑学策略：这里应用了数学上的名词“拓扑学”，其化学含义就是从目标分子的键的连接（connection）方式出发，考虑一个或几个断键（disconnections）的地方，着手反合成的思路。

它有一整套断开位置规律的总结，可分成无环键和环键，环键又可分成孤立环、螺环、稠环、桥环等体系。当然，反合成分析时，有一些环可以保持，即作为不变的主体结构（building blocks）对待，合成时，它们直接来自原料。

立体化学策略：针对有立体结构的目标物，用立体化学的方法，即考虑到立体的关联性，逐个地去除（remove）立体中心（stereocenter）。有多个立体中心时要选择暂时保留，还是首先去除。

在这一策略中，反合成需要考虑的是：立体复杂性的减小，即通过反合成逐步减少立体中心（注意：这里的立体中心包括手性中心、有 *E* 与 *Z* 构型的双键、还有像环己烷的立体构象等各种立体关系）的数目和密度，将它们进行选择性地移去。因此必须考虑立体简化转化方式（stereosimplifying transform）的选择，所需合成子的建立，前体所有的空间环境等。这种前体就是合成时试剂作用的底物（substracts）。

基于官能团的策略：根据目标物所有的官能团选择适当的官能团变化方式。

官能团按它们在有机合成中的作用可分成三类：

① 在合成中起最重要作用的官能团，常见的有 C═C，C═O，C═C，C—OH，—COO—，—NH_2，—NO_2，—CN 等；

② 有一些官能团在合成中，作用要差一些，如—N═N—，—S—S—，R_3P 等，但在某些场合下仍然起较好作用；

③ 有些官能团不在分子的重要部位，而在周围（peripheral），在合成中起活化或控制作用，因而在目标分子中可能没有，而是在合成过程中出现的。如 —Hal，—P—，—SO_2，Me_3Si—以及各种硼烷等。这些周围官能团还包括连接在基本基团上的一些基团，如烯胺、邻二羟基、亚硝基脲、胍等。

无论是何种方式，实质上都是目标分子“复杂度”的逐步减小，分子复杂度是由分子的大小、包含的元素和官能团、环的结构和数量、立体中心的数目和密度等因素决定的。对复杂分子进行逆合成分析时正确的逻辑推导就是逐步降低目标分子的复杂度，直至商业可得的起始原料。

6.2 通用策略

6.2.1 策略1：汇聚型（收敛型）合成

判断一个路线好坏的首要标准是简短，合成路线越简短，消耗的试剂、能源以及人力成本就越少，产率也越高。

对于一个3步合成，每步产率90%，总产率73%。

$$A \rightarrow B \rightarrow C \rightarrow TM$$

对于一个5步合成，每步产率90%，总产率迅速减低至57%。

$$A \rightarrow B \rightarrow C \rightarrow D \rightarrow E \rightarrow TM$$

随着反应步骤的延长，不难想象，产率迅速降低。设计短的合成路线，与我们所掌握的有机反应知识有关（典型例子是Willstatter的古典颠茄酮合成和Robinson的仿生合成），一些有效反应的运用可以迅速使路线缩短。但是有时不需对路线进行大的调整，仅仅在合成中多一个分支，将线型合成变成汇聚型（收敛型）合成，就可使路线缩短，产率提高。例如：

A → B → C
D → E → F
（C与F汇合）→ TM

同样是5步合成，多一个分支后，产率提高至73%，相当于一个三步合成的产率。

因此对于一个较为复杂的分子，理想的方法是单独制成大小差不多的几部分，再把几部分连接起来。

TM 1是抗帕金森症的药物，官能团为醇，按醇的切断方式在连接OH的碳原子旁边进行切断，有三种方式，a、b方式将导致线型合成，而c方式导致汇聚型合成。

TM1

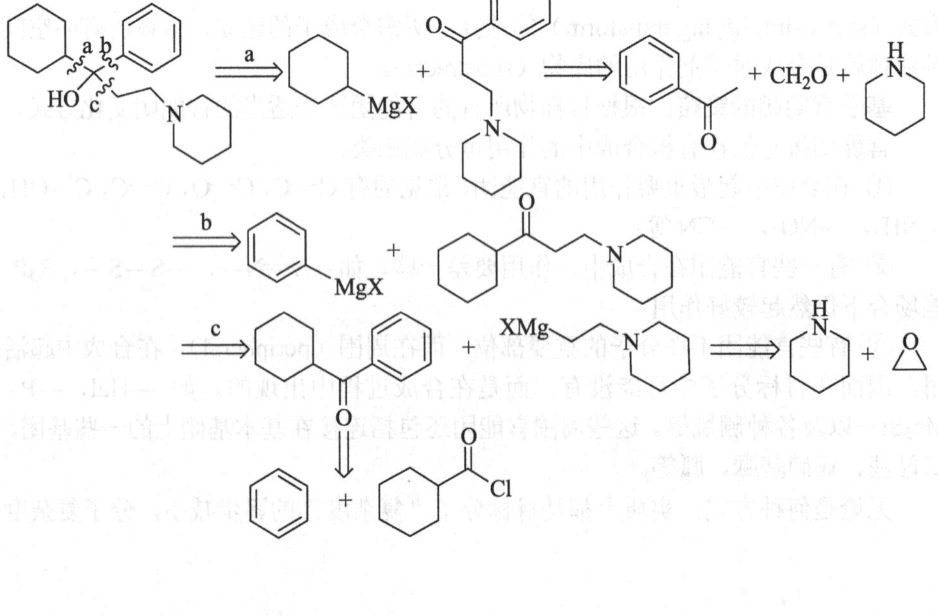

合成：a切断 苯 + 乙酰氯 —$AlCl_3$→ 苯乙酮 + CH_2O + 哌啶(HN) → 3-哌啶基苯丙酮 —1. 环己基MgX 2. H_3O^+→ 产物(HO)

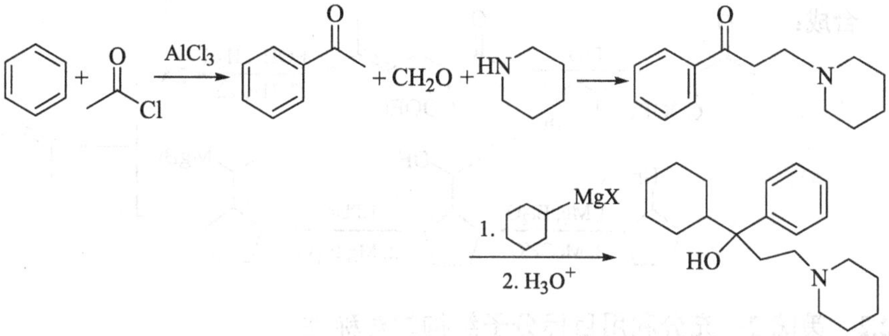

c切断 环己甲酸(COOH) —1.$SOCl_2$ 2.PhH,$AlCl_3$→ 环己基苯基酮

哌啶(NH) —1.环氧乙烷 2.PCl_5→ N-(2-氯乙基)哌啶(Cl) —Mg,Et_2O→ N-(2-氯化镁乙基)哌啶(MgCl) → 产物(HO)

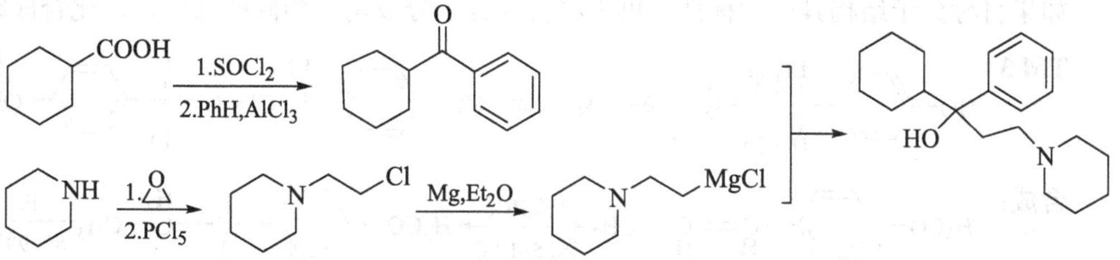

回想有关好的切断的判断标准，如最大可能的简化，利用分支点，在接近分子的中央处切断等实际上都与汇聚型合成的原则相符。

一次切断一个甲基并非好的切断方式，因此 **TM 2** 在—OH 碳原子旁进行切断，有 a、b 两种方式，将目标分子分成大小差不多的两部分，a 切断得到的前体 **2A** 和 **2B** 更易合成。

TM 2 (OH; 切断位置 b, a) ⟹(a) **2A** + XMg—**2B** ✓

⟹(b) **2C** (MgX) + **2D**

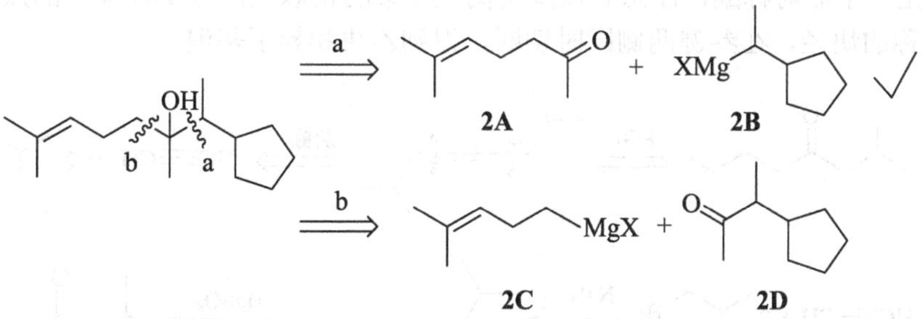

2A 为γ,δ-不饱和酮，我们在前面已接触过它的合成，可以在α,β-碳之间切断，采用酮的α-烯丙基化反应来制备，也可以利用 Claisen-Cope 重排来制备。

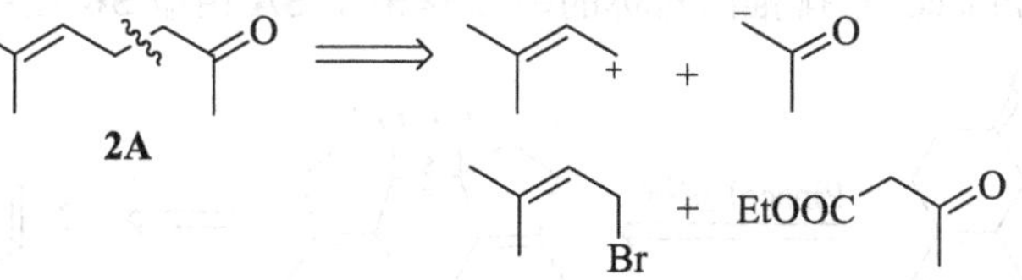

2A ⟹ 烯丙基正离子(+) + 丙酮负离子(−)

烯丙基溴(Br) + EtOOC—CH_2—CO—CH_3

2B 经 FGI 转变为醇，然后按照醇的逆合成分析法在环链相接处切断。

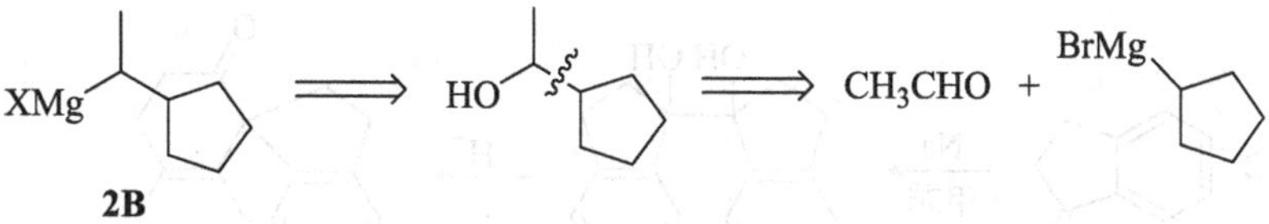

XMg—**2B** ⟹ HO—CH(CH_3)—环戊基 ⟹ CH_3CHO + BrMg—环戊基

合成：

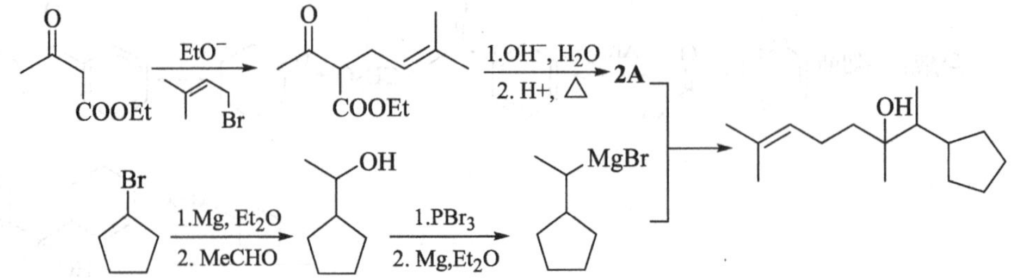

EtO^-；$1.OH^-, H_2O$，2. H+, △ → 2A

1.Mg, Et_2O；2. MeCHO；1.PBr_3；2. Mg,Et_2O

6.2.2 策略 2：充分利用目标分子结构的对称性

如果目标分子结构具有对称性，可以将目标分子分成两个相同的部分，简化合成路线。

TM 3

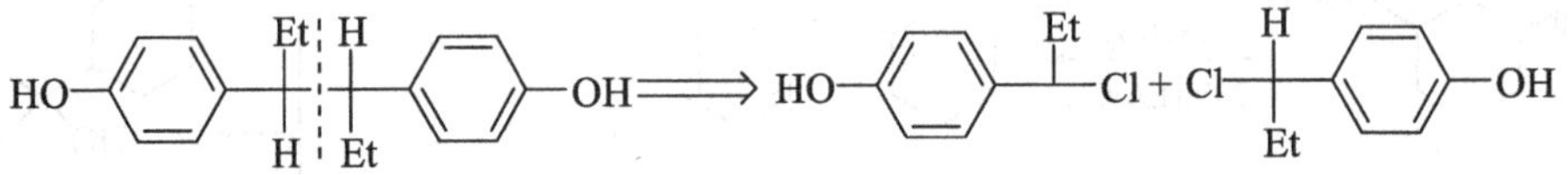

合成：

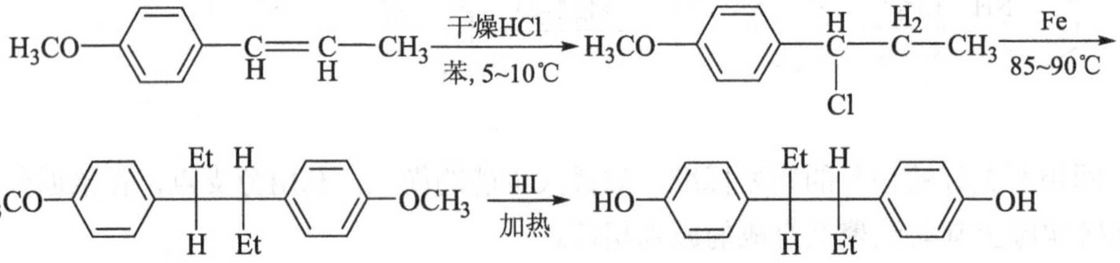

干燥HCl，苯, 5~10℃；Fe，85~90℃；HI，加热

有时目标分子需要做恰当的**官能团转变**才能显现出对称结构。

TM 4 是一个非对称酮，注意到羰基两侧碳骨架的相似性，将 **TM 4** 中的羰基转变为叁键，形成对称的炔烃，在叁键两侧同时切断，得到乙炔和异丁基溴。

TM 4

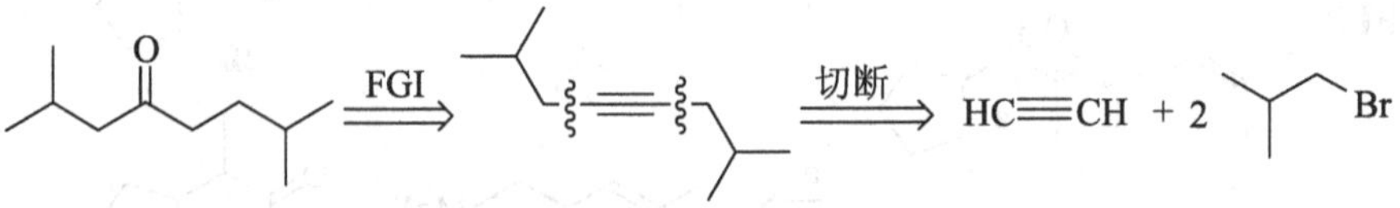

FGI；切断 ⇒ HC≡CH + 2 异丁基溴

合成：

HC≡CH + 2 异丁基溴 —$NaNH_2$ / $NH_3(l)$→ —$HgSO_4$ / 稀H_2SO_4→

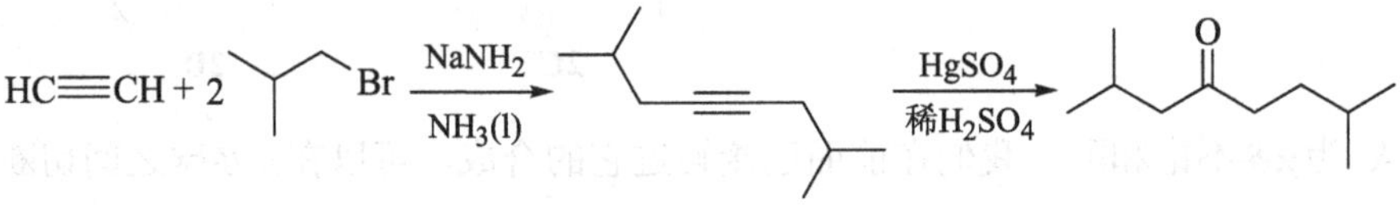

将 **TM 5** 经逆 Pinacol 重排推出对称的邻二醇 **5A**，**5A** 由酮 **5B** 经双分子还原得到。

TM5

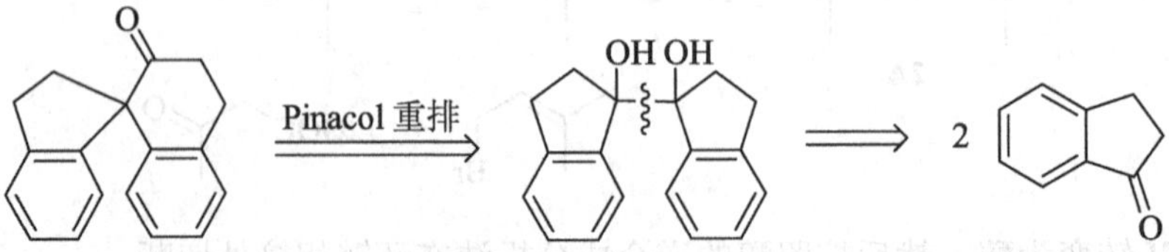

Pinacol 重排 ⇒ **5A** ⇒ 2 **5B**

合成：

2 **5B** —Na / 甲苯→ 邻二醇 —H^+→ **TM5**

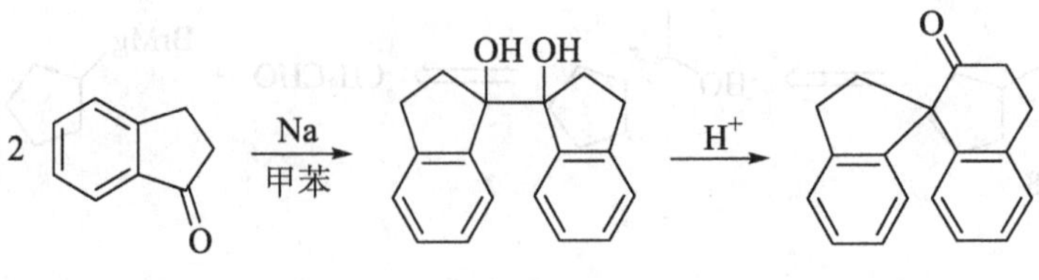

将 **TM 6** 经逆 Wittig 重排推出季铵盐 **6A**，**6A** 是由 **6B** 与氨反应形成，**6B** 又是由 **6C** 经还原、卤代制得。

TM 6

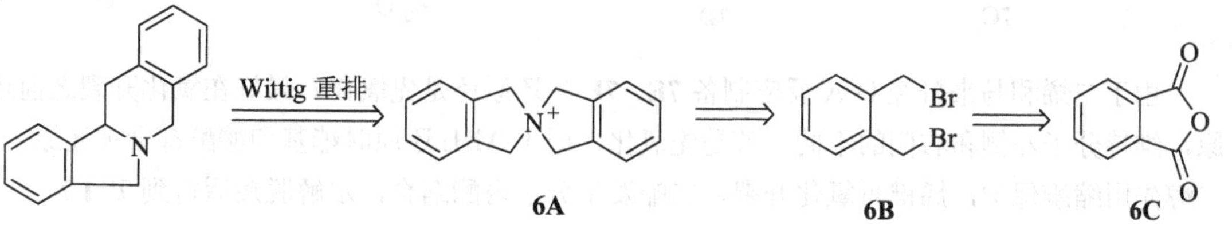

Wittig 重排 ⟹ 6A ⟹ 6B ⟹ 6C

合成：

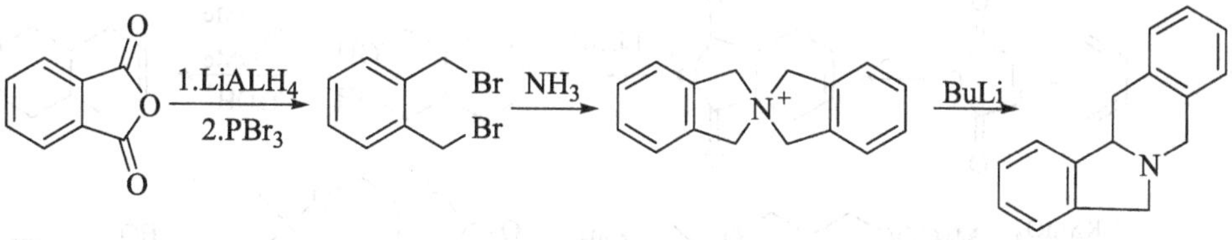

1.LiALH$_4$ 2.PBr$_3$ → NH_3 → BuLi →

Wittig 重排

醚类化合物在强碱作用下，α-位形成碳负离子，经 1,2-重排形成更稳定的烷氧负离子，水解后成醇的反应称为 Wittig 重排。

$$RCH_2—O—R' \xrightarrow{BuLi} R\overset{-}{C}H—O—R' \xrightarrow{重排} \underset{R'}{RCH}—O^- \xrightarrow{H_2O} \underset{R'}{RCH}—OH$$

含氮化合物也会发生类似的重排。如在 BuLi 作用下，**6A** 氮正离子邻位生成α-碳负离子，然后发生 1,2 重排生成 **TM 6**:

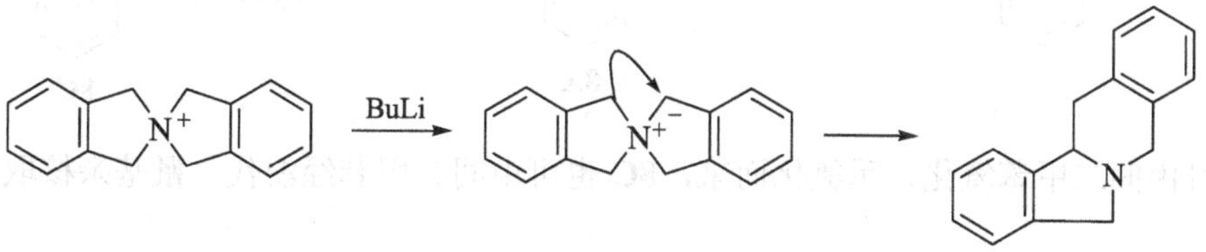

BuLi → →

有时尽管目标分子结构具有对称性，但或是没有好的切断方式，或是切断后破坏了目标分子的对称性，在合适的位置添加官能团后，虽暂时性地破坏了目标分子结构的对称性，但切断后则会发现目标分子的对称性被保留。

TM 7 是个对称结构的酮，分子中有羰基和缩酮官能团，将缩酮官能团除去后，暴露出二醇， **7A** 中存在 1,4- 和 1,5-关系，按照任一种关系切断不仅破坏五元环，还会破坏结构的对称性。如何处理？

回顾前面酮的切断，把 **7A** 当作对称酮处理，在羰基α-位上添加一个酯基，貌似破坏了 **7A** 的对称性，但是按照 1,3-关系切开后，实则维持了结构的对称性（**7C** 是个对称分子），**7C** 中出现一个 1,6 关系，重接后调整氧化级，**7E** 可以由 Diels-Alder 反应来制备。

TM 7

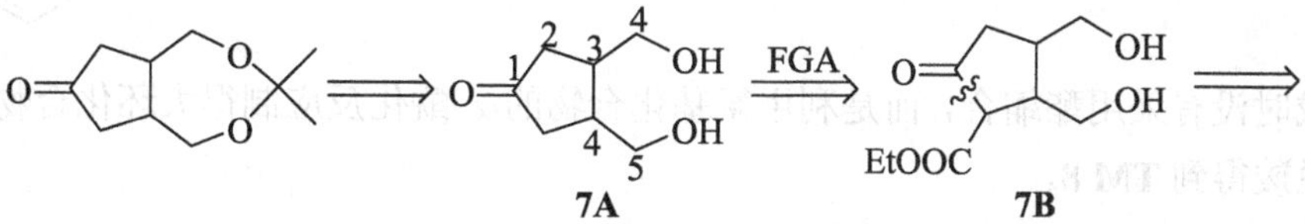

⟹ 7A ⟹(FGA) 7B ⟹

7C 重接 ⟹ 7D FGI ⟹ 7E ⟹ 丁二烯 + 马来酐

由丁二烯和马来酐经 D-A 反应制备 **7E**，**7E** 先还原还是先氧化？最好在氧化开裂之前还原，维持分子左侧和右侧的不同（若是先氧化，用 $LiAlH_4$ 还原时酯基和酸酐都会被还原），二醇先用缩酮保护，烯键再氧化开裂，二酯发生分子内酯缩合，水解脱羧后得到 **TM 7**。

$LiAlH_4$；$(CH_3)_2C(OMe)_2$, TsOH；1. $KMnO_4$ 2. CH_2N_2；NaH；1. HO^- 2. H_3O^+, △ → **TM 7**

TM 8 是对称酮结构，在羰基的α -位添加酯基后得到 **8A**，按 1,3-关系切断 **8A**，得到间苯二甲酸酯 **8B** 和间苯二乙酸酯 **8C**。

TM 8

FGA ⟹ **8A** ⟹ **8B** + **8C**

8B 可由间二甲苯氧化、重氮化而来，**8C** 也可由间二甲苯经溴代、氰基亲核取代、醇解制备。

8B ⟹ **8D**

8C ⟹ **8E** ⟹ **8F** ⟹ 间二甲苯

合成时没有采用酯缩合，而是利用氰基化合物的α-酰化反应制得大环化合物 **8G**，**8G** 经水解、脱羧得到 **TM 8**。

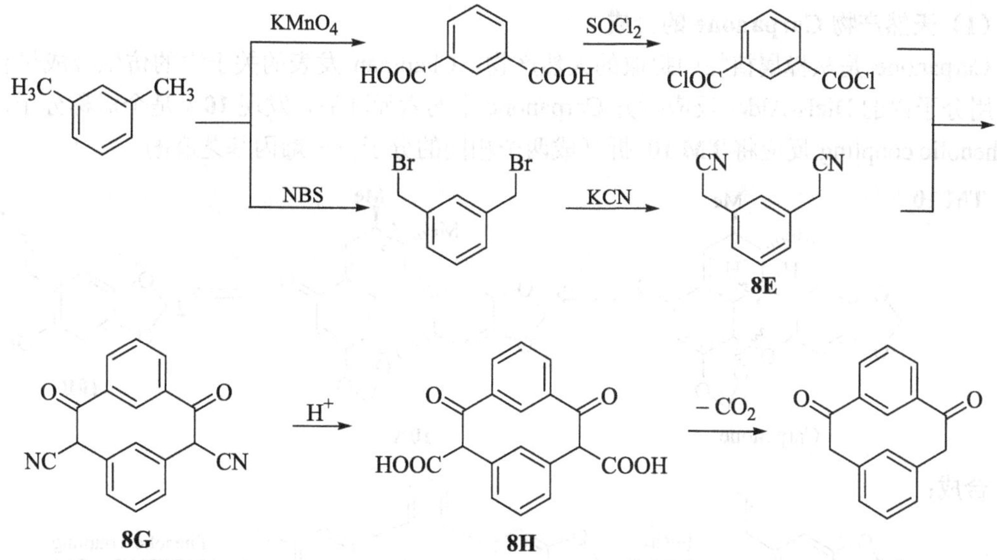

$KMnO_4$ $SOCl_2$

H_3C CH_3 HOOC COOH ClOC COCl

NBS Br Br KCN CN CN

8E

O O H$^+$ O O $-CO_2$ O O

NC CN HOOC COOH

8G 8H

TM 9 是鹰爪豆碱，分子结构具有明显的对称性，结构中仅有两个叔胺，直接切断将会破坏分子的对称性，添加羰基后得到 **9A**，**9A** 具有β-氨基酮的结构特征，两次逆 Mannich 反应切断后，得到简单的起始原料六氢吡啶、甲醛、丙酮。

TM 9 H FGA H dis N O N

N H N O N H N + N O N +

9A 9B

Mannich HCHO

N H + O + H N

HCHO

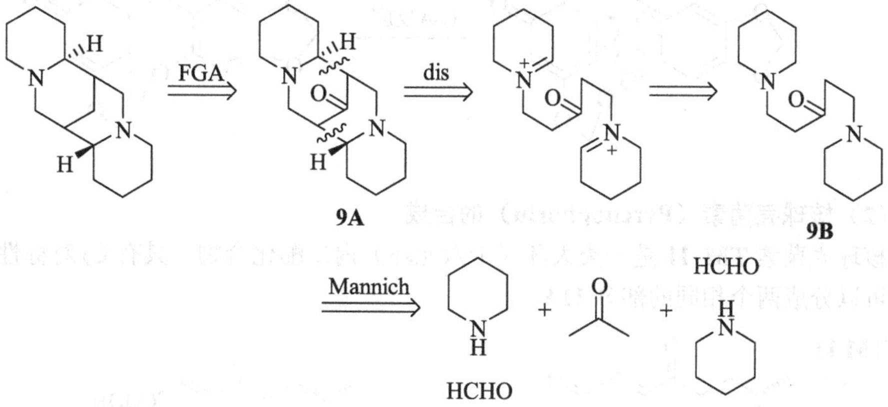

合成：

2 N H + 2 HCHO + O CH_3COOH N O N $Hg(OAc)_2$ N H O N H

NH_2NH_2 KOH, △ N H N H

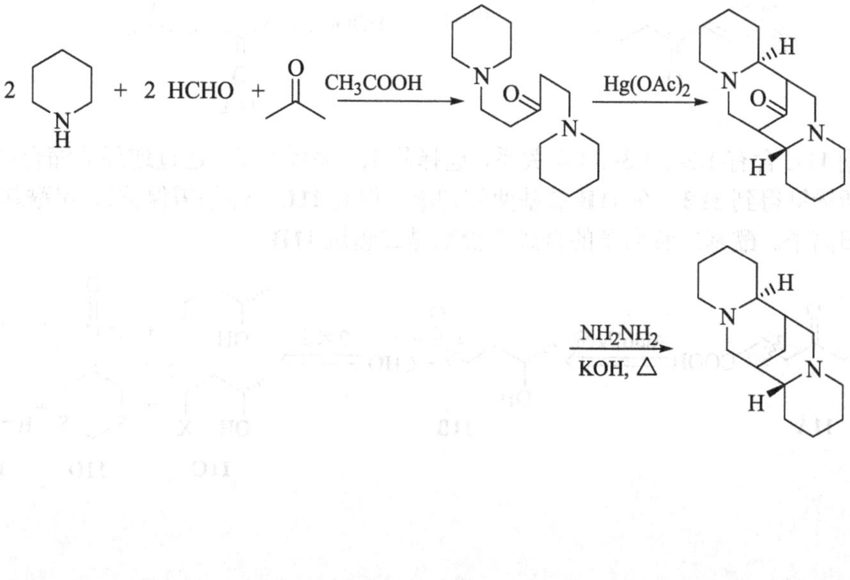

（1）天然产物 Carpanone 的合成

Carpanone 是从樟属植物中提取的天然产物，Chapman 发表的关于它的仿生合成仅有两步：用分子内的 Diels-Alder 反应拆开 Carpanone 中的六元环后，发现 **10A** 是个对称分子，利用 phenolic coupling 反应将 **TM 10** 拆开成两个相同的分子——烯丙基芝麻酚。

TM 10

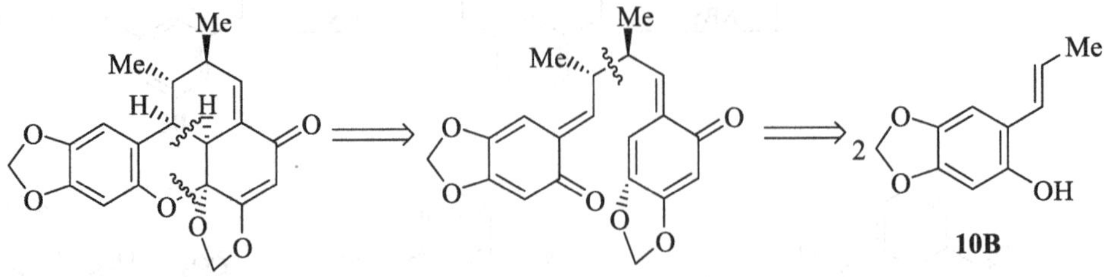

Carpanone ⟹ **10A** ⟹ 2 **10B**

合成：

2 (10B) $\xrightarrow{PdCl_2}$ O—Pd—O 配合物 $\xrightarrow{\text{Phenolic coupling}}$ 10A $\xrightarrow{\text{D-A反应}}$ Carpanone

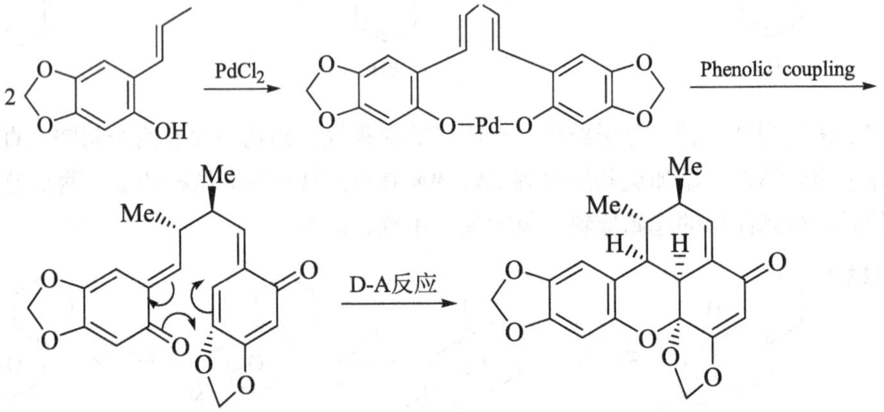

（2）核球壳菌素（Pyrenophorin）的合成

核球壳菌素 **TM 11** 是一类大环（十六元环）内二酯化合物，具有 C_2 对称性，在酯键处切断可以分成两个相同的部分 **11A**。

TM 11 $\xrightarrow[\text{内酯}]{2\times C—O}$ **11A**

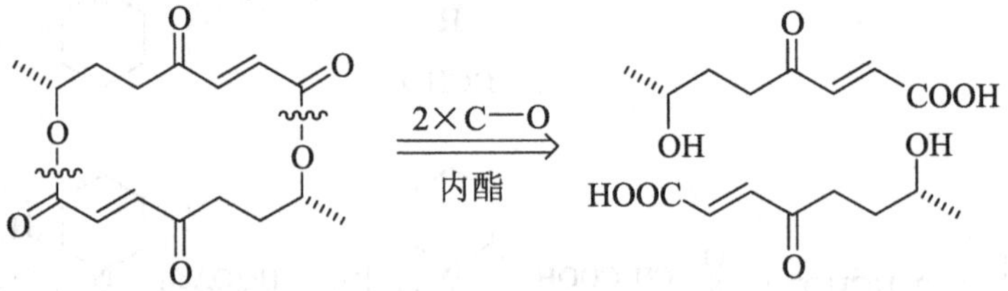

烯酮 **11A** 含有 1,2-、1,3-、1,4-关系，选择从 1,3-关系入手，通过逆羟醛缩合或者逆 Wittig 反应切断烯键得到 **11B**，在 **11B** 羰基两侧切断，得到 **11C**（羟基需保护）、甲酰基二负离子和甲酰基阳离子。酰基二负离子的合成等价物是二噻烷 **11D**。

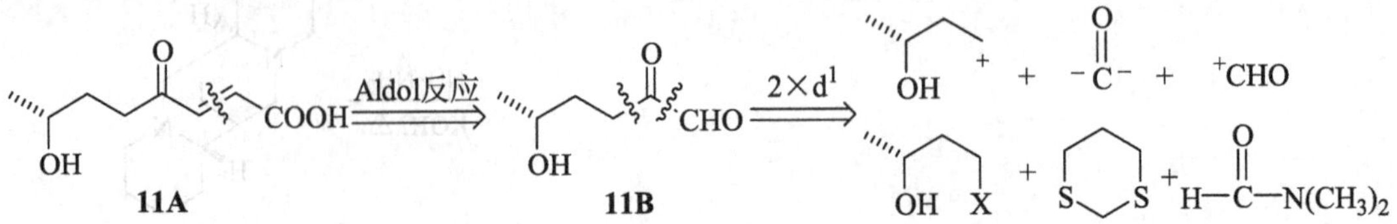

11A $\xRightarrow{\text{Aldol反应}}$ **11B** $\xRightarrow{2\times d^1}$ (OH)$^+$ + $^-$C(=O)$^-$ + $^+$CHO

11C（OH, X） + **11D**（二噻烷） + **11E** $H—C(=O)—N(CH_3)_2$

以乙酰乙酸乙酯为原料，在面包酵母催化下进行不对称还原得到光学活性羟基酯 **11F**，羟基以混合缩醛的形式保护为 **11G**，酯基还原、碘化就得到 **11H**（**11C** 羟基保护的形式）。

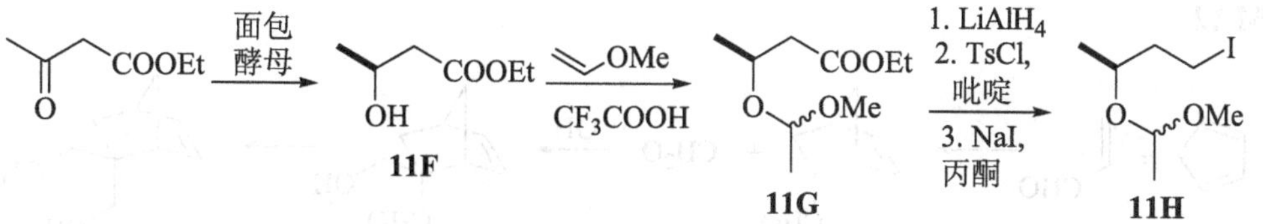

二噻烷 **11D** 和碘化物 **11H** 发生烷基化反应，形成 **11I**，这个新的二噻烷可以在 DMF 的条件下甲酰化，**11J** 和膦酸酯叶立德反应就形成了半个核球壳菌素的碳骨架。

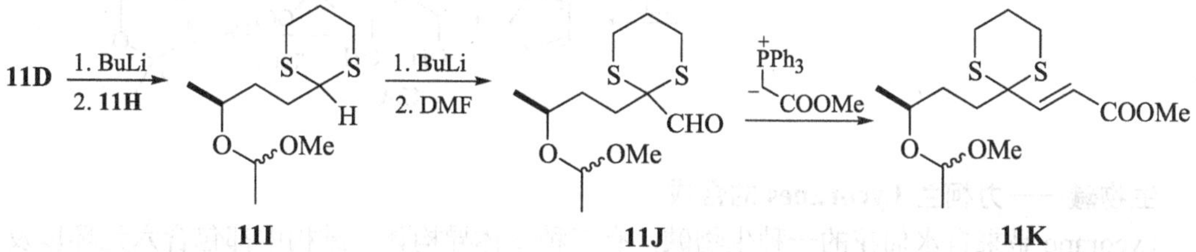

11K 在酸性条件下脱去两个保护基团，二噻烷部分保持不变，最后大环的关环可以通过 Mitsunobu 反应完成，酯化时发生了构型翻转(这样才能形成正确的立体化学)。最后在 Hg(Ⅱ) 和 BF_3 的作用下二噻烷水解得到核球壳菌素 **TM 11**。

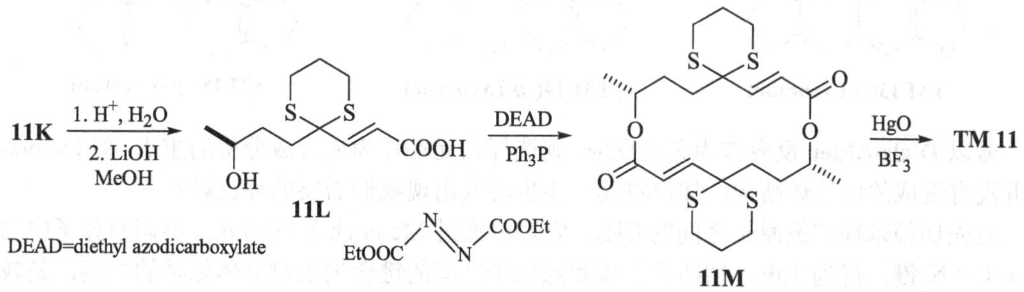

DEAD=diethyl azodicarboxylate

6.2.3 策略 3：关键反应战略

如果一个反应足够好，尤其是一些反应可靠、产率较高，具有良好的区域选择性和立体选择性的反应，我们可以选择将它作为合成时的关键反应。

TM 12 去掉缩酮结构后得到二醇 **12A**，**12A** 是较难合成的小分子。若将 D-A 反应视为关键反应，既可以利用 D-A 反应的正向反应，也可以利用 D-A 反应的逆向反应。

12A 可由 **12B** 分解得到，**12B** 经 FGI 转变为 **12C**，**12C** 是 **12D** 和甲醛的 Aldol 缩合产物，而 **12D** 显然是环戊二烯和丙烯醛的 D-A 加成产物。

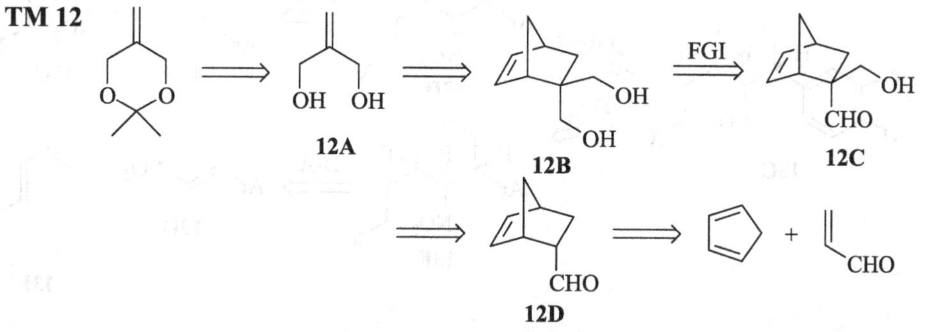

TM 12

合成时 **12D** 和甲醛在碱的作用下首先发生 Aldol 缩合，随后发生 Cannizzaro 反应生成 **12B**，**12B** 的逆 D-A 反应在高温下发生生成 **12A**，**12A** 和 2,2-二甲氧基丙烷发生交换生成 **TM 12**。

+ CHO → CHO 12D + CH_2O —OH^-→ OH CHO 12C → OH OH 12B

—520℃→ + OH OH 12A —(OCH_3 OCH_3 / TsOH)→ O O

生物碱——力柯兰 Lycoranes 的合成

Lycorane 是来自水仙花的一种生物碱，有三种立体异构体，结构中都包含六元环以及含氮的杂环。

TM 13(α-Lycorane) **TM 14(β-Lycorane)** **TM 15(γ-Lycorane)**

若以 **Diels-Alder** 反应作为关键反应，则选择六元环作为逆合成分析的重点。但 Lycoranes 中并没有现成的环己烯结构，如何将其一步步转换出现我们需要的环己烯？

首先切掉苯环和氮原子之间的 CH_2，它可以通过 Mannich 反应引入；再切断分子中另外一个 C—N 键，得到 **13B**，切断手性碳和氮原子之间的键会失去对立体化学的控制，是较差的切断。将 **13B** 中的 NH_2 转换成吸电子的 NO_2，在六元环中添加双键，就可以用逆 D-A 反应来拆开六元环了。

TM13 ⟹(Mannich反应) **13A** ⟹ **13B** (NH_2, X)

⟹(FGI) **13C** (NO_2, X) ⟹(FGA) **13D** (Ar, NO_2, X) ⟹(D-A) **13F** (Ar) + **13G** (NO_2, X)

⟹(FGA) **13E** (Ar, NO_2, X) ⟹(D-A) Ar—CH=CH—NO_2 **13H** + **13I** (X)

在 **13C** 中什么位置添加烯键？NO_2 的对面！有两个位置分别得到 **13D** 和 **13E**。D-A 反应是顺式加成，不改变二烯体和亲二烯体的结构，Henry 反应则更易制得反式硝基烯。从 **13E** 推出的前体 **13H** 是反式硝基烯。

合成时选择以芳族硝基烯 **13H** 和顺式二烯 **13I** 通过 D-A 反应合成 **13E**，立体化学是正确的。**13E** 中的双键和硝基一步被还原，发生分子内亲核取代环化，生成 **13A**，**13A** 和甲醛在酸的作用下发生分子内的 Mannich 反应关环生成 α-Lycorane。

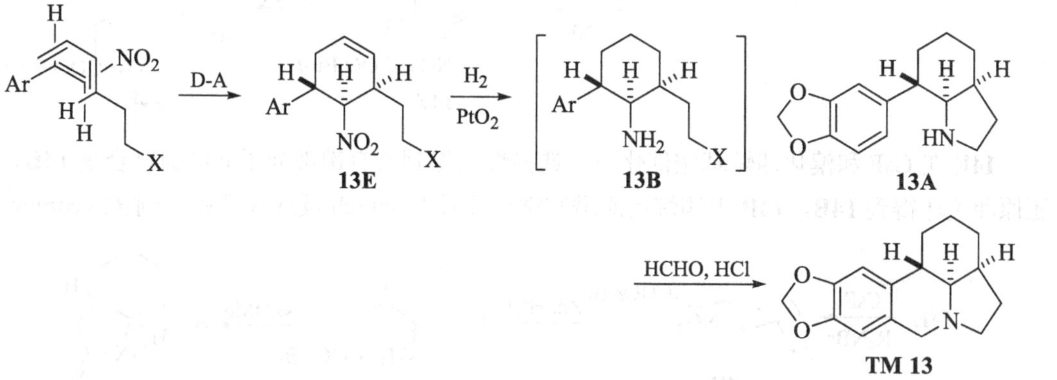

Aldol 缩合和 **Michael 加成**也是有机合成中非常重要的反应，若以它们为关键反应，逆合成分析则完全不同。

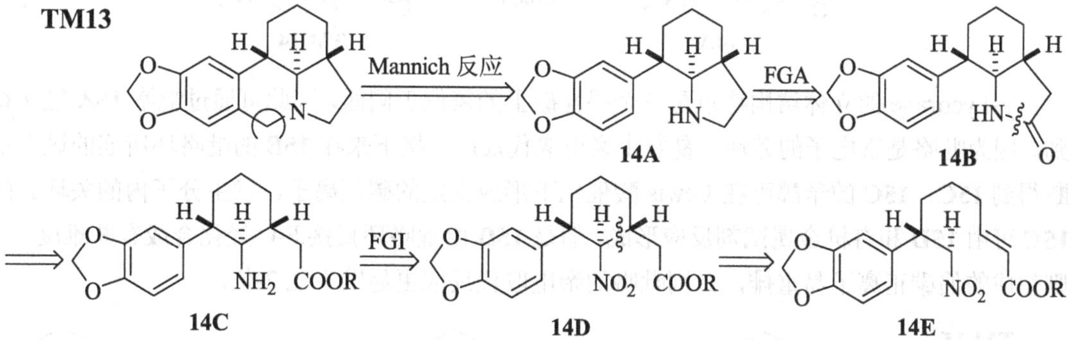

对 **TM 14** 进行逆 Mannich 切断得到 **14A**，在氮原子旁添加羰基，切断酰胺键，得到 **14C**，将 NH_2 转换成 NO_2，得到 **14D**，切断硝基 α-碳上的键，得到 **14E**。

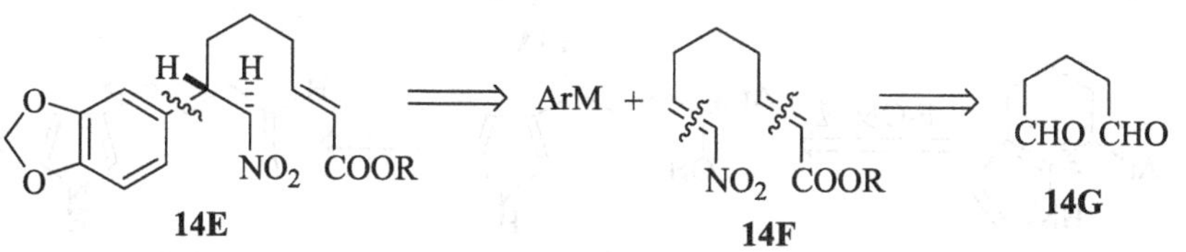

14E 在芳环和侧链间切断，对应芳基金属衍生物与不饱和硝基化合物 **14F** 的共轭加成，而 **14F** 则可以通过二醛 **14G** 的 Henry 反应和 Wittig 反应得到，注意 **14F** 中有两个不饱和键，芳基金属衍生物的加成可能会存在一些选择性问题。

合成时以四氢吡喃醇作为原料，通过 Wittig 反应得到 *E*-不饱和酯 **14H**，再经氧化后和硝基甲烷反应得到 **14J**，脱水后得到不饱和的硝基化合物 **14F**。芳基锂在没有铜存在的情况下仅能与α,β-不饱和硝基化合物共轭加成得到**14E**。

14H 14I 14J

14F 14E

14E在CsF和溴化四烷基铵催化下，选择性地得到所有键都处于e键的化合物**14D**，经还原和关环得到**14B**，**14B**用硼烷还原酰胺键再经过Mannich反应关环就得到β-Lycorane。

14D 14C 14B

14A TM 14

γ-Lycorane的立体结构特点是三个手性碳上的氢位于同面，因此可通过吡咯**15A**氢化得到。因为吡咯是富电子的芳环，易发生亲电取代反应，接下来在**15B**的吡咯环所连的键上切断得到**15C**，**15C**的苄醇可在Lewis酸催化下形成稳定的碳正离子，发生分子内的关环。醇**15C**可由**15D**和有机金属试剂反应形成，但是**15D**由吡咯环直接F-C烃化合成有些难度，一则生成的伯碳正离子易重排，二则吡咯的亲电取代反应更易发生在2-位。

TM 15

15A 15B

15B 15C 15D

易重排

合成时在吡咯的氮原子上连接大的取代基（i-Pr_3Si），迫使吡咯环的亲电取代发生在3-位，使用琥珀酸酐作为亲电试剂，F-C酰化后将羰基还原，得到**15G**。

15E（N-SiR_3 吡咯） →（丁二酸酐，$AlCl_3$）→ 15F（HOOC–CH_2CH_2–CO–吡咯-N-SiR_3） →（1.$NaBH_4$；2.H_2, Pd/C）→ 15G（HOOC–$(CH_2)_3$–吡咯-N-SiR_3） → →

15H（MeO–N(Me)–CO–$(CH_2)_3$–吡咯-N-COOR） →（1. 3,4-亚甲二氧基苯基 MgBr；2.$NaBH_4$）→ 15I（Ar–CH(OH)–$(CH_2)_3$–吡咯-N-COOR）

15G 经多步反应转化为 Weinreb 酰胺 **15H**，和芳基格氏试剂反应后再还原得到醇 **15I**，**15I** 在 $Sn(OTf)_2$ 的作用下发生 F-C 烃基化反应生成 **15J**，在 PtO_2 催化下氢化得到顺式异构体 **15K**，因为 N 上有保护基酯基，因此原来假设的 Mannich 反应可以由分子内的 F-C 酰化反应所替代（保护基转化为分子内基团），酰胺 **15M** 可以被硼烷还原成γ-Lycorane。

15I →（$Sn(OTf)_2$）→ 15J（Ar，ROOC–N） →（H_2，PtO_2）→ 15K（H，H，H；Ar，ROOC–N） →（$POCl_3$）→ 15M（H，H，H；O） →（$BH_3\cdot THF$）→ TM 15（H，H，H）

在这个合成中，以**芳环**（包括苯环和吡咯环）**的亲电取代**作为关键反应，三处关键的反应都进行得很好，**15E** 的 F-C 酰基化反应完全被位阻效应控制，发生在 3-位；**15I** 的 F-C 烃基化反应由于是分子内反应很容易进行，而且被电子效应所控制，**15K** 也是一个分子内的 F-C 酰基化反应（苯环上），容易进行，经过这关键的三步构成了三元稠环骨架，并且由 **15J** 到 **15K** 的顺式加氢反应也是一个收率很高且完全立体控制的反应。

保幼激素（Juvenile Hormone，JH）的合成

保幼激素的作用是保持幼虫机体的结构，阻碍其正常发育，阻止幼虫化为成虫，降低繁殖危害。

Me O H COOMe

Juvenile Hormone

其结构中包括 2,6-二烯烷基酯和源于类倍半萜主链的一些脂肪族化合物，主要官能团是双键和环氧，环氧可由烯键氧化而来，烯键可反复利用 WHE 反应切断，逆合成分析如下：

Me O H COOMe ⟹ Me COOMe

Juvenile Hormone

WHE ⟹ Me + (MeO)$_2$P(O)CH$_2$COOMe

切断 ⟹ Me Br + EtOOC–CH$_2$–CO–CH$_3$ FGI ⟹ Me OH FGI ⟹ Me COOEt

WHE ⟹ Me O + (MeO)$_2$P(O)CH$_2$COOMe 切断 ⟹ Me Br + EtOOC O

FGI ⟹ Me OH FGI ⟹ Me COOEt 切断 ⟹ Me O + (MeO)$_2$P(O)CH$_2$COOMe

实际上，Trost 小组就采用了这种路线来合成保幼激素：

(MeO)$_2$P(O)CH$_2$COOMe → COOMe 37% + COOMe 17%; 1.LiAlH$_4$ 2.PBr$_3$ → Br + COOEt O; 1.NaOH 2.H$^+$ →

(MeO)$_2$P(O)CH$_2$COOMe → COOMe 39% + COOMe 30%; 1. LiAlH$_4$ 2. PBr$_3$ 3. CH_3COCH_2COOMe 4. NaOH 5. H$^+$ →

(MeO)$_2$P(O)CH$_2$COOMe → COOMe 18% +

COOMe 30% *m*-CPBA → Me O H COOMe Juvenile Hormone 40%

Trost 选择 **Wadsworth-Horner-Emmons 反应**（简写为 WHE 反应）作为合成的关键反应，这条路线三次使用 WHE 反应来构筑烯键，WHE 反应对双键立体构型的控制较差，同时得到 *E*、*Z* 两种异构体，使得目标化合物的产率较低，尤其是最后一步使用间氯过氧苯甲酸（*m*-CPBA）获得环氧官能团，因为原料中已有 3 个双键，都可能发生氧化，且不能实现立体控制，因此目标产物保幼激素的产率很低。

同样是保幼激素的合成，Corey 选择的关键反应是用**炔基锂与卤代烃偶联**，而后用**铝氢**

化反应（反式，区域选择性）还原叁键，碘代，铜锂试剂和烯基碘化物偶联。实现三取代烯烃的立体选择性合成，解决了 Trost 路线中用 WHE 反应双键构型不确定的问题。

关键反应：

$LiAlH_4$(1.0), NaOMe(2.0); I_2; R'_2CuLi

Corey 合成保幼激素的路线:

Li, THF/*t*-AmOH, NH_3, −33℃; 1. O_3, −78℃, Me_2S/MeOH, 2. $NaBH_4$, −78℃ (53%); 1. TsCl, Pyr, 2. $LiAlH_4$, Et_2O (65%)

1. TsCl, Pyr, 2. THPO–C≡C–Li, 3. TsOH, MeOH (30%); 1. $LiAlH_4$, NaOMe, 2. I_2, −60℃ (65%); Et_2CuLi, Et_2O, EtI, 0℃

1. PBr_3, 2. Li–C≡C–TMS, 3. $AgNO_3$, KCN, 4. *n*-BuLi, (CH_2O); 1. $LiAlH_4$, NaOMe, 2. I_2, −60℃; Me_2CuLi, 0℃

1. MnO_2, Hexane, 2. MnO_2, NaCN; 1. NBS, DME, 2. NaO*i*-Pr, *i*-PrOH

最后一步环氧化也实现了区域选择性，在极性溶剂 DME/H_2O 中，疏水性的分子折叠起来，只有端基的烯键易接受试剂的进攻，而连有酯键的烯键缺电子，因此只有另一端的烯键反应，发生环氧化。

Stotter Kondo 选择含硫环状化合物的开环作为关键反应来合成保幼激素，两次开环断键实现了对三取代烯烃立体化学的控制。

1. MeMgBr, 2. $POCl_3$, C_6H_6, pyr; $Me_2\overset{+}{S}(O)CH_2^-$; *s*-BuLi, DABCO; $SOCl_2$, Pyr

s-BuLi, DABCO, A 或 B; Li/$EtNH_2$, −78℃

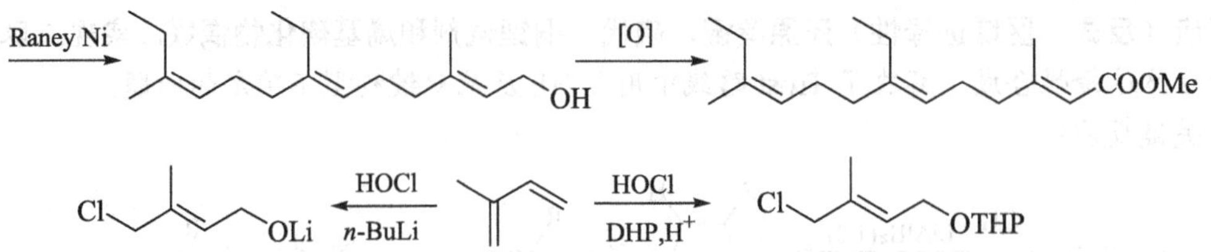

Still 则选择**[2,3]- σ迁移**作为**关键反应**，来获得具有立体构型的三取代烯烃，由于烯键上甲基取代基的存在导致了 *Z* 选择性，得到具有确定构型的三取代烯烃，实现了立体选择性。

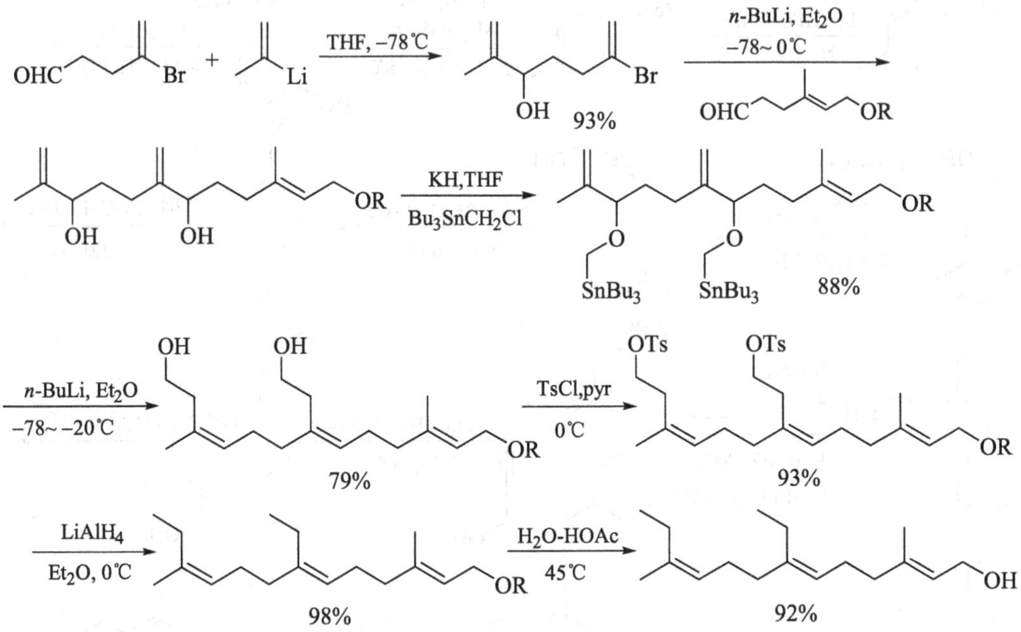

从上述例子可以看出，选择的关键反应不同，同一目标物的合成路线完全不同。

6.2.4 策略 4：易得的起始原料

起始原料是否易得也是判断良好切断的准则之一，选择易得的起始原料，使得路线更具有可行性。易得的起始原料包括直接购买的原料以及容易由这些原料制得的中间体。

例如，需要 1, 2, 3-三官能团化合物时，3-氯-1,2-环氧丙烷是个有用之物。

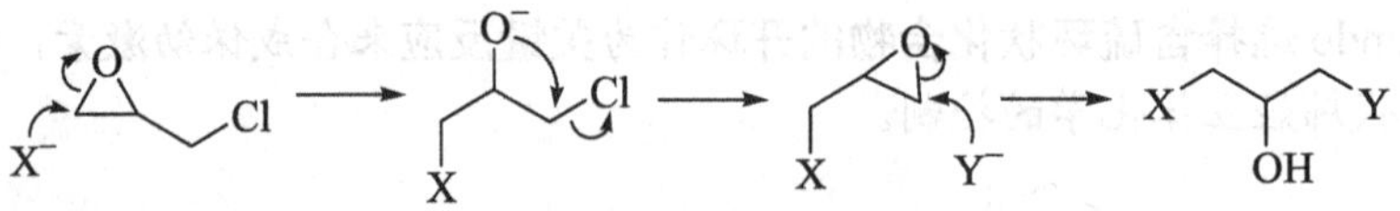

抗抑郁剂维瓦拉 Vivalan 是含有 1, 2, 3-三官能团的化合物，切断 C—O 键，得到 **16A** 和 **16B**（在芳环和氧之间切断可行么？为什么？）

TM 16

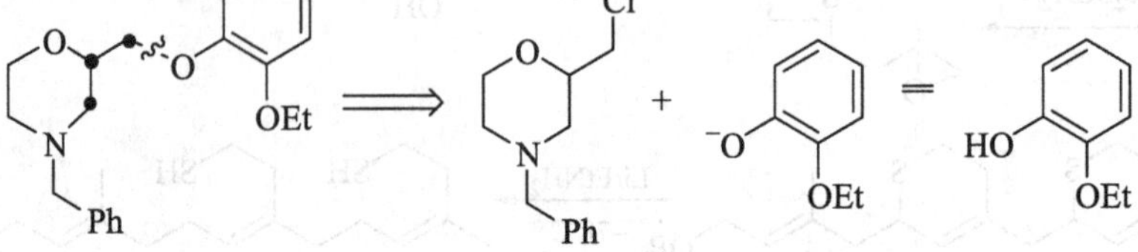

Vivalan **16A** **16B**

继续拆开 **16A** 中的环醚键，得到二醇 **16C**，**16C** 是由氨基醇 **16E** 和环氧氯丙烷 **16D** 反应而来，注意 **16E** 中的区域选择性问题，在中性至弱碱性溶液中，氨基具有更强的亲核性，**16E** 是由苄胺和环氧乙烷反应得到。

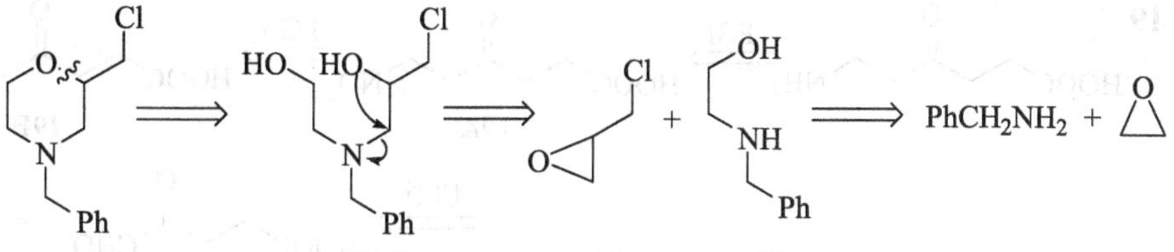

16A ⟹ 16C ⟹ 16D + 16E ⟹ $PhCH_2NH_2$ + 环氧乙烷

合成：

碱, EtI；碱；H_2SO_4 → **TM 16**

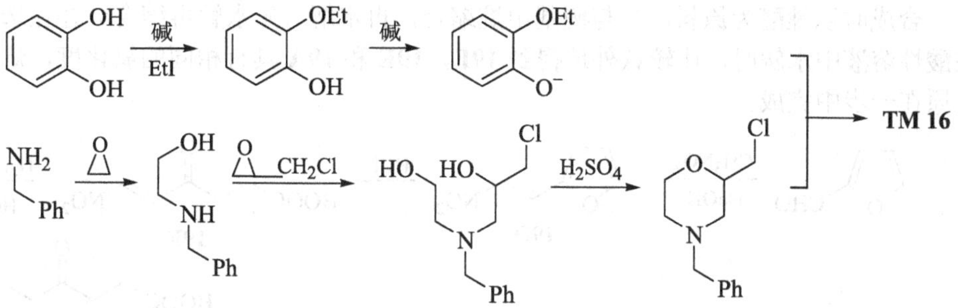

糠醛也是一种易得的起始原料，可从玉米芯水解制得；糠醛经过简单的反应后，还可以制得非常有价值的中间体。如糠醛可被还原成醇 **17B**，醇 **17B** 可重排成二氢吡喃 **17C**，**17C** 水合后生成半缩醛 **17D**，**17D** 在碱催化时可作为 **17E** 使用。

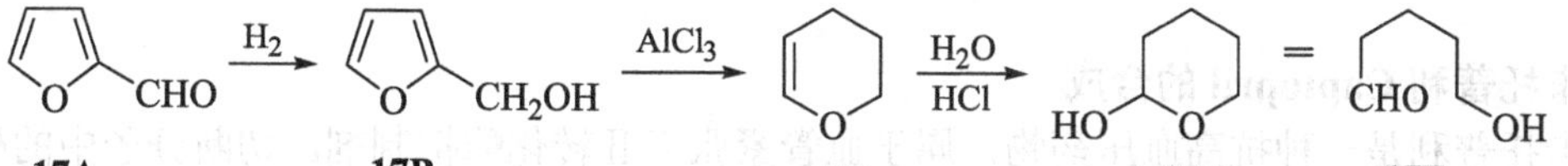

17A —H_2→ **17B** —$AlCl_3$→ **17C** —H_2O, HCl→ **17D** = **17E**

Baldwin 研究由 Michael 加成发生的环化时，需用到羟基酯 **TM 18**，它和 **17E** 仅一步之隔。

TM 18

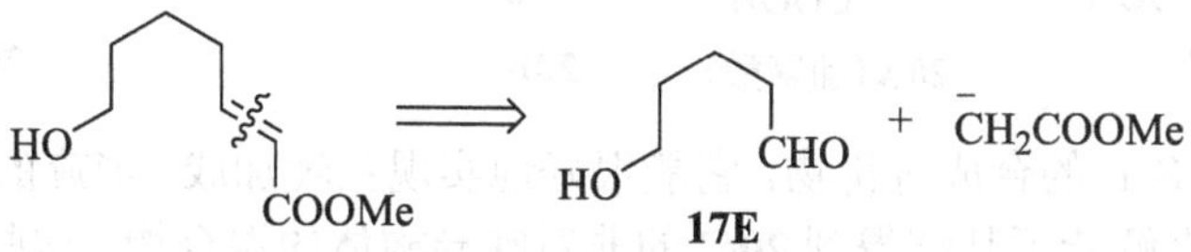

⟹ **17E** + $^-CH_2COOMe$

合成：

$Ph_3\overset{+}{P}CH_2COOEt$, OH^-；$CH_2(COOEt)_2$，吡啶

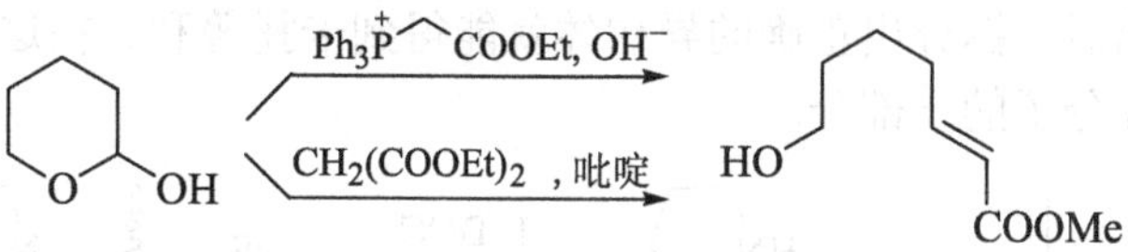

糠醛直接水解，还可以制得 1, 2, 5-三羰基化合物。

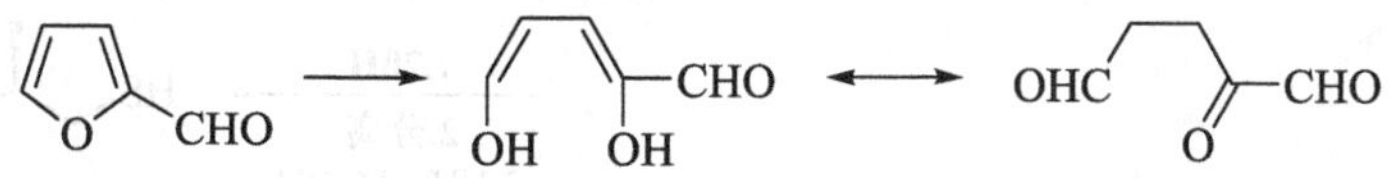

17A → ⟷ **17F**

氨基酸 **TM 19** 是合成β-封阻剂的中间体，它含有1,4-二羰基以及一个与酮处于1,3-关系的氨基，氨基可由硝基还原而来，在羰基和硝基之间添加双键后可导向一个良好的切断。**19C** 与糠醛水解产物 **17F** 结构相似，仅氧化度不同。

TM 19 HOOC–CH2CH2–CO–CH2CH2–NH_2 ⟹(FGI) HOOC–CH2CH2–CO–CH2CH2–NO_2 (**19A**) ⟹(FGA) HOOC–CH2CH2–CO–CH=CH–NO_2 (**19B**) ⟹(切断) HOOC–CH2CH2–CO–CHO (**19C**) + CH_3NO_2

合成时以糠醛为原料，先与硝基甲烷缩合，再水解（先水解再缩合会存在选择性问题）。在酸性溶液中水解时，比较意外地得到 **19E**，**19E** 和 **19A** 具有相同的氧化度，烯键和硝基的还原在一步中完成。

糠醛 →(CH_3NO_2, NaOH) **19D** →(HCl) **19E** →(H_2, Pd-C, HOAc) **TM 19**

天然存在的氨基酸、糖类、萜类、有机酸和生物碱等来源广泛，价格相对低廉，光学纯度高，是理想的手性化合物的来源，又称为**手性源**，可用来制备一些结构复杂的手性化合物如手性药物和手性功能材料等。

卡托普利 Captopril 的合成

卡托普利是一种抗高血压药物，属于血管紧张素Ⅱ转化酶抑制剂。切断分子中的酰胺键可以得到脯氨酸 **20A** 和3-巯基酯 **20B**，**20B** 可通过—SH对甲基丙烯酸的共轭加成来制备。

TM 20 **Captopril** ⟹(C—N) **20A**（脯氨酸） + **20B** ⟹(C—S, 1,3-diX) SH^- + **20C**

硫代乙酸 **20D** 被用作 SH^- 的合成等价物，它能很好地实现共轭加成。消旋的 **20E** 和保护的脯氨酸 **20F** 偶联，然后水解特丁基酯得到 **20G** 的非对映异构体的混合物。这些混合物的盐可以被分离，而在切断硫醇酯后，拆分出正确的异构体就能得到卡托普利。在这个合成中脯氨酸既是拆分试剂，又是目标分子的一部分。

20D →(**20C**, 对苯二酚) **20E** + **20F** (COO*t*-Bu) →(1. DCC; 2.TFA) **20G** →(1.**20H**; 2.分离; 3.NH_3, MeOH) **Captopril**

有三种试剂值得我们讨论一下。对苯二酚很容易被氧化成醌从而保护硫代乙酸 **20D**，使之不会形成二硫化物。DCC 是一个标准的肽偶联试剂，可以通过脱水使游离的—NH_2 和—COOH 连接，本身则转变成二环己基脲。简单的胺 **20H** 在拆分中通过结晶能有效地实现分离，因为拆分试剂（脯氨酸）已经存在于分子中，因此只需要形成一个能结晶的盐。分离得到两个非对映异构体（当然每一个都是单一的对映体）可以确定 **TM 20** 比另外的异构体活性高出好几个数量级。

对苯二酚　　苯醌　　**DCC**：二环醛碳二亚胺　　**20H**

雷米普利 Ramipril 的合成

雷米普利 **TM 21** 是种 Hoechst ACE 抑制剂，结构更复杂一些。切断酰胺键，可以看到在酸 **21A** 中含有丙氨酸的结构，胺 **21B** 看起来像脯氨酸，但是找不到对应的反应切断相应的键。

TM 21

雷米普利 ⟹(C—N) **21A**（丙氨酸） + **21B** ⟹(?) **21C**（脯氨酸）

实际上，**21B** 并不是从脯氨酸制备的。脯氨酸环是通过烯烃 **21D** 的自由基环化反应形成，碘化物 **21D** 从醇 **21E** 碘代得到，而 **21E** 则可以从另一个氨基酸——丝氨酸 **21G** 和烯丙基溴 **21F** 反应得到。

21B ⟹(自由基环化) **21D** ⟹(FGI) **21E** ⟹(C—N) **21F** + （丝氨酸）**21G**

合成中的关键步骤是 **21H** 的自由基环化反应，能够以很好的产率给出两个非对映异构体：两者都具有 *cis* 的环连接方式，而这两个化合物可以在转化为双苄基酯 **21J** 和 **21K** 后得到分离。**21J** 氢化后可以给出 **21B**。手性源丝氨酸既作为起始原料又作为拆分试剂，对于正确的非对映异构体 **21J** 有不高的选择性（1.25：1）。

21H; Z=COOBn →(Bu_3SnH, AIBN) **21I;88%产率** →($PhCH_2OH$, $(i\text{-}PrO)_4Ti$, 78%产率) **21J** + **21K**（1.25：1）

21B 的酯现在被用作拆分试剂和雷米普利分子的剩余部分偶联。丙氨酸和酮酯 **21L** 发生共轭加成以 2∶1 的比例得到 **21M** 和其非对映异构体的混合物。与 **21B** 偶联可以分离到正确的化合物，从而完成雷米普利的合成。

合成:

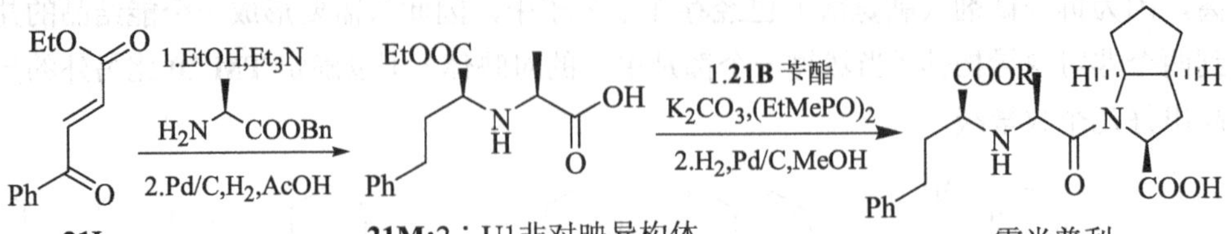

21L　**21M;2∶U1非对映异构体**　雷米普利

依拉普利（Enalapril，**TM 22**）可以切成三个简单的片段——α-酮酸酯 **22A**、丙氨酸 **22B** 和脯氨酸 **22C**。

TM 22

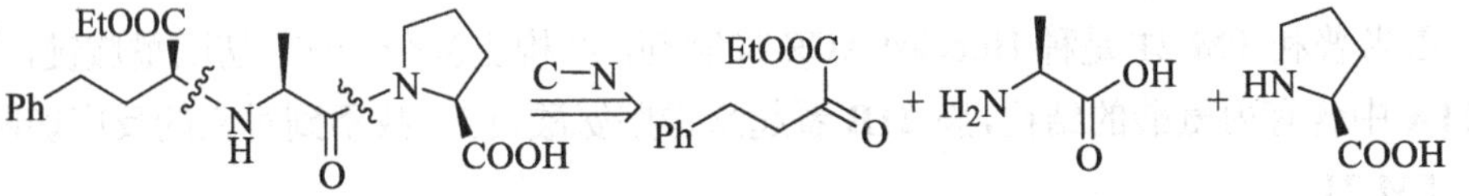

依拉普利　**22A**　**22B**（脯氨酸）　**22C**（丙氨酸）

正常的肽偶联（*N*-Boc-Ala 和脯氨酸苄酯在 DCC 的作用下发生偶联，再去除保护剂）给出二肽 **22D**。**22D** 和α-酮酸酯 **22A** 缩合得到亚胺 **22E**，在氢气和 Pd/C 的作用下还原胺化给出比例为 62∶38 的一对非对映异构体，其中依拉普利 **TM 22** 是主要产物；而使用氰基硼氢化钠作还原剂时几乎得到了 50∶50 的混合物。

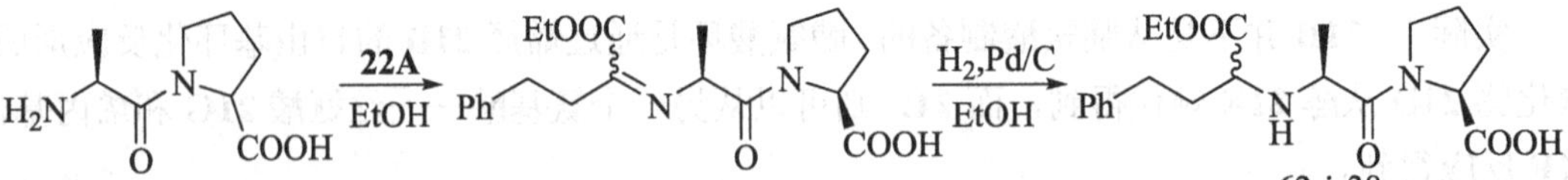

22D（L-Ala-L-Pro）　**22E**（*E*/*Z*-亚胺）　62∶38 非对映异构体

Laurencin 的合成

有些分子虽然可以从手性源制备，但初看它们的结构却很难发现线索，只有切断后得到较小的片段才能看出可能的天然起始原料。Laurencin **TM 23** 中的溴原子和作为分子核心的八元环展现出它海洋生物的起源。简化 **TM 23** 的结构，把侧链去掉得到内酯 **23A**，它在合适的位置具有合适的官能团，打开内酯环得到相对简单的开链中间体 **23B**。

TM 23

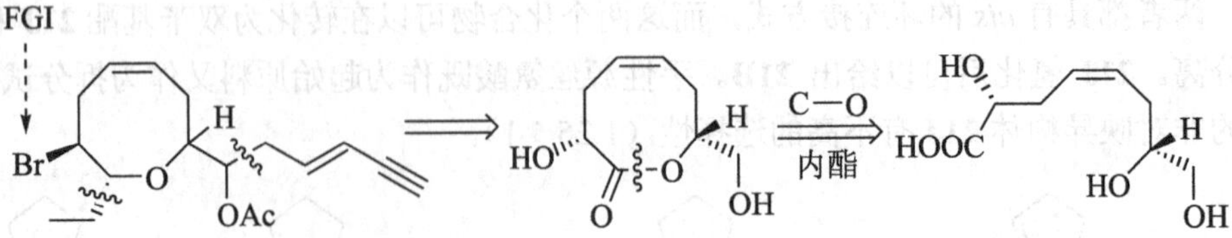

(+)-Laurencin　**23A**　**23B**

23B 中有一个位于中间的 *cis* 双键，可以采用逆 Wittig 反应切断，切断后得到的 **23C** 和 **23D** 都是在 C1、C2 和 C4 具有官能团的四碳单元，大部分官能团都是以氧原子的形式存在，因此这两个化合物可以从（*R*）-（+）-苹果酸 **23E** 来制备。

Witting反应

23B **23C** **23D**

醛 **23C** 的保护可以通过下面的步骤来实现：首先（*R*）-（+）-苹果酸形成缩酮 **23F**，再还原剩下的羧基，酸催化水解缩酮得到内酯 **23G**，以苄氧甲基保护羟基得到 **23H**。水解和氧化后给出 **23I**，用于下一步的 Wittig 反应。

23E[(*R*)-(+)-苹果酸] **23F**;75%~85%产率 **23G**

23H;75%产率 **23I**;58%产率

膦盐 **23D** 的制备同样以苹果酸作为原料，先还原为三醇 **23J**，再选择性保护得到 **23K**，剩下的羟基先转化为对甲苯磺酸酯，再转化成溴，最后变成保护的膦盐 **23L**。

23J;98% **23K**;82% **23L**;100%

23L 在 BuLi 的作用下形成磷叶立德，和保护的醛 **23I** 发生 Wittig 反应得到 *Z*-烯烃 **23M**（**23B** 的保护形式），可以发生后续关环最终完成 Laurencin 的合成。值得注意的是，**23M** 的两个手性中心相隔很远（1, 6-关系），分别从苹果酸单独制备两个手性中心可以保证得到正确的立体构型。

23L;100% *Z*-**23M**;73%

抗癌药物 LAF389 的合成

天然产物 Bengamide B 显示出很有前途的抗癌活性，为此 Novartis 公司大量合成其类似物 LAF389。它包含一个具有四个连续的手性中心的侧链，这个侧链通过酰胺键连接到具有两个手性中心的七元杂环上。切断 **TM 24** 中的酯键和酰胺键得到三个起始原料。

TM 24

t-Bu OH OMe H N O NH 1 4 1 OH OH O O O

LAF389

C—O和C—N ⟹ t-Bu OH OMe OH OH OH O + H_2N O NH OH + COOH

24A 24B 24C

24A 具有类似糖的结构，如果其中的 *E*-双键用 Julia 反应断开，它就含有 6 个碳原子且每个都连有氧原子。不幸的是，**24D** 有两个手性中心的构型与葡萄糖 **24E** 不一样，但是七碳糖古洛庚糖酸 **24F** 在 C3 位和 C4 位有正确的立体化学，但是多出一个碳，这个碳原子可以在制备醛时除去。

24A Julia反应 ⟹ OHC OH OH COOH OH OH　HO OH OH CHO OH OH　HO OH OH OH 6 5 4 3 2 1 COOH OH OH

24D **24E**（葡萄糖） **24F**（古洛庚糖酸）

酸 **24F** 是以内酯 **24G** 的形式存在的，并且可以被选择性地保护为 **24H**，最终被高碘酸盐氧化断裂成 **24I**。

HO OH O O OH OH OH ⟶ HO OH O O OMe O O ⟶ $NaIO_4$ OHC O O OMe O O

24G（古洛庚糖酸γ-内酯） **24H** **24I**

另一个手性成分——内酰胺 **24B**，它是 5-羟基-赖氨酸 **24J** 的环化形式，它和 4-羟基脯氨酸 **24K** 一样都可以由胶原质的水解得到，可以作为手性源的成员。

H_2N O NH OH　C—N ⟹ 酰胺　NH_2 H_2N COOH OH　HO N H COOH

24B **24J**[(2*S*,5*R*)-5羟基-赖氨酸] **24K**[(2*S*,4*R*)-羟基脯氨酸]

自然界 4-羟基脯氨酸很丰富但是 5-羟基赖氨酸却很少。幸运的是，它可以由一种来源丰富的手性源成员——苹果酸来合成，硼烷还原得到三元醇 **24L**，再和茴香醛反应得到两个取代基都在平伏键的缩醛 **24M**，这是热力学控制的结果。

HOOC COOH OH $\xrightarrow[B(OMe)_3]{Me_2S,BH_3}$ HO OH OH $\xrightarrow[Pyr,TsOH]{ArCHO}$ HO O O OMe

(*R*)-苹果酸 **24L** **24M**; 89%产率

裸露的羟基可以转化为叠氮化物 **24N**，下面是一个关键的步骤：缩醛被还原打开，以很好的选择性得到 **24O**。关键是反应中要存在路易斯酸（氯硅烷），如果用质子酸，将会得到相反的选择性。

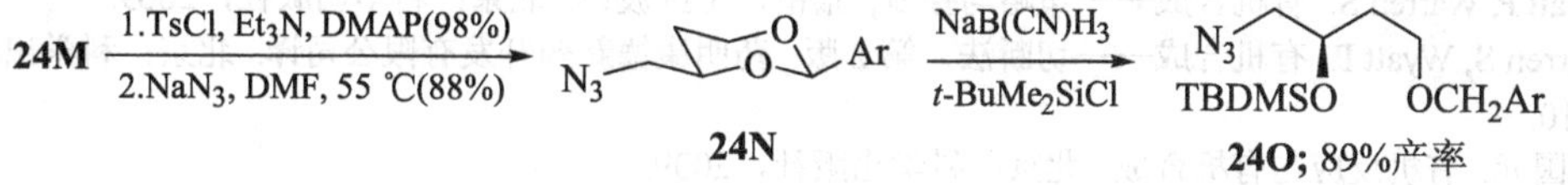

端基的羟基可以被去保护（脱除苄基），并且转化成碘化物，再和杂环 **24Q**——不对称的氨基乙酸阴离子等价物发生烷基化，接下来叠氮化合物被还原并保护得到 **24R**（**24J** 的保护形式）。烷基化的产率是 94%，并且只生成一个非对映异构体。

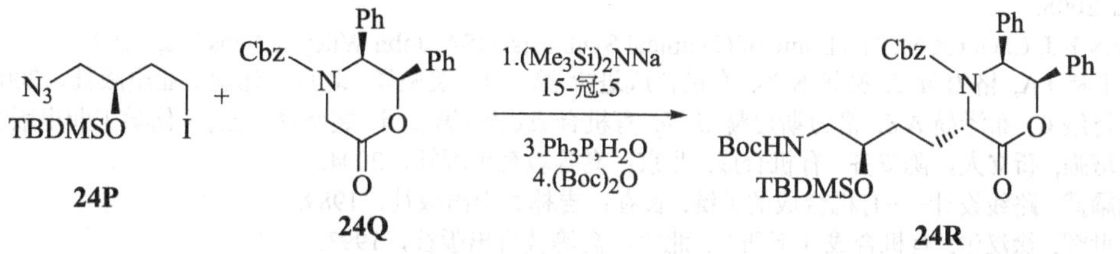

24B 的合成需要以甲酯的形式活化，从而自发地形成七元环。其中的伯胺需要保护，进而可以选择性地酰化最终得到 **24U**。

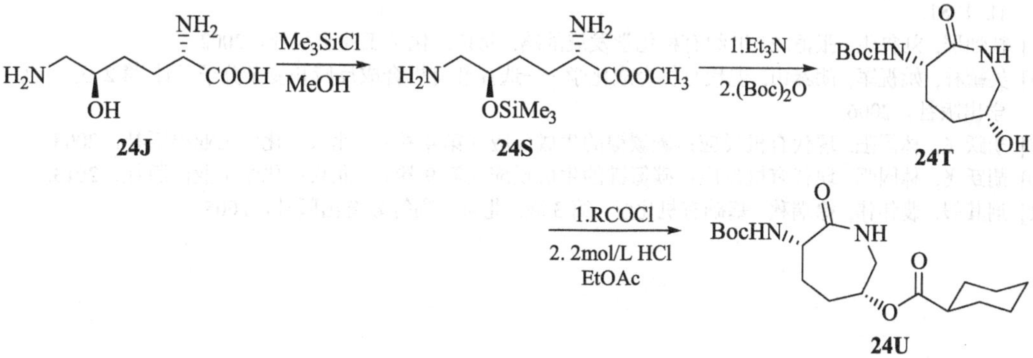

LAF389 的最后一步只需要合并 **24U** 和 Julia 试剂 **24V**，并且去保护，这样从两种不同的手性源来合成药物分子 **TM 24** 就完成了。

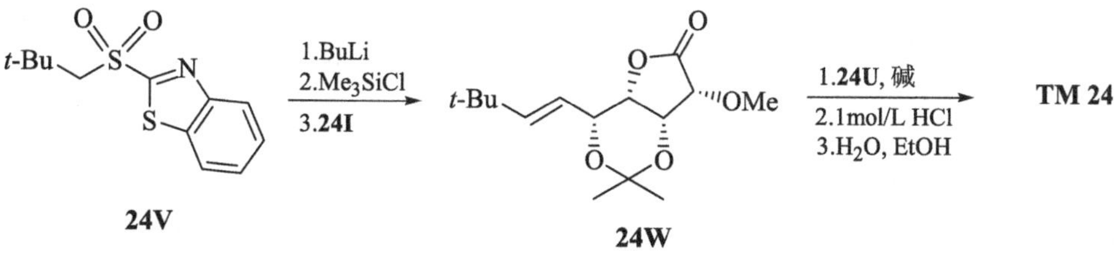

到目前为止，我们讨论的都是如何根据目标分子的结构特点进行路线设计，但是切记，路线设计属于“纸上谈兵”的阶段，其合理性最终需要接受实践的检验，有时貌似合理的路线也许在实验室不一定行得通，所以在实验中还需要不断地修改调整，直至最终高效率、高选择性地得到目标分子。

参考文献

[1] Wyatt P, Warren S. 有机合成——策略与控制, 张艳，王剑波译. 北京：科学出版社，2009.
[2] Warren S, Wyatt P. 有机合成——切断法，第 2 版. 药明康德新药开发有限公司译. 北京：科学出版社，2010.
[3] 陆国元. 有机反应与有机合成. 北京：科学出版社，2009.
[4] 张军良, 郭燕文. 有机合成设计原理及应用. 北京：中国医药科技出版社, 2005
[5] 巨勇, 赵国辉, 席婵娟. 有机合成化学与路线设计. 第 2 版. 北京：清华大学出版社，2008.
[6] Wyatt P, Warren S. Organic Synthesis: Stategy and Control. Chichester,: John Wiley & Sons Ltd, 2007.
[7] Warren S, Wyatt P. Organic Synthesis: The Disconnection Approach. 2nd editon. Chichester,: John Wiley & Sons Ltd, 2008.
[8] Corey E J, Cheng X M. The Logic of Chemical Synthesis. USA: John Wiley & Sons Ltd, 1989.
[9] 耶韦特 J A, 格力策 J, 格策 S 等. 有机合成进阶·第一册. 裴坚译. 北京：化学工业出版社，2005.
[10] 比特纳 C, 布泽曼 A S, 格力斯巴赫 U 等. 有机合成进阶·第二册. 裴坚译. 北京：化学工业出版社，2005.
[11] 黄培强, 靳立人，陈安齐. 有机合成. 北京：高等教育出版社，2004.
[12] 稽耀武. 路线设计——有机合成的关键. 长春：吉林大学出版社，1989.
[13] 吴世晖, 徐汉生. 有机合成（下册）. 北京：高等教育出版社，1993.
[14] 李长轩, 杜诗初. 司久敏. 有机合成设计. 开封：河南大学出版社，1995.
[15] 斯图尔特·沃伦. 有机合成切断法探讨. 丁新腾译. 上海：上海科学技术文献出版社, 1986.
[16] 斯图尔特·沃伦.有机合成设计——合成子法的习题解答式教程. 丁新腾译. 上海：上海科学技术文献出版社, 1981.
[17] 杜灿屏, 刘鲁生, 张恒. 21 世纪有机化学发展战略. 北京：化学工业出版社，2002.
[18] 吴毓林, 姚祝军, 胡泰山. 现代有机合成化学——选择性有机合成反应和复杂分子设计.第 2 版. 北京：科学出版社，2006.
[19] 胡跃飞，林国强. 现代有机反应：碳碳键的生成反应（第 4 卷）. 北京：化学工业出版社，2008.
[20] 胡跃飞，林国强. 现代有机反应：碳氮键的生成反应（第 9 卷）. 北京：化学工业出版社，2013.
[21] 刑其毅, 裴伟伟, 徐瑞秋. 基础有机化学. 第 3 版. 北京：高等教育出版社，2005.